全国高职高专化学课程"十三五"规划教材

物 理 化 学
（第二版）

主　编　刘光东　　崔宝秋

副主编　傅佃亮　　薛金辉　　康艳珍　　阿木日沙那
　　　　李玉清　　徐增花　　周鸿燕

参　编　王丽芳　　李志华　　孙琪娟　　张桂军
　　　　李景侠　　吕晓姝　　钟　飞　　石玉冰

U0303353

华中科技大学出版社
中国·武汉

内 容 提 要

　　本书是应当前教学改革的需要而组织编写的。全书共分 10 章,第 1 章为气体,第 2 章为热力学第一定律及应用,第 3 章为热力学第二定律及应用,第 4 章为多组分系统热力学,第 5 章为相律与相图,第 6 章为化学平衡,第 7 章为电化学,第 8 章为化学动力学,第 9 章为界面现象,第 10 章为胶体。各章末附有一定数量的思考题、习题和目标检测题;在介绍主要理论知识后补充了少量的阅读材料,以扩大学生的知识面。

　　本书可作为高职高专院校化学教育、化工、制药、生物工程、环境保护等专业学生的物理化学课程的教材,也可作为工矿企业、实验室技术人员的参考书。

图书在版编目(CIP)数据

物理化学/刘光东,崔宝秋主编. —2 版. —武汉:华中科技大学出版社,2018.12(2024.7 重印)
全国高职高专化学课程"十三五"规划教材
ISBN 978-7-5680-4742-5

Ⅰ.①物…　Ⅱ.①刘…　②崔…　Ⅲ.①物理化学-高等职业教育-教材　Ⅳ.①O64

中国版本图书馆 CIP 数据核字(2018)第 270048 号

物理化学(第二版)　　　　　　　　　　　　　　　　　　　刘光东　　崔宝秋　主编
Wuli Huaxue(Di-er Ban)

策划编辑:王新华
责任编辑:王新华
封面设计:刘　卉
责任校对:刘　竣
责任监印:周治超
出版发行:华中科技大学出版社(中国·武汉)　　　　电话:(027)81321913
　　　　　武汉市东湖新技术开发区华工科技园　　　　邮编:430223
录　　排:华中科技大学惠友文印中心
印　　刷:武汉邮科印务有限公司
开　　本:787mm×1092mm　1/16
印　　张:21.5
字　　数:504 千字
版　　次:2024 年 7 月第 2 版第 2 次印刷
定　　价:48.00 元

本书若有印装质量问题,请向出版社营销中心调换
全国免费服务热线:400-6679-118　竭诚为您服务
版权所有　侵权必究

第二版前言

本书是根据教育部、财政部教高〔2006〕14号《关于实施国家示范性高等职业院校建设计划,加快高等职业教育改革与发展的意见》、教高〔2006〕16号《关于全面提高高等职业教育教学质量的若干意见》、中办发〔2006〕15号《关于进一步加强高技能人才工作的意见》,在高职高专相关专业教指委委员的指导下组织编写的。

本书力求体现高职高专教育培养技术应用性人才的特点。在编写时,编者以教学基本要求为依据,贯彻基础理论、基本知识和基本技能,以应用为目的,以"必需、够用"为度,并以"掌握概念,强化应用"为原则来组织教材的内容和结构。为了适应不同专业的需要,本书增编有" * "标记的内容,各专业可根据教学需要自行取舍。各章末附有一定数量的思考题、习题和目标检测题。

参加本书编写的有:汉江师范学院刘光东,锦州师范高等专科学校崔宝秋,山东铝业职业学院傅佃亮、李玉清,吕梁学院薛金辉、康艳珍、王丽芳,呼和浩特职业学院阿木日沙那,山东化工职业学院徐增花,济源职业技术学院周鸿燕,湖南中医药高等专科学校李志华,陕西工业职业技术学院孙琪娟,长沙环境保护职业技术学院张桂军,三门峡职业技术学院李景侠,辽宁科技学院吕晓姝,荆州理工职业学院钟飞,濮阳职业技术学院石玉冰。其中,刘光东、崔宝秋、薛金辉、康艳珍、傅佃亮等参加了部分章节的审稿工作。全书最后由刘光东、崔宝秋统稿。

本书的出版得到了华中科技大学出版社的大力支持和帮助,编者在此表示衷心感谢。

限于编者的水平,书中难免有不足之处,欢迎读者批评指正。

编　者

目 录

1

绪　论

1. 物理化学的研究内容

物理化学是从物质的物理现象与化学现象的联系入手,利用物理学的理论和实验方法来探求化学变化的基本规律的学科。物理化学所探讨和力求解决的主要问题有三方面。

(1) 化学变化的方向及限度问题。

以热力学的基本原理和方法解决化学变化及相变化的方向和限度问题。比如一个化学变化在指定的条件下能否进行? 向什么方向进行? 它将达到什么限度? 对于一个指定的反应,能量的变化究竟有多少? 外界条件(如温度、压力、浓度等)的变化对化学变化的方向和限度有何影响? 如何控制外界条件使反应向人们所预定的方向进行,从而使化学反应获得的产率最大,提供的能量最多,取得的效率最高? 这些问题都属于物理化学的一个分支——化学热力学(chemical thermodynamic)的研究范畴,它主要解决化学反应的方向和限度的问题,研究反应的可能性问题。

(2) 化学反应的速率及机理问题。

一个化学反应进行得快慢即在单位时间内能产生多少产物? 化学反应是如何进行的即反应的机理是什么? 外界条件(如温度、压力、浓度、催化剂等)对反应速率有何影响? 如何选择最佳途径,控制反应按预期的方式进行? 这些问题都属于物理化学的另一个分支——化学动力学(chemical kinetics)的研究范畴,它主要解决化学反应的速率及机理问题,即化学反应的现实性问题。

(3) 物质的结构和性能之间的关系问题。

物质的性质从本质上说是由物质内部的结构所决定的。对于化学反应,无论是热力学问题还是动力学问题,本质上都取决于分子或原子的性质以及它们的相互作用。因此,必须了解物质的内部结构。只有深入了解物质的内部结构,才能真正理解化学变化的内因,且可以预见在适当的外界条件下,物质结构将发生什么样的变化,这些问题都属于物理化学的另一个分支——物质结构(substantial structure)(结构化学)的研究范畴,它主要从微观的角度解决化学反应的本质问题。

以上三方面的内容往往是相互联系、相互制约而不是孤立的。因此,化学热力学、化学动力学和结构化学一起构成了物理化学的三大支柱。除上述三个分支学科外,物理化

学还包括电化学、表面化学、胶体化学等。

对高职高专院校,本着"理论以够用为度"的原则,按照物理化学课程的教学基本要求,物理化学课程中不包括量子化学、结构化学和统计热力学等内容。若某些专业对这些内容有特殊需要,则可另外单独设课。

虽然物理化学学科领域中的某些内容不包括在本课程基本内容之内,但学习时对物理化学学科领域的总体发展应该有所了解。现代物理化学发展的新动向、新趋势集中表现在:从平衡态向非平衡态,从静态向动态,从宏观向微观,从体相向表面相,从线性向非线性,从纳秒向飞秒发展,并在材料技术、能源技术、生物技术、海洋技术、空间技术、信息技术、生态环境技术等领域中显示出亮丽的应用前景。

2. 物理化学的研究方法

物理化学是自然科学的一个分支,因而一般的科学研究方法对物理化学也是完全适用的。它大致分为三个步骤。首先是观察客观现象,进行有计划的能重现的实验,搜集有关资料。其次是整理这些资料,进行分析,总结出普遍规律,称为经验定律。最后,为了解释这种定律的内在原因,就须根据已知的实验事实,通过归纳思维,提出假说(或模型);根据假说作逻辑性的演绎推理,还可以预测客观事物新的现象和规律。如果这种预测能为多方面的实践所验证,则这种假说就成为理论或学说。理论和实践一样是很重要的东西,但随着实践范围的扩大,以及实验工具和实验技术的改进,人们又会不断提出新的问题和观察到新的现象。如果新的事实与旧理论发生矛盾、不能为旧理论所解释,则必须对旧理论加以修正,甚至抛弃旧理论而另建新的理论。总之,认识来源于实践,实践是检验真理的唯一标准,物理化学的基本原理都是来自生产实践和科学实验的,实践是第一位的。任何一门科学都是由感性认识、积累经验、总结归纳,提高到理性认识的。理性认识又反过来指导实践,成为探求未知事物的根据。这正是辩证唯物论的认识论。因此,在物理化学的研究中,应当充分重视实验的重要性,任何认为物理化学是专搞理论因而轻视实验的想法都是错误的。

由于学科本身的特殊性,除必须遵循一般的科学方法外,物理化学还有自己的具有学科特征的理论研究方法,这就是热力学方法、量子力学方法、统计热力学方法。本课程中主要应用热力学方法。热力学方法是一种宏观方法,它是以大量质点组成的宏观体系为研究对象,并不涉及质点的结构,并以两个热力学定律为基础的。通过严密的论证和逻辑推理,根据体系始态和终态的宏观性质(如温度、压力、浓度和体积等),应用热力学函数,即可判断变化的方向和找到平衡(即限度)的条件。热力学只要知道系统宏观状态的始、终态,不去追究其内部结构,即"知其然,不知其所以然",并由此得出许多普遍性的结论。热力学方法简单易行,答案肯定,结论十分可靠,因此得到广泛应用,至今还是许多科学的基础。但它的不足之处就是不能深入了解物质的内部结构,因而只知道变化的结果,而不能说明所起变化的内在原因。而统计热力学方法是应用统计的方法和概率规律来研究多质点宏观体系。由于这种体系对外表现的宏观现象,都是其内在质点微观运动的统计平均结果,故可根据构成宏观物体的各个微观质点的运动做出一定的模型;然后按此模型进行统计处理,以解释所观察到的宏观现象,从而认识其微观性质。这一方法的理论根据是统计热力学,它是联系宏观和微观的桥梁。量子力学方法是一种微观的方法,是从能量的量子化发展起来的。它是应用量子力学的原理研究微观粒子的运动行为,在研究微观客体(如分子、原子、原子核等)结构时,量子力学是极其重要的理论工具。

总而言之,物理化学的研究方法可分为两类。一是宏观归纳法,即由大量实验所得实验数据进行分析、归纳,概括为定律或原理,从而得出宏观规律的理论。例如,热力学第一、第二定律就是由前人从实验中总结出来的。二是微观演绎方法,即根据已有的知识,提出假设和模型,再通过数学运算和演绎、推理,提出微观规律的理论。如化学反应速率理论、溶液理论等。这两种方法各具特点和应用范围,自成体系,它们相互联系、相互补充。正是宏观与微观研究方法的结合,使人们对物质世界宏观规律的认识,深入到微观的本质。

依据课程的教学基本要求,高职高专院校的学生学习物理化学时只要求掌握热力学方法。

学习物理化学时,不但要学好物理化学的基本内容,即掌握必要的物理化学基本知识,而且要注意物理化学的研究方法的学习并积极参与实践。可以说无知便无能,但有知不一定有能,只有把知识与方法相结合并应用到实践中,才会培养创新能力,即

知识＋方法＋实践＝创新能力

教师在讲授物理化学时,应当把科学方法的讲授放在重要位置。中国有句俗语,即"授人以鱼,不如授人以渔"。给人一条鱼只能美餐一次,但教给人捕鱼的方法可使人受益终生。

第1章

气 体

学习目标

　　初步了解相和相变化,理解饱和蒸气压的概念和物质的临界状态。能够理解气体混合物中某组分分压的定义及分压定律、分体积的定义及分体积定律,知道实际气体与理想气体的偏差、范德华方程的表达式中压力与体积修正项的意义以及压缩因子。能够运用理想气体状态方程计算理想气体的压力、温度、体积、物质的量、质量以及密度(又称体积质量)等物理量。

1.1 理想气体

　　人类赖以生存的世界,是由大量的原子、分子等微观粒子聚集而成的物质世界。气体、液体、固体是我们所熟知的物质的三种主要聚集状态。在这些聚集状态中,微观粒子之间都存在着相互作用力,并处于永不休止的热运动之中。

　　各种各样的气体广泛存在于人类生活的空间之中,对人类的生存起着重要的影响。在化工生产中,因为气体具有良好的流动性和混合性,所以许多反应物质经常以气态形式存在。在通常条件下,与液体、固体相比,气体分子之间的距离要大得多,分子之间的相互作用力要小得多,因而描述其宏观性质的规律也简单得多。因此,在学习化学热力学和化学动力学时,总是首先把气体作为研究对象,然后再推广到液体和固体。总之,研究气体既有重大的实践意义,又有重要的理论意义。在本书中,将把气体(特别是理想气体)作为主要的研究对象。

　　人类在长期实践中总结出来的一些描述气体宏观性质的规律是学习以后各章节的基础。本章将首先从最简单的理想气体入手,介绍描述理想气体性质的理想气体状态方程和分压定律。然后,通过比较真实气体与理想气体,进一步研究描述真实气体性质的规律与方法。

 **1.1.1 物质聚集状态与相**

世界是由物质组成的。在通常情况下,物质有三种可能的聚集状态,即气态、液态和固态,这些聚集状态的物质就是我们通常所说的宏观实物,相对应地称为气体、液体和固体。物质是由大量分子组成的,分子都在不停地运动着,分子之间存在着相互作用力。固体、液体都具有一定的体积,固体还具有一定的形状,说明分子之间存在着相互作用力,这种作用力使分子聚集在一起而不分开。当对固体或液体施加一定压力时,它们的体积变化很小,表明分子之间的距离很近,存在着很强的相互作用力。在通常情况下,分子之间的相互作用力倾向于使分子聚集在一起,并在空间形成一种较有规律的有序排列。随着温度的升高,分子的热运动加剧。分子的热运动力图破坏固体或液体的有序排列而使其变成无序状态。当温度升高到一定程度,热运动足以破坏原有的排列秩序时,物质的宏观状态就可能发生突变,即从一种聚集状态变为另一种聚集状态,例如从固态变成液态,液态再变为气态。当温度再继续升高到一定程度,外界所提供的能量足以破坏分子中的原子核和电子的结合时,气体就解离成为自由电子和阳离子,即形成物质的第四态——等离子态。气体、液体和等离子态物质都可以在外力场作用下流动,所以也统称为流体。

物质的气、液、固三态中,气体的运动规律最简单,人们对它的认识也较清楚;固体由于其质点排列的周期性,人们对其也有较清楚的认识;对液体的认识则相对少一些。

相是指体系内部具有相同的物理性质与化学性质的所有均匀部分。对于一切低压及中压下的混合气体,由于各种气体的分子可以任意扩散而最后达到均匀的平衡状态,因而是一相。几种液态物质所组成的体系可以是一相,也可以是几相共存。例如在水中加入少量的酚,或在液态酚中加入少量的水,则前者是酚在水中的溶液,后者是水在酚中的溶液,均分别为一相。在室温下如果将数量大致相等的水与酚放在一起进行振摇,静置后仍能分成两个液层。这两个液层的物理性质,例如相对密度、折射率、黏度等均不相同,并且在两个液层间有一个明显的界面,用机械方法可以将两个液层彼此分离。由于每个液层中具有相同的物理性质与化学性质,所以每个液层就是一相,整个体系便是两相平衡体系。对于含有大、小冰块的冰水体系,其中的水当然是一相;而大小不等的所有冰块,其间虽有界面,但是它们具有相同的物理性质与化学性质,因而仍然是一相。对于含有两种物质的固态混合物,不论将它们研磨得如何细,拌得如何匀,仍然是两相混合物。有些混旋物质,例如左旋与右旋的酒石酸混合物,由于它们的分子结构不同,具有不同的旋光性,也属于不同的相。

 1.1.2 理想气体状态方程

气体有各种各样的性质。对一定量的纯气体而言,压力、温度和体积是三个最基本的性质。对于气体混合物来说,除上述物理量外,其基本性质还应包括混合物的组成。

由于气体分子不停地作无规则的热运动,气体分子不断地与容器壁碰撞,对器壁产生作用力。单位面积器壁上所受的作用力称为压力,用符号 p 表示。压力是大量气体分子

无规则的热运动对器壁碰撞的宏观表现,其法定计量单位是 Pa(帕斯卡)。以前人们习惯用 atm(大气压)作压力单位,1 atm=101 325 Pa。

气体的体积即它们所占空间的大小,用符号 V 表示。因为气体能充满整个容器的全部空间,所以气体的体积也就是气体容器的容积,单位是 m^3(立方米)。

气体的温度是定量反映气体冷热程度的物理量。历史上,科学家曾提出过许多种测量温度的标度。在物理化学所有基本公式中的温度均指热力学温度,热力学温度用符号 T 表示,单位是 K(开尔文)。还有一种常用的温度即摄氏温度,用符号 t 表示,单位是 ℃(摄氏度)。两者之间的关系是

$$T/K = t/℃ + 273.15 \tag{1-1}$$

上述这些气体的基本宏观性质都是可以直接通过实验测得的,因此常作为化工生产过程控制的主要指标和研究气体其他性质的基础。人们在长期的实践中发现,物质的上述基本性质并非相互独立,而是相互联系的。因此,早在 17 世纪中期,许多科学家就致力于寻找气体的 p、V、T 之间的定量关系,并在大量实验的基础上,归纳总结出普遍适用于各种低压气体的若干经验定律。例如:在恒温条件下,描述气体压力与体积之间关系的波义耳定律;在恒压条件下,描述气体温度与体积之间关系的盖·吕萨克定律等。

综合这些定律,可以导出下述关系式:

$$pV = nRT \tag{1-2a}$$

式中:n——气体的物质的量,mol;

R——摩尔气体常数,$R=8.314$ J·mol^{-1}·K^{-1},R 与气体种类无关。

人们还定义 $V_m \xlongequal{\text{def}} V/n$,$V_m$ 称为摩尔体积,单位是 m^3·mol^{-1}。气体的物质的量 n 又可改写成气体的质量 m 与它的摩尔质量 M 之比(m/M),所以理想气体状态方程又常采用下列两种形式:

$$pV_m = RT \tag{1-2b}$$

$$pV = (m/M)RT \tag{1-3}$$

实验证明,气体的压力越低,就越符合式(1-2a)至式(1-3)。把在任何温度及任何压力下都能严格服从式(1-2a)的气体定义为理想气体,因此把式(1-2a)称为理想气体状态方程。式(1-2b)是理想气体状态方程的另一种表达形式。

理想气体只是一种科学的抽象,是一种理想模型,实际上并不存在,它只能看做真实气体在 $p \rightarrow 0$ 时的极限情况。从分子运动论观点来看,分子的各种运动和分子之间的相互作用力,是决定分子各种性质的基本因素。图 1-1 是分子之间的作用力 f 随分子之间的距离 r 的改变而变化的关系曲线。图中的两条虚线分别代表分子之间的引力和斥力,实线则代表其合力。由图 1-1 可见,分子之间的作用力随着分子之间的距离的增加而急剧变化,由相斥变为相吸,最后衰减为零。理想气体是真实气体在 $p \rightarrow 0$ 时的极限情况。当气体在一定的温度下 $p \rightarrow 0$

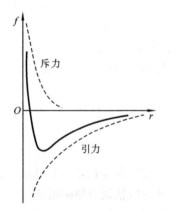

图 1-1 分子之间作用力的示意图

时,体积 V 必然趋向于无限大,此时必然有如下结论。

① 因为分子之间的距离 $r \to \infty$,所以分子之间的作用力完全消失。

② 气体分子本身所占有的体积与气体在空间占有的无限大的体积相比,完全可以忽略不计。

因此,分子之间没有相互作用力和分子本身没有体积是理想气体的两个基本特征。

理想气体必须具备的上述两个基本特征,实际就构成了理想气体的微观模型,即理想气体是一种分子本身没有体积、分子之间没有相互作用力的气体。理想气体模型已成为物理化学课程中讨论许多问题的重要基础。

对于真实气体来说,在一般情况下,由于存在着分子之间的作用力,因此并不严格符合理想气体状态方程。但是引入理想气体的概念是有用的,因为理想气体的行为代表了各种气体在低压下的共性。另外,按照理想气体处理许多物理化学问题时所导出的关系式,只要适当地加以修正便可用于任何真实气体。也就是说,理想气体模型的建立,为人们研究形形色色的真实气体奠定了基础。

理想气体状态方程十分有用,用它可以进行许多低压下气体的计算。实践和理论都告诉我们,在平衡状态下,对于理想气体,其 p、V、T 及物质的量 n 必满足理想气体状态方程,则 p、V、T、n 四个量中只要测定出其中任意三个,第四个便可以通过计算而得到。在有了必要的实验数据之后,除了可计算气体的 p、V、T、n 外,理想气体状态方程还可以用来计算气体的密度 ρ、摩尔质量 M 等。

[例1-1] 某厂氢气柜的设计容积为 $2.00 \times 10^3 \ m^3$,设计容许压力为 $5.00 \times 10^3 \ kPa$。设氢气为理想气体,问:气柜在 298.15 K 下最多可装多少氢气?

解
$$n = \frac{pV}{RT} = \frac{5.00 \times 10^6 \times 2.00 \times 10^3}{8.314 \times 298.15} \ mol = 4.034 \times 10^6 \ mol$$

H_2 的摩尔质量 $M(H_2) = 2.016 \times 10^{-3} \ kg \cdot mol^{-1}$,所以
$$m = nM(H_2) = 4.034 \times 10^6 \times 2.016 \times 10^{-3} \ kg = 8.133 \times 10^3 \ kg$$

[例1-2] 由管道输送 141.86 kPa、40 ℃ 的乙烯,求管道内乙烯的密度 $\rho(C_2H_4)$。

解
$$pV = \frac{m}{M(C_2H_4)}RT$$

$$pM(C_2H_4) = \frac{m}{V}RT = \rho(C_2H_4)RT$$

$$\rho(C_2H_4) = \frac{pM(C_2H_4)}{RT} = \frac{141.86 \times 10^3 \times 28 \times 10^{-3}}{8.314 \times 313.15} \ kg \cdot m^{-3} = 1.526 \ kg \cdot m^{-3}$$

由于理想气体状态方程是一个极限方程,因此真实气体只有在 $p \to 0$ 的情况下才严格服从理想气体状态方程,低压下的真实气体只是近似服从理想气体状态方程。尽管实际气体并不严格服从理想气体状态方程,但由于理想气体状态方程的形式简单,至今仍在工程中被广泛用于对低压气体的近似计算。至于近似计算所适用的压力范围,则要视所涉及的气体偏离理想气体的程度和计算所要求的精度而定。一般来说,对于难以液化的气体(如 H_2、O_2、N_2 等),允许使用理想气体状态方程作近似计算的压力就高一些,而对于容易液化的气体(如水蒸气、氨气等),允许使用理想气体状态方程作近似计算的压力就低一些。例如在 373 K、$5.0 \times 10^6 \ Pa$ 压力下,用理性气体状态方程描述 H_2 的 p-V-T 行为,与实验值偏差不到 3%,而在同样的温度、压力下,用理想气体状态方程描述 CO_2 的 p-V-T

行为,偏差则可高达 14%。

在本书中,为了简化计算,如无特别注明,气体的 p-V-T 行为均可用理想气体状态方程处理。

1.1.3 混合理想气体性质

前面讨论了理想气体的温度(T)、压力(p)和体积(V)相关规律,那么这些规律是否也适用于混合气体呢? 对这个问题的研究十分重要,因为在生产和生活实践中遇到的大多数气体都是混合气体。早在 19 世纪,科学家在对低压混合气体的实验研究中,就总结出两条重要的定律,即道尔顿(Dalton)提出的分压定律和阿马格(Amagat)提出的分体积定律,并涉及分压力和分体积两个基本概念。

1. 道尔顿分压定律

鉴于热力学计算的需要,人们提出了一个既适用于理想气体混合物,又适用于非理想气体混合物的分压力的定义。在总压力为 p 的混合气体中,任一组分 B 的分压力 p_B 等于它在混合气体中的摩尔分数 y_B 与总压力 p 的乘积,即

$$p_B \stackrel{\mathrm{def}}{=\!=\!=} y_B p \tag{1-4}$$

式中:y_B—— 混合气体中气体 B 的摩尔分数,$y_B \stackrel{\mathrm{def}}{=\!=\!=} \dfrac{n_B}{\sum n_B}$($\sum n_B$ 代表混合气体的物质的量);

p—— 混合气体的总压力。

于是,对于一个由 N 种气体构成的混合气体,则由于 $\sum y_B \equiv 1$,必有

$$p_1 + p_2 + \cdots + p_N = (y_1 + y_2 + \cdots + y_N)p = (\sum y_B)p$$

即

$$\sum p_B = p \tag{1-5}$$

这就是说,在混合气体中,所有组分气体的分压力之和等于混合气体的总压力。因此,可把分压力 p_B 看做组分气体 B 对总压力的贡献。式(1-5)无论是对理想气体还是对真实气体都是适用的。

若构成混合气体的各种气体均是理想气体,而且混合气体仍服从理想气体状态方程,则此混合气体称为理想气体混合物。设温度为 T 时,体积为 V 的刚性容器中装有理想气体混合物,混合气体的总压力为 p,物质的量为 n,则

$$p = nRT/V$$

以此式代入式(1-4),得

$$p_B = y_B nRT/V$$

因为 $y_B = n_B/n$,$n = \sum n_B$,所以

$$p_B = n_B RT/V \tag{1-6}$$

式(1-6)右端 $n_B RT/V$ 的物理意义是,物质的量为 n_B 的理想气体 B 在温度为 T、体积为 V 时所具有的压力。式(1-6)说明:在理想气体混合物中,某组分气体的压力等于在相

同温度下该气体单独存在于同一容器中时所具有的压力。要注意,式(1-6)并不是分压力的定义,分压力的定义是国际纯粹与应用化学联合会(IUPAC)推荐的式(1-5)。从式(1-6)和式(1-5)得出如下结论:混合气体的总压力等于混合气体中各组分气体在与混合气体具有相同温度和相同体积条件下单独存在时所产生的压力之和。这就是道尔顿分压定律,它只适用于理想气体混合物。理想气体分子之间没有相互作用力,因而其中的每一种气体都不会由于其他气体的存在而受到影响。也就是说,每一种组分气体都是独立起作用的,对总压力的贡献和它单独存在时的压力相同。对于真实气体,分子之间有作用力,且在混合气体中的相互作用力与纯气体不同,于是各组分气体的压力不等于它单独存在时的压力,即道尔顿分压定律不能成立。在低压下的真实气体混合物近似服从道尔顿分压定律。

[例 1-3] 1 mol N_2 和 3 mol H_2 混合,在 298.15 K 下体积为 4.00 m^3。求混合气体的总压力和各组分的分压力。(设混合气体为理想气体混合物)

解
$$n = n(N_2) + n(H_2) = (1+3) \text{ mol} = 4 \text{ mol}$$

$$p = \frac{nRT}{V} = \frac{4 \times 8.314 \times 298.15}{4.00} \text{ Pa} = 2.48 \text{ kPa}$$

$$p(N_2) = y(N_2)p = \frac{1}{4} \times 2.48 \text{ kPa} = 0.62 \text{ kPa}$$

$$p(H_2) = y(H_2)p = \frac{3}{4} \times 2.48 \text{ kPa} = 1.86 \text{ kPa}$$

2. 阿马格分体积定律

在总体积为 V 的混合气体中,任一组分 B 的分体积 V_B 等于它在混合气体中的摩尔分数 y_B 与总体积 V 的乘积,即

$$V_B \overset{\text{def}}{=\!=\!=} y_B V \tag{1-7}$$

式中:y_B——混合气体中气体 B 的摩尔分数;

V——混合气体的总体积。

对于一个由 N 种气体构成的混合气体的各组分的分体积求和,必有

$$V_1 + V_2 + \cdots + V_N = (y_1 + y_2 + \cdots + y_N)V = \left(\sum y_B\right)V$$

即
$$\sum V_B = V \tag{1-8}$$

式(1-8)表明,在气体混合物中,所有组分气体的分体积之和等于混合气体的总体积。因此,可把分体积 V_B 看做组分气体 B 对总体积的贡献。

设温度为 T、压力为 p 的容器中装有理想气体混合物,混合气体的总体积为 V,物质的量为 n,则

$$V = nRT/p$$

将此式代入式(1-7),得

$$V_B = y_B nRT/p$$

因为
$$y_B = n_B/n$$

所以
$$V_B = n_B RT/p \tag{1-9}$$

式(1-9)右端 $n_B RT/p$ 的物理意义是,物质的量为 n_B 的理想气体 B 在温度为 T、压力

为 p 时所具有的体积。式(1-9)说明:在理想气体混合物中,某组分气体的体积等于在相同温度 T 和相同压力 p 下该气体单独存在时所占有的体积。结合式(1-8)也可得出如下结论:混合气体的总体积等于混合气体中各组分气体在与混合气体具有相同温度和相同压力条件下单独存在时所占有的体积之和。这就是阿马格分体积定律。阿马格分体积定律同样只适用于理想气体混合物,对于真实气体,其各组分的体积不等于它单独存在时所占有的体积,当然阿马格分体积定律不能成立。在低压下的真实气体混合物近似服从阿马格分体积定律。

[例 1-4] 某种只含 CO_2 一个酸性组分的混合气体,于室温、常压下取样 100.00 mL。经过 NaOH 溶液充分洗涤后,在同样温度及压力条件下,测得剩余气体的体积为 90.50 mL。求混合气体中 CO_2 的摩尔分数。(设混合气体为理想气体混合物)

解 设混合气体中 CO_2 的分体积为 V_B,其余组分的分体积之和为 $V_余$,则混合气体总体积 V 为

$$V = V_B + V_余$$

$$V_B = V - V_余 = (100.00 - 90.50) \text{ mL} = 9.50 \text{ mL}$$

$$y(CO_2) = V_B/V = \frac{9.50}{100.00} = 0.095$$

此例是应用分体积概念的一个实例,也是气体分析中常用的奥氏气体分析仪的基本原理。

3. 气体混合物的平均摩尔质量

在对混合气体进行 p、V、T 计算研究时,常会涉及气体混合物的平均摩尔质量的问题。

将物质的量分别为 n_A 和 n_B 的两种气体 A、B 混合,若 A、B 之间不发生任何化学反应,则混合气体总的物质的量 n 为

$$n = n_A + n_B$$

若混合气体的质量为 m,A、B 气体的摩尔质量分别为 M_A 和 M_B,则混合气体的平均摩尔质量 $\langle M \rangle$ 为

$$\langle M \rangle = \frac{m}{n} = \frac{n_A M_A + n_B M_B}{n} = \frac{n_A M_A}{n} + \frac{n_B M_B}{n}$$

即
$$\langle M \rangle = y_A M_A + y_B M_B \tag{1-10}$$

显然,$\langle M \rangle$ 将随着混合气体所含的组分及各组分的摩尔分数的改变而变化。

上述推导不仅适用于气体混合物,也适用于液体及固态混合物。因此,对于任意组成的混合物,计算混合物平均摩尔质量的通式为

$$\langle M \rangle = \sum x_B M_B \tag{1-11}$$

式中:x_B、M_B——混合物中任一组分 B 的摩尔分数及摩尔质量。

[例 1-5] 某烟道气中各组分的体积分数 $\varphi(CO_2) = 0.131$,$\varphi(O_2) = 0.077$,$\varphi(N_2) = 0.792$。求此烟道气在 273.15 K,101.325 kPa 下的密度 ρ。

解 CO_2、O_2、N_2 的摩尔质量分别为 44.01×10^{-3} kg·mol^{-1}、32.00×10^{-3} kg·mol^{-1}、28.01×10^{-3} kg·mol^{-1}。此烟道气的平均摩尔质量为

$$\langle M \rangle = y(CO_2)M(CO_2) + y(O_2)M(O_2) + y(N_2)M(N_2)$$

$$= \frac{V(CO_2)}{V}M(CO_2) + \frac{V(O_2)}{V}M(O_2) + \frac{V(N_2)}{V}M(N_2)$$

$$= (0.131 \times 44.01 \times 10^{-3} + 0.077 \times 32.00 \times 10^{-3} + 0.792 \times 28.01 \times 10^{-3}) \ \mathrm{kg \cdot mol^{-1}}$$

$$= 30.41 \times 10^{-3} \ \mathrm{kg \cdot mol^{-1}}$$

将烟道气视为理想气体,则

$$\rho = \frac{m}{V} = \frac{p\langle M \rangle}{RT} = \frac{101\,325 \times 30.41 \times 10^{-3}}{8.314 \times 273.15} \ \mathrm{kg \cdot m^{-3}} = 1.357 \ \mathrm{kg \cdot m^{-3}}$$

1.2 真实气体

随着科学技术与生产力的不断发展,高压、低温技术已日益广泛应用。用理想气体状态方程来描述气体的 p、V、T 的关系,已远不能适应发展的需要。随着计算机技术的不断发展,复杂的计算问题已经解决。因此,研究温度、压力范围更广的真实气体的 p、V、T 的关系,以及提高这种关系的准确性,就显得非常必要。

1.2.1 理想气体与真实气体的偏差

真实气体只是在低压、高温的情况下才能近似地服从理想气体状态方程,随着压力的增加以及温度的降低,各种气体便表现出对理想气体状态方程的显著偏差。偏差的大小与气体的本性有关,在很大程度上还取决于温度和压力条件。对于理想气体,$pV_m = RT$,其中 V_m 为摩尔体积。也就是说,在恒温情况下,理想气体的 $pV_m =$ 常数,其值不随压力而变化。实验发现,对于真实气体则不同,若在 273.15 K 下,根据实验测定 1 mol 真实气体在不同压力下的体积,求出 pV_m 随压力 p 变化的情况,作出 pV_m 对 p 的关系图,结果如图 1-2 所示。其中水平虚线为理想气体,其他三条曲线分别是 H_2、CO 和 CH_4 的实验结果。从图中可看出,在一定温度下,随着压力的增加,每种真实气体均对理想气体产生明显的偏差,且各种气体的偏差情况互不相同。例如,在 273.15 K 下,H_2 的恒温线的斜率始终为正值,而 CO 和 CH_4 则不同,随着压力的增大,恒温线的斜率先负后正,在曲线上出现了最低点。当然,CO 和 CH_4 的具体情况也互不相同。实际上,各种气体的 pV_m 值随压力变化的情况都与温度有关,当温度足够低时,pV_m-p 的曲线形状最终都将与图 1-2 中的 CH_4 和 CO 的相似,反之,当温度足够高时,曲线的形状又将与 H_2 的相似。

图 1-3 是根据 H_2 在不同温度下的实验结果绘出的 pV_m-p 曲线,由此图可以看出,在不同温度下,同一种气体对于理想气体的偏差情况也不同。在低温下(如 73 K),H_2 的 pV_m 值随压力增加先降后升,曲线存在最低点,但随着温度升高(如 90 K),最低点逐渐上移。当温度等于 103 K 时,最低点恰好移至代表理想气体的水平线上。当温度大于 103 K(如 273 K)时,pV_m 值始终高于理想气体水平线,且随压力增加而增大,曲线斜率为正值而没有最低点。对于 H_2 而言,103 K 是一个特定的温度,称为 H_2 的 Boyle(波义耳)温度,用 T_B 表示。每一种气体都有各自的波义耳温度。实验发现,大多数气体的 T_B 在室温以上,而 H_2 和 He 的 T_B 较低,分别为 103 K 和 15 K。在波义耳温度下,每一种真实气体都能在几百千帕的压力范围内较好地符合理想气体状态方程,即在图形上此处的斜率等于零。

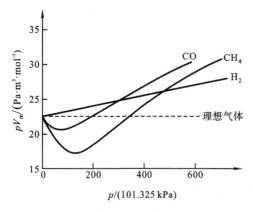

图 1-2　在 273.15 K 时真实气体的 pV_m-p 恒温线

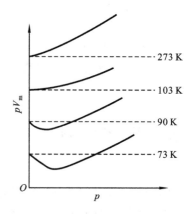

图 1-3　在不同温度下 H_2 的 pV_m-p 图

 ## * 1.2.2　压缩因子

为了定量描述真实气体的 p-V-T 行为与理想气体的偏离程度,定义压缩因子 Z 为

$$Z \overset{\text{def}}{=\!=} \frac{pV_m}{RT} \tag{1-12a}$$

或

$$Z \overset{\text{def}}{=\!=} \frac{pV}{nRT} \tag{1-12b}$$

式(1-12a)可以改写为

$$Z = \frac{V_m}{RT/p} = \frac{V_m}{V_{m,id}} \tag{1-13}$$

式中:V_m——真实气体在某一确定状态下的摩尔体积;

$V_{m,id}$——与真实气体具有相同温度和相同压力的理想气体的摩尔体积。

式(1-13)表明,若 $Z>1$,则 $V_m>V_{m,id}$,即在同温同压下,真实气体的摩尔体积大于理想气体的摩尔体积,也就是说,真实气体比理想气体难于压缩。若 $Z<1$,则情况正好相反。因此,Z 称为压缩因子。

按上述压缩因子的定义,图 1-4 即为几种性质不同的气体的 Z 值在定温下随压力 p 变化的情况。实验表明,在常温低压下,大多数气体(如 CO、CH_4 等)的 $Z<1$,且 Z 值随压力 p 增加而减小。当压力进一步升高时,Z 值将会经过一个最低点后开始增大,直至 $Z>1$,并继续随压力升高而增大。少数气体(如 H_2、He 等)则在常温下,Z 值始终大于 1,并随压力 p 升高而增大。进一步的实验表明,实际上,任何一种气体都可以出现上述两种不同的情况。图 1-5 是实验测定的 H_2 在不同温度下 Z 值随 p 变化的曲线。当 $T<103$ K 时(如 T_1、T_2),Z 值随压力 p 的增加先降后升,就像大多数气体在常温下表现出来的行为一样。当 $T=103$ K 时,在足够低的某一压力区间内,$Z=1$,而后 Z 值随压力 p 升高而增大。当 $T>103$ K 时(如 T_3),Z 值将始终大于 1,并随压力升高而增大。103 K 称为 H_2 的波义耳温度,记做 T_B。

对于真实气体的上述 p-V-T 行为,可以从真实气体分子之间存在着相互作用力以及

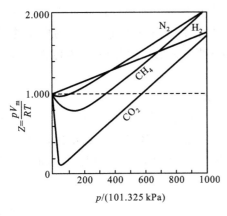

图 1-4 273.15 K 下几种气体的 Z-p 图   图 1-5 不同温度下 H_2 的 Z-p 图

分子本身具有体积去理解。在低温低压情况下,分子本身的体积可以忽略,分子之间的引力作用使得真实气体比理想气体更易于压缩,故 $Z < 1$。当压力足够高、分子间距离足够小时,分子本身所具有的体积已不容忽视,在分子之间的作用力中,斥力占了主导因素,此时真实气体就变得比理想气体难于压缩了,故 $Z > 1$。在较高温度下,由于分子的热运动加剧,引力作用被大大削弱,甚至可以被忽略,体积因素则成为主导因素,所以 Z 值总大于 1。至于不同的气体在相同温度下 Z 值随 p 变化的情况不同,则正反映了不同气体在微观结构和性质上的差异。

1.2.3 真实气体的状态方程——范德华方程

从以上的讨论中可知,真实气体的行为不同于理想气体。因此,为了能够比较准确地定量描述真实气体的 p-V-T 行为,自 19 世纪以来,人们在大量实验的基础上,提出了许多形式各异的真实气体状态方程,它们的适用对象及精确程度也有所不同。在众多的探索真实气体状态方程的科学家中,荷兰科学家范德华(van der Waals J. D.)于 1871 年首先从理论上建立了真实气体的微观模型,并在此基础上对理想气体状态方程进行了两方面的修正,提出了一个与实验结果比较一致的真实气体状态方程。

1. 体积修正项

理想气体模型是将分子视为不具有体积的质点,故理想气体状态方程中的体积项 V 应该是气体分子可以自由运动的空间。由于真实气体分子本身占有一定的体积,因此分子可以自由运动的空间应该为真实气体的摩尔体积减去一个与分子本身体积有关的修正项 b,即 $V_m - b$。b 是 1 mol 气体因分子本身具有体积而使分子自由运动空间减少的量,但并不等于 1 mol 气体分子实际具有的体积,b 与气体的性质有关,可以通过实验测定,其数值约为 1 mol 气体分子本身具有体积的 4 倍,从数量级上看,b 的值粗略等于该气体物质的液体的摩尔体积。对 1 mol 气体而言,有

$$V_{m,id} = V_m - b \qquad (1\text{-}14)$$

2. 压力修正项

由理想气体模型可知,分子之间是没有相互作用力的,但是真实气体分子之间存在着

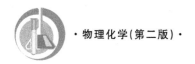

相互作用力。对于容器内部的气体分子,平均看来在各个方向所受的相互作用力可以互相抵消。但靠近器壁的气体分子在碰撞器壁时,由于要受到内部气体分子向内拉的引力的作用,因而所产生的压力比没有相互作用力的理想气体的压力要小,其差值称为真实气体的内压力($p_内$),即

$$p_{真实}＝p_{理想}－p_内 \tag{1-15}$$

除了气体本身的特性外,$p_内$一方面与器壁附近的气体分子数目 $N_壁$ 成正比,另一方面又与气体内部的分子数目 $N_内$ 成正比。因为 $N_壁$ 和 $N_内$ 都与气体的密度成正比,所以 $p_内$ 与气体密度的平方成正比。在一定的温度、压力下,气体的密度又与其摩尔体积成反比,所以

$$p_内＝\frac{a}{V_m^2} \tag{1-16}$$

式中:a——比例系数,它与真实气体分子之间的作用力大小有关,为压力修正项,其值越大,说明分子之间的作用力越大。

将式(1-14)、式(1-15)、式(1-16)代入理想气体状态方程,即可得到

$$\left(p+\frac{a}{V_m^2}\right)(V_m-b)=RT \tag{1-17a}$$

或

$$\left(p+\frac{n^2a}{V^2}\right)(V-nb)=nRT \tag{1-17b}$$

式(1-17a)和式(1-17b)即为著名的范德华方程。方程中的 a 和 b 是气体的特性参数,称为范德华参数。它们都有明确的物理意义,分别与气体分子之间的相互作用力大小以及气体分子本身的体积大小有关。范德华认为,a 和 b 的值不随温度而变。表1-1 给出了由实验测得的部分气体的范德华参数的值。从表中数值可以看出,对于较易液化的气体(如 Cl_2、SO_2 等),a 的值较大,说明这些气体分子之间的相互作用力较大;而对于不易液化的气体(如 H_2、He 等),a 的值很小,说明分子之间的相互作用力很小。b 与分子本身的体积有关,分子体积越大,b 越大。

当真实气体的压力趋向零时,V_m 应趋向无穷大,于是 a/V_m^2 相对于 p 以及 b 相对于 V_m 就可以忽略,即 $(p+a/V_m^2) \to p$,$(V_m-b) \to V_m$,此时范德华方程将还原为理想气体状态方程。

表 1-1 一些气体的范德华参数

气 体	$a/(\text{Pa}\cdot\text{m}^6\cdot\text{mol}^{-2})$	$b/(10^{-5}\ \text{m}^3\cdot\text{mol}^{-1})$	气 体	$a/(\text{Pa}\cdot\text{m}^6\cdot\text{mol}^{-2})$	$b/(10^{-5}\ \text{m}^3\cdot\text{mol}^{-1})$
Ar	0.136 3	3.219	H_2S	0.449 0	4.287
Cl_2	0.657 9	5.622	HBr	0.451 0	4.431
C_2H_2	0.445 0	5.140	HCl	0.371 6	4.081
C_2H_4	0.453 0	5.714	He	0.003 457	2.370
C_2H_6	0.556 2	6.380	Kr	0.234 9	3.978
C_3H_6	0.850 8	8.272	N_2	0.140 8	3.913
C_3H_8	0.877 9	8.445	Ne	0.021 35	1.709

气　体	$a/(Pa \cdot m^6 \cdot mol^{-2})$	$b/(10^{-5} \ m^3 \cdot mol^{-1})$	气　体	$a/(Pa \cdot m^6 \cdot mol^{-2})$	$b/(10^{-5} \ m^3 \cdot mol^{-1})$
C_6H_6	1.824	11.54	NH_3	0.422 5	3.707
CH_4	0.228 3	4.278	NO	0.135 8	2.789
CO	0.151	3.99	NO_2	0.535 4	4.424
CO_2	0.364 0	4.267	O_2	0.137 8	3.183
H_2	0.024 76	2.661	SO_2	0.680	5.640
H_2O	0.553 6	3.049	Xe	0.425 0	5.105

范德华方程从理论上分析了真实气体与理想气体的区别,范德华参数 a 和 b 则可以通过真实气体实测的 p、V、T 数据确定,所以范德华方程是一个半经验、半理论的状态方程。应用该方程计算几兆帕的中压范围的真实气体行为,其结果远比理想气体状态方程精确。对于难液化的气体(如 O_2、N_2、H_2 等),其适用范围大一些,而对于易液化的气体(如 CO、NH_3、H_2O 等),其适用范围小一些。但不论何种气体,当压力很高时,使用范德华方程计算也会出现显著偏差。该方程毕竟是一种简化了的真实气体模型,仅从分子之间作用力和分子本身体积去修正是不够的,所以该方程不能在任何情况下都精确地描述真实气体的 p、V、T 关系。实验表明,范德华参数 a、b 的值并不能在很宽的温度、压力范围内保持不变。尽管如此,范德华方程由于其物理意义明确,形式简单,至今仍有着重要的理论与实践意义。

[例 1-6]　在 300 K 下,将 10.00 mol C_2H_6 充入 4.86 dm^3 的容器内。试根据① 理想气体状态方程,② 范德华方程,计算容器内气体的压力,并与实验值 3.445 MPa 相比较。

解　① 根据理想气体状态方程

$$p = nRT/V = \frac{10.00 \times 8.314 \times 300}{4.86 \times 10^{-3}} \ Pa = 5.132 \ MPa$$

与实验值的相对误差:

$$\frac{\Delta p}{p} = \frac{5.132 - 3.445}{3.445} \times 100\% = 48.97\%$$

② 根据范德华方程

从表 1-1 查得 C_2H_6 的范德华参数 $a = 0.556\ 2 \ Pa \cdot m^6 \cdot mol^{-2}$,$b = 6.380 \times 10^{-5} \ m^3 \cdot mol^{-1}$。代入范德华方程得

$$p = \frac{nRT}{V - nb} - \frac{n^2 a}{V^2}$$

$$= \left[\frac{10.00 \times 8.314 \times 300}{4.86 \times 10^{-3} - 10.00 \times 6.380 \times 10^{-5}} - \frac{10.00^2 \times 0.556\ 2}{(4.86 \times 10^{-3})^2} \right] \ Pa$$

$$= 3.553 \ MPa$$

与实验值的相对误差:

$$\frac{\Delta p}{p} = \frac{3.553 - 3.445}{3.445} \times 100\% = 3.13\%$$

1.3　气体液化

理想气体的分子之间没有作用力,所以在任何温度和压力下,理想气体都不会变为液体。但对于高压低温下的真实气体,随着气体分子之间距离的缩短和分子平均动能的降低,分子之间的作用力和分子本身的体积都不能忽略,这时气体不能作为理想气体来处理,而应作为真实气体,真实气体的行为与理想气体的行为之间有着较大的偏差。如果在更宽的温度、压力范围内测定真实气体的 p、V、T 性质,除了会观察到它们偏离理想情况之外,还可观察到真实气体的液化和另一个与液化过程密切相关的物理性质——临界状态,从而加深对真实气体的认识。

1.3.1　相变化

纯物质在正常相平衡条件下发生的相变(化)称为可逆相变(化)。可逆相变常指在恒温恒压(且非体积功为 0)条件下进行。物质在偏离相平衡条件下发生的相变,在热力学中称为不可逆相变。

1.3.2　液化

在一定的外界条件下,任何物质都具有从气态到液态这一变化的共性。早在 1869 年,安德鲁斯通过实验研究了 $H_2O(g)$ 的液化(liquefaction)过程,得到了 H_2O 的压力、体积和温度的关系图,称为 H_2O 的 p-V_m 等温线图,如图 1-6 所示。图中的每条曲线都是等温线,即 $H_2O(g)$ 在一定温度下,压力与摩尔体积之间的相互关系。真实气体的这类等温线不仅不同于理想气体的 pV_m 等于常数时应显示的双曲线,而且不同的气体还因性质的不同而有所差异。但是各种真实气体都反映出如图 1-6 所示的基本规律。由图可知,p-V_m 等温线可分为三种类型。

1. $T < T_c$

当 $T < T_c$ 时,图中的各条等温线都由三部分组成。以在较低温度(100 ℃)下的等温线 ABDEF 为例。在 AB 段,曲线代表了水蒸气的 V_m 随压力的增加而减少的变化情况。压力越高,与理想气体偏离就越明显,当压力增加到 B 点时,曲线出现明显的转折点,此时 $H_2O(g)$ 开始液化。BDE 段则代表了水蒸气的液化过程。从 B 到 E,随着液化的进行,$H_2O(l)$ 逐渐增加,而气体逐渐减少,但压力保持不变。由于液化过程的

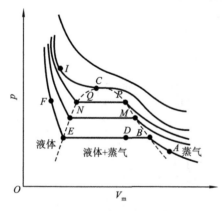

图 1-6　H_2O 的 p-V_m 等温线图

压力始终保持不变,因此该段等温线为一水平线段,所对应的压力即为该温度下 H_2O 的饱和蒸气压。水平线段右端 B 点所对应的体积是该温度下 H_2O 的饱和气体的摩尔体积,左端 E 点所对应的体积是该温度下 H_2O 的饱和液体的摩尔体积。由于在液化过程中,随着液体的不断增加,气体不断减少,因此容器内 H_2O 的平均摩尔体积是沿着 $B \rightarrow D \rightarrow E$ 的方向不断减少的。液化过程自 B 点开始,至 E 点结束。EF 段代表了液态水的 V_m 随压力变化的情况。由于液体一般是难于压缩的,因此该段等温线很陡。

由于液体的饱和蒸气压随温度升高而增大,因此在 $T < T_c$ 时,不同温度的等温线上的水平部分随温度升高而逐渐向上移动。同时,由于温度上升、压力增加时,液体和气体的密度逐渐接近,其摩尔体积也逐渐接近,因此水平部分的长度随着温度升高而逐渐变短,如图 1-6 中 MN、PQ 所示。

2. $T = T_c$

当温度升到 374 ℃,即 $T = T_c$ 时,等温线上代表液化过程的水平线段缩成一点 C,出现气液不分的混浊现象,这意味着此时气体和液体具有相同的密度和相同的摩尔体积,因此在液化过程中不再出现明显的气液分界面。此点称为临界点,经临界点的等温线称为临界等温线。临界点所对应的温度、压力、摩尔体积分别称为物质的临界温度 T_c、临界压力 p_c 和临界摩尔体积 $V_{c,m}$,统称为物质的临界参数。每一种气体都有其临界参数,其值与物质的本性有关,它们是物质的一组重要的特性参数。表 1-2 给出了一些物质的临界参数的数值。物质在临界状态下的压缩因子称为临界压缩因子,记做 Z_c,即

$$Z_c = \frac{p_c V_{c,m}}{RT_c} \tag{1-18}$$

一些气体的 Z_c 值列在表 1-2 中。不难发现,尽管各种气体的性质差异很大,但它们的临界压缩因子的值比较接近。

3. $T > T_c$

当 $T > T_c$ 时,在此区域内无论施加多大的压力,H_2O 都是以气体存在而不再被液化,此时等温线成为光滑的曲线,斜率没有突变现象。温度越高,等温线越光滑,等温线也越接近理想气体状态方程。因此,这类等温线只表示出气体的 p、V、T 关系,把它与同样温度下理想气体具有的 $pV_m = RT$ 双曲线对照,就可反映出不同条件下,真实气体偏离理想气体的程度。

根据上述对不同温度下的等温线的分析,可以把 $p\text{-}V_m$ 图划分为三个区域。将等温线上的转折点,即饱和液体的状态点(如 E、N、Q 点等)、饱和蒸气的状态点(如 B、M、P 点等)及临界点 C 连成曲线(如图 1-6 中虚线所示),该曲线称为饱和曲线。饱和曲线之内为气液平衡共存区。饱和液体线(E、N、Q 连线)及 T_c 等温线 C 点以上段的左侧为液体区。图上的其余部分则为气体区。

表 1-2　一些气体的临界参数

气体	T_c/K	p_c/MPa	$V_{c,m}/$ $(10^{-5}\ m^3 \cdot mol^{-1})$	Z_c	气体	T_c/K	p_c/MPa	$V_{c,m}/$ $(10^{-5}\ m^3 \cdot mol^{-1})$	Z_c
Ar	150.8	4.87	7.49	0.291	He	5.30	0.229	5.76	0.299

续表

气体	T_c/K	p_c/MPa	$V_{c,m}/$ $(10^{-5} \ m^3 \cdot mol^{-1})$	Z_c	气体	T_c/K	p_c/MPa	$V_{c,m}/$ $(10^{-5} \ m^3 \cdot mol^{-1})$	Z_c
Cl_2	417.0	7.70	12.4	0.275	HF	461	6.48	6.90	0.12
CH_4	191.1	4.64	9.90	0.289	HI	424.0	8.31	13.1	0.309
C_2H_4	283.1	5.12	12.4	0.270	Kr	209.4	5.50	9.12	0.288
C_2H_6	305.1	4.88	14.8	0.284	NO	180.0	6.48	5.80	0.250
C_6H_6	562.7	4.92	26.0	0.273	NO_2	431.4	10.1	17.0	0.480
CO	132.9	3.50	9.31	0.295	N_2	126.2	3.39	8.95	0.290
CO_2	304.2	7.38	9.40	0.274	N_2O	309.6	7.24	9.74	0.274
F_2	144.3	5.22	6.62	0.288	Ne	44.4	2.76	4.17	0.311
H_2	33.2	1.30	6.50	0.305	NH_3	405.6	11.3	7.25	0.242
H_2O	647.3	22.05	5.60	0.229	O_2	154.6	5.05	7.34	0.288
H_2S	373.2	8.94	9.85	0.284	O_3	261.0	5.57	8.89	0.228
HBr	363.2	8.55	10.0	0.283	SO_2	430.8	7.88	12.2	0.268
HCl	324.6	8.31	8.10	0.249	Xe	289.7	5.84	11.8	0.286
HCN	456.8	5.39	13.9	0.197	空气	132.4	3.77	12.1	

注:由于临界参数的数值(尤其是 $V_{c,m}$ 之值)很难由实验精确测得,因而不同手册上所列的临界参数可能有少许的差别。

各种物质趋近临界点的方式以及它们在临界点附近所表现出的奇特行为,对于理论发展和实际应用都有着重要意义,因而临界现象在近年来已成为一个十分活跃的研究领域。

1.3.3　饱和蒸气压

蒸气压是液体的重要性质之一,它与液体的本性和所处的温度有关。这一概念源于液体中极少数能量较大的分子有脱离母体进入空间的倾向,这种倾向也称为逃逸倾向。

在一定温度下,液体的总能量是一定的。分子由于运动而彼此发生碰撞,结果其中有的分子能量较大,有的分子能量较小,能量的分布具有一定的规律。其结果总有一部分能量较大的分子克服分子之间的引力从液体表面逸出到空间里去。在恒温下具有这种能量的分子在总分子中所占的比例是一定的,就是说单位时间内从单位表面上逸出的分子数是一定的。而蒸气的压力可用来衡量这种逃逸倾向。

设将液体(如水)放在抽空的封闭的容器中,液面上有一定的自由空间,液体中能量较大的分子就能克服分子之间的引力而进入液面上的空间,这个过程称为蒸发。在恒温下,单位时间内单位表面上所逸出的分子数为定值。已经形成蒸气的分子在液面上不断地混乱运动,一定会有一部分分子撞击到液面上,又被液面上的分子吸引,重新凝结为液体。开始时空间里的分子数不多,凝结量也不多,而蒸发过程始终以等速进行;随着时间的推移,蒸气中分子愈来愈多,凝结量也逐渐增加,最终达到动态平衡,即蒸发出来的分子数等于凝结下来的分子数,宏观上看,蒸气的密度不再增加,此时就可用液面上的饱和蒸气压来衡量或表示液体的逃逸倾向,即液体的蒸气压。即在未达动态平衡之前,液面上蒸气的压力在不断增加,是变值,只有达到饱和状态时,液面上蒸气的压力,即饱和蒸气压才不再增加并有定值。我们用饱和蒸气压来衡量液体的蒸气压。

因此,液体的蒸气压属于液体自身的性质,它与平衡时的饱和蒸气压来衡量。它与液体量的多少无关,与液体上方的蒸气体积也无关。同一温度下,不同液体有不同的蒸气压;同一种液体,温度不同时蒸气压也不同。因为蒸发是吸热过程,所以升高温度有利于液体的蒸发,即蒸气压随温度的升高而变大。

液体蒸气压是液体分子之间相互作用力大小的反映。一般来说,液体分子之间相互作用力越小,液体越易蒸发,蒸气压越高;液体分子之间相互作用力越大,液体越不易蒸发,蒸气压越低。

蒸气压的概念同样适用于固体,固体中能量较大的分子也有脱离母体进入空间的倾向,因此在恒温下也有一定的蒸气压,不过数值一般很小,通常不予考虑而已。

思 考 题

1. 为什么在同样的条件下,用理想气体状态方程对易于液化的气体作近似计算,所得结果与实验值的偏差要比难于液化的气体大?

2. 在恒定温度下,若测定了一系列极低压力下某气体的 V_m 值,是否可直接在 $p\text{-}V_m$ 图上利用外推法求取 R 的准确值?

3. 当温度为 T 时,体积恒定为 V 的容器中,有 A、B 两组分混合理想气体,其分压力及分体积分别为 p_A、p_B 和 V_A、V_B。若又往容器中注入物质的量为 n_C 的理想气体 C,试问:组分 A、B 的分压力和分体积是否保持不变?

4. 25 ℃下,水的饱和蒸气压为 3.168 kPa。如果在 25 ℃下将水完全充满一密封容器,使液体上方没有任何气体存在,此时容器中的水还有没有饱和蒸气压?如果有,是多少?

习 题

1. 有一气柜,容积为 2 000 m³,气柜中压力保持在 104.0 kPa,内装氢气。设夏季最高温度为 42 ℃,冬季最低温度为 −38 ℃,则气柜在冬季最低温度下比在夏季最高温度下多装多少氢气?

(54.1 kg)

2. 一球形容器抽空后质量为 25.000 0 g,充以 4 ℃的水(密度为 1 000 kg·m⁻³),总质量为 125.000 0 g。若改充以 25 ℃、1.333×10^4 Pa 的某碳氢化合物气体,则总质量为 25.016 3 g,试求该气体的摩尔质量。若据元素分析结果,测得该化合物中各元素的质量分数分别为 $w(C)=0.799$,$w(H)=0.201$,试写出该碳氢化合物的分子式。

(30.30×10^{-3} kg·mol⁻¹,C_2H_6)

3. 在生产中,用电石(CaC_2)分析碳酸氢铵产品中水分的含量,其反应式如下:
$$CaC_2(s) + 2H_2O(l) == C_2H_2(g) + Ca(OH)_2(s)$$

现称取 2.000 g 碳酸氢铵样品,与过量的电石完全作用,在 27 ℃、101.325 kPa 下测得 $C_2H_2(g)$ 的体积为 50.0 cm³,试计算碳酸氢铵样品中水分的质量分数。 (0.0366)

4. 在一个容积为 1.00 dm³ 的密封玻璃容器中放入 5.00 g $C_2H_6(g)$,该容器能耐压 1.013 MPa,试问:$C_2H_6(g)$ 在此容器中允许加热的最高温度是多少? (731 K)

5. 水平放置两个体积相同的球形烧瓶,中间用细玻璃管连通,形成密闭的系统,其中装有 0.7 mol H_2。开始时两瓶温度均为 300 K,压力为 0.5×101 325 Pa。若将其中一瓶浸入 400 K 的油浴中,试计算此时瓶中的压力及两球中各含 H_2 的物质的量。

(59 897 Pa,0.4 mol,0.3 mol)

6. 298.15 K 下,在一抽空的烧瓶中充入 2.00 g A 气体,此时瓶中压力为 $1.00×10^5$ Pa。若再充入 3.00 g B 气体,发现压力上升为 $1.50×10^5$ Pa,试求两物质 A、B 的摩尔质量之比。 ($M_A/M_B=1/3$)

7. 20 ℃ 下,把乙烷和丁烷的混合气体充入一个抽成真空的 $2.00×10^{-4}$ m³ 的容器中,充入气体质量为 0.389 7 g 时,压力达到 101.325 kPa,试计算混合气体中乙烷和丁烷的摩尔分数与分压力。

(y(乙烷)=0.398,y(丁烷)=0.602;p(乙烷)=40 327 Pa,p(丁烷)=60 998 Pa)

8. 将 1.00 mol $CO_2(g)$ 在 50 ℃ 下充入 0.5 dm³ 的容器中,试计算容器中的压力,将结果与实测压力 4.16 MPa 进行比较。

(1)用理想气体状态方程计算;(2)用范德华方程计算。

((1)5.37 MPa;(2)4.42 MPa)

9. 3.00 mol $SO_2(g)$ 在 1.52 MPa 压力下体积为 10.0 dm³,试用范德华方程计算在上述状态下气体的温度。 (623 K)

目 标 检 测 题

一、选择题

1. 在恒定温度下,向一个容积为 2 dm³ 的抽空容器中,依次充入初始状态为 100 kPa、2 dm³ 的气体 A 和初始状态为 200 kPa、1 dm³ 的气体 B。A、B 均可当做理想气体,且 A、B 之间不发生化学反应。容器中混合气体总压力为( )。

(A)300 kPa; (B)200 kPa; (C)150 kPa; (D)100 kPa

2. 有一种由元素 C、Cl 及 F 组成的化合物,在常温下为气体。此化合物在 101.325 kPa、27 ℃ 下,密度为 4.93 kg·m⁻³,此化合物的分子式为( )。已知 C、Cl、F 元素的相对原子质量分别为 12、35.5 和 19。

(A)$CFCl_3$; (B)CF_3Cl; (C)CF_2Cl_2; (D)C_2FCl_3

3. 在 20 ℃ 时,10 g 水的饱和蒸气压为 p_1,100 g 水的饱和蒸气压为 p_2,则 p_1 和 p_2 的关系是( )。

(A)$p_1>p_2$; (B)$p_1=p_2$; (C)$p_1<p_2$; (D)不能确定

二、判断题

1. 在任何温度及压力下都严格服从 $pV=nRT$ 的气体叫做理想气体。 （ ）

2. $p_B=y_B p$ 既适用于理想气体，又适用于真实气体。 （ ）

3. 范德华参数 a 与气体分子间力的大小有关，范德华参数 b 与分子本身的体积大小有关。 （ ）

4. 临界温度 T_c 是气体可被液化的最高温度，高于此温度时无论加多大压力都不能使气体液化。 （ ）

5. 液体的饱和蒸气压与温度无关。 （ ）

三、填空题

1. 在恒定压力下，为了将烧瓶中 20 ℃ 的空气赶出 1/5，需将烧瓶加热到 _____ ℃。

2. 空气的组成为：$\varphi(O_2)=0.21$，$\varphi(N_2)=0.78$ 和 $\varphi(Ar)=0.01$。空气的平均摩尔质量 $\langle M \rangle=$ _____。（Ar 的相对原子质量为 40）

3. 0 ℃ 时，将 2 mol H_2 和 1 mol N_2 充入体积 V 为 22.4 dm^3 的抽空容器中，H_2 和 N_2 没有发生反应时，容器内总压力为 _____ kPa；若 H_2 全部与 N_2 反应生成氨气，容器内的总压力为 _____ kPa。

4. 同温下两种理想气体 A 和 B，气体 A 的密度是气体 B 的密度的两倍，气体 A 的摩尔质量是气体 B 的摩尔质量的一半，则 $p_A/p_B=$ _____。

5. 某真实气体在一定的条件下其分子间的引力可以忽略不计，但分子本身占有体积，则其状态方程可写为 _____。

四、问答题

1. 分压和分体积定律只适用于理想气体混合物吗？能否适用于真实气体？

2. 气体液化的条件是什么？

3. 范德华方程是根据哪两个因素来修正理想气体状态方程的？

五、计算题

1. 在一个容器内装有 $O_2(g)$ 100 g，压力为 1.00 MPa，温度为 320 K。因容器漏气，经若干小时后，压力降到原来的 5/8，温度降到 300 K，问：容器的容积是多大？漏了多少气体？

2. 将一定量的 $CH_3OCH_3(g)$ 在 25 ℃ 下充入一个密闭的抽空容器中，容器的容积为 10.0 dm^3，当 CH_3OCH_3 完全分解后，测得混合气体中 H_2 的含量为 1.20 mol。试求：开始时容器内的压力为多大？反应终了时容器内的压力又是多少？

3. 在 100 kPa、298 K 下，将 15.0 dm^3 干燥空气鼓泡通入水中，经充分接触后气泡逸出水面，气泡里的气体可认为被水所饱和。当全部气体通过后，经称量发现水减少了 0.019 85 mol，试计算 298 K 下水的饱和蒸气压及逸出水面的潮湿空气的体积。

（以上计算题中的气体均可当做理想气体处理）

第 2 章

热力学第一定律及应用

学习目标

> 能够正确理解热力学的基本概念和术语,掌握热力学第一定律的内容及应用;会计算简单 $pV\text{-}T$ 变化过程、相变过程和化学变化过程的热力学能、焓、热、功;掌握化学反应的标准摩尔焓变与温度的关系。

热力学是研究能量互相转换所遵循规律的科学。用热力学基本原理研究化学现象以及与化学有关的物理现象的学科就是化学热力学。它的主要内容是利用热力学第一定律研究化学变化过程及与之密切相关的物理变化过程的能量效应;利用热力学第二定律研究指定条件下某热力学过程的方向与限度以及与平衡有关的问题;利用热力学第三定律来确定规定熵的数值,结合其他热力学函数解决有关化学平衡的计算问题。

热力学方法有以下几个特点。

(1)热力学研究的对象是大量粒子的集合体,所得的结论具有统计性质,而不适用于个别分子、原子或离子。

(2)热力学不考虑物质的内部结构,也不考虑反应进行的机理。

(3)热力学没有时间因素,不涉及速率问题。

热力学的优点如下:用热力学方法研究问题,只需要知道研究对象的始态和终态以及过程进行的外界条件,就可以进行相应的计算,它不需要知道物质的微观结构和过程的细节,应用上比较方便。

热力学的局限性是明显的。由于热力学不涉及物质内部结构,因此无从了解反应或过程的细节,对现象只有宏观的了解,不能进行微观的说明。由于热力学不包含时间因素,因此也无法解决有关的反应速率问题。例如根据热力学的计算,H_2 与 O_2 在常温下生成 H_2O 的反应自发倾向很大,但若将 H_2 与 O_2 放在一起常温下不会起反应,乃至几年也不会有什么变化。因此,凭热力学只能解决反应的可能性与限度问题。

虽然热力学方法有些局限性,但它仍不失为强有力的理论工具。由于热力学的基础

是人类长期实践的总结,是有着牢固实验基础的经验定律,热力学用的是严格的演绎法,故其结论具有高度的可靠性与普遍性。

热力学是化学反应器以及精馏、吸收、萃取、结晶等单元操作的理论基础,在工艺路线选择、工业装置设计、操作条件确定等方面有重要的指导意义。

本章主要介绍热力学第一定律及其在各类变化过程中的应用。

2.1 热力学基本概念

2.1.1 系统与环境

在热力学中,把要研究的对象称为系统,系统以外并与系统密切相关的部分称为环境。系统可大可小,大到多台冶炼炉及其几十吨铜液与炉渣,小到一个烧杯内盛的少量水,一个系统最少包含一种物质,多则可由几种物质来组成。例如,炼铜过程中当将铜液作为系统时,与其有关的炉衬、炉渣及炉气则为环境。假如你研究造渣、造铜反应,因为这些反应发生在铜、渣相界面上,可以把铜液与炉渣视为系统,而与系统有关的炉衬和炉气等则成为环境。

系统与环境之间一定有一个边界,这个边界可以是实际存在的物理界面,也可以是虚构、不存在的界面。例如:钢瓶中的氧气为系统,则钢瓶为环境,钢瓶内壁就是一个真实的界面;当研究空气中的氧气时,则空气中的其他气体为环境,此时则不存在界面。

系统和环境之间的联系,包括物质的交换和能量的交换两方面。根据系统与环境间是否有物质交换与能量交换,可将系统分类如下。

(1) 敞开系统。

与环境之间既有物质交换,又有能量交换的系统,称为敞开系统(或开放系统)。

(2) 封闭系统。

与环境之间只有能量交换而没有物质交换的系统,称为封闭系统。在封闭系统内,可以发生化学变化和由此引起成分变化,只要不从环境引入或向环境输出物质即可。物理化学上常常讨论这种系统。冶金过程中常把冶金炉(如电炉、高炉、转炉)等看做一个封闭系统,忽略挥发掉的很少量物质。

(3) 隔离系统。

与环境之间既无物质交换,也无能量交换的系统,称为隔离系统(或孤立系统)。

一个盛有热水的水杯,如果将里面的热水作为系统,那么它就是一个敞开系统(水和环境之间既有物质的交换,又有能量的交换);如果将水杯用盖盖上,把杯内的水和水上方空间内的气体一起看做系统,那么它就是一个封闭系统(它们和水杯及外面的世界没有物质的交换,只有能量的传递);如果水杯的绝热性能极其好,几乎可以完全阻止热传导的进行,则水杯及里面的水、气体可以近似看做隔离系统。

严格地说,自然界中并不存在绝对的隔离系统,因为每一事物的运动都和它周围的其他事物互相联系和互相影响。例如,绝热箱的绝热效果再好,也不可能把热传递绝对地排除掉。但是,当这种影响小到可以忽略不计的程度时,就可以将它设想为隔离系统了。因此,与前述的理想气体概念一样,隔离系统是科学抽象出来的概念,实际上只能近似地体现。在热力学研究中,系统和环境的划分完全是根据解决问题的需要与方便人为地确定的。

 ## 2.1.2　状态与状态函数

某一热力学系统的状态是系统的物理性质和化学性质的综合表现。描述一个系统必须确定它的一系列性质,如温度 T、压力 p、体积 V、密度 ρ、定压热容 C_p,以及本章与第 3 章要引入的热力学能 U、焓 H、熵 S 等,这些性质的总和确定了该系统的状态。当这些性质都有确定的数值时,就表明该系统处于一定的状态。如果系统中某个性质发生改变,系统的状态也就发生变化。当然,当系统状态发生改变时,它的诸性质也会随状态的改变而改变,故系统的性质又称为状态函数。这里所说的状态指的是平衡状态,即平衡态。因为只有在平衡态下,系统的性质才能确定。所谓平衡态,应是在一定条件下系统的各种性质均不随时间的推移而变化的状态。

1. 状态函数的特点

状态函数是指描述系统状态的宏观物理量,具有如下特点。

(1)状态函数与状态是一一对应的关系。

只要系统的状态确定,所有的状态函数都有确定的数值。反之,当状态函数一定时,系统的状态也就确定了。

(2)系统由某一状态变化到另一状态,其状态函数的变化只取决于始态和终态,而与变化的途径无关。

常以符号"Δ"表示状态函数在系统发生一个过程后的改变量。例如,系统温度由 25 ℃升到 100 ℃,温度的变化 $\Delta T = T_2 - T_1 = (373.15 - 298.15)\text{ K} = 75\text{ K}$。至于如何变化,是先加热到 120 ℃再变到 100 ℃,还是先冷却到 0 ℃再加热到 100 ℃都无关,温度的变化量只取决于始态和终态。状态函数的这一特点在热力学中有广泛的应用。

(3)任何状态函数都是其他状态函数的函数。

换句话说,在同一状态下,状态函数的任意组合或运算仍为状态函数。例如,理想气体的体积 $V = nRT/p$,密度 $\rho = pM/RT$ 等。但必须注意,在不同状态下状态函数的组合就不能表示为新的状态函数。例如,$\Delta T = T_2 - T_1$,ΔT 就不是新的状态函数。

(4)系统从某一状态出发,经历一系列变化,又重新回到原来的状态,这种变化过程称为循环过程。

显然,在经历循环过程以后,系统所有状态都应恢复到原来数值,即各个状态函数的变化值都等于零。

2. 状态函数分类

按照系统宏观性质的不同,可将状态函数分为广度性质和强度性质。

（1）广度性质（或容量性质）。

广度性质的数值与系统所含物质的数量成正比。广度性质表现系统的"量"的特征，如系统的质量、体积、热力学能等。此种性质在一定条件下具有加和性，即整个系统的某种广度性质是系统中各部分该种性质的总和。例如，在相同温度条件下，将 100 g 的一杯水与 50 g 的另一杯水混合在一起后总质量为 150 g。

（2）强度性质。

该种性质不具有加和性，其数值取决于系统自身的特性，与物质的数量无关（或者说将系统人为地化为若干部分，对各部分来说某一性质仍保持系统原来的数值，这一性质称为强度性质）。强度性质表现系统的"质"的特征。例如，将一杯温度为 60 ℃ 的水均匀分成两部分，每一部分的温度仍是 60 ℃，而不是 30 ℃。

往往两个广度性质的比值为一个强度性质，如密度（$\rho = m/V$）、摩尔体积（$V_m = V/n$）、浓度（$c = n/V$）等。

2.1.3　过程与途径

当系统的状态发生变化时，就说该系统进行了一个过程，实现这一过程的具体步骤称为途径。每一途径常由几个步骤组成。在遇到具体问题时，有时明确给出实现过程的途径，有时则不一定给出过程是如何实现的。过程和途径一般不必严格区分。有时将途径中的每一步骤也称为过程。

过程开始的状态称为始态（初态），最后的状态称为终态（末态），常用下标"1"和"2"分别表示始态和终态，从一个状态到另一个状态的变化过程，可以经过不同的途径，但其状态函数的改变量是相同的。这是因为状态一定时，状态函数就有相应的一个确定数值，既然不同过程的始态与终态相同，状态函数的增量就有一定的数值，不因具体途径的不同而改变。

热力学的内容，实际上就是在一定条件下利用一些特定的状态函数的变化量来解决能量交换以及变化的方向和限度等问题。实际的变化往往很复杂，计算状态函数的变化量比较困难，但是根据状态函数的变化量只取决于始态和终态，而与变化途径无关，就可以设想出其他比较简单的途径来计算状态函数的变化量。热力学方法之所以简便，就是基于这个原理。

按照系统内部物质变化的类型，通常将过程分为单纯 $p\text{-}V\text{-}T$ 变化过程、相变过程和化学变化过程三类。

1. 单纯 $p\text{-}V\text{-}T$ 变化过程（系统的化学组成、聚集状态不变）

等容过程：系统的体积不发生变化（$V_2 = V_1$）。例如，在封闭容器中进行的过程。

等压过程：系统的压力始终恒定不变，且等于环境的压力（$p_2 = p_1 = p_{su}$）。例如，在敞开的炉中进行的冶炼过程。

等温过程：系统的温度始终恒定不变（$T_2 = T_1 = T$），且等于环境的温度。例如，水的沸腾是在 100 ℃ 下（101 325 Pa）进行的。

绝热过程：从始态到终态，系统与环境之间无热量交换，但可以有功的传递。

循环过程:系统经过一系列变化,又恢复到始态。或者说始态就是终态。根据状态函数的特点,循环过程所有状态函数的变化量应等于零。

当然,这些条件也可以有两种或两种以上同时存在。例如,等温等压过程、等温等容过程等。

热力学对状态与过程的描述常用方块图法,方块表示状态,箭头表示过程。例如,n mol $H_2(g)$ 状态变化过程可表示为图 2-1。

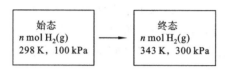

始态		终态
n mol $H_2(g)$	→	n mol $H_2(g)$
298 K, 100 kPa		343 K, 300 kPa

图 2-1 系统状态变化示意图

2. 相变过程

系统中物质的组成不变而聚集状态发生转变的过程称为相变过程。例如,液体的汽化、气体的液化、固体的熔化、固体的升华、气体的凝华以及固体不同晶型间的转化等。通常相变是在等温等压条件下进行的。

3. 化学变化过程

系统中发生化学反应致使组成发生变化的过程称为化学变化过程。

 ## 2.1.4 热力学平衡

如果系统的各性质不随时间而改变,则系统就处于热力学的平衡态。所谓热力学平衡,实际上同时包括下列几个平衡。

1. 热平衡

系统的各个部分温度相等。若系统不是绝热的,系统的温度应等于环境的温度。当系统内有绝热壁隔开时,绝热壁两侧物质的温差不会引起两侧状态的变化。

2. 力平衡

系统各部分之间及系统与环境之间,没有不平衡的力存在。宏观地看,边界不发生相对的移动。在不考虑重力场影响的情况下,就是系统中各个部分的压力相同。如果两个均匀系统被一个固定的器壁隔开,即使双方压力不等,也能保持力平衡,此时不必再考虑力平衡条件。

3. 相平衡

系统内各相的组成及数量不随时间而改变。例如,一定温度下的饱和液体与饱和蒸气共存的系统。当系统处于相平衡时,从宏观上看,没有物质从一相往另一相的迁移。当然从微观上看,不同相间的分子转移从不会停止,只是两个相反方向的转移速率相等而已。

4. 化学平衡

系统的组成不随时间而变化,即宏观上系统内的化学反应已停止进行。

这里需要说明的是:系统的平衡态一般应是热力学上的平衡态,即在系统的温度和压力下它最可能稳定的状态。例如在 100 kPa 下,将液态水 $H_2O(l)$ 冷却至 -5 ℃,系统的热力学平衡态应是固态冰 $H_2O(s)$；又如在 400 ℃、28 MPa 下 $N_2(g)$ 与 $H_2(g)$ 混合物的热力学平衡态应是在该温度、压力下处于化学平衡态的 $N_2(g)$、$H_2(g)$、$NH_3(g)$ 的气体混合物。这两个系统的热力学平衡态是很容易达到的。一般来说，将 $H_2O(l)$ 冷却至 -5 ℃即可得到 $H_2O(s)$；$N_2(g)$ 与 $H_2(g)$ 在催化剂的存在下即可合成 $NH_3(g)$，并且它们之间达成化学平衡。但是，若将极纯的 $H_2O(l)$ 小心缓慢地冷却至 -5 ℃，仍可呈液态存在而不结冰（即过冷水）；若没有催化剂存在，$N_2(g)$ 和 $H_2(g)$ 在上述条件下可以长时间不发生化学反应。尽管上述 -5 ℃的 $H_2O(l)$ 和未发生化学反应的 $N_2(g)$ 与 $H_2(g)$ 均不是在该条件下的热力学平衡态，但它们所处的状态在一定时间范围内可以维持不变，系统的性质可以确定，在这种情况下，这两种状态仍可按平衡态处理。

至于如何判断系统在一定条件下的状态，要根据具体情况。例如在 100 kPa 下将水 $H_2O(l)$ 加热到 120 ℃的过热水，则终态为液态水 $H_2O(l)$；若在 100 kPa 下将水 $H_2O(l)$ 加热到 120 ℃的平衡态，则终态为水蒸气 $H_2O(g)$。

 ## 2.1.5　热和功

1. 热

当系统的状态发生变化时，往往可以观察到系统与环境之间发生能量的交换，这种交换的结果是系统和环境的热力学能都发生改变。例如，两个不同温度的物体相互接触时，高温物体的温度会下降，其热力学能减少，而低温物体的温度会上升，其热力学能增加，这表明两个物体之间有能量的交换。像这种由于系统与环境存在温差而在系统与环境间传递或交换的能量称为热。热是能量的一种传递形式，而不是能量的形式。热总是与系统所进行的具体过程相联系着的，没有过程就没有热，变化的途径不同，热的数值就可能不同。因此，热不是状态函数。如果说系统的某一状态有多少热，那是毫无意义的，因为传递过程一结束，它就转化为系统热力学能的改变。也就是说，热不是系统本身的性质，只有发生了一个过程，才能谈到热的概念，热是一个过程量。

在热力学中，用符号 Q 表示热，单位为焦耳（J）。若系统从环境中吸热，$Q>0$；反之系统向环境中散热，$Q<0$。微量的热用符号 δQ 表示，以示和状态函数的全微分的区别。

值得注意的是既然热不是状态函数，在完成一个过程时，系统与环境之间交换的能量——热，不能写成"ΔQ"，写为 Q 即可。此外热力学上的"热"与物体冷热的"热"具有不同的含义。从微观的角度看，热是大量质点以无序运动方式而传递的能量；而物体冷热是指温度高与低，物体的温度反映物体内部质点无规则运动的强弱。

2. 功

压缩机中的活塞压缩汽缸内的气体时，活塞消耗了一些动能而使气体的温度上升，这表明活塞与汽缸内气体之间有了能量的交换，但和上面两种不同温度物体接触能量交换的形式不同，它是以功的形式交换。在热力学中，把除了热以外系统与环境之间能量交换的所有形式统称为功（能量交换的形式只有热和功两者，再无第三种形式）。在物理化学中常遇到的有体积功、电功和表面功等。功也是能量传递的一种形式，而不是能量的形式，它也是和系统变化的过程紧密联系的，因此它也不是状态函数，不属于系统本身的性

质,只有进行一个过程以后,才有功的概念,它是一个过程量。功用 W 表示,并规定:环境对系统做功,$W>0$;系统对环境做功,$W<0$。微量的功用 δW 表示。从微观的角度看,功是大量质点以有序运动方式而传递的能量。功可以分为两大类。

(1) 体积功。

体积功是系统在外压力作用下,体积发生改变时与环境传递的功,用 W 表示。

(2) 非体积功。

除体积功以外,其他的功统称非体积功,常用 W' 表示。例如,电功和表面功等。

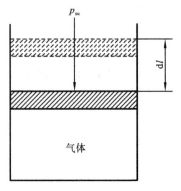

图 2-2 充有气体的汽缸

在热力学中,体积功的计算有特殊的意义,关于体积功的计算,举例说明如下。

图 2-2 所示为一个充有一定量气体的汽缸(带有一个无质量、无摩擦力的理想圆形活塞),活塞的截面积为 S,活塞上所受的外压为 p_{su},则活塞所受的总力 F 为

$$F = p_{su} S$$

假定气体受热后,由于汽缸内气体压力大于外压而使气体膨胀,活塞移动了 dl 的距离,可以看出,Sdl 是气体膨胀时体积的改变量,可以记做 dV,$dV = Sdl$。在此过程中,系统克服外力所做的功为

$$\delta W = -Fdl = -p_{su}Sdl = -p_{su}dV \tag{2-1}$$

式中:p_{su}——外压,并非气体的压力。

式(2-1)是计算体积功的公式。应该注意,不论系统是膨胀还是压缩,体积功都用此公式计算;只有 $-p_{su}dV$ 这个量才是体积功,pV 或 Vdp 都不是体积功。

若整个过程是从始态体积 V_1 膨胀到终态体积 V_2,则体积功 W 为

$$W = -\int_{V_1}^{V_2} p_{su}dV \tag{2-2}$$

等容过程: $dV = 0,\quad W = 0$

自由膨胀过程: $p_{su} = 0,\quad W = 0$

恒外压过程: p_{su} 为常数,$\quad W = -p_{su}(V_2 - V_1)$

等压过程:$p_{su} = p$,并且为常数,$W = -\int_{V_1}^{V_2} p_{su}dV = -\int_{V_1}^{V_2} pdV = -p(V_2 - V_1)$

热力学可逆过程: $p_{su} = p \pm dp$

则 $$W = -\int_{V_1}^{V_2} p_{su}dV = -\int_{V_1}^{V_2}(p \pm dp)dV = -\int_{V_1}^{V_2} pdV \tag{2-3}$$

[例 2-1] 圆筒中盛有 2.4 mol、298.15 K、$V_1 = 10$ dm^3、$p_1 = 600$ kPa 的理想气体,为使气体在定温下膨胀,把圆筒放在一恒温槽中,让气体的体积经过下列几种不同的途径膨胀到 60 dm^3。试计算不同情况下气体所做的功。

① 气体在恒定外压的情况下膨胀,外压从 600 kPa 突然降到 100 kPa;

② 外压先从 600 kPa 突然降到 300 kPa,待气体的压力也降到 300 kPa 后,再将外压突然降到 100 kPa;

③ 外压先从 600 kPa 突然降到 300 kPa,待气体的压力也降到 300 kPa 后,再将外压突然降到 200

kPa,待气体的压力也降到 200 kPa 后,再将外压突然降到 100 kPa;

④ 在整个膨胀过程中,始终保持外压比圆筒内气体的压力只差无限小的数值。

解 ① $W_1 = -100 \times 10^3 \times (60 \times 10^{-3} - 10 \times 10^{-3})$ J $= -5$ kJ

② 先算出 300 kPa 下气体的体积,设为 V',则

$$10 \times 600 = 300V'$$

即
$$V' = 20 \text{ dm}^3$$

$$W_2 = \left[-300 \times 10^3 \times (20 \times 10^{-3} - 10 \times 10^{-3}) - 100 \times 10^3 \times (60 \times 10^{-3} - 20 \times 10^{-3}) \right] \text{ J}$$
$$= (-3\,000 - 4\,000) \text{ J} = -7 \text{ kJ}$$

③ 先算出 200 kPa 下气体的体积,设为 V'',则

$$10 \times 600 = 200V''$$

即
$$V'' = 30 \text{ dm}^3$$

$$W_3 = \left[-300 \times 10^3 \times (20 \times 10^{-3} - 10 \times 10^{-3}) - 200 \times 10^3 \times (30 \times 10^{-3} - 20 \times 10^{-3}) \right.$$
$$\left. -100 \times 10^3 \times (60 \times 10^{-3} - 30 \times 10^{-3}) \right] \text{ J}$$
$$= (-3\,000 - 2\,000 - 3\,000) \text{ J} = -8 \text{ kJ}$$

④ 认为该过程是这样膨胀的:在活塞上放一堆很细的沙子来代表外压,每取下一粒细沙,外压就减少 $\mathrm{d}p$,即降为 $p - \mathrm{d}p$,这时气体就膨胀 $\mathrm{d}V$;依次取下细沙,气体的体积就逐渐膨胀,直到 60 dm^3,如图2-3所示,在整个膨胀过程中 $p_{su} = p - \mathrm{d}p$,系统做的功为

$$W = -\int_{V_1}^{V_2} p_{su} \mathrm{d}V = -\int_{V_1}^{V_2} (p - \mathrm{d}p) \mathrm{d}V = -\int_{V_1}^{V_2} p\mathrm{d}V + \int_{V_1}^{V_2} \mathrm{d}p \mathrm{d}V = -\int_{V_1}^{V_2} p\mathrm{d}V$$

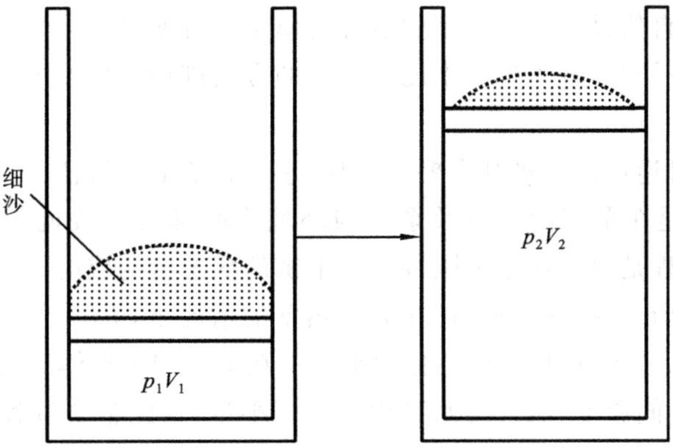

图 2-3 气体可逆膨胀

由于 $\mathrm{d}p\mathrm{d}V$ 是二阶无穷小,相对于 $p\mathrm{d}V$ 可以忽略不计,而 p 是系统的内压,即气体的压力。因为所讨论的系统为一定量的理想气体,以 $p = nRT/V$ 代入式(2-3),在恒温下积分可得

$$W = -\int_{V_1}^{V_2} \frac{nRT}{V} \mathrm{d}V = -nRT\ln\frac{V_2}{V_1} = -nRT\ln\frac{p_1}{p_2} \tag{2-4}$$

代入数据,得

$$W_4 = -nRT\ln\frac{V_2}{V_1} = \left(-2.4 \times 8.314 \times 298.15 \times \ln\frac{60}{10} \right) \text{ J} = -10.65 \text{ kJ}$$

显然上述例题中的始态与终态是完全相同的,只是经过的途径不同,所做的功也不一样,可见做功的多少是与过程相联系的。

3. 热力学可逆过程

在热力学中,按照例 2-1 方式④所进行的膨胀过程被看做一个特殊的过程。在这个过程中,由于每一步膨胀时,环境压力只比系统压力小 dp,或者说几乎是相等的,因此,在膨胀的每一瞬间,系统内部以及与环境之间都极接近于平衡态,整个过程则由一系列无限接近于平衡的状态所构成。这样的过程称为热力学可逆过程,简称可逆过程。公式(2-4)为计算理想气体等温可逆过程体积功的公式。

由结果看到 W_4 的绝对值比 W_1、W_2、W_3 的绝对值都大。根据前面的数据,不难得到这样的结论:在同样的始、终态之间进行的等温膨胀过程中,等温可逆膨胀过程系统对环境做的功最多。

如果采取与途径①、②、③、④相反的步骤,将膨胀后的气体压缩到初始的状态,即可计算出上述不同方式压缩过程的功。即在同样的始、终态之间以不同方式进行的等温压缩过程中,等温可逆压缩过程环境对系统做的功最少,且与等温可逆膨胀功绝对值相等,符号相反。

一个过程,如果每一步都可以逆向进行,并且经过逆向的变化使系统复原时,环境不留下任何变化,则原来的过程就是可逆过程。与可逆过程相对应的是不可逆过程。如果系统发生了某一过程,在使系统复原的同时,无法使环境也复原,则此过程叫做不可逆过程。气体向真空膨胀就是一个不可逆过程,因为要使气体复原,就必须对气体进行压缩,这样环境就必须消耗功,同时得到热,环境并没有同时复原,因此属于不可逆过程。物体从空中自由落下等自然界能自动发生的过程均属于不可逆过程。

不要把不可逆过程理解为根本不能向相反的方向进行。也不可把可逆过程误解为循环过程。

在热力学中,可逆过程是极其重要的过程,它具有如下的特征。

(1)可逆过程是在系统内部以及系统与环境之间都无限接近于平衡的条件下进行的,或者说,可逆过程是由一连串无限接近于平衡的状态所构成的。

这里所谓的平衡,包括热平衡(即在无绝热壁的情况下,$T_{sr} = T_{su}$)、力平衡(在无刚性壁存在的条件下,$p_{su} = p_{sr}$)、相平衡和化学平衡。在上述理想气体等温可逆膨胀和压缩过程中,系统和环境之间温度、压力均始终相差无穷小量,因此整个过程无限接近于热平衡和力平衡态。

综上所述,可逆过程是和热力学平衡紧密联系在一起的。如果系统处于平衡态,则在保持平衡且无摩擦的条件下进行的过程一定是可逆过程;换言之,如果系统进行的过程是可逆过程,则在过程进行中,系统一定始终处于(或无限接近于)平衡态。因此,平衡热力学也称为可逆过程热力学。

(2)由于可逆过程是在几乎平衡的条件下进行的,因此过程进行必然是无限缓慢的。

(3)在可逆过程进行的任一瞬间,如果将条件反向变化无穷小量,就能使过程反向进行,且当系统依原途径返回到初始状态时,环境也同时完全复原。例如,当理想气体沿途经④作等温可逆膨胀时,在任一次微小膨胀过程中,如果加上一粒细沙,即将 p_{su} 增加 dp,则活塞将反向移动,由膨胀改为压缩,而在途径①、②、③进行中,将 p_{su} 增加无穷小量 dp,活塞将依然向上移动,过程不会反向进行。

4. 若干典型的可逆过程

1）可逆 p-V-T 变化过程

假设现有无数多个恒温大热源,第一个温度为 50 ℃,其后每一个比前一个温度升高一无穷小量 dT,最后一个温度为 100 ℃,如图 2-4 所示。

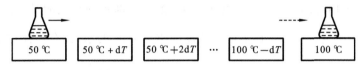

图 2-4 可逆升温过程示意图

在一个导热良好的刚性容器内充入初始温度为 50 ℃ 的一定量的液体,将此容器依次与每个热源接触,并使之达到热平衡,最后液体温度上升到 100 ℃。在此过程中,由于每次热量的传递是在系统温度与环境温度相差无限小的情况下进行的,因此液体的整个升温过程是由无数个无限接近于平衡的状态构成的,也是可逆过程。

2）可逆相变过程

图 2-5 为一置于温度为 100 ℃ 恒温大热源中的容器,容器中盛有一定量的 H_2O,当无质量、无摩擦力的活塞上方 $p_{su}=100$ kPa 时,容器内的 $H_2O(l)$ 和 $H_2O(g)$ 处于相平衡状态。现若将 p_{su} 减少一无穷小量 dp,则系统压力 p 将大于 p_{su},活塞将以极其小的速率上移,与此同时,$H_2O(l)$ 也将缓慢蒸发成 $H_2O(g)$。这个相变过程是在系统始终处在相平衡(当然也包括热平衡和力平衡)的条件下进行的,因此是可逆相变过程。

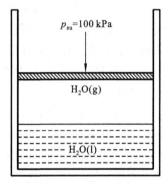

图 2-5 可逆相变示意图

3）可逆化学变化过程

化学反应通过适当的安排也可以在可逆情况下进行。例如在 1 170 K 下,对于反应

$$CaCO_3(s) = CaO(s) + CO_2(g)$$

其分解压为 101.325 kPa,当 CO_2 的分压维持 101.325 kPa(或比此值小一无限小量)时,分解过程就能在可逆情况下进行。

同理想气体的概念一样,可逆过程也是一种理想过程,是一种科学的抽象,客观世界中并不存在真正的可逆过程。自然界中进行的实际过程只能无限地接近于可逆过程,但不可能完全达到。例如,液体在其沸点时的蒸发、固体在其熔点时的熔化等。也就是说,自然界中进行的一切实际过程都是不可逆过程。但是,在热力学中,可逆过程是一个极其重要的过程。因为许多重要的热力学公式要通过可逆过程来建立;一些重要的状态函数的变化只有通过可逆过程才能求得;此外,如前面讨论的,当系统作等温膨胀时,可逆过程系统做最大的功,而当系统被等温压缩时,可逆过程环境做最小的功。因而从获得及消耗能的观点来看,可逆过程是最经济、效率最高的过程。因而,它可作为标准来衡量实际过程的效率。

2.1.6 热力学能

一个系统的总能量包括三方面,即系统处于引力场或磁场中的位能、系统宏观运动时的动能,以及系统内部的总能量——热力学能(系统内部各种形式能量的总和)。例如在离地面 h 处的水平管道中以速度 v 向前流动的质量为 m 的水,具有整体动能 $\frac{1}{2}mv^2$ 和因引力产生的位能 mgh(g 为重力加速度)。这些水的总能量应当是 $\frac{1}{2}mv^2$、mgh 及热力学能三部分的总和。热力学能以前也称为内能,以符号 U 表示,具有能量单位。从微观上来理解,热力学能包括系统中物质分子的平动能、转动能、振动能、电子运动能及核能等。随着微观世界认识的不断深入,还会发现新的运动形式的能量,因此,系统的热力学能的绝对值无法确定。

热力学能是系统内部质点能量的总和,因为系统内部每个质点的能量是与其组分、结构、运动状态和相互作用情况有关的一种微观性质,所以系统内部这种微观性质的总和就体现了系统的一种宏观性质。因此,热力学能是系统本身的性质,在确定状态下具有一定的数值(是状态函数),且与物质的量多少成正比,属于系统自身的广度性质,具有加和性。若系统的状态发生变化,其值也发生变化,一个系统的热力学能的绝对值目前虽还无法测定,但这并不妨碍我们对问题的研究,因为热力学研究问题时,是通过测定或计算状态函数的变化量来解决实际问题的,所关心的是系统发生了一个过程,与环境交换了多少能量,热力学能改变了多少,即只需要知道 ΔU 就可以了,并不需要知道它的绝对值。热力学上规定,系统发生变化后,如果其热力学能增加,$\Delta U > 0$;反之,热力学能减少,$\Delta U < 0$。

根据状态函数的特点,热力学能可以表示为其他若干变量的函数。对一个组成及质量一定的均匀系统,若把热力学能表示为温度和体积的函数,即 $U = f(T,V)$,热力学能的微小变化量为热力学函数的全微分:

$$dU = \left(\frac{\partial U}{\partial T}\right)_V dT + \left(\frac{\partial U}{\partial V}\right)_T dV \tag{2-5}$$

若把热力学能表示为温度和压力的函数,即 $U = f(T,p)$,也可写出相应的全微分:

$$dU = \left(\frac{\partial U}{\partial T}\right)_p dT + \left(\frac{\partial U}{\partial p}\right)_T dp \tag{2-6}$$

2.2 热力学第一定律

2.2.1 热力学第一定律的文字表述

能量守恒与转化定律应用于热力学领域内,称为热力学第一定律。即在任何过程中能量既不能创造,也不能消失,能量只能从一种形式转化为另一种形式,而不同形式的能量在相互转化时永远是守恒的。例如,电池内发生化学变化,化学能转化为电能产生电流,可使电动机做功转为机械能。若把电流通到电弧炉内以发热使炉料升温,则把电能转化为热能。电流还可以通入照明设施发光发热,转化为光能与热能等。无论能量怎样转化,形式千变万化,但总能量是不变的。

热力学第一定律也可以表述为:第一类永动机是不可能制成的。热力学第一定律是人类经验的总结。

 ## 2.2.2　热力学第一定律的数学表达式

系统与环境间交换能量的形式只有两种,即功与热。根据热力学第一定律,能量的总量是不变的。因此,按照系统吸收的热量和得到的功,就可以知道系统的热力学能改变了多少。假设有一封闭系统在某一有限过程中吸热 Q,环境对其做功 W,因为吸收热量、得到功使系统的热力学能增加,这样系统终态的能量就应为系统的始态能量加上增加的能量。即

$$U_2 = U_1 + Q + W$$
$$U_2 - U_1 = Q + W$$

因为
$$\Delta U = U_2 - U_1$$

所以
$$\Delta U = Q + W \tag{2-7a}$$

对于系统的一个无限微小的变化过程,热力学能的变化量用微分 $\mathrm{d}U$ 来表示;热量和功的微小量用符号"δ"而不是用符号"d"表示,是为了把它们与状态函数区分开来。在进行计算过程中,它们也与状态函数有所不同。

将式(2-7a)微分得

$$\mathrm{d}U = \delta Q + \delta W \tag{2-7b}$$

式(2-7a)和式(2-7b)均为热力学第一定律的数学表达式。在应用公式时要注意以下几点。

(1) 热力学能、功和热三者单位要统一,按国际单位制代入即可。

(2) 该式只适用于封闭系统。对隔离系统,$Q = 0$、$W = 0$、$\Delta U = 0$,可见没有什么意义;而对敞开系统,系统物质的量不能确定,故意义也不明确。

(3) 公式中的 W(或 δW)指的是总功,包括体积功和非体积功,所以根据需要可将公式改写为 $\mathrm{d}U = \delta Q - p_{su}\mathrm{d}V + \delta W'$ 的形式。

[例 2-2]　某系统由始态 1 变至终态 2,共吸热 300 kJ,对外做功 100 kJ,试计算该系统热力学能的变化量 ΔU。

解　根据热力学第一定律　　　　　$\Delta U = Q + W$

因为系统吸热 $Q = +300$ kJ,系统对环境做功 $W = -100$ kJ,所以

$$\Delta U = Q + W = (300 - 100)\ \mathrm{kJ} = 200\ \mathrm{kJ}$$

[例 2-3]　在 25 ℃、101 325 Pa 条件下,完成反应

$$Zn + CuSO_4(1\ mol \cdot dm^{-3}) \longrightarrow Cu + ZnSO_4(1\ mol \cdot dm^{-3})$$

可采用下列两种途径来实现。

(1) 将 Zn 与 $CuSO_4$ 溶液直接反应。由实验测得当 1 mol Zn 与 1 mol $CuSO_4$ 完全反应时体积基本保

持不变且放热 239 kJ。

（2）将 Cu 片、Zn 片、$CuSO_4$ 溶液和 $ZnSO_4$ 溶液设计成铜锌原电池,电池在完成反应的同时做电功 213.4 kJ,放热 25.6 kJ。

试计算两种途径该系统热力学能的变化量。

解 （1）由于反应前后体积基本保持不变,又没有做电功,所以 $W_1=0$,即

$$\Delta U_1 = Q_1 + W_1 = (-239+0)\ kJ = -239\ kJ$$

也就是热力学能减少了 239 kJ。

（2）热力学能的变化量为

$$\Delta U_2 = Q_2 + W_2 = (-25.6-213.4)\ kJ = -239\ kJ$$

上述例子再一次表明热力学能是系统的状态函数,而功和热不是状态函数。功和热不能单靠系统变化前后的状态来决定,而与实现这一变化的具体过程有关。

2.2.3　恒容热与恒压热

在冶金、化工生产过程中,最常遇到的是等容过程和等压过程。在固定体积、封闭的反应器中进行的过程,属于等容过程;在敞口容器置于大气压下进行的过程,属于等压过程。后一种情况更为普遍。

热和功虽不是状态函数,其大小与过程有关,但我们将看到,在等容或等压且无非体积功的过程中热量是一定值,此定值仅仅取决于系统的始态和终态。

1. 恒容热

系统在等容且不做非体积功的过程中,与环境间传递的热称为恒容热,以 Q_V 表示。在刚性且密闭的容器中进行的反应可看做等容条件下的反应。实践中也将只有凝聚相参加的化学反应近似看做等容过程,这是因为固、液体的体积变化极小,可以忽略不计。

由热力学第一定律 $\Delta U = Q + W$,W 是总功,包括体积功和非体积功。在等容且不做非体积功的过程中,其 $W=0$,则

$$\Delta U = Q_V \tag{2-8a}$$

对于微小的变化过程,则有

$$\delta Q_V = dU \tag{2-8b}$$

说明:式(2-8)只适用于封闭系统等容且不做非体积功的过程。该公式的重要性在于把一个特定过程(等容过程)的热量 Q_V 与一个系统的状态函数的变化量 ΔU 联系起来。等号两端的两个不同物理量只是数值上的等同,物理意义截然不同。热力学能是系统的状态函数,它的增量 ΔU 仅仅与系统的始、终态有关,只要始态与终态一定,无论经历什么样的过程,$\Delta U = U_2 - U_1$ 是固定的,而热量 Q 不是状态函数,只有在等容且不做非体积功的条件下,才能将 Q_V 与 ΔU 联系起来。

2. 恒压热和焓

系统在等压且不做非体积功的过程中与环境间传递的热称为恒压热,以 Q_p 表示。多数冶金、化工过程是在敞开的、暴露的空气中进行的,是在压力不变的条件下进行的等压过程。

由热力学第一定律 $\Delta U = Q + W$,在等压过程中,体积功 $W = -p_{su}\Delta V$,若非体积功为

0,则有

$$\Delta U = Q_p - p_{su}\Delta V$$

即
$$U_2 - U_1 = Q_p - p_{su}(V_2 - V_1)$$

因为 $p_1 = p_2 = p_{su}$,所以

$$Q_p = (U_2 + p_2 V_2) - (U_1 + p_1 V_1) = \Delta(U + pV)$$

由于 U、p、V 都是系统的状态函数,因此在同一状态下 $U + pV$ 也应是状态函数。在热力学计算中,经常遇到 $U + pV$ 这个量,为了方便起见,把它称为焓,用符号 H 表示,即定义

$$H \xlongequal{\text{def}} U + pV \tag{2-9}$$

则
$$Q_p = \Delta H \tag{2-10a}$$

对于微小的变化过程
$$\delta Q_p = dH \tag{2-10b}$$

对于式(2-10a)和式(2-10b)的理解与式(2-8a)和式(2-8b)的相类似。式(2-10a)和式(2-10b)只适用于封闭系统等压且不做非体积功的特殊过程。在这个过程中,系统与环境间交换的热量 Q_p 与系统的状态函数焓的变化量 ΔH 相等。有了这一结论,计算等压过程的热就方便多了。

由于热力学能的绝对值目前还不能测定,因此焓的绝对值也不能测定,但实际过程只需知道其变化量就可以了。焓并没有明确的物理意义,单位与热力学能的单位相同,是焦耳(J)或千焦(kJ)。

焓既然是系统的状态函数,且有容量性质,只要系统的状态一定,就有确定的焓值,当系统发生任何一个过程后,就有相对应的焓变化量 $\Delta H = H_2 - H_1$。切勿认为只有等压过程才有焓变 ΔH。热力学上规定:当系统的焓在一个过程中增加时,则 ΔH 为正值;反之减少时,ΔH 为负值。

3. 焦耳定律

为了研究压力和体积的变化对气体热力学能的影响,焦耳在1843年做了如图2-6所示的实验。将两个中间以旋塞相连的容器浸于水浴中,在左边容器中充以气体,右边容器抽成真空。打开旋塞,则气体将从左边容器充入右边容器,直到两边平衡为止。实验测得气体膨胀前后,水浴的温度不变。以气体为系统,因是向真空膨胀,故膨胀时反抗的环境压力 $p_{su} = 0$,则 $W = 0$;由于系统和环境的温度均未变,$Q = 0$;根据 $\Delta U = Q + W = 0$,说明气体自由膨胀时热力学能保持不变。

焦耳的实验是不准确的,因为水浴中水的热容很大,加上当时的测温仪器精度不高,无法测得水温的微小变化。之后的科学家用改进的更精密的实验装置测定实际气体时,在自由膨胀过程中,温度会发生微小变化,但是实验同时也证明,膨胀前气体的压力越小,则温度变化越小。因此,可以推论,对理想气体来说,焦耳实验的结论是完全正确的,即理想气体自由膨胀时,热力学能不变。

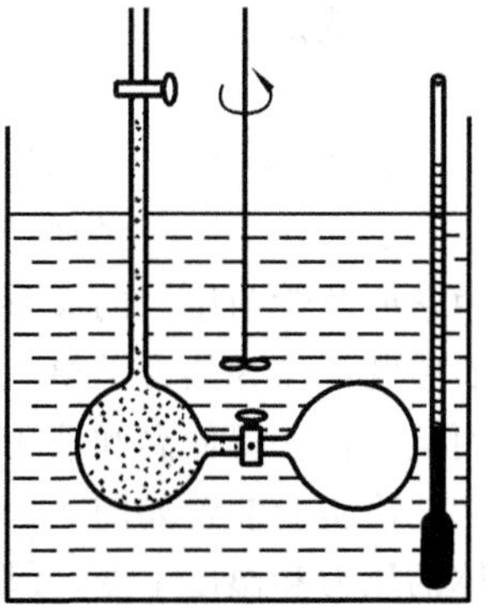

将上述热力学能不变、温度不变及体积发生变化的实验结果分别代入式(2-5)、式(2-6):

图 2-6　焦耳实验示意图

$$dU = \left(\frac{\partial U}{\partial T}\right)_V dT + \left(\frac{\partial U}{\partial V}\right)_T dV$$

$$dU = \left(\frac{\partial U}{\partial T}\right)_p dT + \left(\frac{\partial U}{\partial p}\right)_T dp$$

因为 $dU=0, dT=0, dV \neq 0$，所以

$$\left(\frac{\partial U}{\partial T}\right)_V = 0$$

因为 $dU=0, dT=0, dp \neq 0$，所以

$$\left(\frac{\partial U}{\partial p}\right)_T = 0$$

即一定量、一定组成的理想气体的热力学能仅仅是温度的函数，而与压力、体积无关。也就是

$$U = f(T)$$

上述实验结论也可用理想气体的微观模型来解释。由于理想气体分子间无相互作用力，因此分子间的位能为零。对于确定的物质分子来说，其动能仅仅是温度的函数，在不发生化学反应的条件下，气体热力学能的变化又仅仅是由分子运动的动能和分子间相互作用的势能的变化引起，所以一定组成的理想气体的热力学能仅仅是温度的函数，而与压力、体积无关。

[例 2-4] $n\,mol$ 理想气体由 p_1, V_1, T_1 恒温膨胀到 p_2, V_2, T_2，求过程的焓变 ΔH。

解 系统的变化过程如图 2-7 所示。

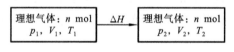

图 2-7 例 2-4 附图

由焓的定义可知

$$\Delta H = H_2 - H_1 = (U_2 + p_2 V_2) - (U_1 + p_1 V_1) = (U_2 - U_1) + (p_2 V_2 - p_1 V_1)$$

理想气体恒温过程的热力学能变化为零，又因理想气体服从 $pV = nRT$，所以

$$\Delta H = 0 + (nRT_1 - nRT_1) = 0$$

计算表明，一定量、一定组成的理想气体的焓仅仅是温度的函数，而与压力、体积无关。也就是

$$H = f(T)$$

4. 焦耳-汤姆逊效应

焦耳在 1843 年做的气体的自由膨胀实验是不精确的，为了进一步研究实际气体的热力学能及焓与压力的关系，1852 年焦耳和汤姆逊(Thomson)合作设计了一个实验。这个实验既可作为热力学第一定律对真实气体的应用的例子，也有助于了解真实气体的性质，而且它在获得低温和液化气体的工业中有着重要的应用。

该实验装置如图 2-8 所示。在一个圆形绝热筒的中间装上一个多孔塞，维持左侧气体的压力和温度不变，缓慢推动活塞使气体通过多孔塞向右侧膨胀，同时右侧利用另一活塞使气体压力(比左侧小)恒定。实验结果是：气体经过多孔塞后，压力减小，体积增大，温度也发生了变化。这种现象称为焦耳-汤姆逊效应。因为气体是在绝热条件下通过多孔

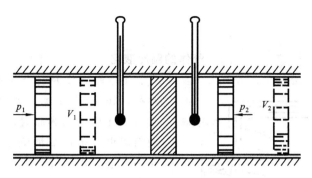

图 2-8 焦耳-汤姆逊实验

塞而膨胀的,所以叫做节流膨胀。

实验发现在室温下,大多数气体经节流膨胀后温度下降,称为制冷效应,这就是工业上(用节流阀来代替多孔塞)常用的获得低温和液化气体的方法。也有少数气体(如氢、氦等)经节流膨胀之后温度升高,产生致热效应。但当温度足够低时,它们也能产生制冷效应。实验还测得,各种气体在压力很低时(接近于理想气体),经节流膨胀后温度基本不变。

现在对节流过程作热力学分析:设开始在 p_1 和 T_1 下某一定量的气体所占的体积为 V_1,经节流膨胀到右侧较低压力 p_2 之后,其体积和温度分别为 V_2 和 T_2,在左侧,外界对气体气体做功为 p_1V_1,而这部分气体在右侧对外界做功为 p_2V_2,因此气体对外所做功的净值为 $p_2V_2-p_1V_1$,由于过程是绝热的,$Q=0$,根据热力学第一定律得

$$\Delta U = U_2 - U_1 = W = -p_2V_2 + p_1V_1$$

移项得
$$U_2 + p_2V_2 = U_1 + p_1V_1$$

所以
$$H_2 = H_1$$

这表示节流过程是恒焓过程。因为理想气体的焓仅与温度有关,所以节流膨胀后温度是不会改变的。真实气体的焓(或热力学能)不仅是温度的函数,也与气体的压力、体积有关,节流膨胀后,压力改变将引起温度的变化。

在节流膨胀过程中,温度随压力的变化率称为焦耳-汤姆逊系数或节流膨胀系数,用 μ 表示,即

$$\mu = \left(\frac{\partial T}{\partial p}\right)_H$$

下标"H"表示恒焓过程。在节流过程中,∂p 总是负的,即 $\partial p<0$。若 $\mu>0$,则 $\partial T<0$,这表示气体经节流膨胀后温度下降,产生制冷效应;若 $\mu<0$,则 $\partial T>0$,表示气体经节流膨胀后温度升高,产生致热效应;若 $\mu=0$,则表示节流膨胀后气体温度不会发生变化。

我们不难从实际气体的微观模型来理解,实际气体分子间是存在相互作用力的。因此,当气体体积变化时,由于分子间相互作用力而产生的势能也将随分子间距离的变化而改变,从而引起气体热力学能的改变。

节流膨胀最重要的用途是降温及液化气体(当 $\mu>0$ 时,气体才会因节流膨胀而降温),节流膨胀所产生的制冷效应是目前工业上产生低温的重要技术手段。

小资料

气体的制冷液化

焦耳-汤姆逊效应在工业上主要应用于气体的液化和制冷技术。图 2-9 为

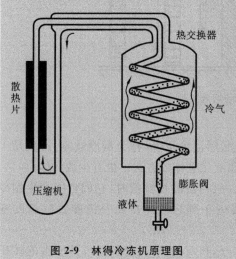

林得(Linde)冷冻机原理图。在转换温度以下气体绝热膨胀时其温度将降低，利用图中所示压缩机使气体压缩后，先用一组散热片使压缩时产生的热量散失一部分，再通过膨胀阀，绝热膨胀冷却后的气体又回至压缩机重新压缩，过程反复进行，温度可降至气体沸点之下而使之液化。氮的沸点为 77.2 K，转换温度为 620.63 K；氧的沸点为 90.2 K，转换温度为 764.43 K。目前工业上制氧，主要应用上法自空气中使氧先液化，以达到氧、氮分离的目的。

图 2-9　林得冷冻机原理图

5. 热容

一个没有非体积功的封闭系统，在不发生相变与化学变化的情况下，升高单位热力学温度时吸收的热量称为该物质的热容，通常以符号 C 表示，即

$$C = \frac{\delta Q}{\mathrm{d}T}$$

热容的数值与系统中物质的数量有关。为此，热力学还定义了质量热容（又称比热容）$c(\mathrm{J \cdot kg^{-1} \cdot K^{-1}})$ 和摩尔热容 $C_m(\mathrm{J \cdot mol^{-1} \cdot K^{-1}})$，有

$$c = \frac{C}{m}$$

式中：m——系统中物质的质量。

$$C_m = \frac{C}{n} = \frac{1}{n} \frac{\delta Q}{\mathrm{d}T}$$

式中：n——系统中物质的量。

由于物质吸热可在等容或等压的条件下进行，因而热容也可分为定容热容和定压热容。

（1）摩尔定容热容。

在不做非体积功的等容过程中，1 mol 物质的热容称为摩尔定容热容，用符号 $C_{V,m}$ 表示。

$$C_{V,m} = \frac{C_V}{n} = \frac{1}{n} \frac{\delta Q_V}{\mathrm{d}T} = \frac{1}{n} \left(\frac{\partial U}{\partial T} \right)_V \tag{2-11}$$

（2）摩尔定压热容。

在不做非体积功的等压过程中,1 mol 物质的热容称为摩尔定压热容,用符号 $C_{p,\mathrm{m}}$ 表示。

$$C_{p,\mathrm{m}} = \frac{C_p}{n} = \frac{1}{n}\frac{\delta Q_p}{\mathrm{d}T} = \frac{1}{n}\left(\frac{\partial H}{\partial T}\right)_p \tag{2-12}$$

当系统处于一定状态时,$C_{p,\mathrm{m}}$ 和 $C_{V,\mathrm{m}}$ 都具有确定的值;当系统的状态发生变化时,它们也可能随之变化,其中最明显的是随温度的变化。

(3) 理想气体的热容。

对于理想气体,其热力学能及焓均只是温度的函数,与体积或压力无关。因此不仅在等容过程或等压过程中,而且在无化学变化、只做体积功的任意其他过程(如绝热过程)中,其热力学能和焓的变化均可表示为

$$\mathrm{d}U = nC_{V,\mathrm{m}}\mathrm{d}T$$

$$\mathrm{d}H = nC_{p,\mathrm{m}}\mathrm{d}T$$

根据焓的定义 $H = U + pV$,将此式微分可得

$$\mathrm{d}H = \mathrm{d}U + \mathrm{d}(pV)$$

$$nC_{p,\mathrm{m}}\mathrm{d}T = nC_{V,\mathrm{m}}\mathrm{d}T + nR\mathrm{d}T$$

$$C_{p,\mathrm{m}} - C_{V,\mathrm{m}} = R$$

或

$$C_p - C_V = nR$$

统计热力学可以证明,在通常温度下,对理想气体来说:

单原子分子系统 $\qquad C_{V,\mathrm{m}} = \dfrac{3}{2}R, \quad C_{p,\mathrm{m}} = \dfrac{5}{2}R$

双原子分子(或线型分子)系统 $\quad C_{V,\mathrm{m}} = \dfrac{5}{2}R, \quad C_{p,\mathrm{m}} = \dfrac{7}{2}R$

多原子分子(非线型)系统 $\qquad C_{V,\mathrm{m}} = 3R, \quad C_{p,\mathrm{m}} = 4R$

即通常温度下,理想气体的 $C_{V,\mathrm{m}}$ 和 $C_{p,\mathrm{m}}$ 均可视为常数。

(4) 热容与温度的关系。

气体、液体及固体的热容都与温度有关,其值随温度的升高而逐渐增大。但是,目前还不能从理论上推导出 $C_{p,\mathrm{m}}$(或 $C_{V,\mathrm{m}}$)与 T 的关系,而热容的数据对热量计算来说又非常重要,因此多年来,各国科学家用实验方法精确测定了各种物质在各个温度下的 $C_{p,\mathrm{m}}$ 值,从大量的实验中归纳出各种物质热容与温度的关系式,并越来越准确。常用的摩尔定压热容经验公式有以下两种:

$$C_{p,\mathrm{m}} = a + bT + cT^2 \tag{2-13a}$$

或

$$C_{p,\mathrm{m}} = a + bT + c'T^{-2} \tag{2-13b}$$

式(2-13a)和式(2-13b)中 a、b、c 和 c' 是经验常数,它们因物质种类和温度范围不同而异。各种物质的摩尔定压热容经验公式中的常数值可参考有关的参考书及手册。

在应用两个经验公式时,要注意适用的温度范围、物质的聚集状态和 $C_{p,\mathrm{m}}$ 的单位,即每个经验公式都有它测定的温度范围,其中式(2-13a)适用的温度范围较小,式(2-13b)适用的温度范围较大,如果计算的温度区间(即积分的上、下限)超出,就会产生误差;有时从不同的手册或书上查到的经验公式或常数值不尽相同,但在多数情况下其计算结果基本相符。

将式(2-11)式(2-12)分离变量积分得

$$Q_V = \Delta U = n\int_{T_1}^{T_2} C_{V,m}\,dT \tag{2-14}$$

$$Q_p = \Delta H = n\int_{T_1}^{T_2} C_{p,m}\,dT \tag{2-15}$$

$$Q_p = \Delta H = n\int_{T_1}^{T_2} C_{p,m}\,dT = n\int_{T_1}^{T_2}(a+bT+cT^2)\,dT$$

$$= n\left[a(T_2-T_1)+\frac{b}{2}(T_2^2-T_1^2)+\frac{c}{3}(T_2^3-T_1^3)\right] \tag{2-16a}$$

或

$$Q_p = \Delta H = n\int_{T_1}^{T_2} C_{p,m}\,dT = n\int_{T_1}^{T_2}(a+bT+c'T^{-2})\,dT$$

$$= n\left[a(T_2-T_1)+\frac{b}{2}(T_2^2-T_1^2)-c'\left(\frac{1}{T_2}-\frac{1}{T_1}\right)\right] \tag{2-16b}$$

[例 2-5] 已知 CO_2 的摩尔定压热容 $C_{p,m}=44.14+9.04\times10^{-3}T-8.54\times10^5 T^{-2}$，计算 1 mol CO_2 在 100 kPa 下从 298 K 升温到 473 K 的焓变。

解 上述过程为定压过程，定压下吸收的热为

$$Q_p = \Delta H = n\int_{T_1}^{T_2} C_{p,m}\,dT$$

将 $T_1=298$ K，$T_2=473$ K 及 $C_{p,m}$ 代入上式可得

$$Q_p = \Delta H = \int_{T_1}^{T_2} C_{p,m}\,dT = \int_{298}^{473}(44.14+9.04\times10^{-3}T-8.54\times10^5 T^{-2})\,dT$$

$$= \left[44.14\times(473-298)+\frac{1}{2}\times9.04\times10^{-3}\times(473^2-298^2)\right.$$

$$\left.-\frac{8.54\times10^5\times(473-298)}{473\times298}\right]\,J$$

$$= (7\,725+610-1\,060)\,J$$

$$= 7.28\times10^3\,J$$

[例 2-6] 某锅炉注入 25 ℃ 软水以生产 200 ℃、101.3 kPa 的水蒸气，已知 100 ℃ 时水的汽化热为 2 256 kJ·kg^{-1}，求锅炉中每生产 1 kg 水蒸气所需的热。水的平均质量定压热容为 c_p(水)$=4.184$ kJ·kg^{-1}·K^{-1}，$C_{p,m}$(水蒸气)$=30.1+11.3\times10^{-3}T$。

解 1 kg 水蒸气的 $n=\dfrac{1\,000}{18}$ mol

由于水和水蒸气的热容不同，中间又经历相变，因此要分成以下几步来计算：

$$\underset{(25\,℃)}{水}\ \xrightarrow{Q_1}\ \underset{(100\,℃)}{水}\ \xrightarrow{Q_2}\ \underset{(100\,℃)}{水蒸气}\ \xrightarrow{Q_3}\ \underset{(200\,℃)}{水蒸气}$$

以上变化都是在等压下进行的，所以

$$Q_1 = mc_p(水)(T_2-T_1)=1\times4.184\times(473.15-298.15)\,kJ=732.2\,kJ$$

$$Q_2 = 1\times2\,256\,kJ=2\,256\,kJ$$

$$Q_3 = n\int_{T_1}^{T_2} C_{p,m}(水蒸气)\,dT = \frac{1\,000}{18}\times\int_{T_1}^{T_2}(30.1+11.3\times10^{-3}T)\,dT$$

$$= \frac{1\,000}{18}\times\left[30.1\times(473.15-298.15)+\frac{1}{2}\times11.3\times10^{-3}\times(473.15^2-298.15^2)\right]\,J$$

$$= 335\,kJ$$

即每生产 1 kg 水蒸气所需的热量为

$$Q_1+Q_2+Q_3 = (732.2+2\,256+335)\,kJ=3\,323.2\,kJ$$

2.3 热力学第一定律的应用

热力学第一定律可用于理想气体的单纯状态变化(即 p、V、T)过程、相变过程及化学变化过程中有关 ΔU、Q、W 等的计算。

2.3.1 热力学第一定律在气体中的应用

因为理想气体 $U = f(T)$，$H = f(T)$，所以式(2-14)、式(2-15)对理想气体的任何单纯变化(包括等压、等容、等温及绝热等)均可使用。由于在通常温度下，理想气体的 $C_{V,m}$ 和 $C_{p,m}$ 可视为常数，则有

$$\Delta U = n \int_{T_1}^{T_2} C_{V,m} dT = nC_{V,m}(T_2 - T_1)$$

$$\Delta H = n \int_{T_1}^{T_2} C_{p,m} dT = nC_{p,m}(T_2 - T_1)$$

变化过程的 Q 和 W 则与变化的途径有关。

1. 等容过程

等容过程的条件是体积不变，则 $W = 0$。

$$Q_V = \Delta U = n \int_{T_1}^{T_2} C_{V,m} dT = nC_{V,m}(T_2 - T_1)$$

2. 等压过程

等压过程的条件是压力不变，则 $p_1 = p_2 = p_{su} = $ 常数。

$$Q_p = \Delta H = n \int_{T_1}^{T_2} C_{p,m} dT = nC_{p,m}(T_2 - T_1)$$

$$W = -\int_{V_1}^{V_2} p_{su} dV$$

又理想气体服从 $pV = nRT$ 的关系，所以上式又可以改成下列形式：

$$W = -p(V_2 - V_1) = -pV_2 + pV_1 = nRT_1 - nRT_2 = -nR(T_2 - T_1)$$

[例 2-7] 在等压($p = 101\ 325$ Pa)下，一定量的理想气体 B 由 $0.01\ m^3$ 膨胀到 $0.016\ m^3$，并从环境吸收热量 700 J，求 W 和 ΔU。

解 由题意知：$Q = 700$ J
再由等压过程体积功的计算公式得

$$W = -p(V_2 - V_1) = [-101\ 325 \times (0.016 - 0.01)]\ J = -608\ J$$

$$\Delta U = Q + W = (700 - 608)\ J = 92\ J$$

3. 等温过程

等温过程的条件是温度不变，$T = $ 常数，则 $\Delta U = 0$，$\Delta H = 0$，$Q = -W$。

对于理想气体等温恒外压过程，有

$$W = -\int_{V_1}^{V_2} p_{su} dV = -p_{su} dV = -p_{su}(V_2 - V_1) = -p_{su}nRT\left(\frac{1}{p_2} - \frac{1}{p_1}\right)$$

对于理想气体等温可逆过程,有

$$W = -\int_{V_1}^{V_2} p_{su} dV = -\int_{V_1}^{V_2} \frac{nRT}{V} dV = -nRT \ln \frac{V_2}{V_1} = -nRT \ln \frac{p_1}{p_2}$$

[例2-8] 4 mol O_2 在298.15 K下,从101 kPa等温可逆压缩到505 kPa,放出15 958 J的热量,试求 W 与 ΔU。

解 由题意知:$Q = -15\ 958$ J

$$W = -nRT \ln \frac{V_2}{V_1} = -nRT \ln \frac{p_1}{p_2} = \left(-4 \times 8.314 \times 298.15 \times \ln \frac{101}{505}\right) \text{J} = 15\ 958 \text{ J}$$

则
$$\Delta U = Q + W = (-15\ 958 + 15\ 958) \text{ J} = 0$$

由计算结果可知,理想气体等温可逆压缩时,其热力学能不变,系统从环境中得到的功,又以等量的热的形式放出给环境。

4. 绝热过程

如果一系统在状态发生变化的过程中既没有从环境吸热,也没有放热到环境中去,这种过程就称为绝热过程。等温过程与绝热过程的区别在于:前者为了保持系统温度恒定,系统与环境间有热交换,而后者没有热交换,所以系统温度会有变化。在气体绝热膨胀时,因为系统要对环境做功而又没有热的供给,做功所需的能量一定来自系统中的热力学能,这必然造成系统温度的降低;同理,当气体绝热压缩时,系统温度将升高。绝热过程基本公式为

$$Q = 0, \quad \Delta U = W = n \int_{T_1}^{T_2} C_{V,m} dT = nC_{V,m}(T_2 - T_1)$$

绝热过程也有可逆与不可逆之分。在绝热条件下,系统与环境之间的压力相差无限小量 dp 时,所进行的过程称为绝热可逆过程。在绝热条件下,系统反抗恒定外压所进行的过程称为绝热不可逆过程。在膨胀相同体积的情况下,可逆过程与不可逆过程所达到的终态温度不同,因此所做的功也不同。在此以绝热可逆过程为例,分析始、终态 p、V、T 之间的关系。

对一理想气体进行一个无限小的绝热可逆过程,$\delta Q = 0$,$dU = \delta W$,$dU = nC_{V,m} dT$,若又不做非体积功,有

$$\delta W = -p_{su} dV = -p dV$$

则
$$nC_{V,m} dT = -p dV$$

因为是理想气体,所以
$$p = \frac{nRT}{V}$$

代入上式得
$$C_{V,m} dT = \frac{-RT}{V} dV$$

变形可得
$$C_{V,m} \frac{dT}{T} = -R \frac{dV}{V}$$

并近似地将理想气体的 $C_{V,m}$ 看做不随温度变化的常数,有

$$C_{V,m} \int_{T_1}^{T_2} \frac{dT}{T} = -R \int_{V_1}^{V_2} \frac{dV}{V}$$

积分得
$$C_{V,m} \ln \frac{T_2}{T_1} = R \ln \frac{V_1}{V_2}$$

$$\left(\frac{T_2}{T_1}\right)^{C_{V,\text{m}}}\left(\frac{V_2}{V_1}\right)^{R}=1$$

对于所有理想气体,有

$$C_{p,\text{m}}-C_{V,\text{m}}=R$$

令 $\dfrac{C_{p,\text{m}}}{C_{V,\text{m}}}=\gamma$,其中 γ 称为热容比,代入上式得

$$\ln\frac{T_2}{T_1}=(\gamma-1)\ln\frac{V_1}{V_2}$$

所以

$$\frac{T_2}{T_1}=\left(\frac{V_1}{V_2}\right)^{\gamma-1}$$

则

$$V_1^{\gamma-1}T_1=V_2^{\gamma-1}T_2 \quad\text{或}\quad TV^{\gamma-1}=\text{常数} \tag{2-17}$$

进而有

$$pV^{\gamma}=\text{常数}\quad\text{或}\quad \frac{p_1}{p_2}=\left(\frac{V_2}{V_1}\right)^{\gamma} \tag{2-18}$$

同样有

$$p^{1-\gamma}T^{\gamma}=\text{常数}\quad\text{或}\quad \left(\frac{p_1}{p_2}\right)^{1-\gamma}=\left(\frac{T_2}{T_1}\right)^{\gamma} \tag{2-19}$$

式(2-17)至式(2-19)表示了理想气体在绝热可逆过程中 T、p 和 V 的关系。这种方程只能用于理想气体的绝热可逆过程,叫做"过程方程",要与 $pV=nRT$ 这种表示某状态时 p、V、T 关系的状态方程进行区别,它们是不一样的。

应当着重指出,如果在理想气体中发生绝热不可逆过程,上述式(2-17)至式(2-19)不能成立,系统的 p、V、T 关系不遵守这些公式,但 $\Delta U=W$ 仍然成立。当绝热不可逆过程是恒外压膨胀或压缩时,有

$$W=-p_{\text{su}}(V_2-V_1)$$

则

$$\Delta U=-p_{\text{su}}(V_2-V_1)$$

因理想气体的 $C_{V,\text{m}}$ 不随温度而变,$\Delta U=nC_{V,\text{m}}(T_2-T_1)$,所以

$$nC_{V,\text{m}}(T_2-T_1)=-p_{\text{su}}(V_2-V_1)$$

[例 2-9] 已知 $CH_4(g)$(可视为理想气体)的热容比 $\gamma=1.31$,自始态 373 K、100 kPa、3.0 dm³ 经过绝热可逆膨胀至 10 kPa,分别求出终态的体积与温度以及过程的 W、Q、ΔU 及 ΔH。

解

$$n=\frac{p_1V_1}{RT_1}=\frac{100\times10^3\times3.0\times10^{-3}}{8.314\times373}\text{ mol}=0.097\text{ mol}$$

$$\gamma=\frac{C_{p,\text{m}}}{C_{V,\text{m}}}=1.31$$

终态体积为

$$V_2=\left(\frac{p_1}{p_2}\right)^{\frac{1}{\gamma}}V_1=\left(\frac{10^5}{10^4}\right)^{\frac{1}{1.31}}\times0.003\text{ m}^3=17.4\text{ dm}^3$$

终态温度为

$$T_2=\frac{p_2V_2}{nR}=\frac{10^4\times17.4\times10^{-3}}{0.097\times8.314}\text{ K}=216\text{ K}$$

由

$$C_{p,\text{m}}-C_{V,\text{m}}=R,\quad \gamma=1.31$$

可求得

$$C_{V,\text{m}}=26.82\text{ J}\cdot\text{mol}^{-1}\cdot\text{K}^{-1},\quad C_{p,\text{m}}=35.13\text{ J}\cdot\text{mol}^{-1}\cdot\text{K}^{-1}$$

$$\Delta U=nC_{V,\text{m}}(T_2-T_1)=0.097\times26.82\times(216-373)\text{ J}=-408\text{ J}$$

$$\Delta H=nC_{p,\text{m}}(T_2-T_1)=0.097\times35.13\times(216-373)\text{ J}=-535\text{ J}$$

$$Q=0$$

$$W = \Delta U = -408 \text{ J}$$

[例 2-10] 某单原子分子理想气体从 373 K、500 kPa、20 dm³ 的始态,在恒定外压为 100 kPa 下经过绝热不可逆过程快速膨胀到气体压力为 100 kPa。计算终态温度及过程的 Q、W、ΔU、ΔH。

解 此气体的物质的量为 $\qquad n = \dfrac{p_1 V_1}{RT_1} = \dfrac{500 \times 10^3 \times 20 \times 10^{-3}}{8.314 \times 373} \text{ mol} = 3.22 \text{ mol}$

因为是绝热不可逆过程,不能用绝热可逆过程方程。根据 $W = \Delta U$,$\Delta U = nC_{V,m}(T_2 - T_1)$ 及 $W = -p_{su}(V_2 - V_1)$ 得

$$nC_{V,m}(T_2 - T_1) = -p_{su}(V_2 - V_1)$$

把 $V_2 = \dfrac{nRT_2}{p_2}$,$V_1 = \dfrac{nRT_1}{p_1}$ 代入上式,可得

$$nC_{V,m}(T_2 - T_1) = -p_2\left(\frac{nRT_2}{p_2} - \frac{nRT_1}{p_1}\right)$$

再结合 $C_{p,m} - C_{V,m} = R$ 就可得

$$C_{p,m} T_2 = C_{V,m} T_1 + RT_1 \frac{p_2}{p_1}$$

所以 $\qquad T_2 = \left(C_{V,m} + R\dfrac{p_2}{p_1}\right)\dfrac{T_1}{C_{p,m}} = \left(12.47 + 8.314 \times \dfrac{100 \times 1\,000}{500 \times 1\,000}\right) \times \dfrac{373}{20.79} \text{ K} = 254 \text{ K}$

$$\Delta U = nC_{V,m}(T_2 - T_1) = 3.22 \times 12.47 \times (254 - 373) \text{ J} = -4.8 \text{ kJ}$$

$$W = \Delta U = -4.8 \text{ kJ}$$

$$\Delta H = nC_{p,m}(T_2 - T_1) = 3.22 \times 20.79 \times (254 - 373) \text{ J} = -8.0 \text{ kJ}$$

$$Q = 0$$

2.3.2 热力学第一定律在相变中的应用

1. 相变热和相变焓

正常的相变过程(在指定温度及在该温度下的平衡压力下所发生的相变)可以视为可逆过程,而且是等温等压的可逆过程。相变热是指一定量的物质在恒定的温度及压力下且没有非体积功时,在发生相变的过程中,系统与环境之间传递的热。由于上述相变过程能满足等压且没有非体积功的条件,所以相变热在数值上等于过程的相变焓。

$$Q_p = \Delta_\alpha^\beta H$$

2. 相变体积功

$$W = -p(V_\beta - V_\alpha)$$

式中:V_β——终态的体积,即相变以后生成的新相体积;

V_α——始态的体积,即相变以前的体积。

体积变化明显的相变过程,如液体⇌蒸气,固体⇌气体。

(1) 液体蒸发过程。

$$Q_p = \Delta_{vap} H, \quad W = -p(V_g - V_l)$$

当物质的量一定,气相体积 V_g 远远大于液相体积 V_l 时,若视蒸气为理想气体,则

$$W \approx -pV_g = -nRT$$

(2) 固体升华过程。

对于固体升华过程,处理方法同上。

$$Q_p = \Delta_{sub}H, \quad W = -p(V_g - V_s) \approx -pV_g = -nRT$$

（3）体积变化不大的相变过程。

例如，固体 $\rightleftharpoons$ 液体、晶型转变（如：$\alpha\text{-Fe} \rightleftharpoons \gamma\text{-Fe}$；$\alpha\text{-石英} \rightleftharpoons \gamma\text{-石英}$），体积功都很小，可以忽略，$W \approx 0$。

3. 相变过程的热力学能变

在等温、等压且非体积功为零的相变过程中，有

$$\Delta_\alpha^\beta U = Q_p - p(V_\beta - V_\alpha)$$

或

$$\Delta_\alpha^\beta U = \Delta_\alpha^\beta H - p(V_\beta - V_\alpha)$$

若 β 为气相，则

$$\Delta_\alpha^\beta U \approx \Delta_\alpha^\beta H - pV_g$$

若气相可视为理想气体，则

$$\Delta_\alpha^\beta U = \Delta_\alpha^\beta H - nRT$$

[例 2-11] 2 mol 水在 373 K 和 101 325 Pa 的压力下汽化，试求该过程中的 W、Q 和 ΔU。已知水在 373 K 下的蒸发热为 40.67 kJ·mol^{-1}。

解 水的汽化过程可以看成可逆过程，而且是等压过程。假设将水蒸气看成理想气体，而且液态水的体积与水蒸气的体积比较时，可以忽略不计，于是

$$W = -p(V_g - V_1) \approx -pV_g = -nRT = -2 \times 8.314 \times 373 \text{ J} = -6\ 202 \text{ J}$$
$$Q = 40.67 \times 10^3 \times 2 \text{ J} = 81\ 340 \text{ J}$$
$$\Delta U = Q + W = (81\ 340 - 6\ 202) \text{ J} = 75\ 138 \text{ J}$$

2.3.3 热力学第一定律在化学反应中的应用

化学反应是在等温、等压条件下进行的，体积功可通过 $W = -p(V_2 - V_1)$ 来计算。固、液体的体积与气体的体积相比较，可以忽略不计，只考虑气体的体积。故得

$$W = -p(V_{产物} - V_{反应物}) \approx -p(V_{产物,g} - V_{反应物,g})$$
$$= -(n_{产物,g}RT - n_{反应物,g}RT) = -\Delta n_g RT \quad (2\text{-}20)$$

式中：Δn_g——化学反应计量式中产物气体的总物质的量与反应物气体的总物质的量之差。

[例 2-12] 在 298.15 K、101 325 Pa 条件下，2 molH_2(g) 和 1 molO_2(g) 作用生成 2 molH_2O(l) 时能放出 571.8 kJ 的热量。试计算系统的 W、ΔU（设 H_2、O_2 均为理想气体）。

解 据题意写出化学反应方程式：

$$2H_2(g) + O_2(g) = 2H_2O(l)$$
$$\Delta n_g = [0 - (2+1)] \text{ mol} = -3 \text{ mol}$$
$$W = -\Delta n_g RT = -(-3) \times 8.314 \times 298.15 \times 10^{-3} \text{ kJ} = 7.44 \text{ kJ}$$
$$Q = -571.8 \text{ kJ}$$

所以

$$\Delta U = Q + W = (-571.8 + 7.44) \text{ kJ} = -564.4 \text{ kJ}$$

1. 反应热

在一定条件下，系统发生化学变化时所吸收或放出的热量称为反应的热效应或反应热。这里"一定条件"是指反应后产物的温度与反应物的温度相同而在反应过程中没有非

体积功。一个化学反应如果在反应前、后物质的量有变化,特别是在有气体参加反应的情况下,反应热的数值与反应是在等压下进行还是在等容下进行有关。

反应系统在等温等压条件下的反应热称为定压反应热,$Q_p = \Delta H$,一个化学反应的 ΔH 代表在一定温度和一定压力下,产物的总焓与反应物的总焓之差,即

$$\Delta H_m = \sum H_{m,产物} - \sum H_{m,反应物}$$

反应系统在等温等容条件下的反应热称为定容反应热,$Q_V = \Delta U$,一个化学反应的 ΔU 代表在一定温度和一定体积下,产物的总热力学能与反应物的总热力学能之差,即

$$\Delta U_m = \sum U_{m,产物} - \sum U_{m,反应物}$$

如果通过实验能够测出定容反应热,在化工或冶金等过程中需要进行换算,因大多数的化学反应是在等压下进行的。换算的方法如下。

由 $H = U + pV$ 得

$$\Delta H = \Delta U + \Delta(pV)$$

又因
$$Q_p = \Delta H, \quad Q_V = \Delta U$$

则
$$Q_p = Q_V + \Delta(pV) = Q_V + (p_2 V_2 - p_1 V_1)$$

这是定压反应热与定容反应热的关系式。式中 $p_2 V_2$ 为产物的压力与体积的乘积,$p_1 V_1$ 为反应物的压力与体积的乘积。如果反应物与产物都是固体和液体,则引起的 pV 变化很小,可以不考虑,$\Delta U = \Delta H$。如果有气体,则引起的变化很大,把反应中的气体都看成理想气体,则

反应前
$$p_1 V_1 = n_{反应物,g} RT$$

反应后
$$p_2 V_2 = n_{产物,g} RT$$

所以
$$p_2 V_2 - p_1 V_1 = n_{产物,g} RT - n_{反应物,g} RT = \Delta n_g RT$$

可得
$$Q_p = Q_V + \Delta n_g RT$$

或者
$$\Delta H = \Delta U + \Delta n_g RT \tag{2-21}$$

式中:Δn_g——产物中气体的物质的量与反应物中气体的物质的量之差。

当 $\Delta n_g > 0$ 时,$\Delta H > \Delta U$;当 $\Delta n_g < 0$ 时,$\Delta H < \Delta U$;当 $\Delta n_g = 0$ 时,$\Delta H = \Delta U$。

[例 2-13] 已知在 1 000 K 下反应 $2C(s) + O_2(g) = 2CO(g)$ 的定容反应热 $Q_V = -231.27 \text{ kJ} \cdot \text{mol}^{-1}$,试求该反应的定压反应热 Q_p。

解
$$\Delta n_g = (2-1) \text{ mol} = 1 \text{ mol}$$

$$Q_p = Q_V + \Delta n_g RT = (-231\ 270 + 8.314 \times 1\ 000 \times 1) \text{ J} \cdot \text{mol}^{-1} = -222.96 \text{ kJ} \cdot \text{mol}^{-1}$$

即反应的定压反应热为 222.96 kJ·mol^{-1}。

反应热的计算是本章的重要内容。本节由物质的热化学数据——标准摩尔生成焓、标准摩尔燃烧焓,结合摩尔热容及相变焓,即可计算在指定条件下的反应热。

2. 化学反应进度

化学反应进度是用来描述某一化学反应进行程度的物理量,它具有与物质的量相同的量纲,SI 单位为 mol,用符号 ξ 表示。将反应系统中任何一种反应物或产物在反应过程中物质的量的变化 Δn_B 与该物质的化学计量数 ν_B 之比定义为该反应的反应进度。其定义式为

$$\xi \overset{def}{=} \frac{\Delta n_B}{\nu_B} \tag{2-22}$$

例如:对于化学反应 $\qquad aA+dD \Longrightarrow yY+zZ$

或写成 $\qquad\qquad 0=yY+zZ-aA-dD$

简写为 $\qquad\qquad \sum \nu_B B = 0$

式中:ν_B——反应物或产物的化学计量数。

对于反应物,ν_B 为负值;对于产物,ν_B 为正值(即 $\nu_A=-a,\nu_D=-d,\nu_Y=y,\nu_Z=z$)。这和在化学反应中,反应物减少,产物增加是一致的。

以合成氨反应为例,对于化学反应方程式

$$N_2 \quad + \quad 3H_2 \Longrightarrow 2NH_3$$

$t=0$	6 mol	30 mol	0 mol
$t=t$	5 mol	27 mol	2 mol

$$\xi = \frac{n_t(N_2)-n_0(N_2)}{\nu(N_2)} = \frac{5-6}{-1} \text{ mol} = 1 \text{ mol}$$

$$\xi = \frac{n_t(H_2)-n_0(H_2)}{\nu(H_2)} = \frac{27-30}{-3} \text{ mol} = 1 \text{ mol}$$

$$\xi = \frac{n_t(NH_3)-n_0(NH_3)}{\nu(NH_3)} = \frac{2-0}{2} \text{ mol} = 1 \text{ mol}$$

可见对同一化学反应方程式,采用哪一种物质表示反应进度均是相同的,所以反应进度 ξ 适用于同一化学反应的任一物质。

对于上述合成氨系统,若化学反应方程式写成 $\frac{1}{2}N_2+\frac{3}{2}H_2 \Longrightarrow NH_3$,则求得 $\xi=2$ mol。可见,化学反应进度是与化学反应方程式的写法对应的,所以在使用反应进度 ξ 时,必须注明具体的化学计量数。

当 $\xi=1$ mol 时,化学反应进行了 1 mol 的反应进度,简称摩尔反应进度。

3. 标准态

由于化学反应中能量变化受外部条件的影响,因此为了确定一套精确的热力学基本数据,国际上规定了物质的热力学标准状态,简称标准态。我国国家标准中规定 100 kPa 为标准压力,用 $p^{\ominus}$ 表示,再进一步规定各种系统的热力学标准态。

气体物质的标准态是指除表现出理想气体性质外,其压力(或在混合气体中的分压)值为标准压力 $p^{\ominus}$ 时的状态。

液体或固体的标准态是指处在标准压力 $p^{\ominus}$ 下的纯液体或纯固体。

溶液的标准态是指当溶液为处于标准压力 $p^{\ominus}$ 下的理想溶液,溶质的浓度为标准物质的量浓度($c^{\circ}=1$ mol·L^{-1})时的状态。

标准态没有特别指明温度,通常用的是 298.15 K(可近似为 298 K)的数值,可不必指出。如为其他温度,则需标出该温度数值。

4. 标准摩尔反应焓变 $\Delta_r H_m^{\ominus}(T)$

由公式 $Q_p=\Delta H$ 可知系统的定压反应热在数值上等于焓变,所以反应焓变($\Delta_r H$,下标"r"为反应的意思)是化学反应的定压反应热,其大小与反应进度 ξ 有关。

对于任一化学反应 $aA+dD \Longrightarrow yY+zZ$,根据状态函数的特点,反应焓变应为

$$\Delta_r H = (H_Y + H_Z) - (H_A + H_D)$$

则摩尔反应焓变的定义式为

$$\Delta_r H_m \xrightarrow{def} \Delta_r H / \xi$$

摩尔反应焓变($\Delta_r H_m$)的定义:某化学反应按所给定的化学反应计量式反应,当反应进度 $\xi = 1$ mol 时的反应焓变称为摩尔反应焓变。用符号 $\Delta_r H_m(T)$ 表示,下标"m"表示反应进度为 1 mol。

各物质处在各自标准态下的摩尔反应焓变称为标准摩尔反应焓变(简称标准摩尔焓变),用符号 $\Delta_r H_m^\ominus(T)$ 表示,上角标"$\ominus$"表示热力学标准态。

由于焓的绝对值无法测到,因此对于反应 $a\mathrm{A} + d\mathrm{D} = y\mathrm{Y} + z\mathrm{Z}$,无法由所有产物的标准摩尔焓值之和,减去所有反应物的标准摩尔焓值之和来求出标准摩尔焓变。即不能用公式 $\Delta_r H_m^\ominus = \sum \nu_B H_{m,B}^\ominus$ 来计算。但是,可以引用物质的标准摩尔生成焓和标准摩尔燃烧焓的概念来计算标准摩尔焓变。虽然规定了标准压力,并定义了标准摩尔焓变的概念,但因压力改变不大时,各物质的焓变化极小,所以即使压力不是处于标准压力,摩尔反应焓变还是近似等于标准摩尔焓变。

5. 热化学方程式

热化学方程式就是在一般的化学反应方程式的基础上,再注明反应的热效应。例如:

$$\mathrm{C(石墨)} + \mathrm{O_2(g)} = \mathrm{CO_2(g)} \qquad \Delta_r H_m^\ominus(298.15\ \mathrm{K}) = -393.5\ \mathrm{kJ \cdot mol^{-1}}$$

该式表明 1 mol 固体石墨和 1 mol 氧气在 101.325 kPa 和 298.15 K 下完全反应生成 1 mol $CO_2(g)$时,放热393.5 kJ。热化学方程式仅代表一个已经完成的反应,而不管反应是否真正能完成。

书写热化学方程式时需注意以下几点。

(1) 需注明反应温度和压力(主要指温度)。

因为反应温度对反应热效应有很大的影响,如果反应是在 298.15 K 下进行的,习惯上也可不予注明。

(2) 反应的焓变值与化学反应方程式中的化学计量数有关。

同一化学反应,化学反应方程式中化学计量数不同,反应的热效应也就不同。

$$2\mathrm{H_2(g)} + \mathrm{O_2(g)} = 2\mathrm{H_2O(g)} \qquad \Delta_r H_m^\ominus(298.15\ \mathrm{K}) = -483.65\ \mathrm{kJ \cdot mol^{-1}}$$

$$\mathrm{H_2(g)} + \frac{1}{2}\mathrm{O_2(g)} = \mathrm{H_2O(g)} \qquad \Delta_r H_m^\ominus(298.15\ \mathrm{K}) = -241.825\ \mathrm{kJ \cdot mol^{-1}}$$

此外,化学反应方程式中的配平系数只表示该反应的化学计量数,不表示分子数,因此可以是分数。

(3) 需注明反应物和产物的聚集状态。

因为聚集状态不同,热效应也不同,可在每个分子式后面加括号标明其聚集状态。通常气体以(g)、液体以(l)、固体以(s)表示。固体中若有不同晶型,还应标明晶型。例如:

$$\mathrm{S(斜方)} + \mathrm{O_2(g)} = \mathrm{SO_2(g)} \qquad \Delta_r H_m^\ominus(298.15\ \mathrm{K}) = -296.9\ \mathrm{kJ \cdot mol^{-1}}$$

$$\mathrm{S(单斜)} + \mathrm{O_2(g)} = \mathrm{SO_2(g)} \qquad \Delta_r H_m^\ominus(298.15\ \mathrm{K}) = -297.2\ \mathrm{kJ \cdot mol^{-1}}$$

(4) 逆反应的热效应与正反应的热效应数值相同而符号相反。例如:

$$2H_2O(g) \Longrightarrow 2H_2(g) + O_2(g) \qquad \Delta_r H_m^{\ominus}(298.15\ K) = 483.65\ kJ \cdot mol^{-1}$$

在此必须强调,热化学方程式中的反应热效应指的是化学反应进度 $\xi = 1\ mol$ 的热效应,但并不说明该反应一定能够发生或能够进行到底。例如:

① $6C(石墨) + 3H_2(g) \Longrightarrow C_6H_6(l) \qquad \Delta_r H_m^{\ominus}(298.15\ K) = 49.03\ kJ \cdot mol^{-1}$

② $N_2(g) + 3H_2(g) \Longrightarrow 2NH_3(g) \qquad \Delta_r H_m^{\ominus}(298.15\ K) = -92.38\ kJ \cdot mol^{-1}$

反应①不能发生;反应②不可能进行到底,但作为热化学方程式,它们的表达皆正确。

热化学方程式一方面将化学反应方程式和反应热效应联系起来,使之更完整地表达化学反应本质和物理现象;另一方面利用方程式的数学规律,也可以进行不同反应之间热效应的换算。

[**例 2-14**] $1\ mol\ C_{10}H_8(s)$(萘)与适量的氧气 O_2 反应生成 CO_2 和液态 H_2O,在 25 ℃ 等容条件下反应放热 5 152 kJ,分别写出该反应在等容和等压下的热化学方程式。

解 根据热化学方程式书写规范的要求,分步写出反应式:

$$C_{10}H_8 + 12O_2 \Longrightarrow 10CO_2 + 4H_2O$$

注明聚集状态 $\qquad C_{10}H_8(s) + 12O_2(g) \Longrightarrow 10CO_2(g) + 4H_2O(l)$

所以等容条件下的热化学方程式为

$$C_{10}H_8(s) + 12O_2(g) \Longrightarrow 10CO_2(g) + 4H_2O(l)$$
$$\Delta_r U_m^{\ominus}(298.15\ K) = -5\ 152\ kJ \cdot mol^{-1}$$

由上述方程式知 $\qquad \Delta n_g = (10 - 12)\ mol = -2\ mol$

按式(2-21)

$$\Delta H = \Delta U + \Delta n_g RT$$
$$= [-5\ 152 + (-2) \times 8.314 \times 298 \times 10^{-3}]\ kJ \cdot mol^{-1} = -5\ 157\ kJ \cdot mol^{-1}$$

所以等压条件下的热化学方程式可写成

$$C_{10}H_8(s) + 12O_2(g) \Longrightarrow 10CO_2(g) + 4H_2O(l)$$
$$\Delta_r H_m^{\ominus}(298.15\ K) = -5\ 157\ kJ \cdot mol^{-1}$$

6. 盖斯定律

一个化学反应,可以一步完成,也可以分几步完成。例如:由 C、Ca、O_2 可以通过下面的反应一步生成 $CaCO_3$。

(1) $C(s) + Ca(s) + \dfrac{3}{2}O_2(g) \Longrightarrow CaCO_3(s) \qquad \Delta_r H_{m,1}^{\ominus}(298.15\ K) = -1\ 206.9\ kJ \cdot mol^{-1}$

也可以通过下面几步来完成:

(2) $Ca(s) + \dfrac{1}{2}O_2(g) \Longrightarrow CaO(s) \qquad \Delta_r H_{m,2}^{\ominus}(298.15\ K) = -635.6\ kJ \cdot mol^{-1}$

(3) $C(s) + O_2(g) \Longrightarrow CO_2(g) \qquad \Delta_r H_{m,3}^{\ominus}(298.15\ K) = -393.5\ kJ \cdot mol^{-1}$

(4) $CO_2(g) + CaO(s) \Longrightarrow CaCO_3(s) \qquad \Delta_r H_{m,4}^{\ominus}(298.15\ K) = -177.8\ kJ \cdot mol^{-1}$

实验证明:化学反应不管是一步完成,还是分几步完成,这个化学反应的热效应总是相同的。这就是盖斯定律(1840 年盖斯在总结了大量实验结果的基础上总结出来的),也是热力学第一定律在热化学中的直接应用。

盖斯定律的发现奠定了热化学的基础。它的重要意义与作用在于能使热化学方程式像普通代数方程式那样进行运算,从而可以根据已经准确测定了的反应热来计算未知的反应热;利用少量的热效应数据就可以间接地计算出很多化学反应的热效应;尤其是不宜

准确地直接测定或者根本不能直接测定的反应的热效应,更需要利用盖斯定律来进行计算。

可以根据已知的反应热计算出未知的反应热。很显然,盖斯定律实质上是热力学第一定律直接用于热化学过程的必然结果。这是因为

$$Q_p = \Delta H, \quad Q_V = \Delta U$$

而 ΔH 与 ΔU 都是系统状态函数的变化量,一旦系统的始、终态确定了,ΔH 与 ΔU 值便确定了,与完成过程的具体途径无关。因此,可以看出 Q_p 与 Q_V 也只是取决于系统的始、终态,而与途径无关。

依照盖斯定律,可以间接地得到 C 氧化成 CO 这个化学反应的热效应。因为 C(石墨)氧化成 $CO_2(g)$,反应可以一步进行,也可以分成两步进行,C(石墨)完全燃烧的热效应和 CO 完全燃烧的热效应都可以测定,其热化学方程式分别为

(1) $C(石墨) + O_2(g) \!=\!= CO_2(g)$ $\Delta_r H_{m,1}^{\ominus}(298.15\ K) = -393.5\ kJ \cdot mol^{-1}$

(2) $CO(g) + \dfrac{1}{2}O_2(g) \!=\!= CO_2(g)$ $\Delta_r H_{m,2}^{\ominus}(298.15\ K) = -282.97\ kJ \cdot mol^{-1}$

根据盖斯定律,得 $\Delta_r H_{m,1}^{\ominus} = \Delta_r H_{m,2}^{\ominus} + \Delta_r H_{m,3}^{\ominus}$

$$\Delta_r H_{m,3}^{\ominus} = \Delta_r H_{m,1}^{\ominus} - \Delta_r H_{m,2}^{\ominus} = [-393.5 - (-282.97)]\ kJ \cdot mol^{-1}$$
$$= -110.53\ kJ \cdot mol^{-1}$$

由此也可看出,将热化学方程式(1)-式(2)得

(3) $C(石墨) + \dfrac{1}{2}O_2(g) \!=\!= CO(g)$ $\Delta_r H_m^{\ominus} = -110.53\ kJ \cdot mol^{-1}$

由此可见,只要把热化学方程式视为代数方程式进行四则运算,求出指定的方程式,反应热也按同样的运算方法处理,即可求出相应的热效应。

在利用盖斯定律从已知热效应的方程式计算另一方程式的热效应时,只要设法消去新方程式中不需要的物质就行了。不过要特别注意,所有物质的物质的量和聚集状态以及反应的条件等均需一致。下面举例加以说明。

[例 2-15] 已知 298.15 K 下:

(1) $4NH_3(g) + 3O_2(g) \!=\!= 2N_2(g) + 6H_2O(l)$ $\Delta_r H_{m,1}^{\ominus} = -1\ 530.3\ kJ \cdot mol^{-1}$

(2) $H_2(g) + \dfrac{1}{2}O_2(g) \!=\!= H_2O(l)$ $\Delta_r H_{m,2}^{\ominus} = -285.84\ kJ \cdot mol^{-1}$

试计算反应(3)$N_2(g) + 3H_2(g) \!=\!= 2NH_3(g)$ 的 $\Delta_r H_{m,3}^{\circleddash}$。

解 本例方程式(3)中没有 $O_2(g)$ 和 $H_2O(l)$,都要设法消去。又因方程式(1)中 $NH_3(g)$ 的系数为 4,并且在左边,故知方程式(1)应乘以 $-\dfrac{1}{2}$;而方程式(2)中 $H_2(g)$ 的系数是 1,方程式(3)中 $H_2(g)$ 的系数为 3,都在左边,故知方程式(2)应乘以系数 3,于是方程式(2)×3-(1)×$\dfrac{1}{2}$ 得

$$N_2(g) + 3H_2(g) \!=\!= 2NH_3(g)$$

即 $(2) \times 3 - (1) \times \dfrac{1}{2} = (3)$

所以 $\Delta_r H_{m,3}^{\ominus} = 3\Delta_r H_{m,2}^{\ominus} - \dfrac{1}{2}\Delta_r H_{m,1}^{\ominus} = \left[3 \times (-285.84) - \dfrac{1}{2} \times (-1\ 530.3)\right] kJ \cdot mol^{-1}$

$$= -92.4\ kJ \cdot mol^{-1}$$

[例 2-16] 已知 298.15 K 下：

(1) $C(石墨) + \frac{1}{2}O_2(g) \rightleftharpoons CO(g)$ $\Delta_r H_{m,1}^{\ominus} = -110.53 \text{ kJ} \cdot \text{mol}^{-1}$

(2) $3Fe(s) + 2O_2(g) \rightleftharpoons Fe_3O_4(s)$ $\Delta_r H_{m,2}^{\ominus} = -1\,117.1 \text{ kJ} \cdot \text{mol}^{-1}$

计算反应 (3) $Fe_3O_4(s) + 4C(石墨) \rightleftharpoons 4CO(g) + 3Fe(s)$ 的 $\Delta_r H_{m,3}^{\ominus}$。

解 上述方程式有 $4 \times (1) - (2) = (3)$，则

$4C(石墨) + 2O_2(g) \rightleftharpoons 4CO(g)$ $4\Delta_r H_{m,1}^{\ominus} = 4 \times (-110.53) \text{kJ} \cdot \text{mol}^{-1}$

$Fe_3O_4(s) \rightleftharpoons 3Fe(s) + 2O_2(g)$ $-\Delta_r H_{m,2}^{\ominus} = 1\,117.1 \text{ kJ} \cdot \text{mol}^{-1}$

$Fe_3O_4(s) + 4C(石墨) \rightleftharpoons 4CO(g) + 3Fe(s)$ $\Delta_r H_{m,3}^{\ominus} = 674.97 \text{ kJ} \cdot \text{mol}^{-1}$

7. 反应的标准摩尔焓变 $\Delta_r H_m^{\ominus}$ 的计算

如果反应系统中各物质的 $H_m^{\ominus}$ 是已知的，则 $\Delta_r H_m^{\ominus}$ 便可求出。但如前所述，物质在某一指定状态下的焓的绝对值是无法测得的。为此，科学家采用了规定焓的一个相对标准的方法，来计算反应的标准摩尔焓变。

任一化学反应的 ΔH 为产物的总焓与反应物的总焓之差，即

$$\Delta H = \sum H_{产物} - \sum H_{反应物}$$

如果能够知道各种物质焓的绝对值，则利用上式可很方便地计算出任何反应的热效应。但焓的绝对值无法求得，因此，采用一种相对标准求出焓的改变量，标准摩尔生成焓和标准摩尔燃烧焓就是常用的两种相对的焓变，利用它们再结合盖斯定律就可使热效应的计算大大简化。

(1) 由物质的标准摩尔生成焓 $\Delta_f H_m^{\ominus}(B, 相态, T)$ 计算 $\Delta_r H_m^{\ominus}$。

① 标准摩尔生成焓。

在温度 T 下，由处于热力学标准态的最稳定单质生成 1 mol 标准态下的某物质的标准摩尔焓变，称为该物质在此温度下的标准摩尔生成焓，以 $\Delta_f H_m^{\ominus}(B, 相态, T)$ 表示，单位为 $J \cdot mol^{-1}$ 或 $kJ \cdot mol^{-1}$。其中下标"f"表示生成。由稳定单质生成化合物的反应通常称为该化合物的生成反应，因此化合物的标准摩尔生成焓也就是该化合物生成反应的标准摩尔焓变。

例如，在 25 ℃ 下

$$C(石墨) + O_2(g) \rightleftharpoons CO_2(g) \qquad \Delta_r H_m^{\ominus} = -393.5 \text{ kJ} \cdot \text{mol}^{-1}$$

则 $CO_2(g)$ 在 25 ℃ 下的标准摩尔生成焓为

$$\Delta_f H_m^{\ominus}(CO_2, g, 298.15 \text{ K}) = -393.5 \text{ kJ} \cdot \text{mol}^{-1}$$

$$\frac{1}{2}N_2(g) + \frac{3}{2}H_2(g) \rightleftharpoons NH_3(g) \qquad \Delta_r H_m^{\ominus} = -46.19 \text{ kJ} \cdot \text{mol}^{-1}$$

则 $NH_3(g)$ 在 298.15 K 下的标准摩尔生成焓为

$$\Delta_f H_m^{\ominus}(NH_3, g, 298.15 \text{ K}) = -46.19 \text{ kJ} \cdot \text{mol}^{-1}$$

原则上标准摩尔生成焓可以在任意指定温度下得到，但目前大多数手册中和本书的附表所列的标准摩尔生成焓数据，温度都是 298.15 K，因此，今后凡不加说明，标准生成焓皆指 298.15 K 下的数据。

② 根据标准摩尔生成焓的定义，计算时需注意以下几点。

a. 反应物必须全部是稳定单质。所谓稳定单质，是指在反应进行的温度、压力下能

够稳定存在的相态。例如,C(s)有三种相态,即石墨、金刚石和无定形碳,三者比较,只有石墨在 25 ℃下为稳定单质。因此,CO_2(g)的 $\Delta_f H_m^{\ominus}$ 应为下述反应的标准摩尔焓变:

$$C(石墨)+O_2(g)\Longrightarrow CO_2(g) \qquad \Delta_r H_m^{\ominus}(298.15\ K)=-393.5\ kJ\cdot mol^{-1}$$

而不是反应 $C(金刚石)+O_2(g)\Longrightarrow CO_2(g)$,$\Delta_r H_m^{\ominus}(298.15\ K)=-395.4\ kJ\cdot mol^{-1}$ 的标准摩尔焓变。

两式相减可得到单质金刚石的标准摩尔生成焓:

$$C(石墨)\Longrightarrow C(金刚石) \qquad \Delta_f H_m^{\ominus}(C,金刚石)=1.896\ kJ\cdot mol^{-1}$$

各种稳定单质(在任意温度下)的标准摩尔生成焓为零。例如,C(石墨)是最稳定的碳的单质,所以 C(石墨)的标准摩尔生成焓 $\Delta_f H_m^{\ominus}(C,石墨)=0$,$H_2$(g)的标准摩尔生成焓 $\Delta_f H_m^{\ominus}(H_2,g)=0$。

b. 产物必须是 1 mol 物质。例如,由石墨生成一氧化碳的热化学方程式为

$$2C(石墨)+O_2(g)\Longrightarrow 2CO(g) \qquad \Delta_r H_m^{\ominus}(298.15\ K)=-221.05\ kJ\cdot mol^{-1}$$

则 CO(g)的标准摩尔生成焓为 $\frac{1}{2}\Delta_r H_m^{\ominus}(298.15\ K)=-110.525\ kJ\cdot mol^{-1}$。

③ 利用标准摩尔生成焓计算 $\Delta_r H_m^{\ominus}$。

由于在化学反应中反应物和产物含有相同种类和质量的元素,因此可根据各种物质的标准摩尔生成焓方便地计算出同一温度下化学反应的标准摩尔焓变。下面以例 2-17 来说明计算方法。

[例 2-17] 已知 298.15 K 下:

(1) $Ca(s)+\frac{1}{2}O_2(g)\Longrightarrow CaO(s)$ $\qquad \Delta_r H_{m,1}^{\ominus}(298.15\ K)=-635.6\ kJ\cdot mol^{-1}$

(2) $C(石墨)+O_2(g)\Longrightarrow CO_2(g)$ $\qquad \Delta_r H_{m,2}^{\ominus}(298.15\ K)=-393.5\ kJ\cdot mol^{-1}$

(3) $Ca(s)+\frac{3}{2}O_2(g)+C(石墨)\Longrightarrow CaCO_3(s)$ $\qquad \Delta_r H_{m,3}^{\ominus}=-1\ 206.87\ kJ\cdot mol^{-1}$

求反应(4)$CaO(s)+CO_2(g)\Longrightarrow CaCO_3(s)$ 的 $\Delta_r H_{m,4}^{\ominus}$。

解 根据盖斯定律得(4)=(3)-(1)-(2)

即 $$\Delta_r H_{m,4}^{\ominus}=\Delta_r H_{m,3}^{\ominus}-\Delta_r H_{m,1}^{\ominus}-\Delta_r H_{m,2}^{\ominus}$$

根据标准摩尔生成焓的定义:

反应(1)的 $\Delta_r H_{m,1}^{\ominus}$ 就是 CaO(s)的标准摩尔生成焓,即 $\Delta_r H_{m,1}^{\ominus}=\Delta_f H_m^{\ominus}(CaO,s)$

反应(2)的 $\Delta_r H_{m,2}^{\ominus}$ 就是 CO_2(g)的标准摩尔生成焓,即 $\Delta_r H_{m,2}^{\ominus}=\Delta_f H_m^{\ominus}(CO_2,g)$

反应(3)的 $\Delta_r H_{m,3}^{\ominus}$ 就是 $CaCO_3$(s)的标准摩尔生成焓,即 $\Delta_r H_{m,3}^{\ominus}=\Delta_f H_m^{\ominus}(CaCO_3,s)$

反应(4)的 $\Delta_r H_{m,4}^{\ominus}=\Delta_f H_m^{\ominus}CaCO_3,s)-\Delta_f H_m^{\ominus}(CaO,s)-\Delta_f H_m^{\ominus}(CO_2,g)$

$\qquad =[\Delta_f H_m^{\ominus}(CaCO_3,s)]_{产物}-[\Delta_f H_m^{\ominus}(CaO,s)+\Delta_f H_m^{\ominus}(CO_2,g)]_{反应物}$

$\qquad =(-1206.87\ kJ\cdot mol^{-1})-(-635.6-393.5)\ kJ\cdot mol^{-1}$

$\qquad =-177.8\ kJ\cdot mol^{-1}$

要计算反应(4)的标准摩尔焓变,只需要把反应式右边所有产物的标准摩尔生成焓的总和,减去反应式左边所有反应物的标准摩尔生成焓的总和就行了。写成公式则为

$$\Delta_r H_m^{\ominus}(298.15\ K)=\sum \nu_B \Delta_f H_m^{\ominus}(B,298.15\ K) \qquad (2-23)$$

式中:ν_B——参加反应的各物质前的化学计量数,产物系数取正数,反应物系数取负数。

式(2-23)表明化学反应的标准摩尔焓变等于产物标准摩尔生成焓之和减去反应物标

准摩尔生成焓之和。

应用式(2-23)计算反应的标准摩尔焓变时要注意:应用标准摩尔生成焓只能计算同一温度下的反应热效应;物质的聚集状态不同,则标准摩尔生成焓也不同,查表时应注意;计算时不要忘记化学反应式中各分子式前的化学计量数。

[例 2-18] 反应 $3Fe_2O_3(s) + H_2(g) \xrightarrow{\quad} 2Fe_3O_4(s) + H_2O(l)$ 是放热反应还是吸热反应?

解 相关 $\Delta_f H_m^{\ominus}$ 数据查附录 F 得

$$3Fe_2O_3(s) + H_2(g) \xrightarrow{\quad} 2Fe_3O_4(s) + \qquad H_2O(l)$$

$\Delta_f H_m^{\ominus}/(kJ \cdot mol^{-1}) \quad 3 \times (-822.1) \quad 1 \times 0 \qquad 2 \times (-1\,117.1) \quad 1 \times (-285.8)$

$$\Delta_r H_m^{\ominus}(298.15\ K) = \Big\{[2 \times (-1\,117.1) + 1 \times (-285.8)]$$

$$- [3 \times (-822.1) + 1 \times 0]\Big\}\ kJ \cdot mol^{-1}$$

$$= -53.7\ kJ \cdot mol^{-1} < 0$$

所以该反应是放热反应。

(2)由物质的标准摩尔燃烧焓 $\Delta_c H_m^{\ominus}(B,\text{相态},T)$ 计算 $\Delta_r H_m^{\ominus}$。

大多数有机物通常不能由单质直接合成,因此它们的 $\Delta_f H_m^{\ominus}$ 难以直接测得。但它们一般易燃烧,可利用某些燃烧反应的热效应来计算其他反应的热效应。标准摩尔燃烧焓的概念就是为了方便这类计算而建立起来的。

① 标准摩尔燃烧焓的定义。

在 100 kPa 和指定温度 T 下,1 mol 某物质完全燃烧成指定产物的标准摩尔焓变,称为该物质在此温度下的标准摩尔燃烧焓,记做 $\Delta_c H_m^{\ominus}(B,\text{相态},T)$。所谓"完全燃烧成指定产物",是指物质中的 C、H、P、S、N、Cl 等分别被氧化为稳定产物 $CO_2(g)$、$H_2O(l)$、$P_2O_5(s)$、$SO_2(g)$、$N_2(g)$、$HCl(g)$ 等。如果化合物中有金属元素,则被氧化为正常价态的氧化物即可。

② 根据标准摩尔燃烧焓的定义,计算时必须明确三点。

a. 各种指定燃烧产物以及氧气的标准摩尔燃烧焓为零。例如,$H_2O(l)$ 的标准摩尔燃烧焓 $\Delta_c H_m^{\ominus}(H_2O,l) = 0$,$N_2(g)$ 的标准摩尔燃烧焓 $\Delta_c H_m^{\ominus}(N_2,g) = 0$,$CO_2(g)$ 的标准摩尔燃烧焓 $\Delta_c H_m^{\ominus}(CO_2,g) = 0$。

b. 燃烧反应的产物皆为指定的产物及聚集状态。例如:反应 $C(石墨) + \frac{1}{2}O_2(g) \xrightarrow{\quad} CO(g)$ 的标准摩尔焓变并不是 C 的标准摩尔燃烧焓,因为 $CO(g)$ 不是指定产物。反应 $H_2(g) + \frac{1}{2}O_2(g) \xrightarrow{\quad} H_2O(g)$ 的标准摩尔焓变是 $H_2O(g)$ 的标准摩尔生成焓,但不是 $H_2(g)$ 的标准摩尔燃烧焓,因为气态水不是指定的产物的聚集状态。反应 $C_6H_5NO_2(l) + \frac{29}{4}O_2(g) \xrightarrow{\quad} 6CO_2(g) + NO_2(g) + \frac{5}{2}H_2O(l)$ 的标准摩尔焓变也不是硝基苯 $C_6H_5NO_2(l)$ 的标准摩尔燃烧焓,因为 $NO_2(g)$ 不是燃烧的指定产物 $N_2(g)$。

c. 被燃烧的反应物是 1 mol 物质。例如:乙烯的燃烧反应为

$$\frac{1}{2}C_2H_4(g) + \frac{3}{2}O_2(g) \xrightarrow{\quad} CO_2(g) + H_2O(l) \qquad \Delta_r H_m^{\ominus}(298.15\ K) = -705.49\ kJ \cdot mol^{-1}$$

则 $\Delta_c H_m^{\ominus}(C_2H_4,g)=2\times\Delta_r H_m^{\ominus}(298.15\ K)=-1\ 410.98\ kJ\cdot mol^{-1}$

③ 利用标准摩尔燃烧焓计算 $\Delta_r H_m^{\ominus}$。

有了标准摩尔燃烧焓的数据,也可以用类似于从标准摩尔生成焓计算任何反应的 $\Delta_r H_m^{\ominus}$ 的方法计算出同一温度下化学反应的 $\Delta_r H_m^{\ominus}$。

[例 2-19] 已知 298.15 K 下:

(1) $CH_3OH(l)+\dfrac{3}{2}O_2(g)=\!\!=\!\!=CO_2(g)+2H_2O(l)$ $\qquad \Delta_r H_{m,1}^{\ominus}=-726.64\ kJ\cdot mol^{-1}$

(2) $C(石墨)+O_2(g)=\!\!=\!\!=CO_2(g)$ $\qquad \Delta_r H_{m,2}^{\ominus}=-393.5\ kJ\cdot mol^{-1}$

(3) $H_2(g)+\dfrac{1}{2}O_2(g)=\!\!=\!\!=H_2O(l)$ $\qquad \Delta_r H_{m,3}^{\ominus}=-285.8\ kJ\cdot mol^{-1}$

计算反应(4)$C(石墨)+2H_2(g)+\dfrac{1}{2}O_2(g)=\!\!=\!\!=CH_3OH(l)$ 的 $\Delta_r H_{m,4}^{\ominus}$。

解 根据盖斯定律得(4)=(2)+2×(3)−(1),即

$$\Delta_r H_{m,4}^{\ominus}=\Delta_r H_{m,2}^{\ominus}+2\Delta_r H_{m,3}^{\ominus}-\Delta_r H_{m,1}^{\ominus}$$

根据标准摩尔燃烧焓的定义,反应(1)、(2)、(3)的标准摩尔焓变就是 $CH_3OH(l)$、$C(石墨)$ 和 $H_2(g)$ 的标准摩尔燃烧焓。即 $\Delta_r H_{m,1}^{\ominus}=\Delta_c H_m^{\ominus}(CH_3OH,l)$,$\Delta_r H_{m,2}^{\ominus}=\Delta_c H_m^{\ominus}(C,石墨)$,$\Delta_r H_{m,3}^{\ominus}=\Delta_c H_m^{\ominus}(H_2,g)$。又 $\Delta_c H_m^{\ominus}(O_2,g)=0$,所以

$$\Delta_r H_{m,4}^{\ominus}=\left[\Delta_c H_m^{\ominus}(C,石墨)+2\Delta_c H_m^{\ominus}(H_2,g)+\frac{1}{2}\Delta_c H_m^{\ominus}(O_2,g)\right]_{反应物}$$

$$-\left[\Delta_c H_m^{\ominus}(CH_3OH,l)\right]_{产物}$$

$$=\left[-393.5+2\times(-285.8)+\frac{1}{2}\times0\right]kJ\cdot mol^{-1}-(-726.64)\ kJ\cdot mol^{-1}$$

$$=-238.5\ kJ\cdot mol^{-1}$$

化学反应的标准摩尔焓变等于反应物的标准摩尔燃烧焓之和减去产物的标准摩尔燃烧焓之和,写成公式为

$$\Delta_r H_m^{\ominus}(298.15\ K)=\sum\nu_B\Delta_c H_m^{\ominus}(B,298.15\ K) \qquad (2\text{-}24)$$

式中:ν_B——参加反应的各物质前的化学计量数,反应物系数取正数,产物系数取负数。

小资料

垃圾焚烧发电工程

目前,人们对燃烧热的利用已非常广泛,最常见的为利用生活垃圾的燃烧热来发电,如图 2-10 所示。垃圾不再一埋了事,而将通过焚烧发电得到更环保的处理。例如宁波市垃圾焚烧发电工程,据了解,该工程关键设备——焚烧炉等由德国引进,共 3 台,日处理能力均为 350 t,垃圾经焚烧后体积将减至原来的 10%～25%,质量则为原来的 20% 左右。垃圾焚烧发电过程产生的烟气、污水、灰渣将得到环保处理:烟气经流化床和布袋除尘等处理后排入大气,达到国家排放标准;污水经处理后由专用密封管道排入江东北区污水处理厂;灰渣可填埋在附近的山坳里,以后还可用做道路垫层及建筑材料。

图 2-10　垃圾焚烧发电工程

8. 化学反应的标准摩尔焓变与温度的关系

　　利用物质的标准摩尔生成焓或燃烧焓计算反应的标准摩尔焓变,通常只有 298.15 K 的数据,这样的计算结果只是 298.15 K 下反应的标准摩尔焓变,但在实际生产中许多反应是在更高的温度下进行的,为了计算其他温度下反应的标准摩尔焓变 $\Delta_r H_m^{\ominus}(T)$,就需要研究反应的 $\Delta_r H_m^{\ominus}(T)$ 随温度变化的规律。

　　我们已经知道化学反应的热效应对应系统状态函数的变化值,它只取决于反应的始、终态,与反应的途径无关。利用这一性质,可以寻求反应焓变与温度的关系。描述反应焓变与温度的关系式称为基尔霍夫定律,其公式导出如下。无相变时反应热效应与温度的关系如图 2-11 所示。

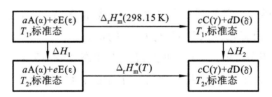

图 2-11　无相变时反应热效应与温度的关系

　　根据盖斯定律得

$$\Delta_r H_m^{\ominus}(T_1) + \Delta H_2 = \Delta H_1 + \Delta_r H_m^{\ominus}(T_2)$$

$$\Delta_r H_m^{\ominus}(T_2) = \Delta_r H_m^{\ominus}(T_1) + \Delta H_2 - \Delta H_1$$

$$\Delta H_2 = \int_{T_1}^{T_2} (c C_{p,m,C(\gamma)} + d C_{p,m,D(\delta)}) \mathrm{d}T$$

$$\Delta H_1 = \int_{T_1}^{T_2} (a C_{p,m,A(\alpha)} + e C_{p,m,E(\varepsilon)}) \mathrm{d}T$$

$$\Delta_r H_m^{\ominus}(T_2) = \Delta_r H_m^{\ominus}(T_1) + \int_{T_1}^{T_2} \Delta C_{p,m} \mathrm{d}T \tag{2-25}$$

式中　　　　$\Delta C_{p,m} = (c C_{p,m,C(\gamma)} + d C_{p,m,D(\delta)}) - (a C_{p,m,A(\alpha)} + e C_{p,m,E(\varepsilon)})$

$$= \sum (\nu_i C_{p,m,i})_{\text{产物}} - \sum (\nu_i C_{p,m,i})_{\text{反应物}}$$

若 $T_2 = T, T_1 = 298.15$ K,则式(2-25)转化为

$$\Delta_r H_m^{\ominus}(T) = \Delta_r H_m^{\ominus}(298.15 \text{ K}) + \int_{298.15}^{T} \Delta C_{p,m} dT$$

式中的 $\Delta_r H_m^{\ominus}(298.15 \text{ K})$ 和 $\Delta C_{p,m}$ 都可查表算出,因而容易求出 $\Delta_r H_m^{\ominus}(T)$。

以上利用图解的方法,导出了反应的标准摩尔焓变与温度的关系公式,这样推导较为直观易懂。另外还可以采取以下方法加以推导。

$$\Delta_r H_m(T) = \sum H_{m,产物}(T) - \sum H_{m,反应物}(T)$$

若在保持压力不变的情况下改变反应温度,则

$$\left[\frac{\partial \Delta_r H_m(T)}{\partial T}\right]_p = \left[\frac{\partial \sum H_{m,产物}(T)}{\partial T}\right]_p - \left[\frac{\partial \sum H_{m,反应物}(T)}{\partial T}\right]_p$$

因

$$\left[\frac{\partial H_m(T)}{\partial T}\right]_p = C_{p,m}$$

则有

$$\left[\frac{\partial \Delta_r H_m(T)}{\partial T}\right]_p = C_{p,m,产物} - C_{p,m,反应物} = \Delta C_{p,m}$$

当反应系统处于标准态时,亦有

$$\left[\frac{\partial \Delta_r H_m^{\ominus}(T)}{\partial T}\right]_p = \Delta C_{p,m} \tag{2-26}$$

将式(2-26)移项后积分就可得到式(2-25)。式(2-25)和式(2-26)都称为基尔霍夫定律的数学表达式。前者是积分式,后者是微分式。对式(2-26)做不定积分得

$$\Delta_r H_m^{\ominus}(T) = \int \Delta C_{p,m} dT + 常数 \tag{2-27}$$

在运用基尔霍夫定律进行计算时,可按下述步骤进行。

(1) 根据相关资料查出各物质的标准摩尔生成焓 $\Delta_f H_m^{\ominus}(B,相态,298.15 \text{ K})$ 和标准摩尔燃烧焓 $\Delta_c H_m^{\ominus}(B,相态,298.15 \text{ K})$ 与 $C_{p,m}$ 的值。

(2) 由 $\Delta_f H_m^{\ominus}(B,相态,298.15 \text{ K})$ 和 $\Delta_c H_m^{\ominus}(B,相态,298.15 \text{ K})$ 求得 $\Delta_r H_m^{\ominus}(298.15 \text{ K})$。

(3) 若热容(作近似计算时可视为常数)与温度无关,则

$$\Delta_r H_m^{\ominus}(T) = \Delta_r H_m^{\ominus}(298.15 \text{ K}) + \Delta C_{p,m}(T - 298.15 \text{ K})$$

当作精确计算时,须考虑热容随温度的变化,首先求得 Δa、Δb、Δc(或 $\Delta c'$),再表示出 $\Delta C_{p,m} = \Delta a + \Delta b T + \Delta c T^2$ 或 $\Delta C_{p,m} = \Delta a + \Delta b T + \Delta c' T^{-2}$,然后将已知数据代入基尔霍夫定律公式。

在应用基尔霍夫定律时应注意:若一个化学反应在温度变化范围内,参加反应的物质有了相变,不能直接套用基尔霍夫定律,因为有相的变化时物质的热容随温度的变化不是一连续函数,不能直接积分。

[例 2-20] 计算下列反应在 $1\,000\,℃$ 下的 $\Delta_r H_m^{\ominus}$:

$$C(石墨) + 2H_2O(g) = CO_2(g) + 2H_2(g)$$

已知有关物质的摩尔生成焓和摩尔定压热容数据如表 2-1 所示。

表 2-1　例 2-20 附表

物　　质	$\dfrac{\Delta_f H_m^{\ominus}(298.15\ K)}{kJ \cdot mol^{-1}}$	$C_{p,m}=a+bT$	
		$\dfrac{a}{J \cdot mol^{-1} \cdot K^{-1}}$	$\dfrac{b}{10^{-3}J \cdot mol^{-1} \cdot K^{-2}}$
$CO_2(g)$	-393.511	44.14	9.04
$H_2(g)$	0	29.08	-0.84
C(石墨)	0	17.15	4.27
$H_2O(g)$	-241.825	30.1	11.3

解　(1) 由已知数据求该反应在 298.15 K 下的标准摩尔焓变。

$$\Delta_r H_m^{\ominus}(298.15\ K)=[-393.511-2\times(-241.825)]\ kJ \cdot mol^{-1}=90.139\ kJ \cdot mol^{-1}$$

(2) 求 $\Delta C_{p,m}$。

$$\Delta C_{p,m}=\Delta a+\Delta bT$$

$$\Delta a=[2a(H_2)+a(CO_2)]-[2a(H_2O)+a(C)]$$

则　　　　$\Delta a=(2\times29.08+44.14-2\times30.1-17.15)\ J \cdot mol^{-1} \cdot K^{-1}=25\ J \cdot mol^{-1} \cdot K^{-1}$

$$\Delta b=[2b(H_2)+b(CO_2)]-[2b(H_2O)+b(C)]$$

则　　　　$\Delta b=[2\times(-0.84)+9.04-2\times11.3-4.27]\times10^{-3}\ J \cdot mol^{-1} \cdot K^{-2}$

$$=-19.5\times10^{-3}\ J \cdot mol^{-1} \cdot K^{-2}$$

(3) 求 1 000 ℃下的反应热。

$$\Delta_r H_m^{\ominus}(1\ 273.15\ K)=\Delta_r H_m^{\ominus}(298.15\ K)+\int_{298.15}^{1\ 273.15}\Delta C_{p,m}dT$$

$$=\Delta_r H_m^{\ominus}(298.15\ K)+\Delta a\times(1\ 273.15-298.15)$$

$$+\frac{1}{2}\Delta b\times(1\ 273.15^2-298.15^2)$$

将(1)、(2)所得的结果代入上式得

$$\Delta_r H_m^{\ominus}(1\ 273.15\ K)=\left[90\ 139+25\times(1\ 273.15-298.15)-\frac{1}{2}\times19.5\times10^{-3}\times(1\ 273.15^2\right.$$

$$\left.-298.15^2)\right]\ J \cdot mol^{-1}$$

$$=115\ kJ \cdot mol^{-1}$$

思　考　题

1. 根据焓的定义式 $H=U+pV$，则有 $dH=dU+d(pV)=dU+pdV+Vdp$，同样有 $\Delta H=\Delta U+\Delta(pV)=\Delta U+p\Delta V+V\Delta p$，上述结论对否？为什么？

2. 对一定量的理想气体，下列单纯过程是否可能？

(1) 等温下绝热膨胀。

(2) 等压下绝热压缩。

(3) 体积不变，而温度上升，且过程绝热。

(4) 吸热而温度不变。

(5) 温度不变,且压力不变。

3. 下列说法是否正确?

(1) 系统的温度越高,所含的热量越多。

(2) 系统的温度越高,向外传递的热量越多。

(3) 一个绝热的刚性容器一定是孤立系统。

(4) 系统向外放热,则其热力学能一定减少。

(5) 孤立系统内发生的任何变化过程,其 ΔU 必定为零。

4. 在 100 ℃、101.325 kPa 下,一定量的水向真空蒸发成 100 ℃、101.325 kPa 的水蒸气(此过程环境温度保持不变),下列说法是否正确? 为什么?

(1) 假设水蒸气可以看做理想气体,因为此过程为等温过程,所以 $\Delta U=0$。

(2) 此过程 $\Delta H=\Delta U+p\Delta V$,由于向真空汽化,$W=p\Delta V=0$,所以此过程 $\Delta H=\Delta U$。

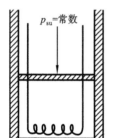

图 2-12 思考题 10 附图

5. 焓是状态函数,热不是状态函数,怎样理解 $Q_p=\Delta H$?

6. 为什么热力学能和焓的变化可用 ΔU 和 ΔH 表示,而功和热则不能用 ΔW 和 ΔQ 表示?

7. "凡是系统的温度升高就一定要吸热,而温度不变时,则系统既不吸热也不放热。"这种说法是否正确? 举例说明。

8. 何谓标准摩尔生成焓和标准摩尔燃烧焓?"标准"的含义是什么? 哪些物质的标准摩尔生成焓或标准摩尔燃烧焓为零?

9. 试举出三个化学反应,它们的反应热效应既可以说是某物质的标准摩尔生成焓,又可以说是该反应的另一物质的标准摩尔燃烧焓。

10. 在一个带有无摩擦力、无质量的绝热活塞的绝热汽缸内充入一定量的气体,如图 2-12 所示。汽缸内壁绕有电阻丝,活塞上方施以恒定压力,并与缸内气体成平衡状态,如图 2-12 所示。现通入微小电流,使气体缓慢膨胀。此过程为等压过程,故 $Q_p=\Delta H$,而该系统为绝热系统,则 $Q_p=0$,所以此过程的 $\Delta H=0$。此结论对否?

习　题

1. 设有一电炉丝浸于水中,接上电源,通电流一段时间,如图 2-13 所示。如果按下列几种情况作为系统,试问:ΔU、Q、W 为正、为负还是为零?

(1) 以电炉丝为系统;

(2) 以电炉丝和水为系统;

(3) 以电炉丝、水、电源及其他一切有影响的部分为系统。

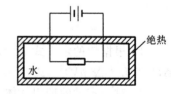

图 2-13 习题 1 附图

2. 在 25 ℃下,2 mol H_2 的体积为 15 dm³,若此气体经过如下过程:

(1) 在定温下(即始态和终态的温度相同),反抗外压为 10^5 Pa 时,膨胀到体积为

$50\ dm^3$;

(2) 在定温下,可逆膨胀到体积为 $50\ dm^3$。

试计算两种膨胀过程的功。 $\qquad$ ((1) $-3\ 500\ J$;(2) $-5\ 966\ J$)

3. 在容积为 $200\ dm^3$ 的容器中充有 $20\ ℃$、$2.50×10^5\ Pa$ 的理想气体。已知其中 $C_{p,m}=1.40C_{V,m}$,试求其 $C_{V,m}$。若该气体的热容近似为常数,试求恒容下加热该气体至 $80\ ℃$ 所需的热。 $\qquad$ ($C_{V,m}=20.8\ J·mol^{-1}·K^{-1}$,$Q=25.9\ kJ$)

4. 已知在 $373.2\ K$、$101.325\ kPa$ 下,$1.00\ mol\ H_2O(l)$ 全部蒸发成水蒸气吸热 $40.64\ kJ$,试求 $2.00\ mol$、$373.2\ K$、$101.325\ kPa$ 的 $H_2O(l)$ 变成同温下、$60.530\ kPa$ 的水蒸气的 ΔU 及 ΔH。设水蒸气可作为理想气体,液态水的体积可忽略不计。

5. $20\ g$ 液体乙醇在 $101.325\ kPa$、$78\ ℃$(乙醇的沸点)下汽化为气体。已知汽化热为 $858\ J·g^{-1}$,每克蒸气的体积为 $6.07×10^{-4}\ m^3$,试求该过程的 Q、W、ΔU、ΔH。

6. $1\ mol$、$0\ ℃$、$101.325\ kPa$ 的单原子理想气体 $\left(C_{p,m}=\dfrac{5}{2}R\right)$ 经过一个可逆过程,体积增加一倍,$\Delta H=2\ 092\ J$,$Q=1\ 674\ J$。

(1) 计算终态的温度、压力、ΔU 和 W。

(2) 若气体经过等温和等容的两步可逆变化过程达到上述终态,计算 Q、W、ΔU、ΔH。

7. $2\ mol$ 起始压力为 $2.0×10^5\ Pa$ 的理想气体,经等温可逆膨胀,体积从 V_1 膨胀到 $10V_1$,并对环境做了 $41.85\ kJ$ 的功。试求 V_1 及系统的温度。

$\qquad$ ($V_1=9.087×10^{-2}\ m^3$,$T=1\ 093\ K$)

8. $1\ mol$ 理想气体,经下列三步可逆过程恢复到原态,整个循环过程可以在 p-V 图上表示,如图 2-14 所示。

(1) 从 $2.00×10^5\ Pa$、$10.0\ dm^3$ 在等温下压缩到 $1.0\ dm^3$;

(2) 等压膨胀到原来的体积(即 $10\ dm^3$),同时温度由 T_1 变为 T_2;

(3) 在等容下冷却,使系统回到初始状态。

试计算:

(1) T_1 和 T_2;

(2) 每一步及整个循环过程的 Q、W、ΔU、ΔH。

($C_{p,m}=20.8\ J·mol^{-1}·K^{-1}$)

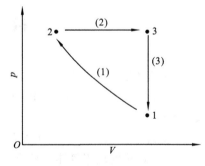

图 2-14 习题 8 附图

((1) $T_1=241\ K$,$T_2=2\ 410\ K$;

(2) $\Delta H_1=\Delta U_1=0$,$W_1=-Q_1=4.61×10^3\ J$;$\Delta U_2=2.71×10^4\ J$,$\Delta H_2=Q_2=4.51×10^4\ J$,$W_2=-1.80×10^4\ J$;$\Delta U_3=-2.71×10^4\ J$,$\Delta H_3=-4.51×10^4\ J$,$Q_3=-2.71×10^4\ J$,$W_3=0$)

9. 某理想气体(已知 $C_{V,m}=\dfrac{3}{2}R$,$C_{p,m}=\dfrac{5}{2}R$)自始态 $298.15\ K$、$1\ 000\ kPa$、$20\ dm^3$ 经过绝热可逆膨胀至 $100\ kPa$,分别求出终态的体积与温度以及过程的 Q、W、ΔU、ΔH。

10. 已知 $298.15\ K$ 下,$C_6H_6(l)$ 的标准摩尔燃烧焓 $\Delta_cH_m^{\ominus}(C_6H_6,l)=-3\ 267.7\ kJ·$

mol^{-1}, $H_2O(l)$ 的标准摩尔生成焓为 -285.8 kJ·mol^{-1}, $CO_2(g)$ 的标准摩尔生成焓为 -393.5 kJ·mol^{-1}。试求 $C_6H_6(l)$ 的标准摩尔生成焓。 (49.1 kJ·mol^{-1})

11. 计算下列反应的 $\Delta_r H_m^{\ominus}$(1 000 K):

$$A(g) + 2E(g) \Longrightarrow C(g) + 2D(g)$$

已知在 20~110 ℃的温度范围内,下述各物质的 $C_{p,m}$ 及 $\Delta_f H_m^{\ominus}$(298.15 K)之值分别如表 2-2 所示。

表 2-2　习题 11 附表

物质	$C_{p,m}$/(J·mol^{-1}·K^{-1})	$\Delta_f H_m^{\ominus}$(298.15 K)/(kJ·mol^{-1})
A(g)	38.40	-76.00
E(g)	29.70	0
C(g)	38.40	-394.132
D(g)	33.90	-241.500

(-800.42 kJ·mol^{-1})

12. 已知反应 C(石墨)+$CO_2(g)$══2CO(g) 在 20 ℃下,$\Delta_r H_m^{\ominus} = 173.2$ kJ·mol^{-1},并已知有关热容(单位均为 J·mol^{-1}·K^{-1})数据如下:

$$C_{p,m}(C,\text{石墨}) = 17.15 + 4.27 \times 10^{-3} T - 8.79 \times 10^5 T^{-2}$$
$$C_{p,m}(CO_2,g) = 44.14 + 9.04 \times 10^{-3} T - 8.54 \times 10^5 T^{-2}$$
$$C_{p,m}(CO,g) = 27.6 + 5.0 \times 10^{-3} T - 0.46 \times 10^5 T^{-2}$$

求该反应的 $\Delta_r H_m^{\ominus} = f(T)$ 的关系式。

($\Delta_r H_m^{\ominus} = 1.776 \times 10^5 + 7.27 T - 12.30 \times 10^{-3} T^{-2} - 16.41 \times 10^5 T^{-1}$)

一、选择题

1. 在温度 T 下,反应 $2C_2H_6(g) + 7O_2(g) \longrightarrow 4CO_2(g) + 6H_2O(l)$ 的 $\Delta_r H_m^{\ominus}$ 与 $\Delta_r U_m^{\ominus}$ 的关系为( )。

(A)$\Delta_r H_m^{\ominus} > \Delta_r U_m^{\ominus}$; (B) $\Delta_r H_m^{\ominus} < \Delta_r U_m^{\ominus}$; (C) $\Delta_r H_m^{\ominus} = \Delta_r U_m^{\ominus}$; (D) 无法确定

2. 一定量的理想气体由始态 $A(T_1, p_1, V_1)$ 出发,分别经(1) 等温可逆压缩;(2) 绝热可逆压缩到相同的体积 V_2,则( )。

(A) $p_2' > p_2$; (B) $p_2' < p_2$;

(C) p_2' 与 p_2 的大小无法比较

(p_2',p_2 分别为等温可逆压缩和绝热可逆压缩终态的压力)

3. 已知某化学反应在 298.15 K 下 $\Delta_r H_m^{\ominus} > 0$,反应的 $\Delta C_{p,m} > 0$,则在高于 298.15 K 的某一温度 T 下,$\Delta_r H_m^{\ominus}(T)$ 为( )。

(A)$\Delta_r H_m^{\ominus}(T) = 0$; (B) $\Delta_r H_m^{\ominus}(T) > 0$;

(C) $\Delta_r H_m^{\ominus}(T) < 0$; (D) $\Delta_r H_m^{\ominus}(T)$ 无法估计

4. 下述公式中( )只适用于理想气体。

(A) $W = -nRT\ln\dfrac{p_1}{p_2}$；

(B) $Q_V = \Delta U = n\displaystyle\int_{T_1}^{T_2} C_{V,\text{m}}\,\mathrm{d}T$；

(C) $\Delta H = \Delta U + p\Delta V$；

(D) $\Delta U = Q_V$

5. 在一恒容绝热箱中置一隔板,将其分为左、右两部分,如图 2-15 所示。今在两侧分别通入温度与压力皆不相同的同种气体。当隔板抽走后,气体发生混合。若以箱内全部气体为系统,则混合前后应符合( )。

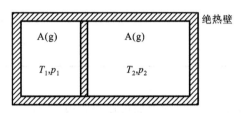

图 2-15 选择题 5 附图

(A) $Q=0,W=0,\Delta U=0$；

(B) $Q=0,W=0,\Delta U<0$；

(C) $Q=0,W<0,\Delta U>0$；

(D) $Q=0,W>0,\Delta U<0$

二、判断题

1. 在 100 ℃、101.325 kPa 下,一定量的水变成水蒸气,$U=f(T,p)$, $\mathrm{d}U=\left(\dfrac{\partial U}{\partial T}\right)_p \mathrm{d}T + \left(\dfrac{\partial U}{\partial p}\right)_T \mathrm{d}p$,因为 $\mathrm{d}T=0$,$\mathrm{d}p=0$,所以 $\mathrm{d}U=0$。   ( )

2. 当一定量的理想气体反抗恒定的压力绝热膨胀时,热力学能总是减少。   ( )

3. 在一个绝热的刚性容器中发生化学反应使系统的温度和压力都升高,则 $\Delta U>0$。   ( )

4. 绝热定容的封闭系统必为隔离系统。   ( )

5. 可逆过程一定是循环过程。   ( )

三、填空题

1. 有一个系统,在某一过程中放出热量 25 J,对外做功 20 J,它的热力学能变化量为_____。

2. 已知某理想气体的 $C_{V,\text{m}}=\dfrac{5}{2}R$,则其热容比 $\gamma=$ _____。

3. 1 mol 水蒸气(H_2O,g)在 100 ℃、101.325 kPa 下全部凝结成液态水,则过程的功为_____ J。

4. 已知在 600 ℃下,反应 $3Fe_2O_3(s)+CO(g)\Longrightarrow 2Fe_3O_4(s)+CO_2(g)$ 的 $\Delta_r H_m^{\ominus} = -6.30$ kJ·mol^{-1},反应 $Fe_3O_4(s)+CO(g)\Longrightarrow 3FeO(s)+CO_2(g)$ 的 $\Delta_r H_m^{\ominus} = -13.9$ kJ·mol^{-1},反应 $Fe_2O_3(s)+3CO(g)\Longrightarrow 2Fe(s)+3CO_2(g)$ 的 $\Delta_r H_m^{\ominus} = -26.7$ kJ·mol^{-1},则反应 $FeO(s)+CO(g)\Longrightarrow Fe(s)+CO_2(g)$ 的 $\Delta_r H_m^{\ominus} =$ _____。

5. 1 mol 理想气体由 373 K、101.325 kPa 分别经(1) 等压过程;(2) 等容过程冷却到 273 K。则 W_V ____ W_p,ΔU_V ____ ΔU_p,Q_V ____ Q_p,ΔH_V ____ ΔH_p。(填">"、"<"或

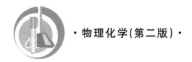

"="，下标"V"、"p"分别代表等容过程和等压过程)

6. 一理想气体在 273.15 K、101.325 kPa 下，分别按下列三种方式膨胀：(1) 等温可逆；(2) 绝热可逆；(3) 向真空中。试填写表 2-3 中三个过程的热力学符号。(大于零填"+"，小于零填"−"，等于零填"0")

表 2-3　填空题 6 附表

膨胀方式	ΔT	Q	W	ΔU	ΔH
等温可逆					
绝热可逆					
向真空中					

四、计算题

1. $CH_4(g)$ 的热容比 $\gamma = 1.31$，经绝热可逆膨胀由 1.01×10^5 Pa、3.0 dm³、373 K 降压到 1.01×10^4 Pa，试求：(1) 终态气体的温度与体积；(2) 膨胀过程的体积功；(3) 膨胀过程的 ΔU、ΔH。

2. 利用下列数据计算 $C_3H_8(g)$ 的 $\Delta_f H_m^{\ominus}$ (298.15 K)。

已知 298.15 K 下，$\Delta_c H_m^{\ominus}(C_3H_8, g) = -2\,220$ kJ·mol⁻¹，$\Delta_f H_m^{\ominus}(H_2O, l) = -285.8$ kJ·mol⁻¹，$\Delta_f H_m^{\ominus}(CO_2, g) = -393.5$ kJ·mol⁻¹。

第3章

热力学第二定律及应用

 **学习目标**

通过自发过程和卡诺循环来学会熵的定义、意义以及克劳修斯不等式和熵增加原理,并会计算简单变化过程、相变中的熵变。掌握热力学第二定律、热力学第三定律表达式及规定熵和标准熵的定义。理解亥姆霍兹函数和吉布斯函数的导出、判据、适用条件,并学会自由能变的简单计算。

本章由自发过程的共同特征出发,进而将一切自发过程的不可逆性归结为热、功转化的不可逆性,提出热力学第二定律的经典描述。再由热转化为功的比例——热机效率出发,利用卡诺循环探讨热机效率的最大值,得到卡诺定理及其推论,并将卡诺定理及其推论推广到任意循环过程,得到了系统的熵变与过程的热温商之间的关系——克劳修斯不等式。将克劳修斯不等式应用于特定的系统得到熵增加原理和熵判据,用来判断过程的方向和限度。为了计算化学变化过程的熵变,引入热力学第三定律,确定物质的标准摩尔熵。并在此基础上研究等温等容和等温等压两类特殊条件下的克劳修斯不等式,结合热力学第一定律,提出两个新的状态函数——亥姆霍兹函数和吉布斯函数及其判据,通过计算其变化值判断特定条件下过程的方向和限度。

3.1 自发过程与热力学第二定律

 ### 3.1.1 自发过程

下面来讨论自然界中能够自动发生的一些过程。凡不需外力(做功)帮助,任其自然

就能进行的过程称为自发过程。相反,它们(自发过程)的逆过程必须在外力(做功)帮助下才能进行,称为非自发过程。自然界中自行发生的宏观过程都属于自发过程。例如,江河的水自动由高处流向低洼处,树叶自然飘落,高温物体自动向周围(低温物体)传递热量,酸碱中和反应等。一切自发过程都有一定的方向,都是由不平衡态向平衡态转化,直到平衡为止。系统达到平衡态就是自发过程进行的限度。而相反的过程绝对不能自动发生。当然,一个自发过程发生以后,借助外力,其逆过程可以发生,使系统恢复原状,但环境不能恢复原状,必将留下变化。即自发过程都是不可逆过程。下面通过几个大家所熟悉的例子,探讨自发过程的共同本质。

(1) 高温物体向低温物体传热。

两个温度不同的物体相接触,热总是从高温物体自动传向低温物体,直到两物体的温度相等(达到热平衡)为止。而相反的过程,即热从低温物体传向高温物体的现象决不会自动发生。当然,借助外力,可以实现热由低温物体向高温物体的传递。例如,利用制冷机(如电冰箱、空调等),通过机器的工作,就能使热由低温物体传回到高温物体,并使两物体各自回到原来的状态,环境对系统做了功,同时得到了等量的热。总的结果是,系统复原,环境却留下了变化(以功换热)。

(2) 理想气体向真空膨胀。

这是典型的自发过程。根据焦耳实验,理想气体向真空膨胀过程中,$Q=0$,$W=0$,$\Delta U=0$,$\Delta T=0$,膨胀后的气体不会自动复原,要复原必须借助外力。例如,对气体作等温压缩,可以使理性气体恢复到原来状态,但环境对系统做了功,系统放出了等量的热(因理想气体等温过程)给环境。总的结果是,系统复原,环境留下了变化(以功换热)。

(3) H_2 与 O_2 的反应。

常温常压下,H_2 与 O_2 有自发反应的趋势,一经引发,反应立刻进行,生成 $H_2O(l)$,并放出热。相反的变化即 $H_2O(l)$ 分解为 H_2 与 O_2 不能自动发生。若借助外力,比如通过电解,水也可分解为 H_2 与 O_2,但环境必须消耗电功,同时得到等量的热。总的结果是,系统复原,环境留下了变化(以功换热)。

还可以举出许多类似的例子,从这些过程可以得到相同的结论。

第一,一切自发过程都有一定的方向性,即自发地向着平衡态的方向进行,直到平衡态为止。其逆过程不能自动发生,是非自发过程,必须借助外力才能实现。所以说一切自发过程都是热力学不可逆过程。

第二,自发过程发生以后,要使系统复原,都会使环境留下以功换热的变化(即失去功得到等量的热)。除非能制造出这样的一种机器,它不断循环工作的唯一结果是从一热源吸热使它转变为等量的功而不引起其他变化,这样就能使系统复原的同时环境也复原。但热力学第二定律断言,这样的机器是不可能制成的。即自发过程的不可逆性均可归结为热功转化的不可逆性(功可以自发地全部转化为热,但热不能全部转化为功而不引起其他变化)。

对于上面比较简单的过程,可以很容易地判断其是否为自发过程,以及过程进行的限度,但对于任意过程,能否找到一个普遍性的标准来判断其方向和限度呢? 这就是本章所要探讨的核心问题。

3.1.2 热力学第二定律的经典表述

热力学第一定律确立后,人们不再幻想设计不需供给能量而可以源源不断对外做功的第一类永动机。那么,在不违背热力学第一定律的情况下,能否设计出这样一种机器,它能从海洋或大气这样巨大的单一热源中源源不断地取出热并使其全部转化为功?这种机器显然也是一类永动机,为了区别于第一类永动机,人们称之为第二类永动机——能源源不断地从单一热源吸热并使其全部转化为功而不留下任何其他变化的机器。但前人无数次的实验都以失败而告终。人们总结了长期的实践经验,得到了又一条重要的科学规律——热力学第二定律。

热力学第二定律的表述方法有很多种,常用的有下面两种。

(1) 克劳修斯的说法(1850 年):不可能把热从低温物体传到高温物体而不留下任何其他变化。

(2) 开尔文的说法(1851 年):人们不可能设计一种循环操作的机器,它只从单一热源吸热并使之完全转化为功而不留下任何其他变化。

后来,奥斯特瓦尔德又将开尔文的说法简述为:第二类永动机是不可能实现的。

热力学第二定律的各种说法本质上是一致的、等价的。与热力学第一定律一样,它也是建立在无数客观事实的基础上,是人类长期的实践经验的理性总结,无法用其他定律推导或证明。自热力学第二定律诞生以来,人们还没有发现违背热力学第二定律的事实,由此得到的推论和结论都符合客观实际,因此可以说热力学第二定律真实地反映了人类赖以生存的自然界的客观规律。

一切自发过程的方向和限度问题,最终均可由热力学第二定律来判断,但是若都要按上面两种说法来判断,则多有不便。人们希望找到一种像热力学第一定律中热力学能 U 那样的状态函数,通过计算就能判断过程的方向和限度。下面就从热功转换的关系中去寻找这个状态函数——熵。

熵的引出有多种方法,这里采用卡诺(Carnot)循环引出熵。

3.2 熵

3.2.1 卡诺循环与卡诺定理

1. 热机效率

人们把能够循环操作不断地将热转化为功的机器称为热机。热力学第二定律指出从

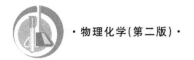

单一热源吸热并使之完全变为功而不留下任何变化的热机是不可能制造出来的。

热功转换问题是在研究热机效率时提出的。1769 年,瓦特发明了蒸汽机,到 19 世纪初,蒸汽机在纺织工业、轮船和火车中作为动力设备已得到广泛应用。但当时蒸汽机的效率很低,仅有百分之几,许多科学家和工程师不断改进设计来提高蒸汽机的效率。蒸汽机可以看做循环工作于两个热源之间的热机,如图 3-1 所示。其工作介质(水及其蒸气)从高温热源(锅炉)吸收热量,对外膨胀做功,同时将一部分热量传递给低温热源(一般为大气)。所谓热机效率,就是指工作介质对外所做的功 W 的绝对值与其从高温热源吸收的热量 Q 的比值:

$$\eta \overset{\text{def}}{=} \frac{-W}{Q_1} = \frac{|W|}{Q_1} \tag{3-1}$$

式中:η——热机效率。

显然,热机效率越高,消耗同样的燃料得到的功越多,能源的利用越经济合理。那么,如何提高热机的效率? 热机效率的提高是否有限度呢? 1824 年,法国工程师卡诺解决了这个问题,从理论上证明了热机效率的极限,他提出的定理为热力学第二定律的最终建立准备了条件。

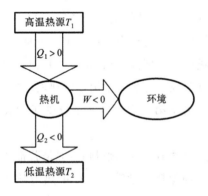

图 3-1　热机工作原理示意图

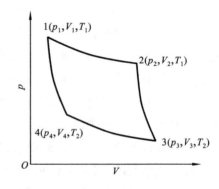

图 3-2　卡诺循环

2. 卡诺循环

1824 年,法国年轻的工程师卡诺根据热机工作的原理,设计了一台在两个定温热源之间工作的理想热机。该热机以理想气体为工作介质,工作过程由两个等温可逆和两个绝热可逆过程组成,称为卡诺热机,其循环工作过程称为卡诺循环,如图 3-2 所示。下面讨论卡诺热机的工作原理及效率。

过程 1→2:工作介质(n mol 理想气体)与高温热源接触并吸热,由状态 $1(p_1, V_1, T_1)$ 等温(T_1)可逆膨胀到状态 $2(p_2, V_2, T_1)$,此过程中工作介质从高温热源吸热 Q_1,做功 W_1,由于是等温过程,$\Delta U_1 = 0$,故有

$$Q_1 = nRT_1 \ln \frac{V_2}{V_1}$$

$$W_1 = -nRT_1 \ln \frac{V_2}{V_1}$$

过程 2→3：工作介质由状态 $2(p_2, V_2, T_1)$ 绝热可逆膨胀到低温 (T_2) 下的状态 $3(p_3, V_3, T_2)$，此过程中 $Q=0$，故有

$$W_2 = \Delta U_2 = n \int_{T_1}^{T_2} C_{V.m} dT$$

过程 3→4：工作介质与低温热源接触，由状态 $3(p_3, V_3, T_2)$ 等温 (T_2) 可逆压缩到状态 $4(p_4, V_4, T_2)$，此过程中工作介质放热 Q_2 给低温热源，做功 W_3，由于是等温过程，$\Delta U_3 = 0$，故有

$$Q_2 = nRT_2 \ln \frac{V_4}{V_3}$$

$$W_3 = -nRT_2 \ln \frac{V_4}{V_3}$$

过程 4→1：工作介质由状态 $4(p_4, V_4, T_2)$ 绝热可逆压缩回到初始状态 $1(p_1, V_1, T_1)$，此过程中 $Q=0$，故有

$$W_4 = \Delta U_4 = n \int_{T_2}^{T_1} C_{V.m} dT$$

以上四个过程完成一次循环，对整个循环过程来说，$\Delta U = 0$，$Q = -W$，而 $Q = Q_1 + Q_2$。所以热机效率为

$$\eta = \frac{-W}{Q_1} = \frac{Q_1 + Q_2}{Q_1} = \frac{nRT_1 \ln \frac{V_2}{V_1} + nRT_2 \ln \frac{V_4}{V_3}}{nRT_1 \ln \frac{V_2}{V_1}} = \frac{T_1 \ln \frac{V_2}{V_1} - T_2 \ln \frac{V_3}{V_4}}{T_1 \ln \frac{V_2}{V_1}} \tag{3-2}$$

因为过程 2→3 与过程 4→1 均为理想气体绝热可逆过程，遵循理想气体绝热可逆过程方程式，必有

$$T_1 V_2^{\gamma-1} = T_2 V_3^{\gamma-1}$$

$$T_1 V_1^{\gamma-1} = T_2 V_4^{\gamma-1}$$

两式相除得 $\dfrac{V_2}{V_1} = \dfrac{V_3}{V_4}$，代入式(3-2)得

$$\eta = \frac{-W}{Q_1} = \frac{Q_1 + Q_2}{Q_1} = \frac{T_1 - T_2}{T_1} \tag{3-3}$$

式(3-3)表明：卡诺热机的效率只与两个热源的温度有关，温差越大，热机效率越高；反之温差越小，热机效率越低；当 $T_1 = T_2$ 时，$\eta = 0$。

将卡诺热机沿卡诺循环的反方向运转可以产生制冷作用，通过环境做功使热从低温热源传到高温热源，这种装置称为制冷机或冷冻机，如电冰箱。

式(3-3)又可改写为

$$\frac{Q_1}{T_1} + \frac{Q_2}{T_2} = 0 \tag{3-4}$$

式中：$\dfrac{Q_1}{T_1}$、$\dfrac{Q_2}{T_2}$——过程的热温商；

T_1、T_2——两个热源(环境)的温度,在可逆过程中也是系统的温度。

由式(3-4)可见:在卡诺循环中,过程的热温商之和等于零。

3. 卡诺定理

法国工程师卡诺在热力学第一定律和热力学第二定律尚未建立之前,于1924年提出了著名的卡诺定理:所有工作于两个一定温度的热源之间的热机,以卡诺热机的效率为最大。

从卡诺定理出发,可得出以下两个推论。

(1) 所有工作于同温热源与同温冷源之间的可逆热机,其热机效率都相等,都等于卡诺热机的效率。

所有工作于同样的热源与冷源之间的任意不可逆热机,其效率恒小于卡诺热机的效率。

(2) 可逆热机的效率只取决于高温热源与低温热源的温度,而与工作介质无关。

卡诺定理及其推论,虽然讨论的只是热机效率问题,但它涉及热力学中可逆与不可逆这一关键问题,为热力学第二定律的产生及新状态函数的提出奠定了基础,具有重大的理论意义。卡诺在热力学第二定律建立以前提出了卡诺定理,但直到1850年热力学第二定律建立后,克劳修斯等人才对它的正确性进行了严格的证明。

 ## 3.2.2 熵与热力学第二定律

1. 熵的定义

由卡诺循环,得到结论:在卡诺循环中,过程的热温商之和等于零,即

$$\frac{Q_1}{T_1} + \frac{Q_2}{T_2} = 0$$

可以证明,上述结论可以推广到任意可逆循环。这里的"任意"是指在循环过程中,系统可以发生任何物理、化学变化,所包含的过程不必限于两个等温过程和两个绝热过程,与系统交换能量的热源也不限于两个,可以是多个,但整个循环必须是可逆的。若以 T 表示任意一个热源的温度,也是系统与环境(热源)进行热交换的温度,以 δQ 表示系统与环境交换的微量的热,将上式推广就得到

$$\frac{\delta Q_1}{T_1} + \frac{\delta Q_2}{T_2} + \frac{\delta Q_3}{T_3} + \frac{\delta Q_4}{T_4} + \cdots = 0$$

或
$$\sum \left(\frac{\delta Q_i}{T_i} \right)_r = 0 \tag{3-5}$$

或写做
$$\oint \left(\frac{\delta Q}{T} \right)_r = 0 \tag{3-6}$$

式中:r——可逆;

$\oint$——环程积分。

即任意可逆循环的热温商之和等于零。

小资料

热温商公式的推导

式(3-6)可以证明如下。如图 3-3 所示，若用若干彼此排列接近的绝热线和等温线将整个任意可逆循环的闭合曲线划分为多个小的卡诺循环。对于每一个小的卡诺循环，都有下列关系：

$$\frac{\delta Q_1}{T_1} + \frac{\delta Q_2}{T_2} = 0, \quad \frac{\delta Q_3}{T_3} + \frac{\delta Q_4}{T_4} = 0, \cdots$$

各式相加，得

$$\frac{\delta Q_1}{T_1} + \frac{\delta Q_2}{T_2} + \frac{\delta Q_3}{T_3} + \frac{\delta Q_4}{T_4} + \cdots = 0$$

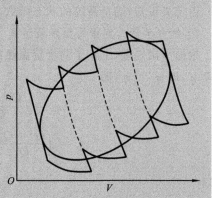

图 3-3　任意可逆循环

若每一个卡诺循环都取无限小，并且前一个循环的绝热膨胀线在下一循环里为绝热压缩线，在每一条绝热线上，过程各沿正、反方向进行一次（图中虚线部分），其功相互抵消，所有无限小卡诺循环的总和与图中任意可逆循环的闭合曲线相当。即一个任意可逆循环可以用无限多个无限小的卡诺循环来代替。因此，对于任意的可逆循环，其热温商之和可用式(3-5)或式(3-6)表示。

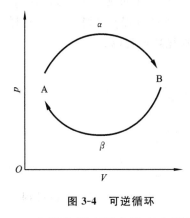

图 3-4　可逆循环

现在来分析可逆过程的热温商。设系统由状态 A 经一任意可逆过程 α 到达状态 B，再由状态 B 经另一任意可逆过程 β 回到状态 A，这样就构成了一个任意可逆循环过程（如图 3-4 所示）。

由式(3-6)可得

$$\oint \left(\frac{\delta Q}{T}\right)_r = \int_A^B \left(\frac{\delta Q}{T}\right)_{r,\alpha} + \int_B^A \left(\frac{\delta Q}{T}\right)_{r,\beta} = 0$$

移项得

$$\int_A^B \left(\frac{\delta Q}{T}\right)_{r,\alpha} = -\int_B^A \left(\frac{\delta Q}{T}\right)_{r,\beta}$$

或

$$\int_A^B \left(\frac{\delta Q}{T}\right)_{r,\alpha} = \int_A^B \left(\frac{\delta Q}{T}\right)_{r,\beta}$$

上述分析表明在始态 A 到终态 B 之间，任意可逆过程的热温商均相等。即在两个指定的状态之间，可逆过程的热温商与过程的途径无关，仅取决于系统的始态和终态。而状态函数的基本特征就是其变化值仅取决于系统的始态和终态，与变化的具体途径无关。因此，$\int_A^B \left(\frac{\delta Q}{T}\right)_r$ 应该代表了某个状态函数的变化值。克劳修斯把该状态函数命名为熵，用符号 S 表示，其单位为 $J \cdot K^{-1}$。于是，熵的定义式为

$$dS \stackrel{\text{def}}{=\!=\!=} \left(\frac{\delta Q}{T}\right)_r \tag{3-7}$$

即在微小的可逆变化过程中，系统的熵变等于热温商。

熵的另一个定义式为

$$\Delta S_{A\to B} \xlongequal{\text{def}} \int_A^B \left(\frac{\delta Q}{T}\right)_r \qquad (3\text{-}8)$$

由定义可知,熵是系统的状态函数,是广度性质,其变化值等于可逆过程的热温商。

2. 热力学第二定律的数学表达式

根据卡诺定理,工作于两个定温热源之间的不可逆热机的效率 η_{ir} 恒小于卡诺热机的效率 η_r,即 $\eta_{ir} < \eta_r$,而

$$\eta_{ir} = \left(\frac{Q_1 + Q_2}{Q_1}\right)_{ir} = \left(1 + \frac{Q_2}{Q_1}\right)_{ir}$$

$$\eta_r = \left(\frac{Q_1 + Q_2}{Q_1}\right)_r = \frac{T_1 - T_2}{T_1} = 1 - \frac{T_2}{T_1}$$

所以

$$\left(1 + \frac{Q_2}{Q_1}\right)_{ir} < 1 - \frac{T_2}{T_1}$$

整理得

$$\left(\frac{Q_1}{T_1} + \frac{Q_2}{T_2}\right)_{ir} < 0 \qquad (3\text{-}9)$$

即工作于两个定温热源之间的不可逆热机的热温商之和小于零,或者说不可逆循环过程的热温商之和小于零。这一结论若推广到任意的不可逆循环过程,应有

$$\sum \left(\frac{\delta Q_i}{T_i}\right)_{ir} < 0 \qquad (3\text{-}10)$$

即任意不可逆循环过程的热温商之和小于零。

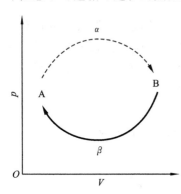

设系统由状态 A 经一任意不可逆过程 α 到达状态 B,再由状态 B 经另一任意可逆过程 β 回到状态 A,这样就构成了一个任意不可逆循环过程(如图 3-5 所示)。

据式(3-10),则有

$$\sum \left(\frac{\delta Q_i}{T_i}\right)_{ir} = \sum_A^B \left(\frac{\delta Q}{T}\right)_{ir,\alpha} + \int_B^A \left(\frac{\delta Q}{T}\right)_{r,\beta} < 0$$

而

$$\int_B^A \left(\frac{\delta Q}{T}\right)_{r,\beta} = -\int_A^B \left(\frac{\delta Q}{T}\right)_{r,\beta} = -\Delta S_{A\to B}$$

所以

$$\Delta S_{A\to B} > \sum_A^B \left(\frac{\delta Q}{T}\right)_{ir} \qquad (3\text{-}11)$$

图 3-5 不可逆循环

式(3-11)表明,不可逆过程的热温商小于该过程的熵变,或系统的熵变大于不可逆过程的热温商。

将式(3-8)与式(3-11)合并,得

$$\Delta S_{A\to B} \geqslant \sum_A^B \frac{\delta Q}{T} \quad \left(\begin{matrix}> & \text{不可逆}\\ = & \text{可逆}\end{matrix}\right) \qquad (3\text{-}12a)$$

对于微小变化过程,则表示为

$$dS \geqslant \frac{\delta Q}{T} \quad \left(\begin{matrix}> & \text{不可逆}\\ = & \text{可逆}\end{matrix}\right) \qquad (3\text{-}12b)$$

式(3-12)称为克劳修斯不等式。它描述了封闭系统的熵变与热温商在数值上的关系:在可逆过程中,系统的熵变等于热温商;在不可逆过程中,系统的熵变大于热温商。封

闭系统中不可能发生熵变小于热温商的过程。利用克劳修斯不等式可以对系统中各类热力学过程的方向和限度进行判断,它与热力学第二定律的各类文字表述方式是等价的,且应用更广泛、更普遍,具有高度的概括性,更能表述热力学第二定律的本质。因此,可以把克劳修斯不等式作为热力学第二定律的数学表达式。

3.2.3 熵增加原理与熵判据

1. 熵增加原理

若将克劳修斯不等式应用于绝热系统,由于绝热系统的热温商 $\sum_{A}^{B} \frac{\delta Q}{T} = 0$,则有

$$\Delta S_{绝热} \geqslant 0 \quad \begin{pmatrix} > & 不可逆 \\ = & 可逆 \end{pmatrix} \tag{3-13a}$$

$$dS_{绝热} \geqslant 0 \quad \begin{pmatrix} > & 不可逆 \\ = & 可逆 \end{pmatrix} \tag{3-13b}$$

式(3-13)表明,对于绝热系统,若发生不可逆过程,其熵值增加;若发生可逆过程,其熵值不变。绝热系统不可能发生熵值减少的过程。所以说,绝热系统的熵永不减少,这一结论称为熵增加原理。

2. 熵判据

对于隔离系统来说,系统与环境没有任何物质和能量的交换,其热温商也等于零,同样可以得到

$$\Delta S_{隔离} \geqslant 0 \quad \begin{pmatrix} > & 不可逆,自发 \\ = & 可逆,平衡 \end{pmatrix} \tag{3-14a}$$

$$dS_{隔离} \geqslant 0 \quad \begin{pmatrix} > & 不可逆,自发 \\ = & 可逆,平衡 \end{pmatrix} \tag{3-14b}$$

即隔离系统的熵永不减少。这一结论也叫熵增加原理。因为隔离系统不受外界干扰,没有外力作用,任其自然发生的不可逆过程必定是自发过程。因此,在隔离系统中发生自发过程时熵必定增大(过程进行的方向),当增至极大时,dS=0,熵值保持不变,这时如果有过程发生,只能是可逆过程,此时系统已达平衡,即达到自发过程进行的限度。因此可以得出如下结论:在隔离系统中发生的过程,总是自发地向着熵值增大的方向进行,直到系统的熵达到最大,即系统达到平衡态为止。在平衡态时,系统发生的一切过程都是可逆过程,其熵值保持不变。这就是用熵来判断过程的方向和限度的条件和结论,叫做熵判据。

在实际的生产、生活与科研过程中,系统往往与环境有能量的交换,不是隔离系统。如果把与系统密切联系的那部分环境和系统一起看做一个大隔离系统,把这一部分环境的熵变 ΔS_{su} 加上系统的熵变 ΔS_{sr} 就是大隔离系统的熵变 $\Delta S_{隔离}$,则熵判据仍然适用。即

$$\Delta S_{隔离} = \Delta S_{sr} + \Delta S_{su} \geqslant 0 \quad \begin{pmatrix} > & 不可逆,自发 \\ = & 可逆,平衡 \end{pmatrix} \tag{3-15}$$

3.2.4　熵变与热力学第三定律

1. 熵变的计算

要用熵来判断过程的方向,必须计算过程的熵变。计算熵变的基本公式可用其定义式:

$$\Delta S_{A \to B} = S_B - S_A = \int_A^B \left(\frac{\delta Q}{T}\right)_r$$

即必须通过可逆过程的热温商来计算熵变。如果过程不可逆,则必须设计一个与原过程始、终态相同的可逆过程来计算。这是因为熵是状态函数,其变化值仅取决于始、终态,与过程无关。

1) 环境熵变的计算

计算环境的熵变,原则上也可用上式。在通常情况下,环境的范围很大,在系统状态发生变化时,环境的状态基本不变,即环境的温度 T_{su} 与压力 p_{su} 均保持不变。不管过程是否可逆,当过程发生以后系统与环境之间交换的热为定值,$Q_{su} = -Q_{sr}$,对环境来说,均可视为可逆热,于是有

$$\Delta S_{su} = \frac{Q_{su}}{T_{su}} = -\frac{Q_{sr}}{T_{su}} \tag{3-16}$$

或表示为

$$\Delta S_{su} = -\frac{Q}{T_{su}} \tag{3-17}$$

2) 系统熵变的计算

(1) 简单变化过程(无相变和化学变化)。

① 等温过程。

因温度不变,由熵变定义式得

$$\Delta S_T = \int_A^B \left(\frac{\delta Q}{T}\right)_r = \left(\frac{Q}{T}\right)_r = \frac{Q_r}{T} \tag{3-18}$$

不管等温过程是否可逆,都可按等温可逆过程计算系统的熵变。

对理想气体的等温可逆过程,$Q_r = nRT \ln \dfrac{V_2}{V_1} = nRT \ln \dfrac{p_1}{p_2}$,所以

$$\Delta S_T = nR \ln \frac{V_2}{V_1} = nR \ln \frac{p_1}{p_2} \tag{3-19}$$

[例3-1]　1 mol 理想气体由 298 K、1 013.25 kPa 分别按以下过程膨胀至 298 K、101.325 kPa,计算系统的熵变 ΔS:(1) 可逆膨胀;(2) 自由膨胀;(3) 反抗恒外压 101.325 kPa 膨胀。

解　根据题意,将变化过程用图 3-6 表示。

(1) 理想气体等温可逆膨胀:

$$\Delta S_T = nR \ln \frac{p_1}{p_2} = 1 \times 8.314 \times \ln \frac{1\,013.25}{101.325}\ \text{J} \cdot \text{K}^{-1} = 19.14\ \text{J} \cdot \text{K}^{-1}$$

(2) 自由膨胀过程是等温不可逆过程,其热温商不等于系统的熵变。由于其始、终态与过程(1)相同,故其熵变也相同:

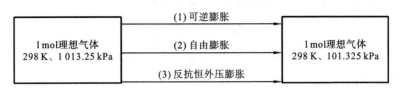

图 3-6 例 3-1 附图

$$\Delta S_T = 19.14 \ \text{J} \cdot \text{K}^{-1}$$

（3）等温反抗恒外压膨胀，也是等温不可逆过程，其热温商不等于系统的熵变。由于其始、终态与过程（1）相同，故其熵变也相同：

$$\Delta S_T = 19.14 \ \text{J} \cdot \text{K}^{-1}$$

以上三个过程有相同的始、终态，因此 ΔS 是相同的，都可由其等温可逆过程来计算 ΔS。

② 等压过程。

对等压过程，无论过程是否可逆，其微小过程的热均可表示为

$$\delta Q_r = \delta Q_p = \mathrm{d}H = nC_{p,m}\mathrm{d}T$$

所以等压过程的熵变

$$\Delta S_p = \int_{\text{A}}^{\text{B}} \left(\frac{\delta Q}{T} \right)_r = n \int_{T_1}^{T_2} \frac{C_{p,m}}{T}\mathrm{d}T \tag{3-20}$$

若在 $T_1 \to T_2$ 温度范围内 $C_{p,m}$ 可视为常数，则上式积分得

$$\Delta S_p = nC_{p,m}\ln \frac{T_2}{T_1} \tag{3-21}$$

上述两式对气体、液体、固体等压变温过程均适用。

[**例 3-2**] 在一个带活塞的汽缸中有 3 mol 氦气，于恒定压力 101 325 Pa 下向 298 K 的大气散热，由 398 K 降温至平衡。已知氦气的 $C_{p,m} = \frac{3}{2}R$，求此过程中氦气的熵变。

解 由题意，系统的变化过程用图 3-7 表示。

图 3-7 例 3-2 附图

$$\Delta S_p = nC_{p,m}\ln \frac{T_2}{T_1} = 3 \times \frac{3}{2} \times 8.314 \times \ln \frac{298}{398} \ \text{J} \cdot \text{K}^{-1} = -10.83 \ \text{J} \cdot \text{K}^{-1}$$

③ 等容过程。

对等容过程，无论过程是否可逆，其微小过程的热均可表示为

$$\delta Q_r = \delta Q_V = \mathrm{d}U = nC_{V,m}\mathrm{d}T$$

所以等容过程的熵变

$$\Delta S_V = \int_{\text{A}}^{\text{B}} \left(\frac{\delta Q}{T} \right)_r = n \int_{T_1}^{T_2} \frac{C_{V,m}}{T}\mathrm{d}T \tag{3-22}$$

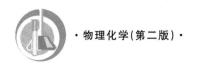

若在 $T_1 \rightarrow T_2$ 温度范围内 $C_{V,m}$ 可视为常数,则上式积分得

$$\Delta S_V = nC_{V,m}\ln\frac{T_2}{T_1} \tag{3-23}$$

式(3-22)和式(3-23)对气体、液体、固体等容变温过程均适用。

④ 绝热过程。

对绝热可逆过程,其微小的热 $\delta Q_r = 0$,所以

$$\Delta S = \int_A^B \left(\frac{\delta Q}{T}\right)_r = 0$$

如果是绝热不可逆过程,则必须在始、终态之间设计可逆过程来计算其熵变。因由同一始态出发,经历绝热可逆过程与绝热不可逆过程不可能达到相同的终态,所以不可能在绝热不可逆过程的始、终态之间设计绝热可逆过程,而只能设计其他可逆过程来计算其熵变。

[例 3-3] 5 mol $H_2(g)$ 由 298 K、101 325 Pa 经绝热压缩到 798 K、1 013 250 Pa。已知 $H_2(g)$ 的 $C_{p,m} = \frac{7}{2}R$,求 $H_2(g)$ 的熵变。

解 由题意知系统发生的为绝热过程,不知是否可逆,不能按绝热可逆过程计算,只能在始、终态间设计其他可逆过程,如图 3-8 所示。

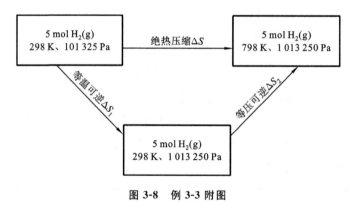

图 3-8 例 3-3 附图

$$\Delta S = \Delta S_1 + \Delta S_2$$

而

$$\Delta S_1 = nR\ln\frac{p_1}{p_2} = 5 \times 8.314 \times \ln\frac{101\,325}{1\,013\,250}\ \text{J}\cdot\text{K}^{-1} = -95.72\ \text{J}\cdot\text{K}^{-1}$$

$$\Delta S_2 = nC_{p,m}\ln\frac{T_2}{T_1} = 5 \times \frac{7}{2} \times 8.314 \times \ln\frac{798}{298}\ \text{J}\cdot\text{K}^{-1} = 143.31\ \text{J}\cdot\text{K}^{-1}$$

所以

$$\Delta S = \Delta S_1 + \Delta S_2 = (-95.72 + 143.31)\ \text{J}\cdot\text{K}^{-1} = 47.59\ \text{J}\cdot\text{K}^{-1}$$

经过上述绝热压缩过程,系统的熵增大了,据熵增加原理,该过程为绝热不可逆过程。对任意过程熵变的计算可参照此例。

⑤ 理想气体的混合过程。

如图 3-9 所示,在一个带有隔板的容器中有两种理想气体 A 和 B,物质的量分别为 n_A、n_B,隔板两侧的温度、压力都相等。若将隔板抽去,使两边的气体在等温下混合。讨论该理想气体的混合过程的熵变。

两种理想气体混合可在瞬间完成,显然是不可逆过程。两种理想气体是研究的系统,

图 3-9 理想气体的混合过程

隔板抽去后,两种理想气体在系统内部分别向对方膨胀(扩散),相当于系统的一部分对另一部分做功,对环境没有任何影响,可看做两种理想气体分别向真空发生了膨胀。整个系统实际上是一个隔离系统,其熵变等于两种理想气体自由膨胀的熵变之和。即

$$\Delta_{mix}S=\Delta S_A+\Delta S_B$$

而根据等温过程熵变的计算

$$\Delta S_A=n_A R\ln\frac{V}{V_A}=n_A R\ln\frac{V_A+V_B}{V_A}$$

$$\Delta S_B=n_B R\ln\frac{V}{V_B}=n_B R\ln\frac{V_A+V_B}{V_B}$$

因为等温等压下,有

$$y_A=\frac{V_A}{V_A+V_B},\quad y_B=\frac{V_B}{V_A+V_B}$$

所以
$$\Delta_{mix}S=n_A R\ln\frac{1}{y_A}+n_B R\ln\frac{1}{y_B}=-(n_A R\ln y_A+n_B R\ln y_B) \tag{3-24}$$

(2) 相变过程。

① 可逆的相变过程。

可逆的相变过程是指在相平衡的条件下(相平衡的温度和压力下)发生的相变过程。过程是在等温等压且没有非体积功的条件下发生的,必有 $\delta Q_r=dH$,$Q_r=n\Delta_\alpha^\beta H_m$。所以

$$\Delta_\alpha^\beta S=\frac{Q_r}{T}=\frac{n\Delta_\alpha^\beta H_m}{T} \tag{3-25}$$

对同一物质,由于 $\Delta_s^l H_m>0$,$\Delta_l^g H_m>0$,由式(3-25)可知,同一物质气、液、固三种聚集状态的熵存在下列关系:

$$S(g)>S(l)>S(s)$$

② 不可逆的相变过程。

不可逆的相变过程是指在非相平衡的条件下(非相平衡的温度和压力下)发生的相变过程。其熵变的计算必须通过设计可逆过程来进行。

[例 3-4] 分别计算下列过程的熵变:(1) 101 325 Pa、0 ℃下,1 mol 水结成冰;(2) 101 325 Pa、-5 ℃下,1 mol 水结成冰。

已知:正常情况下,1 mol 水结成冰放热 6 008 J,假定水和冰的摩尔定压热容分别为 75.3 J·mol^{-1}·K^{-1}、37.6 J·mol^{-1}·K^{-1},且不随温度而变。

解 (1) 如图 3-10 所示,该过程为可逆的相变过程。

$$\Delta_l^s S=\frac{n\Delta_l^s H_m}{T}=\frac{1\times(-6\ 008)}{273.15}\ J\cdot K^{-1}=-22.0\ J\cdot K^{-1}$$

(2) 该过程为不可逆相变过程,需设计可逆过程计算其熵变,如图 3-11 所示。

$$\Delta S=\Delta S_1+\Delta S_2+\Delta S_3$$

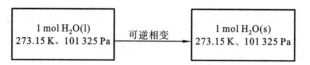

图 3-10　例 3-4 附图 1

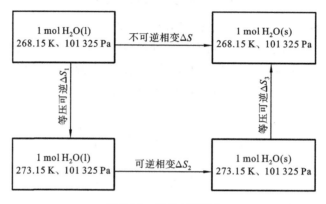

图 3-11　例 3-4 附图 2

$$\Delta S_1 = nC_{p,\mathrm{m}}(\mathrm{H_2O,l})\ln\frac{T_2}{T_1} = 1\times75.3\times\ln\frac{273.15}{268.15}\ \mathrm{J\cdot K^{-1}} = 1.39\ \mathrm{J\cdot K^{-1}}$$

$$\Delta S_2 = -22.0\ \mathrm{J\cdot K^{-1}}$$

$$\Delta S_3 = nC_{p,\mathrm{m}}(\mathrm{H_2O,s})\ln\frac{T_1}{T_2} = 1\times37.6\times\ln\frac{268.15}{273.15}\ \mathrm{J\cdot K^{-1}} = -0.69\ \mathrm{J\cdot K^{-1}}$$

$$\Delta S = \Delta S_1 + \Delta S_2 + \Delta S_3 = (1.39-22.0-0.69)\ \mathrm{J\cdot K^{-1}} = -21.3\ \mathrm{J\cdot K^{-1}}$$

虽然该过程的 $\Delta S<0$，但不能判断该过程不可能发生，因为该系统并不是隔离系统，熵判据不适用。实际上，该过程是过冷水的凝固过程，是自发过程。要对此过程进行判断，应计算环境的熵变，将其看做一个大隔离系统来进行。

2. 热力学第三定律

化学变化过程的熵变，一般不能通过可逆化学变化的热温商来计算，因为一般的化学变化都是不可逆的。自 20 世纪初确立了热力学第三定律，求得了各种物质的熵值以后，化学变化过程熵变的计算就变得容易了。

1）热力学第三定律的内容

20 世纪初，科学家在利用电池研究低温下凝聚相的化学反应时发现，随着温度的降低，化学反应的熵变 ΔS 逐渐减小。在此实验事实的基础上，能斯特(Nernst)于 1906 年提出了一个假定：任何凝聚系统中等温化学反应的熵变随温度趋于 0 K 而趋于零。即

$$\lim_{T\to0\mathrm{K}}\Delta S = 0 \tag{3-26}$$

此假定称为能斯特热定理。

根据能斯特的假设，任何物质在 0 K 时应有相同的熵值，而此熵值的大小并不影响对熵变的计算。后来一些科学家进一步证实，只有当参加反应的各物质均为纯物质完美晶体时，能斯特热定理才成立。在此基础上，普朗克(Planck)于 1912 年提出了热力学第三定律：0 K 时，任何纯物质完美晶体的熵值为零。即

$$S^*(完美晶体, 0 \text{ K}) = 0 \qquad (3-27)$$

热力学第三定律也有其他的几种说法,如常见的说法还有:绝对零度不能达到。

2)规定摩尔熵和标准摩尔熵

有了热力学第三定律,就可以求出各种物质在一定温度下的熵值。设 1 mol 某任意纯物质 B 的完美晶体,在恒压下从 0 K 升温至 T,则此过程的熵变为

$$\Delta S = S_T - S_0 = \int_0^T c_p \frac{\mathrm{d}T}{T}$$

因为 $S_0 = 0$,故每摩尔物质 B 在温度 T 时的熵为

$$S_m(B, T) = \frac{1}{n}\int_0^T \left(\frac{\delta Q}{T}\right)_r = \frac{1}{n}\int_0^T c_p \frac{\mathrm{d}T}{T} = \int_0^T C_{p,m}\frac{\mathrm{d}T}{T} \qquad (3-28)$$

式中:$S_m(B, T)$——物质 B 在温度 T 时的规定摩尔熵。

在标准态下,任意物质 B 的规定摩尔熵称为物质 B 的标准摩尔熵,用符号 $S_m^\ominus(B, T)$ 表示。一些物质 298.15 K 下的标准摩尔熵 $S_m^\ominus(B, 298.15 \text{ K})$ 见附录。

3)化学反应熵变的计算

在一定温度下,由处于标准态下的反应物生成处于标准态下产物时的熵变,称为该温度下化学反应的标准摩尔熵变,用符号 $\Delta S_m^\ominus(T)$ 表示。有了物质标准摩尔熵的数据,对任意反应 $a\text{A} + e\text{E} \Longrightarrow y\text{Y} + z\text{Z}$,则有

$$\Delta S_m^\ominus(T) = \sum \nu_B S_m^\ominus(B, T)$$
$$= y S_m^\ominus(Y, T) + z S_m^\ominus(Z, T) - a S_m^\ominus(A, T) - e S_m^\ominus(E, T) \qquad (3-29)$$

参照基尔霍夫公式,已知 $\Delta_r S_m^\ominus(T_1)$,可求任意温度 T_2 下的 $\Delta_r S_m^\ominus(T_2)$:

$$\Delta_r S_m^\ominus(T_2) = \Delta_r S_m^\ominus(T_1) + \int_{T_1}^{T_2} \frac{\sum \nu_B C_{p,m}(B) \mathrm{d}T}{T} \qquad (3-30)$$

[例 3-5] 分别计算 25 ℃ 和 125 ℃ 下,下列反应的 $\Delta_r S_m^\ominus$。

$$\text{CH}_4(g) + 2\text{O}_2(g) \Longrightarrow \text{CO}_2(g) + 2\text{H}_2\text{O}(g)$$

已知 $\text{CH}_4(g)$、$\text{O}_2(g)$、$\text{CO}_2(g)$、$\text{H}_2\text{O}(g)$ 的摩尔定压热容 $C_{p,m}(B)$ 分别为 35.72 J·mol^{-1}·K^{-1}、29.37 J·mol^{-1}·K^{-1}、37.12 J·mol^{-1}·K^{-1}、33.57 J·mol^{-1}·K^{-1}。

解 (1)查附录得,25 ℃ 时 $\text{CH}_4(g)$、$\text{O}_2(g)$、$\text{CO}_2(g)$、$\text{H}_2\text{O}(g)$ 的 $S_m^\ominus(B, 298.15 \text{ K})$ 分别为 186.3 J·mol^{-1}·K^{-1}、205.14 J·mol^{-1}·K^{-1}、213.76 J·mol^{-1}·K^{-1}、188.82 J·mol^{-1}·K^{-1},代入式(3-29)即可求得

$$\Delta S_m^\ominus(298.15 \text{ K}) = \sum \nu_B S_m^\ominus(B, 298.15 \text{ K})$$
$$= (213.76 + 2 \times 188.82 - 186.3 - 2 \times 205.14) \text{ J·mol}^{-1}\text{·K}^{-1}$$
$$= -5.18 \text{ J·mol}^{-1}\text{·K}^{-1}$$

(2)125 ℃ 下,由式(3-30)得

$$\Delta_r S_m^\ominus(398.15 \text{ K}) = \Delta_r S_m^\ominus(298.15 \text{ K}) + \int_{298.15}^{398.15} \frac{\sum \nu_B C_{p,m}(B) \mathrm{d}T}{T}$$

而式中

$$\sum \nu_B C_{p,m}(B) = (37.12 + 2 \times 33.57 - 35.72 - 2 \times 29.37) \text{ J·mol}^{-1}\text{·K}^{-1}$$
$$= 9.8 \text{ J·mol}^{-1}\text{·K}^{-1}$$

所以

$$\Delta_r S_m^\ominus(398.15 \text{ K}) = -5.18 + \int_{298.15}^{398.15} \frac{9.8}{T}\mathrm{d}T$$

$$= \left(-5.18 + 9.8\ln\frac{398.15}{298.15}\right) \text{ J} \cdot \text{mol}^{-1} \cdot \text{K}^{-1}$$

$$= -2.35 \text{ J} \cdot \text{mol}^{-1} \cdot \text{K}^{-1}$$

4）熵的物理意义

由前面各种简单变化过程及相变过程熵变的计算公式，可以得到以下关系。

（1）对处于不同温度下的同一系统，$S_{高温} > S_{低温}$。

由热力学第三定律知，纯物质完美晶体的熵在 0 K 下为零。纯物质完美晶体在 0 K时，其分子的无序热运动已经停止，每个分子在晶体内部都有确定的位置和取向，系统内部处于最有序的状态，即混乱度最小的状态，表现这种微观性质的宏观度量的熵值为零。系统由 0 K 吸热升温，无序的分子热运动强度增加，在 0 K 下的整齐划一的有序状态被破坏，系统内部的混乱程度增加。系统升温，混乱度增大，熵值增大。

（2）对同一物质的不同聚集状态，$S(g) > S(l) > S(s)$。

在固相中，组成物质的微粒（如分子）有确定的平衡位置，排列比较有序，其热运动仅限于平衡位置附近的一个小范围内。液相则不然，液相中存在扩散现象，微粒的热运动没有确定的位置，排列比固相无序得多，其每个微粒可以在液相内部任何地方出现。表明同温度下物质由固相转变为液相是内部混乱程度增大的过程。当物质由液相变为同温度下的气相时，其体积大大增加，每个气体分子热运动的空间比液相时大得多，显然，气体的混乱度大于液体。气、液、固三种聚集状态，混乱度大的状态对应的熵值也大。

（3）对处于不同压力下的同一系统，$S_{低压} > S_{高压}$。

同一系统，在低压时的体积比高压时要大，系统压力降低时，每个气体分子热运动的空间变大，系统内部混乱度增大。系统内部混乱度增大，其熵值增加。

（4）对理想气体的混合过程，$\Delta_{mix}S > 0$。

气体的混合过程是将原来分类聚集在一起的比较有序的两种气体转变为混乱的混合状态，每种气体分子热运动的空间都增大，系统的混乱度增大。系统的混乱度增大，其熵值也增大。

综上所述，系统内部愈有序，其熵愈小，随着混乱度 Ω 加大，熵也增加。统计热力学可以证明，两者的函数关系为

$$S = k\ln\Omega \tag{3-31}$$

式中：k——玻耳兹曼常数（又称玻尔兹曼常数）；

Ω——系统的混乱度。

此式称为玻耳兹曼公式。它表明，熵是系统微观混乱度的宏观度量。熵值小的状态对应于比较有序的状态，熵值大的状态对应于比较无序（混乱）的状态。

热力学第二定律指出，一切自发过程的不可逆性均可归结为热功转化的不可逆性，即功可全部转换为热，而热不可能全部转换为功而不留下任何其他变化。因为热是分子混乱运动的表现，而功则与大量分子的定向运动相联系，即功是分子有序运动的表现。从统计的观点看，在隔离系统中有序性较高（混乱度较低）的状态总是自发地转为有序性较低（混乱度较高）的状态，反之则是不可能的。因此，一切自发过程总的结果都是向混乱度增加的方向进行，这就是热力学第二定律的本质，而作为系统混乱度度量的热力学函数——

熵,正是反映了这一本质。

3.3 亥姆霍兹函数与吉布斯函数

利用熵判据原则上可以解决变化过程的方向和限度的问题。但应用熵判据要求系统是隔离系统,而实际生产中很多变化都是在等温等容或等温等压下进行的,系统与环境之间经常有能量的交换,应用熵判据就不方便了。亥姆霍兹(Helmholtz)和吉布斯(Gibbs)两人在熵函数的基础上,引入两个新的函数——亥姆霍兹函数和吉布斯函数,分别用来作为等温等容和等温等压下变化过程的判据。

3.3.1 亥姆霍兹函数

1. 亥姆霍兹函数的导出

设任一封闭系统,在温度 T 下发生等温过程,由克劳修斯不等式,可得

$$\Delta S \geqslant \sum_{A}^{B} \frac{\delta Q}{T} = \frac{Q}{T} \quad \begin{pmatrix} > & \text{不可逆} \\ = & \text{可逆} \end{pmatrix} \tag{3-32}$$

由热力学第一定律得 $Q = \Delta U - W$,代入式(3-32)并整理得

$$\Delta U - T\Delta S \leqslant W \tag{3-33}$$

因是等温过程,又可写为

$$\Delta U - \Delta(TS) \leqslant W$$

或

$$\Delta(U - TS) \leqslant W \tag{3-34}$$

德国物理学家亥姆霍兹首先提出并定义了一个新函数

$$A \xlongequal{\text{def}} U - TS \tag{3-35}$$

代入式(3-34)得

$$\Delta A_T \leqslant W \quad \begin{pmatrix} < & \text{不可逆} \\ = & \text{可逆} \end{pmatrix} \tag{3-36}$$

式(3-35)中,A 称为亥姆霍兹函数或亥姆霍兹自由能。它和焓 H 一样,也是其他状态函数的组合,是系统的广度性质,具有能量的量纲,其绝对值也无法确定。式(3-36)表明,系统在等温可逆过程中与环境交换的功等于亥姆霍兹函数的变化值,而系统在等温不可逆过程中与环境交换的功恒大于亥姆霍兹函数的变化值。

2. 亥姆霍兹函数判据

系统与环境交换的功可分为体积功和非体积功两部分,即

$$W = -\int p\mathrm{d}V + W'$$

在等温等容下,$-\int p\mathrm{d}V = 0$,$W = W'$,式(3-36)变为

$$\Delta A_T \leqslant W' \quad \begin{pmatrix} < & \text{不可逆} \\ = & \text{可逆} \end{pmatrix}$$

若过程不做非体积功,$W' = 0$,则上式又变为

$$\Delta A_T \leqslant 0 \quad \begin{pmatrix} < & 不可逆或自发 \\ = & 可逆或平衡 \end{pmatrix} \tag{3-37}$$

式(3-37)即为等温等容且没有非体积功的条件下过程方向和限度的判据,称为亥姆霍兹函数判据或亥姆霍兹自由能判据。此式表明:在等温等容且没有非体积功的条件下,封闭系统中的过程总是自发地向着系统亥姆霍兹函数减小的方向进行,直到达到该条件下亥姆霍兹函数最小的平衡态为止。在亥姆霍兹函数最小的平衡态,系统发生的一切过程都是可逆过程,其亥姆霍兹函数不再改变。因此,又称为亥姆霍兹函数减少原理。

3. 亥姆霍兹函数变化值的计算

1) 等温的简单变化过程

对于封闭系统的等温过程,有

$$\Delta A_T = \Delta U - \Delta(TS) = \Delta U - T\Delta S$$

式中:$T\Delta S = Q_r$。

由热力学第一定律,$\Delta U = Q_r + W_r$,于是上式变为

$$\Delta A_T = W_r \tag{3-38}$$

式中:W_r—— 等温可逆过程的总功。

如过程不做非体积功,则式(3-28)简化为

$$\Delta A_T = -\int_{V_1}^{V_2} p\,\mathrm{d}V \tag{3-39}$$

若为理想气体系统,将理想气体状态方程代入式(3-39)并积分可得

$$\Delta A_T = nRT\ln\frac{V_1}{V_2} = nRT\ln\frac{p_2}{p_1} \tag{3-40}$$

2) 可逆相变过程

可逆相变过程是在等温等压且没有非体积功的条件下进行的,属于不做非体积功的等温可逆过程,其

$$\Delta_\alpha^\beta A = -\int_{V_1}^{V_2} p\,\mathrm{d}V = -p\Delta V \tag{3-41}$$

对于凝聚相系统变为蒸气的可逆相变过程,由于其凝聚相体积远小于蒸气体积,可忽略不计,若蒸气又可视为理想气体,则式(3-41)变为

$$\Delta_s^g A = -nRT$$

或

$$\Delta_s^g A = -nRT$$

3.3.2 吉布斯函数

1. 吉布斯函数的导出

设任一封闭系统,发生一等温等压过程,由克劳修斯不等式,可得

$$\Delta S \geqslant \frac{Q}{T} \quad \begin{pmatrix} > & 不可逆 \\ = & 可逆 \end{pmatrix}$$

又由热力学第一定律,有 $Q = \Delta U - W$,而功包括体积功和非体积功两部分,即

$$W = -\int p\mathrm{d}V + W' = -p\Delta V + W'$$

则 $\qquad\qquad Q = \Delta U - (-p\Delta V + W') = \Delta U + p\Delta V - W'$

整理得 $\qquad\qquad \Delta U + p\Delta V - T\Delta S \leqslant W'$

等温等压下可写为 $\qquad \Delta U + \Delta(pV) - \Delta(TS) \leqslant W'$

或 $\qquad\qquad\qquad \Delta(U + pV - TS) \leqslant W' \qquad\qquad\qquad (3\text{-}42)$

吉布斯定义了一个新的状态函数

$$G \xlongequal{\mathrm{def}} U + pV - TS \qquad\qquad\qquad (3\text{-}43)$$
$$= H - TS$$
$$= A + pV$$

则式(3-42)变为

$$\Delta G_{T,p} \leqslant W' \quad \begin{pmatrix} < & 不可逆 \\ = & 可逆 \end{pmatrix} \qquad\qquad (3\text{-}44)$$

式(3-43)中,G 称为吉布斯函数或吉布斯自由能,是由美国理论物理与化学家吉布斯最早提出并定义的。它也是状态函数的组合,是系统的广度性质,具有能量的量纲,其绝对值也无法确定。式(3-44)表明,系统在等温等压可逆过程中与环境交换的非体积功等于吉布斯函数的变化值,而系统在等温等压不可逆过程中与环境交换的非体积功恒大于吉布斯函数的变化值。

2. 吉布斯函数判据

若封闭系统经历任一等温等压且没有非体积功的过程,则 $W' = 0$,式(3-44)简化为

$$\Delta G_{T,p} \leqslant 0 \quad \begin{pmatrix} < & 不可逆或自发 \\ = & 可逆或平衡 \end{pmatrix} \qquad\qquad (3\text{-}45)$$

式(3-45)即为等温等压且没有非体积功的条件下过程方向和限度的判据,称为吉布斯函数判据或吉布斯自由能判据。此式表明:在等温等压且没有非体积功的条件下,封闭系统中的过程总是自发地向着吉布斯函数减小的方向进行,直到达到该条件下吉布斯函数最小的平衡态为止。在吉布斯函数最小的平衡态时,系统发生的任何过程都一定是可逆过程,其吉布斯函数不再改变。因此,又称为吉布斯函数减少原理。

3. 吉布斯函数变化值的计算

1) 等温的简单变化过程

对封闭系统的等温过程,由定义式 $G = H - TS$ 得

$$\Delta G_T = \Delta H - T\Delta S \qquad\qquad\qquad (3\text{-}46)$$

只要求得等温过程的 ΔH 与 ΔS,即可求得其 ΔG。

还可根据其定义式 $G = A + pV$,微分得

$$\mathrm{d}G = \mathrm{d}A + p\mathrm{d}V + V\mathrm{d}p$$

在等温且没有非体积功的过程中,$\mathrm{d}A_T = \delta W_r = -p\mathrm{d}V$,代入上式得

$$\mathrm{d}G = V\mathrm{d}p$$

积分得 $\qquad\qquad\qquad \Delta G_T = \int_{p_1}^{p_2} V\mathrm{d}p \qquad\qquad\qquad (3\text{-}47)$

对于理想气体系统,$V=\dfrac{nRT}{p}$,代入上式并积分得

$$\Delta G_T=nRT\ln\dfrac{p_2}{p_1}=nRT\ln\dfrac{V_1}{V_2} \tag{3-48}$$

[**例 3-6**] 1 mol 理想气体 N_2 分别由 400 K、5×10^5 Pa 分别经等温可逆膨胀和自由膨胀到 400 K、10^5 Pa,求两个过程的 ΔA 和 ΔG。

解 系统变化过程如图 3-12 所示。

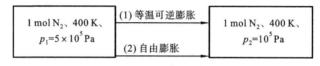

图 3-12 例 3-6 附图

(1) 对理想气体等温可逆膨胀过程,由式(3-40)和式(3-48)得

$$\Delta A_T=\Delta G_T=nRT\ln\dfrac{p_2}{p_1}=1\times8.314\times400\times\ln\dfrac{10^5}{5\times10^5}\ \text{J}=-5\ 352\ \text{J}$$

(2) 理想气体自由膨胀过程虽是不可逆过程,但其始、终态与过程(1)的始、终态完全相同,而 A、G 均为状态函数,其变化值与过程(1)相等,即

$$\Delta A_T=\Delta G_T=-5\ 352\ \text{J}$$

2)相变过程

(1) 可逆相变过程。

可逆相变过程是在相平衡的温度和压力下进行的,属等温等压且没有非体积功的过程,据吉布斯函数判据,其

$$\Delta_\alpha^\beta G=0$$

(2) 不可逆相变过程。

不可逆相变过程是在非相平衡的条件下发生的相变,是不可逆过程,据吉布斯函数判据,若其是在等温等压且没有非体积功的条件下进行的,其 $\Delta_\alpha^\beta G<0$,需设计可逆过程进行计算。

[**例 3-7**] 计算 1 mol H_2O 由液态(298.15 K、101.325 kPa)变为气态(298.15 K、101.325 kPa)时的 ΔG,并判断此过程能否自发进行。已知 298.15 K 下水的饱和蒸气压为 3.168 kPa。

解 此相变过程的条件并非液态水与水蒸气的相平衡条件,反应能否真正发生,需要设计可逆过程计算其 ΔG,再判断。由已知条件可知,298.15 K 下,水与水蒸气的平衡压力是 3.168 kPa,说明在此条件下的相变是可逆相变。设计可逆过程如图 3-13 所示。

$$\Delta G=\Delta G_1+\Delta G_2+\Delta G_3$$

而

$$\Delta G_1=\int_{p_1}^{p_2}V(水)\mathrm{d}p$$

$$\Delta G_2=0$$

$$\Delta G_3=\int_{p_2}^{p_1}V(水蒸气)\mathrm{d}p$$

所以

$$\Delta G=\Delta G_1+\Delta G_2+\Delta G_3=\int_{p_1}^{p_2}V(水)\mathrm{d}p+\int_{p_2}^{p_1}V(水蒸气)\mathrm{d}p$$

$$=\int_{p_2}^{p_1}(V(水蒸气)-V(水))\mathrm{d}p$$

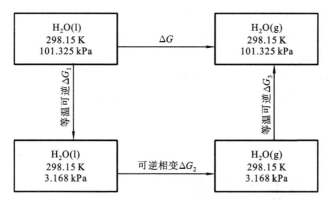

图 3-13　例 3-7 附图

因为 V(水蒸气)远远大于 V(水),故 V(水)可以忽略不计,并把 $H_2O(g)$ 看成理想气体,则 V(水蒸气)$=\dfrac{nRT}{p}$,代入上式得

$$\Delta G = \int_{p_2}^{p_1} \frac{nRT}{p} \mathrm{d}p = nRT\ln\frac{p_1}{p_2} = 1\times 8.314\times 298.15\times\ln\frac{101.325}{3.168}\ \mathrm{J} = 8\,589.7\ \mathrm{J} > 0$$

所以此过程不能自发进行,而其逆过程则可自发进行。

3)理想气体的混合过程

处于等温等压下的两种不同的理想气体混合,形成的理想气体混合物的温度和压力与原来每种气体均相同,其 $\Delta_{\mathrm{mix}}H=0$,所以

$$\Delta_{\mathrm{mix}}G = \Delta_{\mathrm{mix}}H - T\Delta_{\mathrm{mix}}S = -T\Delta_{\mathrm{mix}}S$$

而据式(3-24),有

$$\Delta_{\mathrm{mix}}S = -(n_A R\ln y_A + n_B R\ln y_B)$$

所以

$$\Delta_{\mathrm{mix}}G = n_A RT\ln y_A + n_B RT\ln y_B \tag{3-49}$$

式(3-49)表明,等温等压且没有非体积功的条件下,理想气体的混合过程是吉布斯函数减少的过程,$\Delta_{\mathrm{mix}}G < 0$,能够自发进行。

4)化学变化过程

关于化学变化过程 $\Delta_r G$ 的计算,将在后文中详细介绍,这里只介绍一种由其他状态函数来计算的简单方法。据吉布斯函数的定义式

$$G = H - TS$$

对于等温等压下的化学反应,有

$$\Delta_r G = \Delta_r H - T\Delta_r S$$

若按照化学反应计量式发生了 1 mol 反应进度的化学反应,则上式变为

$$\Delta_r G_m = \Delta_r H_m - T\Delta_r S_m \tag{3-50}$$

[例 3-8]　计算下列反应在 25 ℃ 及标准压力下的 $\Delta_r G_m$,并判断此反应在该条件下能否发生。

$$H_2O(l) + CO(g) \Longrightarrow CO_2(g) + H_2(g)$$

已知 25 ℃ 下,$H_2O(l)$、$CO(g)$、$CO_2(g)$ 和 $H_2(g)$ 的 $\Delta_f H_m^{\ominus}$ 分别为 -285.8 kJ·mol^{-1}、-110.5 kJ·mol^{-1}、-393.5 kJ·mol^{-1} 和 0 kJ·mol^{-1},它们的 $S_m^{\ominus}$ 分别为 69.9 J·mol^{-1}·K^{-1}、198 J·mol^{-1}·K^{-1}、213.8 J·mol^{-1}·K^{-1} 和 130.7 J·mol^{-1}·K^{-1}。

解　对于该化学反应,有

$$\Delta_r H_m^{\ominus} = \sum \nu_B \Delta_f H_m^{\ominus}$$

$$= [-393.5 + 0 - (-285.8) - (-110.5)] \text{ kJ} \cdot \text{mol}^{-1} = -2.8 \text{ kJ} \cdot \text{mol}^{-1}$$

$$\Delta_r S_m^\ominus = \sum \nu_B S_m^\ominus = (213.8 + 130.7 - 69.9 - 198) \text{ J} \cdot \text{mol}^{-1} \cdot \text{K}^{-1}$$

$$= 76.6 \text{ J} \cdot \text{mol}^{-1} \cdot \text{K}^{-1}$$

故
$$\Delta_r G_m = \Delta_r G_m^\ominus = \Delta_r H_m^\ominus - T\Delta_r S_m^\ominus$$

$$= (-2.8 \times 1\,000 - 298.15 \times 76.6) \text{ J} \cdot \text{mol}^{-1}$$

$$= -2.56 \times 10^4 \text{ J} \cdot \text{mol}^{-1} < 0$$

所以此反应在该条件下可自发进行。

3.4 热力学基本方程

3.4.1 热力学函数的一些重要关系式

1. 热力学函数之间的关系

到目前,除了 p、V、T 等可以直接测量的状态函数以外,共引进了五个重要的状态函数,即 U、H、S、A 和 G,其中热力学能和熵是基本函数,其余三个函数都是其他状态函数的组合,但它们更为实用。它们的定义式分别为

$$H = U + pV$$

$$A = U - TS$$

$$G = H - TS = U + pV - TS = A + pV$$

这些式子也表达了状态函数之间的关系,当状态发生变化时,这些状态函数也发生变化,但对于封闭系统,它们之间的关系不变。以上关系可用图 3-14 表示。

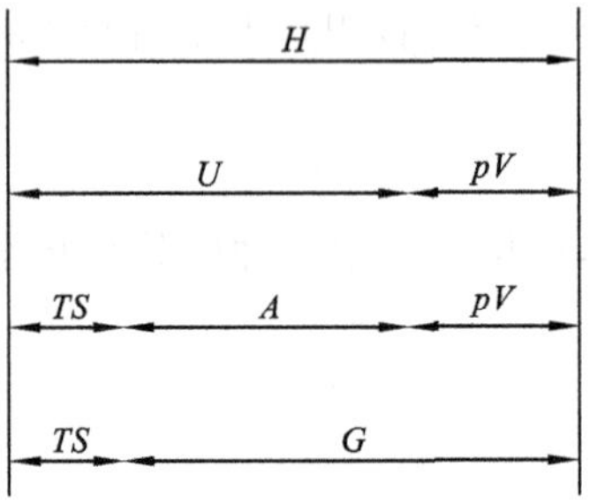

2. 热力学基本方程

对于组成恒定的封闭系统的微小过程,由热力学第一定律有

$$dU = \delta Q + \delta W$$

若过程可逆且没有非体积功,由热力学第二定律得

$$\delta Q_r = TdS$$

图 3-14 热力学函数之间的关系

又
$$\delta W_r = -pdV$$

所以
$$dU = TdS - pdV \tag{3-51}$$

此式为热力学第一定律和热力学第二定律的联合表达式,适用于组成恒定的封闭系统无非体积功的可逆过程。

微分 $H = U + pV$,得 $dH = dU + pdV + Vdp$,将式(3-51)代入得

$$dH = TdS + Vdp \tag{3-52}$$

同理,分别微分 $A = U - TS$,$G = H - TS$,并将式(3-51)、式(3-52)分别代入两微分式,可得

$$dA = -SdT - pdV \tag{3-53}$$

$$dG = -SdT + Vdp \tag{3-54}$$

上述式(3-51)至式(3-54)是四个十分重要的关系式,称为封闭系统的热力学基本方程。

上述热力学基本方程虽然是由组成恒定的封闭系统无非体积功的可逆过程推导出来的,但对该条件下的不可逆过程同样适用。因此,其使用范围可扩大为组成恒定的封闭系统无非体积功的任意过程。

以式(3-54)为例验证如下:若组成恒定的某封闭系统,只发生了一个单纯 $p\text{-}V\text{-}T$ 变化的微小不可逆过程,由始态(T, p)到达终态$(T+dT, p+dp)$,系统吉布斯函数的微小变化值 dG 可设计如图 3-15 所示的可逆过程计算。

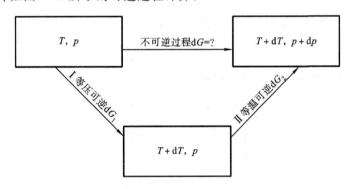

图 3-15　组成恒定的某封闭系统的可逆过程

显然

$$dG = dG_1 + dG_2$$

过程Ⅰ为等压可逆过程,$dp=0$,由式(3-54)得

$$dG_1 = -SdT$$

过程Ⅱ为等温可逆过程,$dT=0$,由式(3-54)得

$$dG_2 = Vdp$$

所以

$$dG = -SdT + Vdp$$

[**例 3-9**]　证明理想气体等温过程的 ΔA 与 ΔG 总相等。

证明　假定一定量理想气体经历等温的简单变化过程,如图 3-16 所示。

图 3-16　例 3-9 附图

对等温过程,$dT=0$,由式(3-53)和式(3-54)得

$$dA_T = -pdV$$

$$dG_T = Vdp$$

对理想气体,$pV=nRT$,代入上两式并积分得

$$\Delta A_T = \int_{A_1}^{A_2} dA_T = \int_{V_1}^{V_2} \left(-\frac{nRT}{V} \right) dV = nRT\ln\frac{V_1}{V_2}$$

$$\Delta G_T = \int_{G_1}^{G_2} dG_T = \int_{p_1}^{p_2} \frac{nRT}{p} dp = nRT\ln\frac{p_2}{p_1}$$

对理想气体等温过程,有

$$p_1V_1 = p_2V_2, \quad \frac{p_2}{p_1} = \frac{V_1}{V_2}$$

所以

$$\Delta A_T = \Delta G_T$$

3. 对应系数关系式

由四个热力学基本方程还可以导出几组偏导数公式。例如,式(3-54)表示了 G 随 T 和 p 的变化而变化的关系,可把 G 视为 T、p 的函数,即 $G = f(T,p)$,据全微分的性质,可得

$$dG = \left(\frac{\partial G}{\partial T}\right)_p dT + \left(\frac{\partial G}{\partial p}\right)_T dp \tag{3-55}$$

将式(3-54) $dG = -SdT + Vdp$ 与之相比较,可得

$$\left(\frac{\partial G}{\partial T}\right)_p = -S \quad \text{和} \quad \left(\frac{\partial G}{\partial p}\right)_T = V \tag{3-56}$$

同理,由另外三个热力学基本方程可分别得到

$$\left(\frac{\partial U}{\partial S}\right)_V = T \quad \text{和} \quad \left(\frac{\partial U}{\partial V}\right)_S = -p \tag{3-57}$$

$$\left(\frac{\partial H}{\partial S}\right)_p = T \quad \text{和} \quad \left(\frac{\partial H}{\partial p}\right)_S = V \tag{3-58}$$

$$\left(\frac{\partial A}{\partial T}\right)_V = -S \quad \text{和} \quad \left(\frac{\partial A}{\partial V}\right)_T = -p \tag{3-59}$$

式(3-56)至式(3-59)中的八个关系式称为对应系数关系式,在分析或证明问题时常用到。

也可从另一方面来得到和理解对应系数关系式,以式(3-56)为例:由式(3-54) $dG = -SdT + Vdp$,封闭系统在等温条件下发生任意过程,$dT = 0$,$dG = Vdp$,所以等温下 $\frac{dG}{dp} = V$,或写为 $\left(\frac{\partial G}{\partial p}\right)_T = V$,即等温下该系统 G 随 p 的变化率为 V;若封闭系统在等压条件下发生任意过程,$dp = 0$,$dG = -SdT$,所以等压下 $\frac{dG}{dT} = -S$,或写为 $\left(\frac{\partial G}{\partial T}\right)_p = -S$,即等压下该系统 G 随 T 的变化率为 $-S$。同理可得其他对应系数关系式。

[例3-10] 已知在 298.15 K 及标准压力下,石墨和金刚石的有关数据如表 3-1 所示。

(1) 计算在 298.15 K 及标准压力下,石墨转变为金刚石的 $\Delta_r G_m^\ominus$,并判断该过程能否自发进行。

(2) 加压能否使石墨变成金刚石?如果能,在 298.15 K 下最少需多大压力?

表 3-1　例 3-10 附表

物 质	标准摩尔燃烧焓 $\Delta_c H_m^\ominus /(\text{kJ} \cdot \text{mol}^{-1})$	标准摩尔熵 $S_m^\ominus /(\text{J} \cdot \text{mol}^{-1} \cdot \text{K}^{-1})$	密度 $\rho/(\text{kg} \cdot \text{m}^{-3})$
C(石墨)	-393.5	5.694	2.26×10^3
C(金刚石)	-395.4	2.439	3.51×10^3

解 (1) $\Delta_r H_m^\ominus = \Delta_c H_m^\ominus(石墨) - \Delta_c H_m^\ominus(金刚石)$

$= [-393.5 - (-395.4)] \text{ kJ} \cdot \text{mol}^{-1}$

$$=1.9 \text{ kJ} \cdot \text{mol}^{-1}$$

$$\Delta_r S_m^{\ominus} = S_m^{\ominus}(金刚石) - S_m^{\ominus}(石墨) = (2.439 - 5.694) \text{ J} \cdot \text{mol}^{-1} \cdot \text{K}^{-1}$$

$$= -3.255 \text{ J} \cdot \text{mol}^{-1} \cdot \text{K}^{-1}$$

$$\Delta_r G_m^{\ominus} = \Delta_r H_m^{\ominus} - T\Delta_r S_m^{\ominus} = [1.9 \times 1\,000 - 298.15 \times (-3.255)] \text{ J} \cdot \text{mol}^{-1}$$

$$= 2\,870 \text{ J} \cdot \text{mol}^{-1} > 0$$

即在 298.15 K 及标准压力下,石墨不能自发变成金刚石。

(2) 将 $\left(\dfrac{\partial G}{\partial p}\right)_T = V$ 应用于变化过程,得

$$\left[\frac{\partial(\Delta_r G_m)}{\partial p}\right]_T = \left(\frac{\partial G_m(金刚石)}{\partial p}\right)_T - \left(\frac{\partial G_m(石墨)}{\partial p}\right)_T = \Delta_r V_m = V_m(金刚石) - V_m(石墨)$$

积分得

$$\Delta_r G_{p,m} - \Delta_r G_m^{\ominus} = \int_{p^{\ominus}}^{p} (V_m(金刚石) - V_m(石墨)) \, dp$$

当 $\Delta_r G_{p,m} = 0$ 时,石墨与金刚石达平衡,此时的压力 p 是石墨转变为金刚石的最低压力。所以

$$-\Delta_r G_m^{\ominus} = \int_{p^{\ominus}}^{p} (V_m(金刚石) - V_m(石墨)) \, dp = (V_m(金刚石) - V_m(石墨))(p - p^{\ominus})$$

于是

$$p - p^{\ominus} = \frac{\Delta_r G_m^{\ominus}}{V_m(石墨) - V_m(金刚石)} = \frac{\Delta_r G_m^{\ominus}}{\dfrac{M(石墨)}{\rho(石墨)} - \dfrac{M(金刚石)}{\rho(金刚石)}}$$

代入数据得

$$p - 101\,325 \text{ Pa} = \frac{2\,870}{\dfrac{12 \times 10^{-3}}{2.26 \times 10^3} - \dfrac{12 \times 10^{-3}}{3.51 \times 10^3}} \text{ Pa}$$

解方程得

$$p = 1.518 \times 10^9 \text{ Pa}$$

即在 298.15 K 下,至少需加压至 1.518×10^9 Pa(相当于 1.5 万个大气压)才能使石墨变成金刚石。

*4. 麦克斯韦关系式

设 Z 是系统的任一状态函数,并且是两个变量 x 和 y 的函数,即 $Z = f(x, y)$,则 Z 在数学上具有全微分的性质,其微小变化值可用一个全微分表达式来表示,即

$$dZ = \left(\frac{\partial Z}{\partial x}\right)_y dx + \left(\frac{\partial Z}{\partial y}\right)_x dy = M dx + N dy$$

式中 $M = \left(\dfrac{\partial Z}{\partial x}\right)_y$,$N = \left(\dfrac{\partial Z}{\partial y}\right)_x$,$M$ 和 N 也是 x、y 的函数,再将 M 对 y 求偏微分,将 N 对 x 求偏微分,得

$$\left(\frac{\partial M}{\partial y}\right)_x = \frac{\partial^2 Z}{\partial x \partial y}, \quad \left(\frac{\partial N}{\partial x}\right)_y = \frac{\partial^2 Z}{\partial x \partial y}$$

所以

$$\left(\frac{\partial M}{\partial y}\right)_x = \left(\frac{\partial N}{\partial x}\right)_y$$

将该结论应用于式(3-51)至式(3-54)四个热力学基本方程,可得

$$\left.\begin{aligned}
\left(\frac{\partial T}{\partial V}\right)_S &= -\left(\frac{\partial p}{\partial S}\right)_V \\
\left(\frac{\partial T}{\partial p}\right)_S &= \left(\frac{\partial V}{\partial S}\right)_p \\
\left(\frac{\partial S}{\partial V}\right)_T &= \left(\frac{\partial p}{\partial T}\right)_V \\
-\left(\frac{\partial S}{\partial p}\right)_T &= \left(\frac{\partial V}{\partial T}\right)_p
\end{aligned}\right\} \tag{3-60}$$

式(3-60)的四个公式称为麦克斯韦关系式。据此可将熵随压力或体积的变化率这些难以通过实验测量的偏导数用能直接测量的偏导数代替。

5. 吉布斯-亥姆霍兹方程

现讨论一下某相变或化学变化过程的 ΔG 随温度的变化关系。设在一定温度下,有某相变或化学变化

$$A \longrightarrow E$$

其

$$\Delta G = G_E - G_A$$

欲求 ΔG 随温度 T 的变化关系,可将上式在等压下对 T 求偏导数,可得

$$\left[\frac{\partial(\Delta G)}{\partial T}\right]_p = \left(\frac{\partial G_E}{\partial T}\right)_p - \left(\frac{\partial G_A}{\partial T}\right)_p$$

而由对应系数关系式得

$$\left(\frac{\partial G_E}{\partial T}\right)_p = -S_E, \qquad \left(\frac{\partial G_A}{\partial T}\right)_p = -S_A$$

所以

$$\left[\frac{\partial(\Delta G)}{\partial T}\right]_p = -S_E - (-S_A) = -\Delta S \tag{3-61}$$

对等温过程,由 $\Delta G = \Delta H - T\Delta S$ 得,$\Delta S = \dfrac{\Delta H - \Delta G}{T}$,代入式(3-61)并整理得

$$\left[\frac{\partial(\Delta G)}{\partial T}\right]_p = \frac{\Delta G}{T} - \frac{\Delta H}{T} \tag{3-62}$$

将式(3-62)两边同乘以 $\dfrac{1}{T}$ 并移项得

$$\frac{1}{T}\left[\frac{\partial(\Delta G)}{\partial T}\right]_p - \frac{\Delta G}{T^2} = -\frac{\Delta H}{T^2}$$

根据微分法则,上式等号左边是 $\dfrac{\Delta G}{T}$ 对 T 的偏导数,所以上式可写做

$$\left[\frac{\partial\left(\dfrac{\Delta G}{T}\right)}{\partial T}\right]_p = -\frac{\Delta H}{T^2} \tag{3-63}$$

式(3-63)称为吉布斯-亥姆霍兹方程,它描述了等温等压下相变或化学变化过程的吉布斯函数 ΔG 随温度 T 的变化关系。

等压下对式(3-63)分离变量积分,有

$$\int_{\frac{\Delta G_1}{T_1}}^{\frac{\Delta G_2}{T_2}} d\left(\frac{\Delta G}{T}\right) = \int_{T_1}^{T_2} \left(-\frac{\Delta H}{T^2}\right) dT$$

得

$$\frac{\Delta G_2}{T_2} = \frac{\Delta G_1}{T_1} - \int_{T_1}^{T_2} \frac{\Delta H}{T^2} dT \tag{3-64}$$

若知道温度 T_1 下的某相变或化学反应的 ΔG_1,即可据式(3-64)计算任意温度 T_2 下的 ΔG_2。

[例 3-11] 已知反应 $SO_3(g, p^\ominus) \longrightarrow SO_2(g, p^\ominus) + \dfrac{1}{2}O_2(g, p^\ominus)$ 在 298.15 K 下,$\Delta_r G_m^\ominus(298.15\ K) = 70.00\ kJ \cdot mol^{-1}$,已知反应的 $\Delta_r H_m^\ominus = 98.28\ kJ \cdot mol^{-1}$,且不随温度而变,求反应在 873.15 K 下的 $\Delta_r G_m^\ominus(873.15\ K)$。

解　据式(3-64)得

$$\frac{\Delta_r G_{m,2}^{\ominus}}{T_2} = \frac{\Delta_r G_{m,1}^{\ominus}}{T_1} - \int_{T_1}^{T_2} \frac{\Delta_r H_m^{\ominus}}{T^2} dT = \frac{\Delta_r G_{m,1}^{\ominus}}{T_1} + \Delta_r H_m^{\ominus} \left(\frac{1}{T_2} - \frac{1}{T_1}\right)$$

所以 $\Delta_r G_m^{\ominus}(873.15\ \text{K}) = 873.15 \times \left[\frac{70.00}{298.15} + 98.28 \times \left(\frac{1}{873.15} - \frac{1}{298.15}\right)\right]\ \text{kJ} \cdot \text{mol}^{-1}$

$$= 15.46\ \text{kJ} \cdot \text{mol}^{-1}$$

3.4.2　纯物质的两相平衡

1. 纯物质两相平衡的条件

设等温等压下,某纯物质 B^* 的两个相 α 相和 β 相达到相平衡:

$$B^*(\alpha, T, p) \Longrightarrow B^*(\beta, T, p)$$

其中,上标"*"表示纯物质。

若在该相平衡条件下,发生了一个微小的相变,有 δn_B 的纯物质 B^* 从 α 相转移到 β 相,则该微小过程的吉布斯函数变化值为

$$dG_{T,p} = \delta n_B [G_m^*(B,\beta) - G_m^*(B,\alpha)]$$

式中:$G_m^*(B,\alpha)$、$G_m^*(B,\beta)$——纯物质 B^* 在 α 相和 β 相的摩尔吉布斯函数。

由于两相处于平衡,所以 $dG_{T,p} = 0$,必有

$$G_m^*(B,\alpha) = G_m^*(B,\beta) \tag{3-65}$$

式(3-65)即为纯物质两相平衡的条件。即纯物质 B^* 的任意两相平衡时,其两相的摩尔吉布斯函数相等。

2. 克拉贝龙方程

设等温等压下,纯物质 B^* 的两个相 α 相和 β 相达到相平衡:

$$B^*(\alpha, T, p) \Longrightarrow B^*(\beta, T, p)$$

若温度改变 dT 后,压力相应改变 dp,α 相和 β 相仍呈相平衡态:

$$B^*(\alpha, T+dT, p+dp) \Longrightarrow B^*(\beta, T+dT, p+dp)$$

由纯物质两相平衡条件,则在新的相平衡时有

$$G_m^*(B,\alpha,T,p) + dG_m^*(\alpha) = G_m^*(B,\beta,T,p) + dG_m^*(\beta)$$

又,在原相平衡时

$$G_m^*(B,\alpha,T,p) = G_m^*(B,\beta,T,p)$$

所以　　　　　　　　　　$dG_m^*(\alpha) = dG_m^*(\beta)$

由式(3-54)可得

$$-S_m^*(\alpha)dT + V_m^*(\alpha)dp = -S_m^*(\beta)dT + V_m^*(\beta)dp$$

移项并整理得

$$\frac{dp}{dT} = \frac{S_m^*(\beta) - S_m^*(\alpha)}{V_m^*(\beta) - V_m^*(\alpha)} = \frac{\Delta S_m^*}{\Delta V_m^*}$$

由式(3-25)得,$\Delta S_m^* = \frac{\Delta H_m^*}{T}$,代入上式得

$$\frac{dp}{dT} = \frac{\Delta H_m^*}{T \Delta V_m^*} \tag{3-66}$$

式中：ΔH_m^*、ΔV_m^*——纯物质的摩尔相变焓和相变的摩尔体积变化值。

式(3-66)称为克拉贝龙方程。此式表示纯物质两相平衡时，其平衡压力与平衡温度之间必然满足该函数关系。此式可用于任何纯物质的任意两相平衡。

关于摩尔蒸发焓，有一个近似的规则，称为特鲁顿规则(Trouton's Rule)，即

$$\frac{\Delta_{vap} H_m}{T_b} \approx 88 \text{ J} \cdot \text{K}^{-1} \cdot \text{mol}^{-1}$$

式中：T_b——正常沸点(指在大气压力 101.325 kPa 下液体的沸点)。

在液体中若分子没有缔合(association)现象，则能较好地符合此规则。此规则对极性大的液体或在 150 K 以下沸腾的液体因误差较大而不适用。

[例 3-12] 已知 373.15 K、101.325 kPa 下，水的摩尔蒸发焓为 40.67 kJ·mol^{-1}，液态水和水蒸气的摩尔体积分别为 0.018 78 dm^3·mol^{-1}、30.199 dm^3·mol^{-1}。问：373.15 K 下，大气压每改变 1 kPa，水的沸点改变多少？

解 由式(3-66)等号两侧都取倒数得

$$\frac{dT}{dp} = \frac{T\Delta V_m^*}{\Delta H_m^*} = \frac{373.15 \times (30.199 - 0.018 78) \times 10^{-3}}{40.67} \text{ K} \cdot \text{kPa}^{-1} = 0.276 9 \text{ K} \cdot \text{kPa}^{-1}$$

即在 373.15 K 下，压力升高或降低 1 kPa，水的沸点将升高或降低 0.276 9 K。

3. 克劳修斯-克拉贝龙方程

若纯物质的两相平衡时有一相为气相，如气液平衡、固气平衡，两相的摩尔体积相差很大，凝聚相的体积可以忽略不计。如果再把气相的纯物质视为理想气体，克拉贝龙方程可进一步简化。以气液平衡为例讨论。

由式(3-66)有

$$\frac{dp}{dT} = \frac{\Delta_l^g H_m^*}{T\Delta_l^g V_m^*} = \frac{\Delta_l^g H_m^*}{T(V_{m,g}^* - V_{m,l}^*)} = \frac{\Delta_l^g H_m^*}{T V_{m,g}^*} = \frac{\Delta_l^g H_m^*}{T\frac{RT}{p}} = \frac{p\Delta_l^g H_m^*}{RT^2}$$

或写为

$$\frac{\frac{1}{p}dp}{dT} = \frac{\Delta_l^g H_m^*}{RT^2}$$

即

$$\frac{d(\ln p)}{dT} = \frac{\Delta_l^g H_m^*}{RT^2} \tag{3-67}$$

式(3-67)称为克劳修斯-克拉贝龙方程。它比式(3-66)使用方便，但因略去了液相体积，又将气相的纯物质看做理想气体，故不如克拉贝龙方程精确。

若为固气平衡，克劳修斯-克拉贝龙方程可表示为

$$\frac{d(\ln p)}{dT} = \frac{\Delta_s^g H_m^*}{RT^2}$$

在使用克劳修斯-克拉贝龙方程时，可将其作不定积分或定积分。若温度变化范围不大，$\Delta_l^g H_m^*$ 可视为常数，将式(3-67)作不定积分，可得

$$\ln p = -\frac{\Delta_l^g H_m^*}{R}\frac{1}{T} + C(\text{常数}) \tag{3-68}$$

若在 T_1 至 T_2 温度范围内作定积分，得

$$\ln\frac{p_2}{p_1} = -\frac{\Delta_l^g H_m^*}{R}\left(\frac{1}{T_2} - \frac{1}{T_1}\right) \tag{3-69a}$$

或
$$\ln \frac{p_2}{p_1} = \frac{\Delta_l^g H_m^* (T_2 - T_1)}{RT_1 T_2} \tag{3-69b}$$

当缺乏 $\Delta_l^g H_m^*$ 数据时,可用经验规则进行估算。对非极性液体,其正常沸点时的 $\Delta_l^g H_m^*$ 与沸点之比近似为一常数:

$$\frac{\Delta_l^g H_m^*}{T_b^*} = \Delta_l^g S_m^* \approx 88 \text{ J} \cdot \text{mol}^{-1} \cdot \text{K}^{-1} \tag{3-70}$$

式(3-70)称为特鲁顿规则,式中 T_b^* 为纯液体的正常沸点。

[例 3-13] 已知液态水在 100 ℃时的饱和蒸气压为 101.325 kPa,此条件下,水变成水蒸气的摩尔蒸发焓为 40.67 kJ·mol^{-1}。

(1) 试求液态水在 90 ℃下的饱和蒸气压;

(2) 在海拔 4 500 m 的青藏高原,大气压仅有 57.3 kPa,计算当地水的沸点。

解 (1) 据式(3-69b)得
$$\ln \frac{p_2}{101.325} = \frac{40.67 \times 10^3 \times (363.15 - 373.15)}{8.314 \times 373.15 \times 363.15}$$

解得
$$p_2 = 70.622 \text{ kPa}$$

(2) 据式(3-69a)得
$$\ln \frac{57.3}{101.325} = -\frac{40.67 \times 10^3}{8.314} \times \left(\frac{1}{T_2} - \frac{1}{373.15} \right)$$

解得
$$T_2 = 357.6 \text{ K}$$

思 考 题

1. "自发过程都是不可逆过程,不可逆过程都是自发过程。"这种说法对吗?

2. 对始、终态完全相同的过程,若一个是可逆过程,另一个是不可逆过程,问:哪一个过程 ΔS 较大?为什么?

3. "一切熵增加的过程都是自发过程,而熵减少的过程不可能发生。"该说法对吗?

4. 对理想气体的自由膨胀过程,其 $\Delta T = 0$,$Q = 0$,所以其 $\Delta S = 0$。此结论对吗?为什么?

5. 某理想气体系统由同一始态出发,分别进行绝热可逆膨胀过程和绝热不可逆膨胀过程,能否达到统一的终态?为什么?

6. "一切过程的熵变都可由下式求得:$\Delta S = \dfrac{Q}{T}$。"这种说法对吗?为什么?

7. 用熵判据判断过程与用吉布斯函数判据判断过程,各受什么条件限制?试比较之。

8. "吉布斯函数 G 是状态函数,系统由始态 A 到终态 B,不管经历什么过程,ΔG 总是一定的,并且总等于可逆过程的非体积功。"这种说法对吗?

9. "$dG = -SdT + Vdp$ 的适用条件是:封闭系统无非体积功的任意过程。"这种说法对吗?

10. "对于不做非体积功的封闭系统,其 $\left(\dfrac{\partial G}{\partial p} \right)_T$ 始终大于零。"这种说法对吗?

---- 习　　题 ----

1. 1 mol O_2 在 25 ℃ 由 101.325 kPa 可逆压缩至 1 013.25 kPa,试计算其 ΔS。

$$(-19.14 \text{ J} \cdot \text{K}^{-1})$$

2. 在 101 325 Pa 下将 2 mol N_2 从 300 K 加热至 600 K。计算 N_2 的 ΔS。已知 N_2 的 $C_{p,m}=29.1 \text{ J} \cdot \text{mol}^{-1} \cdot \text{K}^{-1}$。

$$(40.34 \text{ J} \cdot \text{K}^{-1})$$

3. 1 mol $H_2(g)$ 由 300 K、101.325 kPa 经绝热压缩至 800 K、1 013.25 kPa。试计算 $H_2(g)$ 的熵变。

$$(9.40 \text{ J} \cdot \text{K}^{-1})$$

4. 1 mol 0 ℃、101 325 Pa 的理想气体反抗恒定的外压等温膨胀到压力等于外压,其体积变为原来的 10 倍。计算此过程的 Q、W、ΔU、ΔH、ΔS、ΔG。

$$(Q=-W=2.04 \text{ kJ}, \Delta U=\Delta H=0, \Delta S=19.14 \text{ J} \cdot \text{K}^{-1}, \Delta G=-5.23 \text{ kJ})$$

5. 1 mol 液态水在 373.15 K 和 101 325 Pa 下全部变成水蒸气,已知水的汽化热为 40.67 kJ $\cdot$ mol^{-1},求 Q、W、ΔU、ΔH、ΔS、ΔG。

$$(40\ 670 \text{ J}, -3\ 102 \text{ J}, 37\ 568 \text{ J}, 40\ 670 \text{ J}, 109 \text{ J} \cdot \text{K}^{-1}, 0)$$

6. 分别计算 298.15 K 和 423.15 K 下甲醇合成反应的 $\Delta_r S_m^{\ominus}$,反应方程式为

$$CO(g)+2H_2(g) \rule[0.5ex]{2em}{0.4pt} CH_3OH(g)$$

已知 298.15 K 下,$CO(g)$、$H_2(g)$ 和 $CH_3OH(g)$ 的 $C_{p,m}$ 分别为 29.14 J $\cdot$ mol^{-1} $\cdot$ K^{-1}、28.83 J $\cdot$ mol^{-1} $\cdot$ K^{-1} 和 81.6 J $\cdot$ mol^{-1} $\cdot$ K^{-1},且均为常数。它们在 298.15 K 下的 $S_m^{\ominus}$ 分别为 198.02 J $\cdot$ mol^{-1} $\cdot$ K^{-1}、130.70 J $\cdot$ mol^{-1} $\cdot$ K^{-1} 和 237.8 J $\cdot$ mol^{-1} $\cdot$ K^{-1}。

$$(-219.00 \text{ J} \cdot \text{mol}^{-1} \cdot \text{K}^{-1}, -231.70 \text{ J} \cdot \text{mol}^{-1} \cdot \text{K}^{-1})$$

7. 已知 263.15 K 下冰和水的饱和蒸气压分别为 552 Pa 和 611 Pa,试分别求 (1) 273.15 K、101 325 Pa;(2) 263.15 K、101 325 Pa 下 1 mol 水变成冰过程的 ΔG,并判断过程(2)能否自发进行。(假定凝聚系统等温条件下 G 随压力的变化忽略不计)

$$(0, -222 \text{ J}, \text{自发})$$

8. 计算下列反应在 25 ℃ 及标准压力下的 $\Delta_r G_m^{\ominus}$,并判断此反应在该条件下能否发生。

$$PbO(s)+CO(g) \longrightarrow Pb(s)+CO_2(g)$$

已知 25 ℃ 下,$PbO(s)$、$CO(g)$、$Pb(s)$ 和 $CO_2(g)$ 的 $\Delta_f H_m^{\ominus}$ 分别为 -219.2 kJ $\cdot$ mol^{-1}、-110.5 kJ $\cdot$ mol^{-1}、0 和 -393.5 kJ $\cdot$ mol^{-1},它们的 $S_m^{\ominus}$ 分别为 66.3 J $\cdot$ mol^{-1} $\cdot$ K^{-1}、198.02 J $\cdot$ mol^{-1} $\cdot$ K^{-1}、65.1 J $\cdot$ mol^{-1} $\cdot$ K^{-1} 和 213.8 J $\cdot$ mol^{-1} $\cdot$ K^{-1}。

$$(-68.08 \text{ kJ}, \text{能})$$

9. 合成氨的反应 $\frac{1}{2}N_2(g)+\frac{3}{2}H_2(g)=NH_3(g)$,已知 25 ℃、101 325 Pa 下,$\Delta_r G_m^{\ominus}=-16.5$ kJ $\cdot$ mol^{-1},$\Delta_r H_m^{\ominus}=-46.11$ kJ $\cdot$ mol^{-1},且 $\Delta_r H_m^{\ominus}$ 不随温度而变。计算此反应在 500 K 下的 $\Delta_r G_m^{\ominus}$,并说明升温对此反应是否有利。 $\quad$ (3.55 kJ $\cdot$ mol^{-1},不利)

10. 已知 100 ℃ 下,水的汽化热为 40.67 kJ $\cdot$ mol^{-1},而厨用压力锅内最高允许压力

为 2.3×10^5 Pa,计算压力锅内的水所能达到的最高温度。 （398.04 K）

目标检测题

一、填空题

1. 在_____条件下,才可使用 $\Delta G \leqslant 0$ 来判断一个过程是否可逆。

2. 系统经过可逆循环后,ΔS _____ 0；经过不可逆循环后,ΔS _____ 0。（填 ">"、"<"或"="）

3. 在_____系统中,平衡态的熵值一定最大。

4. 一个理想气体系统在 300 K 由始态 A 经等温过程到终态 B,系统吸热 2 000 J,ΔS = 10 $J \cdot K^{-1}$,则此过程为_____过程。（填"可逆"或"不可逆"）

5. 下列过程中,ΔU、ΔH、ΔS、ΔA、ΔG 何者为零？

(1) 理想气体向真空膨胀_____。

(2) 100 ℃,101 325 Pa 下,1 mol 液态水变成水蒸气_____。

(3) 理想气体等温可逆膨胀过程_____。

6. 工作于 100 ℃和 25 ℃的两个热源之间的可逆热机的效率等于_____。

7. 对不做非体积功的封闭系统,$\left(\dfrac{\partial G}{\partial T}\right)_p$ _____ 0。（填 ">"、"<"或"="）

二、选择题

1. 理想气体经可逆的绝热膨胀过程,则（ ）。

(A) 热力学能增加； (B) 熵不变； (C) 熵增大； (D) 温度不变

2. 1 mol 理想气体在温度 T 下发生等温可逆膨胀过程,则系统的（ ）。

(A) $\Delta U > 0$； (B) $\Delta S = 0$； (C) $\Delta S > 0$； (D) $\Delta S < 0$

3. 1 mol 理想气体在等温条件下向真空膨胀,体积增大为原来的 10 倍,则系统的熵变为（ ）。

(A) $\Delta S = 0$； (B) $\Delta S = 19.14$ $J \cdot K^{-1}$；

(C) $\Delta S > 19.14$ $J \cdot K^{-1}$； (D) $\Delta S < 19.14$ $J \cdot K^{-1}$

4. 1 mol 某纯液体在其正常沸点下全部变为蒸气,该过程中增大的是（ ）。

(A) 蒸气压； (B) 汽化热； (C) 熵； (D) 吉布斯函数

5. 在 100 ℃、101 325 Pa 下,1 mol 液态水变为水蒸气,则该过程（ ）。

(A) $\Delta H = 0$； (B) $\Delta S = 0$； (C) $\Delta A = 0$； (D) $\Delta G = 0$

6. 在 300 K 下,5 mol 理想气体由 1 L 等温可逆膨胀到 10 L,其 ΔS 等于（ ）。

(A) 11.51R； (B) $-11.51R$； (C) 2.303R； (D) $-2.303R$

7. $dG = -SdT + Vdp$ 的适用条件是（ ）。

(A) 理想气体； (B) 等温等压；

(C) 封闭系统； (D) 无非体积功的封闭系统

8. 金属铅的熔点是 327 ℃,熔化热为 4.86 $kJ \cdot mol^{-1}$,则 1 mol 铅熔化过程的熵变

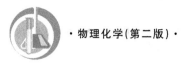

为(   )。

(A) 14.9 J·K^{-1};   (B) -14.9 J·K^{-1};(C) 8.10 J·K^{-1};   (D) -8.10 J·K^{-1}

9. 对于不做非体积功的封闭系统，$\left(\dfrac{\partial G}{\partial p}\right)_T$ 的值(   )。

(A) 大于零;   (B) 小于零;   (C) 等于零;   (D) 不能确定

10. 某非极性液体在其正常沸点下的摩尔汽熵为 88 J·mol^{-1}·K^{-1}，汽化热为 22 kJ·mol^{-1}，则其正常沸点最接近于(   )。

(A) 500 ℃;   (B) 500 K;   (C) 250 K;   (D) 100 ℃

三、判断题

1. 绝热系统与环境没有热交换，所发生的一切过程都是等熵过程。   (   )

2. 系统经历的任何不可逆循环过程，其 $\Delta S > 0$。   (   )

3. 任意过程的熵变都可通过设计始、终态与原过程相同的可逆过程来计算。(   )

4. 理想气体封闭系统的熵仅仅是温度的函数。   (   )

5. 克劳修斯-克拉贝龙方程是对克拉贝龙方程的近似，其精确度不如克拉贝龙方程。

(   )

6. 在缺乏摩尔蒸发热数据时，对任何液体均可用特鲁顿规则估算其摩尔蒸发热。

(   )

7. 四个热力学基本方程的适用条件是：封闭系统的任意过程。   (   )

8. 纯物质两相平衡的条件是其共存两相的摩尔吉布斯函数相等。   (   )

9. 吉布斯函数判据的适用条件是：封闭系统等温等压的任意过程。   (   )

10. 熵是系统混乱度的宏观度量，系统混乱度越大，其熵值也越大。   (   )

四、计算题

1. 将 1 mol O_2(g)由 298.15 K、101 325 Pa 经恒温可逆压缩至压力为 607 950 Pa 的终态，试求其 Q、W、ΔU、ΔH、ΔS、ΔG。

2. 在 -3 ℃下，冰和过冷水的饱和蒸气压分别为 475 Pa 和 489 Pa，试求在 -3 ℃、101 325 Pa 下，1 mol 水变成冰的 ΔG。并判断此过程能否自动发生。

3. 试判断在 25 ℃、101 325 Pa 下，白锡和灰锡哪一种晶型稳定。已知 25 ℃下，白锡和灰锡的 $\Delta_f H_m^\ominus$ 分别为 0、-2 197 J·mol^{-1}，它们的 $S_m^\ominus$ 分别为 52.3 J·mol^{-1}·K^{-1}、44.76 J·mol^{-1}·K^{-1}。

第 4 章

多组分系统热力学

 学习目标

> 能够正确理解偏摩尔量与化学势的概念,正确使用化学势判据,会计算理想气体的化学势;掌握拉乌尔定律、亨利定律及稀薄溶液的依数性,会计算理想溶液与稀薄溶液的气液平衡组成。

两种或两种以上物质或组分形成的系统称为多组分系统。实际的生产与科研中,经常会遇到多组分多相系统。在多组分系统中,一般来说,每种物质的性质会与纯物质的性质有所不同,所以处理的热力学方法也与前面章节中所研究的定量定组成的均相系统有所不同。多组分多相系统与定量定组成的均相系统的主要区别如下。

(1) 对于一个封闭的多组分多相系统中的每一相或每一种物质而言,它不再是封闭的,而是一个敞开的子系统。

例如,一个封闭容器装有一定数量的乙醇溶液,上方为蒸气,整个容器是一个封闭系统,若分别选取液相或气相作为系统,由于两相之间有物质交换,因此液相或气相都是敞开系统。

(2) 多组分系统的广度性质(除质量和物质的量以外),一般不具有简单的加和性,即并不等于各组分在纯态时该广度性质之和。

例如,在 500 mL 水中加入 500 mL 水,其总体积为 1 000 mL,同样在 500 mL 乙醇中加入 500 mL 乙醇,其总体积为 1 000 mL,但如果在 500 mL 水中加入 500 mL 乙醇,其总体积并不为 1 000 mL。

(3) 描述一个一定量的单组分均相封闭系统的热力学状态只需要两个独立的状态函数(通常取温度和压力),而描述一个多组分均相封闭系统的热力学状态则还需要确定各组分的物质的量。

例如,对于 100 g 纯水或 100 g 纯乙醇,只要知道其温度和压力,那么系统的其他状态性质(如体积、密度、热容、黏度、折射率、蒸气压等)都有确定的值。如果水和乙醇的混合

物总质量为 $100\ \mathrm{g}$，即使知道它的温度和压力，系统的状态仍不能确定，而只有当其中水和乙醇的物质的量确定之后，系统的所有状态性质才能确定。

由于多组分系统具有上述这些与单组分均相系统不同的性质，因此需要引入一些新的概念、新的热力学关系式来描述多组分系统的性质。本章主要讨论以分子或离子级大小的粒子相互分散的均相系统。将介绍多组分、组成可变系统的热力学问题时所需要的两个重要概念，即偏摩尔量和化学势，并且应用化学势对理想及真实溶液进行研究。

4.1 化学势

在一个多组分均相系统中，加入一定数量的某种纯物质时，系统某个广度性质的变化一般并不等于加入的该纯物质的这种性质的量。为了描述这个特点，引入偏摩尔量的概念。

4.1.1 偏摩尔量

1. 偏摩尔量的定义

设有一个均相的多组分系统，由组分 A、C 等组成。系统的任一广度性质 Z（如 V、U、H、S、A、G 等）除了与温度、压力有关外，还与系统中各组分的物质的量 n_A、n_C 等有关，即

$$Z = f(T, p, n_A, n_C, \cdots)$$

若系统的状态发生任意一个微小变化，即 T、p、n_A、n_C 等诸变量任意独立改变无限小量时，则 Z 也会有相应的微小变化，用全微分表示为

$$\mathrm{d}Z = \left(\frac{\partial Z}{\partial T}\right)_{p,n(B)} \mathrm{d}T + \left(\frac{\partial Z}{\partial p}\right)_{T,n(B)} \mathrm{d}p + \cdots + \left(\frac{\partial Z}{\partial n_B}\right)_{T,p,n(C',C'\neq B)} \mathrm{d}n_B + \cdots$$

定义

$$Z_B \stackrel{\mathrm{def}}{=\!=\!=} \left(\frac{\partial Z}{\partial n_B}\right)_{T,p,n(C',C'\neq B)} \tag{4-1}$$

式中：Z_B——偏摩尔量；

下标 T、p——温度和压力恒定；

下标 $n(C', C'\neq B)$——除组分 B 外，其余所有组分（以 C' 代表）的物质的量均保持恒定不变。

式(4-1)表明，偏摩尔量 Z_B 是在 T、p 以及除组分 B 外所有其他组分的物质的量都保持不变的条件下，任意广度性质 Z 随 n_B 的变化率。也可理解为在等温等压条件下，向足够大量的某一定组成的混合物中加入单位物质的量组分 B（这时混合物的组成可视为不变）时所引起系统广度性质 Z 的增量，就等于在该温度、压力下，该一定组成的混合物中单位物质的量组分 B 的 Z 值。因为这一物理量在数学上是偏导数的形式，故称为组分 B 的偏摩尔量。

显然偏摩尔量属于强度性质，对等温等压及组成一定的系统，各物质的偏摩尔量都具

有确定的值。具体举例如下。

偏摩尔体积：
$$V_B = \left(\frac{\partial V}{\partial n_B}\right)_{T,p,n(C',C'\neq B)}$$

偏摩尔热力学能：
$$U_B = \left(\frac{\partial U}{\partial n_B}\right)_{T,p,n(C',C'\neq B)}$$

偏摩尔焓：
$$H_B = \left(\frac{\partial H}{\partial n_B}\right)_{T,p,n(C',C'\neq B)}$$

偏摩尔熵：
$$S_B = \left(\frac{\partial S}{\partial n_B}\right)_{T,p,n(C',C'\neq B)}$$

偏摩尔亥姆霍兹函数：
$$A_B = \left(\frac{\partial A}{\partial n_B}\right)_{T,p,n(C',C'\neq B)}$$

偏摩尔吉布斯函数：
$$G_B = \left(\frac{\partial G}{\partial n_B}\right)_{T,p,n(C',C'\neq B)}$$

使用偏摩尔量时必须注意：只有系统的广度性质才有偏摩尔量,强度性质是不存在偏摩尔量的;只有在等温等压、保持除组分 B 以外的其他组分的量不变时,某广度性质对组分 B 的物质的量的偏微分才是偏摩尔量,其他条件(如等温等容或等熵等压等)下的变化率均不称为偏摩尔量。任何偏摩尔量都是温度、压力和组成的函数。纯物质的偏摩尔量就是其摩尔量。

于是,对于多组分均相系统有

$$dZ = \left(\frac{\partial Z}{\partial T}\right)_{p,n(B)} dT + \left(\frac{\partial Z}{\partial p}\right)_{T,n(B)} dp + Z_A dn_A + Z_C dn_C + \cdots$$

$$= \left(\frac{\partial Z}{\partial T}\right)_{p,n(B)} dT + \left(\frac{\partial Z}{\partial p}\right)_{T,n(B)} dp + \sum Z_B dn_B$$

在等温等压条件下,因 $dT = 0, dp = 0$,则

$$dZ = \sum Z_B dn_B \tag{4-2}$$

2. 偏摩尔量集合公式

等温等压下,偏摩尔量 Z_B 与混合物的组成有关,若按混合物原有组成的比例同时加入微量的组分 A、C 等以形成混合物,因过程中组成恒定,故偏摩尔量 Z_A、Z_C 等皆为定值,将式(4-2)积分：

$$Z = \int_0^Z dZ = \int_0^{n_A} Z_A dn_A + \int_0^{n_C} Z_C dn_C + \cdots = n_A Z_A + n_C Z_C + \cdots$$

即
$$Z = \sum n_B Z_B \tag{4-3}$$

式(4-3)说明：在一定温度、压力下,某一混合物的任一广度性质等于形成该混合物的各组分在该组成下的偏摩尔量与其物质的量的乘积之和。式(4-3)称为偏摩尔量集合公式。例如乙醇 - 水溶液的体积为

$$V = V(乙醇)n(乙醇) + V(水)n(水)$$

同理有 $G = \sum n_B G_B, S = \sum n_B S_B, A = \sum n_B A_B, U = \sum n_B U_B$ 等。

在多组分系统中,另一个重要的物理量就是化学势。引入化学势概念的目的在于从多组分系统的实际出发,找出系统中发生变化的各种物质本身的某种性质,作为过程方向

与限度的判据。

 ## 4.1.2 化学势

1. 化学势的定义

在所有的偏摩尔量中,以偏摩尔吉布斯函数 G_B 最为重要。它有个专门的名称,叫做化学势,用符号 μ_B 表示。即化学势的定义为

$$\mu_B \xequal{def} G_B = \left(\frac{\partial G}{\partial n_B}\right)_{T,p,n(C',C'\neq B)} \tag{4-4}$$

设有纯物质 B,其物质的量为 n_B,则

$$G^*(T,p,n_B) = n_B G^*_{m,B}(T,p) \tag{4-5}$$

式中:$G^*_{m,B}$——纯物质 B 的摩尔吉布斯函数。

将上式微分并移项后,有

$$\left(\frac{\partial G^*}{\partial n_B}\right)_{T,p} = G^*_{m,B}(T,p) = \mu^*_B \tag{4-6}$$

式(4-6)表明,纯物质的化学势等于该物质的摩尔吉布斯函数。

2. 多组分组成可变系统的热力学基本方程

对多组分组成可变系统,有

$$G = f(T,p,n_A,n_C,\cdots)$$

其全微分为 $\mathrm{d}G = \left(\frac{\partial G}{\partial T}\right)_{p,n(B)}\mathrm{d}T + \left(\frac{\partial G}{\partial p}\right)_{T,n(B)}\mathrm{d}p + \sum\left(\frac{\partial G}{\partial n_B}\right)_{T,p,n(C',C'\neq B)}\mathrm{d}n_B$

或 $\mathrm{d}G = \left(\frac{\partial G}{\partial T}\right)_{p,n(B)}\mathrm{d}T + \left(\frac{\partial G}{\partial p}\right)_{T,n(B)}\mathrm{d}p + \sum\mu_B\mathrm{d}n_B$

在组成不变的条件下有

$$\left(\frac{\partial G}{\partial T}\right)_{p,n(B)} = -S, \quad \left(\frac{\partial G}{\partial p}\right)_{T,n(B)} = V$$

于是得 $$\mathrm{d}G = -S\mathrm{d}T + V\mathrm{d}p + \sum\mu_B\mathrm{d}n_B \tag{4-7}$$

微分 $G = A + pV$,并将式(4-7)代入,可得

$$\mathrm{d}A = -S\mathrm{d}T - p\mathrm{d}V + \sum\mu_B\mathrm{d}n_B \tag{4-8}$$

微分 $G = H - TS$,并将式(4-7)代入,可得

$$\mathrm{d}H = T\mathrm{d}S + V\mathrm{d}p + \sum\mu_B\mathrm{d}n_B \tag{4-9}$$

微分 $H = U + pV$,并将式(4-9)代入,可得

$$\mathrm{d}U = T\mathrm{d}S - p\mathrm{d}V + \sum\mu_B\mathrm{d}n_B \tag{4-10}$$

式(4-7)至式(4-10)为多组分组成可变系统的热力学基本方程。它不仅适用于多组分组成可变的均相封闭系统,也适用于相应的敞开系统。

由式(4-8),在等温等容且定组成(除组分 B 外,其余所有组分的物质的量都保持不变,下同)的条件下,则有

$$\mu_B = \left(\frac{\partial A}{\partial n_B} \right)_{T,V,n(C',C'\neq B)} \tag{4-11}$$

由式(4-9),在等熵等压且定组成的条件下,则有

$$\mu_B = \left(\frac{\partial H}{\partial n_B} \right)_{S,p,n(C',C'\neq B)} \tag{4-12}$$

由式(4-10),在等熵等容且定组成的条件下,则有

$$\mu_B = \left(\frac{\partial U}{\partial n_B} \right)_{S,V,n(C',C'\neq B)} \tag{4-13}$$

式(4-11)至式(4-13)中的三个偏导数都叫化学势。但应注意,它们都不是偏摩尔量,只有式(4-4)中的偏导数既是化学势,又是偏摩尔量。虽然这四个偏导数中的任何一个都可以表达出处于一个状态的多组分系统中某物质的化学势,但因为化学反应一般在等温等压下进行,所以用偏摩尔吉布斯函数定义的化学势最为方便,应用也最为广泛。

对于多组分组成可变的多相系统,则式(4-7)至式(4-10)中,等式两边都对各相加和即可。以吉布斯函数为例,整个多相系统的吉布斯函数必然等于各相的吉布斯函数之总和,即

$$G = \sum G^\alpha$$

微分此式,得

$$dG = \sum dG^\alpha$$

结合式(4-7),则有

$$dG = -\sum S^\alpha dT^\alpha + \sum V^\alpha dp^\alpha + \sum \sum \mu_B^\alpha dn_B^\alpha \tag{4-14}$$

因为系统已处于热平衡和力平衡状态,所以整个多相系统的各相温度相等、压力相等。又因为熵和体积是广度性质,则所有各相的熵及体积的加和等于系统的总熵及总体积。因此,式(4-14)可化为

$$dG = -SdT + Vdp + \sum \sum \mu_B^\alpha dn_B^\alpha \tag{4-15}$$

3. 物质平衡判据

物质平衡包括相平衡及化学平衡。设系统是封闭的,但系统内部物质可以发生相间的转移,或有些物质可因发生化学反应而增减。对于已达热平衡、力平衡的系统,在等温等压条件下,由式(4-15)得

$$dG_{T,p} = \sum \sum \mu_B^\alpha dn_B^\alpha \tag{4-16}$$

根据吉布斯函数判据,可得

$$\sum \sum \mu_B^\alpha dn_B^\alpha \leqslant 0 \quad \left(\begin{array}{cc} < & 不可逆 \\ = & 可逆 \end{array} \right) \tag{4-17}$$

式(4-17)就是由热力学第二定律得到的物质平衡判据的一般形式,也称为化学势判据。式(4-17)表明,在等温等压且没有非体积功的条件下,当系统未达到物质平衡时,可自动发生 $\sum \sum \mu_B^\alpha dn_B^\alpha < 0$ 的过程,直至 $\sum \sum \mu_B^\alpha dn_B^\alpha = 0$ 时达到物质平衡。这样式(4-17)又可表述为

$$\sum \sum \mu_B^\alpha \mathrm{d}n_B^\alpha \leqslant 0 \qquad \begin{cases} < & \text{自发} \\ = & \text{平衡} \end{cases} \tag{4-18}$$

因此可以说,物质的化学势是决定物质传递方向和限度的强度因素,这就是化学势的物理意义。

1) 相平衡条件

考虑在混合物或溶液中发生如下相变过程(不考虑非体积功):

$$B(\gamma) \underset{T,p}{\rightleftharpoons} B(\beta)$$

若组分 B 有 $\mathrm{d}n_B$ 由 γ 相转移到 β 相(α 代表 γ、β),由式(4-18)有

$$\sum \sum \mu_B^\alpha \mathrm{d}n_B^\alpha \leqslant 0$$

因为

$$\mathrm{d}n_B^\alpha > 0$$

故有

$$\mu_B^\beta - \mu_B^\gamma \leqslant 0 \qquad \begin{cases} < & \text{自发} \\ = & \text{平衡} \end{cases} \tag{4-19}$$

式(4-19)即为相平衡判据。它表明,在等温等压且没有非体积功的条件下,若 $\mu_B^\gamma > \mu_B^\beta$,则组分 B 将自动由 γ 相转移到 β 相;若 $\mu_B^\gamma = \mu_B^\beta$,则组分 B 在 γ 相和 β 相中达成平衡。这就是相平衡条件。

对纯物质,因为 $\mu_B^\gamma = G_{m,B}^*(\gamma)$,$\mu_B^\beta = G_{m,B}^*(\beta)$,所以纯物质 B 达成两相平衡的条件是

$$G_{m,B}^*(\gamma) = G_{m,B}^*(\beta)$$

2) 化学平衡条件

下面以均相系统中的化学反应为例,讨论化学反应达到平衡的条件。

设在等温等压且没有非体积功的条件下,按方程 $0 = \sum \nu_B B$ 发生的反应进度为 $\mathrm{d}\xi$ 的反应,则有 $\mathrm{d}n_B = \nu_B \mathrm{d}\xi$,于是,由式(4-18),对均相系统有

$$\sum \mu_B \mathrm{d}n_B = \sum \nu_B \mu_B \mathrm{d}\xi \leqslant 0 \qquad \begin{cases} < & \text{自发} \\ = & \text{平衡} \end{cases} \tag{4-20}$$

式(4-20)即为化学反应平衡判据。它表明,在等温等压且没有非体积功的条件下,当 $\sum \nu_B \mu_B < 0$ 时有向 $\mathrm{d}\xi > 0$ 的方向自动发生反应的趋势,直至 $\sum \nu_B \mu_B = 0$ 时达到反应平衡。这就是化学反应的平衡条件。

4.2 气体的化学势

由于 G 的绝对值无法测得,因此 μ_B 的绝对值也是不可能由实验测得的。然而从前面的讨论可知,化学势主要用来在等温等压条件下判断相变或化学反应过程的方向和限度,因而只要能在上述条件下设法比较 μ_B 值的相对大小或求出其变化值即可。根据化学势的定义可知,化学势也是系统的状态函数,它与系统的温度、压力、组成有关。

4.2.1 纯理想气体的化学势

对纯的理想气体,其摩尔吉布斯函数 G_m^* 就是其化学势。在等温下,有

$$dG_m^* = V_m dp = \frac{RT}{p} dp$$

所以

$$\mu^* = G_m^* = RT\ln p + C$$

规定理想气体在标准压力 $p^\ominus = 100\ kPa$、温度 T 下的状态为标准态。此状态下物质的化学势称为标准化学势,以 $\mu^\ominus(g, T)$ 表示,因为压力已经给定,所以它仅是温度的函数,即 $\mu^\ominus(g, T) = f(T)$,所以上式的积分常数

$$C = \mu^\ominus(g, T) - RT\ln p^\ominus$$

故

$$\mu^*(g, T, p) = \mu^\ominus(g, T) + RT\ln \frac{p}{p^\ominus} \tag{4-21}$$

式(4-21)即为纯理想气体的化学势等温表达式。$\mu^*(g, T, p)$ 为纯理想气体的任意态化学势,这个任意态的温度与标准态相同,也为 T,而压力 p 是任意给定的,故 $\mu^*(g, T, p) = f(T, p)$,即纯理想气体的化学势是温度和压力的函数。式(4-21)常简写为

$$\mu^*(g) = \mu^\ominus(g, T) + RT\ln \frac{p}{p^\ominus} \tag{4-22}$$

4.2.2 理想气态混合物中任意组分的化学势

在几种理想气体形成混合物的过程中,每种气体的行为与该气体独占相同体积时的行为相同,故混合气体中某组分气体的化学势等温表达式与该组分气体在纯态时的化学势等温表达式相同,即

$$\mu_B(g, T, p, y_{C'}) = \mu_B^\ominus(g, T) + RT\ln \frac{p_B}{p^\ominus} \tag{4-23}$$

式中:$\mu_B^\ominus(g, T)$——理想气态混合物中任意组分的标准态化学势,这个标准态与 $\mu^\ominus(g, T)$ 相同;

$y_{C'}$——除组分 B 以外的所有其他组分的摩尔分数,显然 $y_B + y_{C'} = 1$。

式(4-23)常简写为

$$\mu_B(g) = \mu_B^\ominus(g, T) + RT\ln \frac{p_B}{p^\ominus} \tag{4-24}$$

式(4-24)中,$\mu_B(g) = f(T, p, y_{C'})$,$\mu_B^\ominus = f(T)$。

4.2.3 真实气体的化学势

真实气体的化学势与理想气体的化学势有类似的表达式,只是将气体的压力用逸度代替。例如,对纯真实气体,其化学势的表达式为

$$\mu^*(g, T, p) = \mu^\ominus(g, T) + RT\ln \frac{\gamma}{p^\ominus} \tag{4-25}$$

简写为
$$\mu^{*}(g)=\mu^{\ominus}(g,T)+RT\ln\frac{\gamma}{p^{\ominus}} \qquad (4\text{-}26)$$

式中:γ——逸度,也称为校正压力或有效压力,它与压力的关系相差一个校正因子,即
$$\gamma=\varphi p$$

校正因子 φ 也称为逸度因子。故
$$\mu^{*}(g,T,p)=\mu^{\ominus}(g,T)+RT\ln\frac{\varphi p}{p^{\ominus}} \qquad (4\text{-}27)$$

式(4-27)可简写为
$$\mu^{*}(g)=\mu^{\ominus}(g,T)+RT\ln\frac{\varphi p}{p^{\ominus}} \qquad (4\text{-}28)$$

逸度因子 φ 表示该气体与理想气体的偏差程度,其数值不仅与气体的特性有关,还与气体所处的温度和压力有关。

对于真实气态混合物,组分 B 的化学势的表达式为
$$\mu_{B}(g,T,p,y_{C'})=\mu_{B}^{\ominus}(g,T)+RT\ln\frac{\gamma_{B}}{p^{\ominus}} \qquad (4\text{-}29)$$

式(4-29)可简写为
$$\mu_{B}(g)=\mu_{B}^{\ominus}(g,T)+RT\ln\frac{\gamma_{B}}{p^{\ominus}} \qquad (4\text{-}30)$$

式中:γ_{B}——组分 B 的逸度。

4.3　溶液与混合物

当两种或两种以上的物质彼此以分子形态相互均匀混合时,就形成一个多组分均相系统。若系统中各组分都用相同的方法来研究,则称该均相系统为混合物。如果系统中各组分以不同的方法来研究,则称该均相系统为溶液。溶液又可分为气态溶液、液态溶液和固态溶液。通常所讲的溶液是指液态溶液(以下简称溶液)。按溶液中溶质的导电性,溶液又分为电解质溶液和非电解质溶液。本章只讨论非电解质溶液。

19 世纪,科学家在研究溶液的气液平衡问题时,发现了两个重要的定律:拉乌尔定律和亨利定律。它们都是经验的总结,在溶液热力学的发展中起着重要的作用。

 ### 4.3.1　拉乌尔定律

纯液体在一定的温度下具有一定的饱和蒸气压。大量实验证明,当在纯液体中加入不挥发性溶质后,溶液的蒸气压要低于相同条件下纯溶剂的蒸气压。根据该实验事实,拉乌尔归纳多次实验的结果,于 1887 年提出了拉乌尔定律:在等温等压下的稀薄溶液中,溶剂的蒸气压等于同温同压下纯溶剂的蒸气压乘以溶液中溶剂的摩尔分数。其数学表达式为
$$p_{A}=p_{A}^{*}x_{A} \qquad (x_{A}\rightarrow1) \qquad (4\text{-}31)$$

式中：p_A^*——纯溶剂 A 的饱和蒸气压，它取决于溶剂的本性以及温度和压力；

x_A——溶液中溶剂的摩尔分数。

如果溶液中只有 A、B 两种组分，则式(4-31)又可写成

$$p_A = p_A^*(1-x_B) \qquad (x_B \to 0)$$

即

$$\Delta p_A = p_A^* - p_A = p_A^* x_B \qquad (x_B \to 0) \tag{4-32}$$

式(4-32)是拉乌尔定律的另一种形式，说明在溶剂中加入溶质后，所引起的溶剂蒸气压的改变等于纯溶剂的蒸气压 p_A^* 乘以溶质的摩尔分数。

小资料

拉乌尔定律的适用范围

拉乌尔定律最初是从含有不挥发性非电解质的溶液中总结出来的，但后来进一步的实验证明，在含有挥发性非电解质的稀薄溶液中，溶剂也遵守拉乌尔定律。但由于在该情况下，溶液的蒸气压为溶剂与溶质的蒸气压之和，因此溶液的蒸气压不一定低于同温同压下纯溶剂的蒸气压。

4.3.2 亨利定律

1803 年，亨利研究了一定温度下气体在液体中的溶解度后总结出亨利定律：在等温等压下，气体在液体中的溶解度与溶液上面该气体的平衡压力成正比。后来进一步发现，此规律对挥发性溶质的稀薄溶液也适用。

亨利定律的数学表达式为

$$p_B = k_{x,B} x_B \qquad (x_B \to 0) \tag{4-33}$$

式中：p_B——挥发性溶质 B 在平衡气相中的分压；

x_B——溶液中溶质 B 的摩尔分数；

$k_{x,B}$——以摩尔分数表示溶液浓度时的亨利系数，它与 p_B 具有相同的量纲，其单位
　　　　　为 Pa。

$k_{x,B}$ 的值与溶质和溶剂的本性及温度和压力有关。如果该挥发性溶质 B 在溶液中的浓度以其他浓度单位表示，如质量摩尔浓度 b_B 或物质的量浓度 c_B，则亨利定律的相应形式为

$$p_B = k_{b,B} b_B \qquad (b_B \to 0) \tag{4-34}$$

$$p_B = k_{c,B} c_B \qquad (c_B \to 0) \tag{4-35}$$

应用亨利定律时，必须注意以下几点。

(1) 式(4-33)中的 p_B 为挥发性溶质 B 在液面上的平衡分压。

如果溶液中有多种溶质，当液面上方气体总压力不大时，亨利定律能分别适用于每一种溶质。

(2) 溶质在气相和在溶液中的分子状态必须是相同的。

例如：HCl(g)溶于 C_6H_6(l)中，在气相和液相中都呈 HCl 的分子状态，可以应用亨

利定律;如果 HCl(g)溶于水中,则液相中为 H$^+$ 和 Cl$^-$,与气相中 HCl 分子状态不同,此时亨利定律就不适用。

(3)温度越高,溶质的平衡压力越低,溶液越稀,亨利定律越准确。

亨利定律与拉乌尔定律的数学表达式在形式上相似,两者的区别在于蒸气压与溶液组成之间的比例系数不同。理论和实践均已证明,对于在等温等压下任何含有挥发性非电解质的稀薄溶液,若在某一浓度范围内溶质遵守亨利定律,则溶剂必然遵守拉乌尔定律。

小资料

亨利定律的应用

亨利定律是化学工业操作"吸收"的理论基础,吸收分离是利用混合气体中各种气体在溶剂中溶解度的差别,有选择性地把溶解度大的气体吸收下来,从混合气体中回收或除去。根据 CO$_2$ 在水中溶解的亨利系数可知,随着温度的降低 CO$_2$ 的溶解度增大。又根据亨利定律,在一定温度下增大气体的分压,气体的溶解度增大。工业上利用上述特点,在低温高压下可把气体吸收下来。

[**例 4-1**] 298.5 K 下水的饱和蒸气压为 133.3 Pa。若某甘油水溶液中甘油的质量分数 $w_B=0.100$,则该溶液上方的饱和蒸气压为多少?

解 甘油为不挥发性溶质,溶入水中后,将使水的蒸气压下降。因为溶液较稀,可应用拉乌尔定律计算溶液的蒸气压。

现以 1 000 g 溶液为计算基准,先计算溶液中甘油的摩尔分数 x_B,即

$$x_B=\frac{n_B}{n_A+n_B}=\frac{1\ 000\times\dfrac{0.100}{92.064}}{1\ 000\times\dfrac{0.900}{18.016}+1\ 000\times\dfrac{0.100}{92.064}}=0.020$$

则由拉乌尔定律得

$$p_A=p_A^*x_A=p_A^*(1-x_B)=133.3\times(1-0.020)\ Pa=131\ Pa$$

[**例 4-2**] 已知 273.15 K、101.325 kPa 下,氧气在水中的溶解度为 4.490×10^{-2} dm^3·kg^{-1}。试求 273.15 K 下,氧气在水中的亨利系数 $k_x(O_2)$ 和 $k_b(O_2)$。

解 由亨利定律 $p_B=k_{x,B}x_B$ 或 $p_B=k_{b,B}b_B$,因为在 273.15 K、101.325 kPa 下,氧气的摩尔体积为 22.4 dm^3·mol^{-1},所以

$$x_B=\frac{n_B}{n_A+n_B}=\frac{\dfrac{4.490\times10^{-2}}{22.4}}{\dfrac{1\ 000}{18.016}+\dfrac{4.490\times10^{-2}}{22.4}}=3.61\times10^{-5}$$

又

$$b_B=\frac{4.490\times10^{-2}}{22.4}\ mol\cdot kg^{-1}=2.00\times10^{-3}\ mol\cdot kg^{-1}$$

所以

$$k_x(O_2)=\frac{p_B}{x_B}=\frac{101\ 325}{3.61\times10^{-5}}\ Pa=2.81\times10^9\ Pa$$

$$k_b(O_2)=\frac{p_B}{b_B}=\frac{101\ 325}{2.00\times10^{-3}}\ Pa\cdot kg\cdot mol^{-1}=5.10\times10^7\ Pa\cdot kg\cdot mol^{-1}$$

4.4 理想液态混合物

4.4.1 理想液态混合物的定义与性质

在等温等压下,液态混合物中任意组分 B 在全部组成范围内都遵守拉乌尔定律,则该液态混合物称为理想液态混合物。

该定义可用下式表示:

$$p_B = p_B^* x_B \qquad (0 \leqslant x_B \leqslant 1) \tag{4-36}$$

等温等压下形成理想液态混合物时体现下列性质。

(1) $\Delta_{mix} H = 0$。

由几种纯液体混合成理想液态混合物的过程中焓变为零,其中下标"mix"表示混合。

(2) $\Delta_{mix} V = 0$。

由几种纯液体混合成理想液态混合物的过程中体积变化为零。

(3) $\Delta_{mix} S = -R \sum n_B \ln x_B$。

由几种纯液体混合成理想液态混合物的过程其熵增加。

(4) $\Delta_{mix} G = RT \sum n_B \ln x_B$。

由几种纯液体混合成理想液态混合物的过程其吉布斯函数减少,是自发过程。

以上四个特征也称为理想液态混合物的性质,都可以用热力学证明。

严格地讲,真正的理想液态混合物系统是不存在的,只在某些情况下,如异构体混合物、同位素混合物等可以看做理想液态混合物,此外许多同系物形成的液态混合物,如苯-甲苯、甲醇-乙醇等均可近似当做理想液态混合物。

4.4.2 理想液态混合物的气液平衡

以 A、B 均能挥发的二组分理想液态混合物的气液平衡为例,如图 4-1 所示,平衡时有 $p = p_A + p_B$。

1. 平衡气相的蒸气总压力与平衡液相组成的关系

因为两组分都遵守拉乌尔定律,所以

$$p_A = p_A^* x_A, \quad p_B = p_B^* x_B$$

则
$$p = p_A^* x_A + p_B^* x_B$$

又 $x_A = 1 - x_B$,故有

$$p = p_A^* + (p_B^* - p_A^*) x_B \tag{4-37}$$

式(4-37)即为二组分理想液态混合物平衡气相的蒸气总压力 p 与平衡液相组成 x_B 的关系式。它是一个直线方程。当 T 一定时,设 $p_A^* < p_B^*$,则该关系可用图 4-2 表示。

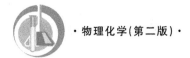

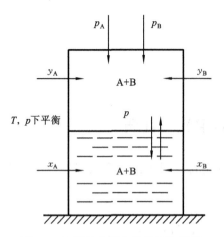

图 4-1　理想液态混合物的气液平衡

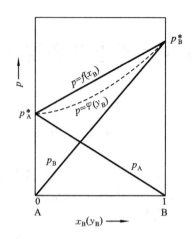

图 4-2　二组分理想液态混合物的
蒸气压-组成图

2. 平衡气相组成与平衡液相组成的关系

根据 $p_A = y_A p$，$p_B = y_B p$（分压定义）和 $p_A = p_A^* x_A$，$p_B = p_B^* x_B$（拉乌尔定律），有

$$y_A = \frac{p_A}{p} = \frac{p_A^* x_A}{p} \qquad (4-38)$$

$$y_B = \frac{p_B}{p} = \frac{p_B^* x_B}{p} \qquad (4-39)$$

因为 $p_A^* < p < p_B^*$，所以 $\qquad y_A < x_A, \quad y_B > x_B$

这就表明，当理想液态混合物处于液气两相平衡时，两相的组成并不相同。系统中易挥发组分在平衡气相中的组成总是大于它在液相中的组成，而难挥发组分则相反。

3. 平衡气相的蒸气总压力与平衡气相组成的关系

由 $p = p_A^* + (p_B^* - p_A^*) x_B$ 并结合 $p_B^* x_B = y_B p$，有

$$p = \frac{p_A^* p_B^*}{p_B^* - (p_B^* - p_A^*) y_B} \qquad (4-40)$$

由式(4-40)可知，p 与 y_B 的关系不是直线关系。表示在图 4-2 中，即 $p = \varphi(y_B)$ 所示的虚线。

[例 4-3]　358.15 K、101.325 kPa 下，甲苯(A)及苯(B)组成的液态混合物达到沸腾状态。该液态混合物可视为理想液态混合物。试计算该混合物的液相及气相组成。已知苯的正常沸点为 353.25 K，甲苯在 358.15 K 下的蒸气压为 46.0 kPa。

解　由式(4-37)可计算 358.15 K、101.325 kPa 下该理想液态混合物沸腾时的液相组成，即

$$p = p_A^* + (p_B^* - p_A^*) x_B$$

已知 358.15 K 下，$p_A^* = 46.0$ kPa，需求出 358.15 K 下的 p_B^*。

根据特鲁顿规则和克劳修斯-克拉贝龙方程，有

$$\ln \frac{p_B^* (358.15 \text{ K})}{p_B^* (353.25 \text{ K})} = -\frac{31.10 \times 10^3}{8.314} \times \left(\frac{1}{358.15} - \frac{1}{353.25} \right)$$

解得 $\qquad\qquad p_B^* (358.15 \text{ K}) = 117.1$ kPa

于是，在 358.15 K 下，有

$$x_B = \frac{p - p_A^*}{p_B^* - p_A^*} = \frac{101.3 - 46.0}{117.1 - 46.0} = 0.778$$

$$y_B = \frac{p_B}{p} = \frac{p_B^* x_B}{p} = \frac{117.1 \times 0.778}{101.3} = 0.899$$

$$y_A = 1 - y_B = 1 - 0.899 = 0.101$$

[例 4-4] 液体 A 和 B 可形成理想液态混合物。把组成为 $y_A = 0.40$ 的蒸气混合物放入一带有活塞的汽缸中进行等温压缩（温度为 T）。已知温度 T 下 p_A^* 和 p_B^* 分别为 40.530 kPa 和 121.590 kPa。

(1) 计算刚开始出现液相时的蒸气总压力；

(2) 求 A 和 B 的液态混合物在 101.325 kPa 下沸腾时液相的组成。

解 (1) 刚开始凝结的气相组成仍为 $y_A = 0.40, y_B = 0.60$，而 $p_B = p y_B$，故

$$p = \frac{p_B}{y_B} = \frac{p_B^* x_B}{y_B}$$

又由式(4-37)有

$$p = p_A^* + (p_B^* - p_A^*) x_B$$

联立两式，将 $y_B = 0.60, p_A^* = 40.530$ kPa，$p_B^* = 121.590$ kPa 代入，得

$$x_B = 0.333, \quad p = 67.5 \text{ kPa}$$

(2) 由式(4-37)，得

$$101.325 = 40.530 + (121.590 - 40.530) x_B$$

解得

$$x_B = 0.750$$

4.4.3 理想液态混合物任意组分的化学势

设有一理想液态混合物在等温等压下与其蒸气呈平衡状态。由于通常情况下蒸气相的压力不高，故可将其视为理想气态混合物。

系统处于相平衡时，任意组分 B 在各相的化学势应相等，即

$$\mu_B(l, T, p, x_{C'}) = \mu_B(g, T, p, y_{C'})$$

式中：$\mu_B(l, T, p, x_{C'})$——该理想液态混合物中任意组分 B 的化学势；

$x_{C'}$——除组分 B 以外的所有其他组分的摩尔分数，显然也有 $x_B + x_{C'} = 1$；

$\mu_B(g, T, p, y_{C'})$——该理想气态混合物中组分 B 的化学势。

而由式(4-23)得

$$\mu_B(l, T, p, x_{C'}) = \mu_B^\ominus(g, T) + RT\ln\frac{p_B}{p^\circ} \tag{4-41}$$

式(4-41)原则上适用于常温常压下任何气液平衡系统中的任意组分。

又因为理想液态混合物任意组分 B 都遵守拉乌尔定律，则 $p_B = p_B^* x_B$，代入式(4-41)得

$$\mu_B(l, T, p, x_{C'}) = \mu_B^\ominus(g, T) + RT\ln\frac{p_B^*}{p^\circ} + RT\ln x_B$$

式中：$\mu_B^\ominus(g, T) + RT\ln\frac{p_B^*}{p^\ominus}$——气相中 B 的分压力为纯液体 B 在温度 T、压力 p 下的饱和

蒸气压 p_B^* 时的化学势，也就是纯液体 B 在同温同压下的

化学势 $\mu_B^*(l, T, p)$。

故一定组成的理想液态混合物中 B 的化学势为

$$\mu_B(l, T, p, x_{C'}) = \mu_B^*(l, T, p) + RT\ln x_B \tag{4-42}$$

根据最新国际标准和我国国家标准

$$\mu_B^*(l, T, p) = \mu_B^{\ominus}(l, T) + \int_{p^{\ominus}}^{p} V_{m,B}^*(l, T, p)\mathrm{d}p$$

以此式代入式(4-42),得

$$\mu_B(l, T, p, x_{C'}) = \mu_B^{\ominus}(l, T) + RT\ln x_B + \int_{p^{\ominus}}^{p} V_{m,B}^*(l, T, p)\mathrm{d}p \tag{4-43}$$

式(4-43)即为理想液态混合物中任意组分 B 的化学势恒温表达式。通常情况下,p 与 $p^{\ominus}$ 相差不大,式中积分项可以忽略,于是式(4-43)可近似简化为

$$\mu_B(l, T, p, x_{C'}) = \mu_B^{\ominus}(l, T) + RT\ln x_B \tag{4-44}$$

式中:$\mu_B^{\ominus}(l, T)$——组分 B 的标准态化学势,这个标准态就是温度为 T、压力为 $p^{\ominus}$ 时纯液体 B 的状态。

该式常简写为

$$\mu_B(l) = \mu_B^{\ominus}(l, T) + RT\ln x_B \tag{4-45}$$

应该强调指出,对于理想液态混合物,其各组分不区分为溶剂和溶质,都选择相同的标准态。

4.5 理想稀薄溶液

4.5.1 理想稀薄溶液的定义

在等温等压下,溶剂和溶质分别遵守拉乌尔定律和亨利定律的稀薄溶液称为理想稀薄溶液。在这种溶液中,溶质分子间距离很远,溶剂和溶质分子周围几乎全是溶剂分子。

理想稀薄溶液的定义与理想液态混合物的定义不同,前者不分溶剂和溶质,任意组分都遵守拉乌尔定律;而理想稀薄溶液则区分为溶剂和溶质,溶剂遵守拉乌尔定律,溶质却不遵守拉乌尔定律而遵守亨利定律。

理想稀薄溶液的特征也不同于理想液态混合物。微观上,理想稀薄溶液各组分分子体积并不相等,溶剂与溶质分子间的相互作用力与溶剂分子间的相互作用力及溶质分子间的相互作用力大不相同;宏观上,当溶剂与溶质混合成理想稀薄溶液时会有体积变化并产生吸热或放热现象。

4.5.2 理想稀薄溶液任意组分的化学势

把理想稀薄溶液中的组分区分为溶剂和溶质,并采用不同的标准态加以研究,得到不同形式的化学势等温表达式,这种区分是出于处理问题的方便和实际的需要。

1. 溶剂 A 的化学势

理想稀薄溶液的溶剂遵守拉乌尔定律,所以溶剂的化学势与温度 T、压力 p 及组成 $x_{C'}$ 的关系导出方法与理想液态混合物任意组分 B 的化学势等温表达式的导出方法相似,结果与式(4-44)相似,即

$$\mu_A(l, T, p, x_{C'}) = \mu_A^{\ominus}(l, T) + RT\ln x_A \qquad (x_A \to 1) \tag{4-46}$$

式中:x_A—— 溶液中溶剂 A 的摩尔分数;

$\mu_A^{\ominus}(l, T)$—— 溶剂标准态化学势,此标准态为纯溶剂 A 在温度为 T、压力为 $p^{\ominus}$ 时的状态。

该式常简写为

$$\mu_A(l) = \mu_A^{\ominus}(l, T) + RT\ln x_A \qquad (x_A \to 1) \tag{4-47}$$

2. 溶质 B 的化学势

理想稀薄溶液的溶质遵守亨利定律,而亨利定律的数学表达式随着溶质的组成标度不同而有不同形式,因而溶质 B 的化学势等温表达式也有不同形式。

(1) 溶质的组成标度用 x_B 表示时溶质 B 的化学势。

对于理想稀薄溶液中的溶质 B 来说,溶质 B 遵守亨利定律,即 $p_B = k_{x,B} x_B$,所以

$$\mu_B(l, T, p, x_{C'}) = \mu_B^{\ominus}(g, T) + RT\ln\frac{k_{x,B} x_B}{p^{\ominus}}$$

$$= \mu_B^{\ominus}(g, T) + RT\ln\frac{k_{x,B}}{p^{\ominus}} + RT\ln x_B \qquad (x_B \to 0)$$

若仅从纯数学的观点来看,当 $x_B = 1$ 时可由上式得

$$\mu_{x,B}^*(l, T, p, x_B = 1) = \mu_B^{\ominus}(g, T) + RT\ln\frac{k_{x,B}}{p^{\ominus}} \qquad (x_B = 1)$$

然而,当 $x_B = 1$ 时纯溶质 B 已不遵守亨利定律。因此,$\mu_{x,B}^*(l, T, p, x_B = 1)$ 是温度为 T、压力为 p、组成 $x_B = 1$ 而又遵守亨利定律的溶液中溶质 B 的假想状态的化学势(参阅图 4-3),对一定的溶剂和溶质是 T、p 的函数,故组成为 $x_{C'}$ 的理想稀薄溶液中溶质 B 的化学势为

$$\mu_B(l, T, p, x_{C'}) = \mu_{x,B}^*(l, T, p, x_B = 1) + RT\ln x_B \qquad (x_B \to 0) \tag{4-48}$$

(2) 溶质的组成标度用 b_B 表示时溶质 B 的化学势。

同理可得,溶质的组成标度用 b_B 表示时溶质 B 的化学势为

$$\mu_B(l, T, p, b_{C'}) = \mu_{b,B}^{\triangle}(l, T, p, b_B = b^{\ominus}) + RT\ln\frac{b_B}{b^{\ominus}} \qquad (b_B \to 0) \tag{4-49}$$

式中:$b^{\ominus}$—— 溶质的标准质量摩尔浓度,$b^{\ominus} = 1\ \text{mol} \cdot \text{kg}^{-1}$;

$\mu_{b,B}^{\triangle}(l, T, p, b_B = b^{\ominus})$—— 在温度为 T、压力为 p、组成 $b_B = b^{\ominus}$ 而又遵守亨利定律的溶液中溶质 B 的假想状态的化学势,这个状态也是假想的,参阅图 4-4。

应当注意,对于理想稀薄溶液来说,溶质 B 的标准态的选择与溶剂 A 的标准态的选择是不同的,而且溶质 B 的标准态的选择还随溶液中溶质 B 的组成标度的选择而异。这是在热力学中处理多组分理想系统时,采用理想液态混合物及理想稀薄溶液的定义所带来的必然结果。这种处理方法也为处理多组分真实系统带来了方便。

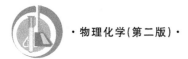

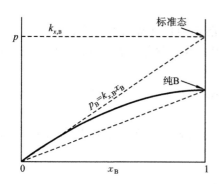

图 4-3　理想稀薄溶液中溶质 B 的
标准态(以 x_B 表示)

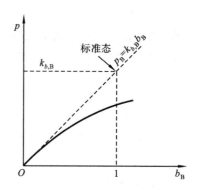

图 4-4　理想稀薄溶液中溶质 B 的
标准态(以 b_B 表示)

[例 4-5]　某乙醇的水溶液,乙醇的摩尔分数 x(乙醇)$= 0.030$。在 370.26 K 下该溶液的蒸气总压力为 101.30 kPa。已知在该温度下纯水的蒸气压为 91.30 kPa。若该溶液可视为理想稀薄溶液,试计算该温度下,在摩尔分数 x(乙醇)$= 0.020$ 的乙醇水溶液上面乙醇和水的蒸气压力及气相组成。

解　对于理想稀薄溶液,有 $p = p_A^* x_A + k_{x,B}^* x_B$。

先计算 370.26 K 下乙醇溶在水中的亨利系数,即

$$101.30 = 91.30 \times (1 - 0.030) + k_x(\text{乙醇}) \times 0.030$$

解得 k_x(乙醇)$= 424.60$ kPa,于是求得当 x(乙醇)$= 0.020$ 时

$$p(\text{乙醇}) = k_x(\text{乙醇})x(\text{乙醇}) = 424.60 \times 0.020 \text{ kPa} = 8.49 \text{ kPa}$$

$$p(\text{水}) = p^*(\text{水})x(\text{水}) = 91.30 \times (1 - 0.020) \text{ kPa} = 89.47 \text{ kPa}$$

气相组成:

$$y(\text{乙醇}) = \frac{p(\text{乙醇})}{p(\text{水}) + p(\text{乙醇})} = \frac{8.49}{89.47 + 8.49} = 0.087$$

$$y(\text{水}) = 1 - 0.087 = 0.913$$

[例 4-6]　在 333.15 K 下把水(A)和有机物(B)混合,形成两个液层。一层(α)为水中含质量分数 $w_B = 0.17$ 的有机物的稀薄溶液;另一层(β)为有机物(液体)中含质量分数 $w_A = 0.045$ 的水的稀薄溶液。若两液层均可视为理想稀薄溶液,求此混合系统的气相总压力及气相组成。已知在 333.15 K 下 $p_A^* = 19.97$ kPa,$p_B^* = 40.00$ kPa,有机物的相对分子质量 $M_r = 80$。

解　理想稀薄溶液中的溶剂和溶质分别遵守拉乌尔定律和亨利定律。水相以 α 表示,有机物相以 β 表示,则有

$$p = p_A^\alpha + p_B^\alpha = p_A^* x_A^\alpha + k_{x,B}^\alpha x_B^\alpha = p_B^\beta + p_A^\beta = p_B^* x_B^\beta + k_{x,B}^\beta x_A^\beta$$

平衡时,$p_A^\alpha = p_A^\beta$,$p_B^\alpha = p_B^\beta$,则

$$p = p_A^\alpha + p_B^\alpha = p_A^* x_A^\alpha + p_B^* x_B^\beta$$

而

$$x_A^\alpha = \frac{n_A^\alpha}{n_A^\alpha + n_B^\alpha} = \frac{\dfrac{83}{18.016}}{\dfrac{83}{18.016} + \dfrac{17}{80}} = 0.955\,9$$

$$x_B^\beta = \frac{n_B^\beta}{n_A^\beta + n_B^\beta} = \frac{\dfrac{95.5}{80}}{\dfrac{4.5}{18.016} + \dfrac{95.5}{80}} = 0.827\,0$$

于是　　　　　$p = (19.97 \times 0.955\,9 + 40.00 \times 0.827\,0) \text{ kPa} = 52.17 \text{ kPa}$

$$y_A = \frac{p_A}{p} = \frac{p_A^* x_A}{p} = \frac{19.97 \times 0.955\ 9}{52.17} = 0.365\ 9$$
$$y_B = 1 - y_A = 0.634\ 1$$

4.5.3 稀薄溶液的依数性

早在 18 世纪,人们就发现,在挥发性溶剂中加入非挥发性溶质,能使溶剂的蒸气压降低、凝固点降低、沸点升高,并具有渗透压。理想稀薄溶液的这四种性质都与溶质的本性无关,只取决于溶质的质点数目,故称之为理想稀薄溶液的依数性。

1. 溶剂蒸气压降低

根据理想稀薄溶液中的拉乌尔定律:

$$p = p_A = p_A^* x_A$$

和同温同压下纯溶剂的蒸气压 p_A^* 比较,蒸气压的降低值为

$$\Delta p = p_A^* - p_A = p_A^* - p_A^* x_A = p_A^*(1 - x_A) = p_A^* x_B \qquad (4-50)$$

式(4-50)表明,蒸气压的降低值 Δp 仅与溶剂的性质 p_A^* 和溶液中溶质的摩尔分数 x_B 有关,而与溶质的本性无关。

2. 凝固点降低

凝固点是指溶液中固态纯溶剂开始析出时的温度。在溶剂和溶质不形成固溶体的情况下,溶液的凝固点低于纯溶剂的凝固点。实验结果表明,凝固点降低的数值与理想稀薄溶液中所含溶质的数量成正比,即

$$\Delta T_f \stackrel{\text{def}}{=\!=\!=} T_f^* - T_f = k_f b_B \qquad (4-51)$$

式中:T_f^*、T_f—— 相同压力下纯溶剂和溶液的凝固点;

k_f—— 凝固点降低系数,它与溶剂性质有关而与溶质性质无关。

式(4-51)是实验所得结果,它也可用热力学方法推导出来(推导从略)。其中:

$$k_f = \frac{R(T_f^*)^2 M_A}{\Delta_{fus} H_{m,A}^*}$$

[例 4-7] 在 25.00 g 苯中溶入 0.245 g 苯甲酸,测得凝固点降低 $\Delta T_f = 0.204\ 8\ K$。试求苯甲酸在苯中的分子式。

解 由表 4-1 查得苯的 $k_f = 5.10\ K \cdot kg \cdot mol^{-1}$。由式(4-51)有

$$\Delta T_f = k_f b_B = \frac{k_f m_B}{M_B m_A}$$

$$M_B = \frac{k_f m_B}{\Delta T_f m_A} = \frac{5.10 \times 0.245 \times 10^{-3}}{0.204\ 8 \times 25.00 \times 10^{-3}}\ kg \cdot mol^{-1} = 0.244\ kg \cdot mol^{-1}$$

已知苯甲酸 C_6H_5COOH 的摩尔质量为 $0.122\ kg \cdot mol^{-1}$,故苯甲酸在苯中的分子式为$(C_6H_5COOH)_2$。

表 4-1 几种溶剂的 k_f 值

溶 剂	水	乙酸	苯	环己烷	萘	樟脑
T_f^* /K	273.15	289.75	278.68	279.65	353.4	446.15
$k_f/(K \cdot kg \cdot mol^{-1})$	1.86	3.90	5.10	20	6.9	40

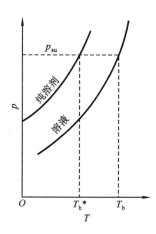

图 4-5　稀薄溶液沸点升高

3. 沸点升高

沸点是液体饱和蒸气压等于外压时的温度。若溶质不挥发,则溶液的蒸气压要小于纯溶剂的蒸气压。因此,溶液的蒸气压曲线位于纯溶剂的蒸气压曲线的下方,如图 4-5 所示。在纯溶剂的沸点 T_b^* 下,纯溶剂的蒸气压等于外压时,溶液的蒸气压则小于外压而不沸腾。要使溶液在同一外压下沸腾,必须将温度升高到 T_b,$T_b > T_b^*$。这种现象称为沸点升高。

实验结果表明,含有不挥发性溶质的理想稀薄溶液的沸点升高数值与溶液中所含溶质的数量成正比,即

$$\Delta T_b \stackrel{\text{def}}{=\!=\!=} T_b - T_b^* = k_b b_B \tag{4-52}$$

式(4-52)也可用热力学方法推出,并得到

$$k_b = \frac{R\,(T_b^*)^2 M_A}{\Delta_{vap} H_{m,A}^*}$$

式中:k_b——沸点升高系数,它与溶剂的性质有关,而与溶质性质无关。

几种溶剂的 k_b 值见表 4-2。

表 4-2　几种溶剂的 k_b 值

溶　　剂	水	甲醇	乙醇	丙酮	氯仿	苯	四氯化碳
T_b^*/K	373.15	337.66	351.48	329.3	334.35	353.1	349.87
$k_b/(\text{K·kg·mol}^{-1})$	0.52	0.83	1.19	1.73	3.85	2.60	5.02

4. 渗透压

半透膜是一种对物质的透过具有选择性的膜。常见的动物器官的膜(如膀胱膜、肠衣)以及植物的表皮等均是半透膜,人工制造的火棉胶膜等也具有半透膜的特性。如图 4-6 所示,在等温等压下,用只允许溶剂分子通过而不允许溶质分子通过的半透膜将纯溶剂与溶液隔开,经过一段时间后,发现溶液的液面将沿着容器上的细管上升,直到某一高度为止;

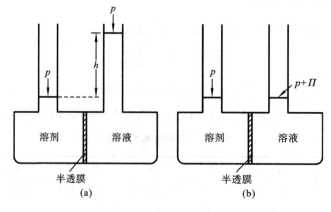

图 4-6　渗透平衡示意图

如果改变溶液浓度,则液柱上升高度也随之改变。这种溶剂通过半透膜渗透到溶液一边,使溶液侧的液面升高的现象称为渗透现象。要使两侧液面相平,则需在溶液一侧施加额外压力。假定在等温等压下,当溶液一侧所施外压为 Π 时,两液面可持久保持同一水平,即达到渗透平衡,这个 Π 值称为溶液的渗透压。实验结果表明,理想稀薄溶液的渗透压数值与溶液中所含溶质的数量成正比,即

$$\Pi = c_{\mathrm{B}}RT \tag{4-53}$$

式中:R—— 摩尔气体常数。

该式也可用热力学方法推导出来。

小资料

反 渗 透

在如图 4-6 所示的装置中,当施加在溶液与纯溶剂上的压力差大于溶液的渗透压时,则将使溶液中的溶剂通过半透膜渗透到纯溶剂中,这种现象称为反渗透。反渗透是 20 世纪 60 年代发展起来的一项新技术,最初用于海水的淡化,后来又用于工业废水的处理。在人体中,肾就具有反渗透的作用,血液中的部分糖分远高于尿中的糖分,肾的反渗透功能可以阻止血液中的糖分进入尿液。如果肾功能有缺陷,血液中的糖分将进入尿液而形成糖尿病。

[例 4-8] 某溶质的水溶液 $b_{\mathrm{B}} = 0.001\ \mathrm{mol \cdot kg^{-1}}$,求此溶液的蒸气压下降 Δp、凝固点降低 ΔT_{f}、沸点升高 ΔT_{b} 及渗透压 Π 的值。已知 298.15 K 下水的饱和蒸气压为 3 168 Pa。

解

$$x_{\mathrm{B}} \approx \frac{n_{\mathrm{B}}}{n_{\mathrm{A}}} = \frac{n_{\mathrm{B}}}{\dfrac{m_{\mathrm{A}}}{M_{\mathrm{A}}}} = \frac{0.001}{\dfrac{1}{18.016 \times 10^{-3}}} = 1.8 \times 10^{-5}$$

$$c_{\mathrm{B}} \approx 0.001\ \mathrm{mol \cdot dm^{-3}} = 1\ \mathrm{mol \cdot m^{-3}}$$

$$\Delta p = p_{\mathrm{A}}^{*} x_{\mathrm{B}} = 3\ 168 \times 1.8 \times 10^{-5}\ \mathrm{Pa} = 0.057\ \mathrm{Pa}$$

$$\Delta T_{\mathrm{f}} = k_{\mathrm{f}} b_{\mathrm{B}} = 1.86 \times 0.001\ \mathrm{K} = 1.86 \times 10^{-3}\ \mathrm{K}$$

$$\Delta T_{\mathrm{b}} = k_{\mathrm{b}} b_{\mathrm{B}} = 0.52 \times 0.001\ \mathrm{K} = 5.2 \times 10^{-4}\ \mathrm{K}$$

$$\Pi = c_{\mathrm{B}}RT = 1 \times 8.314 \times 298.15\ \mathrm{Pa} = 2\ 479\ \mathrm{Pa}$$

计算结果表明,理想稀薄溶液的几个依数性中渗透压是最显著的。

4.6 真实溶液和液态混合物

前面在拉乌尔定律和亨利定律的基础上,得到了理想液态混合物和理想稀薄溶液中各组分化学势等温表达式。然而,这些表达式对于真实液态混合物和真实溶液来说是不适用的。为了得到适用于真实溶液和真实液态混合物中各组分化学势的等温表达式的简单形式,路易斯引入了活度的概念。

4.6.1 真实液态混合物

1. 真实液体系统对理想液体系统的偏差

真实液态混合物的任意组分均不遵守拉乌尔定律;真实溶液的溶剂不遵守拉乌尔定律,溶质也不遵守亨利定律。它们都对理想液态混合物及理想稀薄溶液所遵守的规律产生偏差。若组分的蒸气压大于按拉乌尔定律的计算值,则称为正偏差;反之,则称为负偏差。通常真实系统中各种组分均为正偏差,或均为负偏差。但在某些情况下也可能出现若干组分在某一组成范围内为正偏差,而在另一范围内为负偏差。

根据蒸气总压力对理想系统的偏差情况,二组分真实液态混合物与真实溶液可以分成四种类型。

(1)具有一般正偏差的系统。

真实液态系统的蒸气总压力对理想系统呈正偏差,但在全部组成范围内,蒸气总压力均介于两个纯组分的饱和蒸气压之间。例如苯-丙酮系统,如图4-7所示。图中下面两条虚线为按拉乌尔定律计算的两个组分的蒸气分压力值,最上面一条虚线为按拉乌尔定律计算的蒸气总压力值;图中三条实线各为相应的实验值(后面三图中各线的意义与本图相同)。

(2)具有一般负偏差的系统。

真实液态系统的蒸气总压力对理想系统呈负偏差,但在全部组成范围内,蒸气总压力均介于两个纯组分的饱和蒸气压之间。例如氯仿-乙醚系统,如图4-8所示。

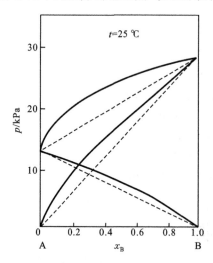

图4-7　苯(A)-丙酮(B)系统的蒸气压与
　　　液相组成的关系(一般正偏差)

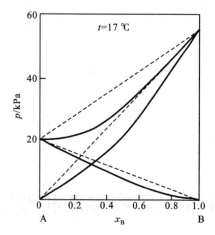

图4-8　氯仿(A)-乙醚(B)系统的蒸气压与
　　　液相组成的关系(一般负偏差)

(3)具有极大正偏差的系统。

真实液态系统的蒸气总压力对理想系统呈正偏差,但在某一组成范围内,蒸气总压力会大于两个纯组分的饱和蒸气压,因而出现极大正偏差。例如甲醇-氯仿系统,如图4-9所示。

(4)具有极大负偏差的系统。

真实液态系统的蒸气总压力对理想系统呈负偏差,但在某一组成范围内,蒸气总压力会小于两个纯组分的饱和蒸气压,因而出现极大负偏差。例如氯仿 - 丙酮系统,如图 4-10 所示。

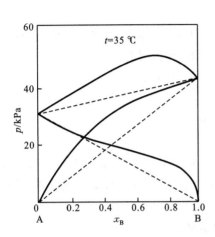

图 4-9　甲醇(A)- 氯仿(B) 系统的蒸气压与液相组成的关系(极大正偏差)

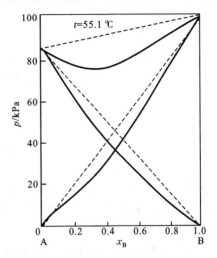

图 4-10　氯仿(A)- 丙酮(B) 系统的蒸气压与液相组成的关系(极大负偏差)

2. 真实液态混合物中各组分的化学势

对于真实液态混合物,由于组分分子之间发生这样或那样的化学效应,其任意组分 B 的化学势不能用式(4-44) 表示,但为了保持式(4-44) 的简单形式,路易斯引入了活度的概念。在理想液态混合物中无溶剂和溶质之分,任一组分 B 的化学势可表示为

$$\mu_B(l, T, p, x_{C'}) = \mu_B^{\ominus}(l, T) + RT\ln\frac{p_B}{p_B^*} \tag{4-54}$$

根据拉乌尔定律,其中 $\dfrac{p_B}{p_B^*} = x_B$,对于真实液态混合物,拉乌尔定律应修正为

$$\frac{p_B}{p_B^*} = \gamma_B x_B \tag{4-55}$$

因此式(4-54) 应修正为

$$\mu_B(l, T, p, x_{C'}) = \mu_B^{\ominus}(l, T) + RT\ln(\gamma_B x_B) \tag{4-56}$$

令

$$a_B \xlongequal{\text{def}} \gamma_B x_B, \quad \lim_{x_B \to 1}\gamma_B = \lim_{x_B \to 1}\frac{a_B}{x_B} = 1 \tag{4-57}$$

式中:a_B——组分 B 用摩尔分数表示的活度;

　　　γ_B——组分 B 用摩尔分数表示的活度因子,也称为活度系数,它表示在真实液态混合物中组分 B 的摩尔分数与理想液态混合物中的偏差。

当 $x_B = 1$,$\gamma_B = 1$ 时,则 $a_B = 1$,即 $\mu_B^{\ominus}(l, T) = \mu_B(l, T, p, x_{C'})$ 为标准化学势,这个标准态与式(4-44) 的标准态相同,仍是纯液体 B 在 T、$p^{\ominus}$ 下的状态。

式(4-56) 就是真实液态混合物中任意组分 B 的化学势等温表达式,通常简写为

$$\mu_B(l) = \mu_B^{\ominus}(l, T) + RT\ln(\gamma_B x_B) \tag{4-58}$$

或

$$\mu_B(l) = \mu_B^{\ominus}(l, T) + RT\ln a_B \tag{4-59}$$

4.6.2 真实溶液

1. 真实溶液中溶剂的化学势

真实溶液中溶剂 A 的活度与真实液态混合物中任意组分活度的定义相似,设真实溶液中溶剂的活度为 a_A,当压力 p 与标准压力 $p^\ominus$ 差别不大时,则有

$$\mu_A(1, T, p, b_{C'}) = \mu_A^{\ominus}(1, T) + RT\ln a_A \tag{4-60}$$

式(4-60)常简写为

$$\mu_A(1) = \mu_A^{\ominus}(1, T) + RT\ln a_A \tag{4-61}$$

2. 真实溶液中溶质的化学势

与理想稀薄溶液中的化学势相似,真实溶液中溶质的化学势等温表达式的形式与组成标度的选择有关。选取不同的组成标度,溶质的标准态不同,因而标准态化学势不同,溶质的活度及活度因子也不相同。

(1)溶质的组成标度用 x_B 表示时溶质 B 的化学势。

当压力 p 与标准压力 $p^\ominus$ 差别不大时,参考式(4-48),得溶质 B 的化学势等温表达式

$$\mu_B(1, T, p, x_{C'}) = \mu_{x,B}^{\ominus}(1, T, x_B = 1) + RT\ln(\gamma_{x,B} x_B) \tag{4-62}$$

或

$$\mu_B(1, T, p, x_{C'}) = \mu_{x,B}^{\ominus}(1, T, x_B = 1) + RT\ln a_{x,B} \tag{4-63}$$

令

$$a_{x,B} \xrightarrow{\text{def}} \gamma_{x,B} x_B, \quad \lim_{x_B \to 0} \gamma_{x,B} = \lim_{x_B \to 0} \frac{a_{x,B}}{x_B} = 1 \tag{4-64}$$

式中:$a_{x,B}$——真实溶液中溶质 B 的组成标度用溶质 B 的摩尔分数表示时的活度;

$\gamma_{x,B}$——真实溶液中溶质 B 的组成标度用溶质 B 的摩尔分数表示时的活度因子。

式(4-62)和式(4-63)简写为

$$\mu_B(1) = \mu_{x,B}^{\ominus}(1, T) + RT\ln(\gamma_{x,B} x_B) \tag{4-65}$$

和

$$\mu_B(1) = \mu_{x,B}^{\ominus}(1, T) + RT\ln a_{x,B} \tag{4-66}$$

(2)溶质的组成标度用 b_B 表示时溶质 B 的化学势。

同理,溶质 B 的化学势等温表达式为

$$\mu_B(1, T, p, b_{C'}) = \mu_{b,B}^{\ominus}(1, T, b_B = b^\ominus) + RT\ln\left(\gamma_{b,B} \frac{b_B}{b^\ominus}\right) \tag{4-67}$$

或

$$\mu_B(1, T, p, b_{C'}) = \mu_{b,B}^{\ominus}(1, T, b_B = b^\ominus) + RT\ln a_{b,B} \tag{4-68}$$

令

$$a_{b,B} \xrightarrow{\text{def}} \gamma_{b,B} \frac{b_B}{b^\ominus}, \quad \lim_{\Sigma b_B \to 0} \gamma_{b,B} = \lim_{\Sigma b_B \to 0} \frac{a_{b,B} b^\ominus}{b_B} = 1 \tag{4-69}$$

式中:$a_{b,B}$——真实溶液中溶质 B 的组成标度用溶质 B 的质量浓度 b_B 表示时的活度;

$\gamma_{b,B}$——真实溶液中溶质 B 的组成标度用溶质 B 的质量浓度 b_B 表示时的活度因子。

式(4-67)和式(4-68)简写为

$$\mu_B(1) = \mu_{b,B}^{\ominus}(1, T) + RT\ln\left(\gamma_{b,B} \frac{b_B}{b^\ominus}\right) \tag{4-70}$$

$$\mu_B(1) = \mu_{b,B}^{\ominus}(1, T) + RT\ln a_{b,B} \tag{4-71}$$

思 考 题

1. 多组分系统可区分为混合物及溶液,区分的目的是什么?

2. "偏摩尔量与化学势的定义是一个公式的两种不同说法",这种理解是否正确? 为什么?

3. 比较公式 $dG = -SdT + Vdp$ 与 $dG = -SdT + Vdp + \sum \mu_B dn_B$ 的应用对象和条件。

4. 化学势在解决相平衡及化学平衡时有什么用处? 如何解决?

5. 理想液态混合物和理想气体的微观模型有何不同?

6. 溶液要"稀"到什么程度才算理想稀薄溶液?

7. 比较拉乌尔定律与亨利定律的应用对象和条件。

8. 在相同温度和压力下,相同质量摩尔浓度的葡萄糖和食盐水溶液的渗透压是否相同?

9. 在理想稀薄溶液中,溶质 B 的组成可分别用 x_B、b_B 和 c_B 表示,相应有不同的标准态,因而其化学势等温表达式也有不同的形式。试问:溶质 B 的各个不同标准态的化学势是否相同? 各个不同表达式中溶质 B 的化学势是否相同?

10. 理想稀薄溶液的凝固点一定下降,沸点一定上升吗? 为什么?

习 题

1. 有一水和乙醇形成的均相混合物,水的摩尔分数为 0.4,乙醇的偏摩尔体积为 57.5 $cm^3 \cdot mol^{-1}$,混合物的密度为 0.849 4 $g \cdot cm^{-3}$。试计算此混合物中水的偏摩尔体积。 (16.18 $cm^3 \cdot mol^{-1}$)

2. 298.15 K 下,将 1 mol 纯苯加入大量的苯摩尔分数为 0.200 的苯和甲苯的溶液中,求此过程的 ΔG。 (-3.99×10^3 J)

3. 293.15 K 下,从组成为 $n(NH_3) : n(H_2O) = 1 : 8.5$ 的大量溶液中取出 1 mol NH_3 转移到另一组成为 $n(NH_3) : n(H_2O) = 1 : 21$ 的大量溶液中,求此过程的 ΔG。 (-2.05×10^{-3} J)

4. 在 293.15 K 及标准压力下,将 1 mol $NH_3(g)$ 溶于组成为 $n(NH_3) : n(H_2O) = 1 : 21$ 的大量溶液中,已知该溶液中氨的蒸气压为 3.60 kPa,求此过程的 ΔG。 (-8.13×10^3 J)

5. 333.15 K 下,甲醇的饱和蒸气压是 83.40 kPa,乙醇的饱和蒸气压是 47.00 kPa。两者可形成理想液态混合物。若混合物中两者的质量分数各为 50%,求 333.15 K 下平衡蒸气的组成,以摩尔分数表示。 (0.718,0.282)

6. 293.15 K 下,纯苯和纯甲苯的蒸气压分别为 9.92 kPa 和 2.93 kPa。未知组成的苯和甲苯蒸气混合物与等质量的苯和甲苯的液态混合物呈平衡状态(假定苯与甲苯可形

成理想液态混合物),试求平衡气相中:(1)苯的分压力;(2)甲苯的分压力;(3)总蒸气压;(4)苯和甲苯在气相中的摩尔分数。

((1) 5.36 kPa;(2) 1.35 kPa;(3) 6.71 kPa;(4) 0.80,0.20)

7. 两种挥发性液体 A 和 B 混合,形成理想液态混合物。某温度下溶液上面的蒸气总压力为 54.10 kPa,气相中 A 的摩尔分数为 0.45,液相中为 0.65。求此温度下纯 A 和纯 B 的蒸气压。 (37.50 kPa,85.00 kPa)

8. HCl(g)溶于氯苯中的亨利系数 $k_{b,B}=4.44\times10^4$ Pa·kg·mol^{-1}。试计算当溶液中 HCl(g)的质量分数 $w_B=1.00\%$ 时,溶液上面 HCl 的分压力。 (12.30 kPa)

9. 293.15 K 下,当 HCl 的分压力为 101.30 kPa 时,它在苯中的平衡组成 x(HCl)为 0.042 5。若 293.15 K 下纯苯的蒸气压为 10.00 kPa,问:苯和 HCl 的总压力为 101.30 kPa 时,100 g 苯中至多可溶解 HCl 多少克? (1.87 g)

10. 有 $x_B=0.001$ 的 A-B 二组分理想液态混合物,在 101.30 kPa 下加热到 353.15 K 开始沸腾。已知纯 A 液体相同压力下的沸点为 363.15 K,假定 A 液体适用特鲁顿规则,计算当 $x_B=0.002$ 时在 353.15 K 的蒸气压和平衡气相组成。

(128.00 kPa,0.413,0.587)

11. C_6H_5Cl 和 C_6H_5Br 混合后形成理想液态混合物。在 409.85 K 下,纯 C_6H_5Cl 和 C_6H_5Br 的蒸气压分别为 115.00 kPa 和 64.40 kPa。(1)要使混合物在 101.30 kPa 下沸点为 409.85 K,则混合物应为怎样的组成?(2)在 409.85 K 下,要使平衡蒸气中两物质的蒸气压相等,混合物的组成又如何? ((1) 0.749;(2) 0.344)

12. 在 373.15 K 下,纯 CCl_4 和 $SnCl_4$ 的蒸气压分别为 193.30 kPa 和 66.60 kPa。这两种液体可组成理想液态混合物。假定以某种配比混合成的这种混合物,在外压为 101.30 kPa 的条件下,加热到 373.15 K 时开始沸腾。计算:(1)该混合物的组成;(2)该混合物开始沸腾时的第一个气泡的组成。 ((1) 0.726;(2) 0.478)

13. C_6H_6 和 $C_2H_4Cl_2$ 的混合液可视为理想液态混合物。323.15 K 下,$p_A^*=3.57\times10^4$ Pa,$p_B^*=3.15\times10^4$ Pa。试分别计算 323.15 K 下 x_A 分别为 0.25、0.50、0.75 时的混合物的蒸气压及平衡时的气相组成。

(32.50 kPa,0.274;36.60 kPa,0.532;34.70 kPa,0.773)

14. 樟脑的熔点是 445.15 K,$k_f=40$ K·kg·mol^{-1}(这个系数很大,因此用樟脑作溶剂测溶质的摩尔质量,通常只需几毫克的溶质即可)。今有 7.90 mg 酚酞和 129.00 mg 樟脑的混合物,测得该溶液的凝固点比樟脑低 8 K。求酚酞的相对分子质量。 (306)

15. 苯在 101.325 kPa 下的沸点是 353.35 K,沸点升高系数是 2.62 K·kg·mol^{-1},求苯的摩尔蒸发焓。 (30.9 kJ·mol^{-1})

16. 人的血浆的凝固点为 272.59 K。求在 310.15 K 下血浆的渗透压及静脉注射所用生理盐水的组成标度(质量分数)。 (0.008 7)

17. 在 398.15 K 下,10 g 某溶质溶于 1 dm^3 溶剂中,测得该溶液的渗透压 $\Pi=0.400\ 0$ kPa,试确定该溶质的相对分子质量。 (6.20×10^4)

目 标 检 测 题

一、选择题

1. 下列偏导数中(　　)表示了偏摩尔量。

(A) $(\partial S/\partial n_i)_{T,V,n_j}$;　　　　　　　　　(B) $(\partial G/\partial n_i)_{T,V,n_j}$;

(C) $(\partial U/\partial n_i)_{T,p,n_j}$;　　　　　　　　　(D) $(\partial A/\partial n_i)_{T,V,n_j}$

2. (　　)是化学势。

(A) $(\partial U/\partial n_i)_{T,p,n_j}$;　　　　　　　　　(B) $(\partial H/\partial n_i)_{T,p,n_j}$;

(C) $(\partial A/\partial n_i)_{T,p,n_j}$;　　　　　　　　　(D) $(\partial G/\partial n_i)_{T,p,n_j}$

3. 理想混合物的定义是(　　)。

(A) 在某一浓度范围内符合拉乌尔定律的溶液;

(B) 在某一浓度范围内符合亨利定律的溶液;

(C) 某一组分在全浓度范围内都符合拉乌尔定律的溶液;

(D) 任一组分在全浓度范围内都符合拉乌尔定律的溶液

4. 溶剂服从拉乌尔定律及溶质服从亨利定律的二元溶液是(　　)。

(A) 理想混合物;　　(B) 实际溶液;　　(C) 理想稀薄溶液;　　(D) 胶体溶液

5. 二元理想液态混合物液面上的平均蒸气总压力为 p,当物质 B 较物质 A 易挥发时,则(　　)。

(A) $p=p_A+p_B$;　　　　　　　　　(B) $p>p_A,p>p_B$;

(C) $p<p_A,p<p_B$;　　　　　　　　　(D) $p_A<p<p_B$

6. A、B 两种组分构成的理想气态混合物,A 和 B 的摩尔分数相等,即 $x_A=x_B$,则两组分:(1)分压相等,$p_A=p_B$;(2)分压不相等,$p_A\neq p_B$;(3)化学势相等,$\mu_A=\mu_B$,因为标准态相同;(4)化学势不等,$\mu_A\neq\mu_B$。正确的是(　　)。

(A) (1)、(3);　　(B) (2)、(4);　　(C) (1)、(4);　　(D) (2)、(3)

7. 等温等压下,两种不同的理想气态混合物有相同的组分 B,其中组分 B 的摩尔分数相等,则组分 B 在两种混合物中:

(1) 分压相等;　　　　　　　　　(2) 分压不相等;

(3) 化学势相等;　　　　　　　　(4) 化学势不相等

正确的是(　　)。

(A) (1)、(3);　　(B) (2)、(3);　　(C) (3)、(4);　　(D) (1)、(4)

8. 在恒温抽空的玻璃罩中,封入两杯液面相同的糖水(A)和纯(B),经历若干时间后,两杯液面的高度将(　　)。

(A) A 杯高于 B 杯;　　　　　　　　(B) A 杯等于 B 杯;

(C) A 杯低于 B 杯;　　　　　　　　(D) 视温度而定

二、判断题

1. 对于纯组分,化学势等于其吉布斯函数。　　　　　　　　　　　　　(　　)

2. 在同一稀薄溶液中组分 B 的浓度可用 x_B、b_B、c_B 表示,因而标准态的选择是不相同

的,所以相应的化学势也不同。 （ ）

3. 溶液的凝固点一定低于相同压力下纯溶剂的凝固点。 （ ）

4. 当温度一定时,纯溶剂的饱和蒸气压越大,溶剂的液相组成也越大。 （ ）

5. 在一定的温度和同一溶剂中,某气体的亨利系数越大,则此气体在该溶剂中的溶解度也越大。 （ ）

三、填空题

1. 二元溶液,x_A增大,如果 p_A增加,那么 $(p_B/x_A)_T$ _____ 0。

2. 在室温、$p^{\ominus}$下,O_2比 N_2在水中有较大的溶解度,两者在水中的亨利系数分别为 $k(O_2)$和 $k(N_2)$,则 $k(O_2)$ _____ $k(N_2)$。

3. 二元溶液,p_B对拉乌尔定律发生负偏差,B 的亨利系数 $k_{x,B}$ _____ p_B^*。(p_B^* 为同温下纯 B 的蒸气压)

4. 已知 A、B 两组分可构成理想液态混合物,且该混合物在 $p^{\ominus}$ 下沸点为 373.15 K。若 A、B 两组分在 373.15 K 下的饱和蒸气压分别为 106 658 Pa 和 79 993 Pa,则该理想液态混合物的组成 $x_A=$ _____ , 平衡气相的组成 $y_B=$ _____ 。

5. 溶质为挥发性的理想溶液,温度 T 下,平衡气相和液相中溶剂 A 的组成为 $y_A=0.89$、$x_A=0.85$,纯 A 的蒸气压为 50 kPa,则溶质 B 的亨利系数为 _____ 。

四、计算题

1. 今有水和乙醇形成的均相混合物,水的摩尔分数为 0.4,乙醇的偏摩尔体积为 57.5 cm³·mol⁻¹,混合物的密度为 0.849 4 g·cm⁻³。试计算混合物中水的偏摩尔体积。

2. 20 ℃下乙醚(A)的蒸气压为 5.90×10^4 Pa。今在 100 g 乙醚中溶入某挥发性有机物(B) 10.0 g,乙醚的蒸气压降低为 5.68×10^4 Pa,试求该有机物的相对分子质量。

3. 60 ℃下乙醇(A)和甲醇(B)的蒸气压分别为 4.70×10^4 Pa 和 8.33×10^4 Pa。今有质量分数均为 50% 的乙醇和甲醇的混合物(看成理想溶液),求该温度下液面上方蒸气的组成。

第 5 章

相律与相图

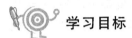

学习目标

掌握自由度、相数和组分数的概念以及相律的数学表达式与简单应用。会分析单组分系统相图、二组分液态混合物气液平衡相图的基本特征,理解水的三相点与凝固点的区别。理解二组分液相部分互溶系统的相图、精馏原理和分配定律。了解相图的绘制方法,会分析二组分液相部分互溶系统的相图以及三组分相图等。

在化工生产过程中,常需对原料或产品进行分离和提纯,最常用的分离和提纯方法是蒸发、冷凝、升华、溶解、结晶、精馏、萃取等单元操作,相平衡原理是这些单元操作的理论基础,而本章则是应用热力学原理采用图解(即相图)的方法来表达相平衡规律,揭示多相平衡系统中外界条件(温度、压力、组成等)对相变的影响,并举例说明几种典型相图的实际应用。研究多相系统的相平衡态随组成、温度、压力等变量的改变而发生的变化,并用图形来表示系统相平衡态的变化,这种图形称为相图。通过相图可直观地了解一定条件下,系统中有几相共存、各相的组成与含量以及条件变化时系统中相态的变化方向与限度。本章首先介绍相律,然后介绍单组分、二组分和三组分系统的最基本的几种相图,具体分析系统的相平衡与温度、压力、组成等因素的关系,其中着重介绍二组分气-液相图和液-固相图,介绍相图的绘制方法和各种相图的意义以及它们和分离提纯方法之间的关系。

5.1 相律及相关概念

相律是 1876 年吉布斯根据热力学原理导出的相平衡基本定律。它是物理化学中最具有普遍性的规律之一。利用它可以确定多相平衡系统中能独立改变的强度变量的个

数。在学习相律之前,必须先熟知以下几个基本概念。

5.1.1 相与相数

系统内部物理性质和化学性质完全均匀的部分称为相或一相。此处的"均匀",是指系统中的物质在分子水平上的均匀混合状态。一般条件下,相与相之间存在着明显的界面,超过界面,其性质将发生突变。系统内相的数目称为相数,用符号 P 表示。对于气体系统,因为任何气体都能以任意比例混合,其物理性质和化学性质都是均匀的,所以系统内不论有多少种气体都只有一相。对于液体的混合物,根据它们之间互溶程度的不同,可分为一相、两相或三相。例如,水和乙醇能以任意比例混合,为一相;而水与苯不互溶,为两相;乙烯腈、水与乙醚不互溶,为三相。对于固态混合物,如果固体之间不形成固溶体,有几种固体便有几相,例如白面粉与石灰粉混合,表面看来色泽和细度都很均匀,无法用肉眼区分,但用 X 射线分析可得出两种不同的衍射图样,故是两相;如果固体之间能形成固溶体,例如金属合金系统,在固态溶液中粒子的分散程度和在液态中是相似的,故为一相。没有气相的系统或不予考虑气相的系统称为凝聚系统。

5.1.2 物种数与组分数

系统中所包含的化学物质的种类数称为物种数,用符号 S 表示。系统中有几种物质,则物种数就有几种。例如,水和水蒸气的两相平衡系统中只含有一种纯物质,即 H_2O,故物种数 $S=1$。在 KCl 晶体与其饱和溶液的平衡系统中只含有两种化学纯物质,即 H_2O 和 KCl,物种数 $S=2$。在一定条件下,确定相平衡系统中各相组成所需最少的物种数称为独立组分数,简称组分数,用符号 C 表示。如果系统中各物质之间没有发生化学反应,则该系统中的组分数就等于物种数;如果系统中各物质之间发生了化学反应,则该系统中的组分数就不等于物种数,组分数的计算要采用公式:

$$C=S-R-R' \tag{5-1}$$

式中:R——系统中独立的化学反应计量式的数目,即系统中存在着 R 个独立的化学平衡。

如果系统中只有一个化学反应,当然此时独立的化学反应计量式的数目只有一个,即 $R=1$。例如由 $PCl_5(g)$、$PCl_3(g)$ 及 $Cl_2(g)$ 三种物质组成的系统,由于有下列化学平衡:

$$PCl_5(g) \Longleftrightarrow PCl_3(g)+Cl_2(g)$$

该系统的 $R=1$。如果系统中有两个化学反应,则独立的化学反应计量式的数目有两个,即 $R=2$。例如由 $C(s)$、$CO(g)$、$CO_2(g)$、$H_2O(g)$ 和 $H_2(g)$ 五种物质构成的系统,如果存在两个化学平衡:

$$C(s)+H_2O(g) \Longleftrightarrow CO(g)+H_2(g)$$
$$C(s)+CO_2(g) \Longleftrightarrow 2CO(g)$$

或

$$C(s)+H_2O(g) \Longleftrightarrow CO(g)+H_2(g)$$
$$CO(g)+H_2O(g) \Longleftrightarrow CO_2(g)+H_2(g)$$

或
$$C(s)+CO_2(g) \Longrightarrow 2CO(g)$$
$$CO(g)+H_2O(g) \Longrightarrow CO_2(g)+H_2(g)$$

则以上三种情况均有 $R=2$。如果系统存在三个或三个以上的化学反应,这时需认真地考虑"独立反应"的含义。解此问题的依据为:看任意两个(或三个)化学反应方程式相加,能不能得到第三个(或第四个)化学反应方程式,如不能得到,则第三个(或第四个)化学反应方程式是独立的;如能得到,则第三个(或第四个)化学反应方程式是不独立的。例如以上由 $C(s)$、$CO(g)$、$CO_2(g)$、$H_2O(g)$ 和 $H_2(g)$ 五种物质构成的系统,如果存在三个化学平衡:

$$C(s)+H_2O(g) \Longrightarrow CO(g)+H_2(g)$$
$$C(s)+CO_2(g) \Longrightarrow 2CO(g)$$
$$CO(g)+H_2O(g) \Longrightarrow CO_2(g)+H_2(g)$$

因为以上任意两个化学反应方程式经过数学运算,都可以得到第三个化学反应方程式,故此时独立的化学反应方程式的个数为 2,$R=2$。

式(5-1)中,R' 为不同物种组成间的独立关系的数目,即独立浓度限制条件个数。例如,在上述 $PCl_5(g)$ 的分解反应中,一开始只存在 $PCl_5(g)$,则该反应达到平衡时,$PCl_3(g)$ 与 $Cl_2(g)$ 的物质的量比例必定是 1:1,此例中 $R'=1$。应当注意,这种关系一般只有处于同一相的产物之间或处于同一相且按一定配比的产物之间。例如,$CaCO_3(s)$ 的分解反应 $CaCO_3(s) \Longrightarrow CaO(s)+CO_2(g)$,虽然分解产物 $CaO(s)$ 和 $CO_2(g)$ 的物质的量相同,但是由于它们不在同一相中,因此 $R'=0$。又如系统中含有 $N_2(g)$、$H_2(g)$ 和 $NH_3(g)$ 三种物质,如果各物质之间没有发生化学反应,此时组分数 $C=S=3$;如果在一定条件下发生了以下合成反应:

$$N_2(g)+3H_2(g) \Longrightarrow 2NH_3(g)$$

并且开始时,三种物质的用量相互之间没有任何浓度关系,则 $S=3$,$R=1$,$R'=0$,此时 $C=2$;如果发生了以上合成反应且开始时,系统中 $N_2(g)$ 和 $H_2(g)$ 的物质的量之比是 1:3,即指定了 $N_2(g)$ 和 $H_2(g)$ 的物质的量之比,此时,$S=3$,$R=1$,$R'=1$,则 $C=1$;如果开始时系统中只有 $NH_3(g)$,而 $N_2(g)$ 和 $H_2(g)$ 是由 $NH_3(g)$ 分解而来,即发生了以下的分解反应:

$$2NH_3(g) \Longrightarrow N_2(g)+3H_2(g)$$

此时,$S=3$,$R=1$,$R'=1$,则 $C=1$。

还应指出,一个系统的物种数 S 可因考虑问题的角度不同而异,但平衡系统中的组分数 C 是固定不变的。例如 NaCl 水溶液,若不考虑 NaCl 的解离,其 $C=S=2$;若考虑到 NaCl 的解离,则 $S=4$(H_2O、NaCl、Na^+、Cl^-),然而由于存在一个化学反应计量式(NaCl(s) $\Longrightarrow Na^+ + Cl^-$),$R=1$,而且 Na^+ 和 Cl^- 的物质的量必须相等,所以 $R'=1$,那么 $C=S-R-R'=2$,仍然不变。

5.1.3 自由度

在不引起系统中旧相消失和新相产生的条件下,可以独立改变的强度变量(如温度、

压力、组成等)称为系统的自由度,这种强度变量的数目称为自由度数,用符号 f 表示。例如,对于单相的液态水来说,可以在一定的范围内任意改变液态水的温度,同时任意地改变其压力,而仍能保持水为单相(液相)。因此说,此范围内该系统中有两个可以独立改变的强度变量(即温度和压力),即它的自由度数 $f=2$。而当水与水蒸气两相平衡时,则在温度和压力两个强度变量之中只有一个是可以独立改变的,当温度确定后,其压力必定是该温度下水的饱和蒸气压;反之,当压力确定后,其温度必定是该压力下的沸点。此时,系统的自由度数 $f=1$。

由此可见,系统的自由度数是指系统的独立可变因素(如温度、压力、组成等强度变量)的数目,这些因素的数值在一定范围内可以任意改变而不会引起相的数目的改变。既然这些因素在一定范围内是可以任意变动的,所以如果我们不指定它,则系统的状态便不能确定。

5.1.4 相律

相律就是在相平衡体系中,联系系统内的相数(P)、组分数(C)、自由度数(f)以及影响系统性质的外界因素(如温度、压力、电场、磁场、重力场、表面能等)之间关系的规律。利用它可以确定多相平衡系统中能独立改变的强度变量的个数,从而确定系统的状态。它的表达式如下:

$$f=C-P+n \tag{5-2}$$

在应用相律时,要注意以下几点。

(1) 相律仅适用于相平衡系统。相律只能确定相平衡中可以独立改变的强度变量的数目,而不能指出哪些是强度变量,也不能指出这些强度变量之间的函数关系。

(2) 式(5-2)中的"n"是指能够影响系统相平衡态的外界因素(如温度、压力、电场、磁场、重力场、表面能等)的个数,如果假定外界因素只有温度和压力可以影响系统的相平衡态,则相律可表示为

$$f=C-P+2 \tag{5-3}$$

这里的"2"就是指温度和压力这两个外界因素。式(5-3)就是著名的吉布斯相律。吉布斯相律应用得较多。

(3) 对于凝聚系统,外界压力对相平衡系统的影响不大,此时可以看做只有温度是影响相平衡系统的外界条件。因此相律可以写为

$$f=C-P+1 \tag{5-4}$$

5.2 单组分系统相图

单组分系统就是由纯物质所组成的系统。如果系统内没有发生化学反应,对于这种系统,$C=S=1$,则根据相律,有

$$f=C-P+2=3-P$$

上述结果可分为下列三种情况：

(1) 当 $P=1$ 时，$f=2$，称为双变量系统；

(2) 当 $P=2$ 时，$f=1$，称为单变量系统；

(3) 当 $P=3$ 时，$f=0$，称为无变量系统。

从上述三种情况可知，单组分系统最多只能有三相平衡共存，最多有两个可独立改变的强度变量，即温度和压力。当单组分系统处于两相平衡时，温度和压力之间的函数关系可通过克拉贝龙方程表示。下面以水的相图为例介绍单组分系统相图。

5.2.1 水的相平衡实验数据

单组分系统可单相（气相、液相、固相）存在，也可以是两相平衡共存，还可以是三相平衡共存。以水（H_2O）为例，水（H_2O）在常压下，可以气（水蒸气）、液（水）、固（冰）三种不同相态存在。通过实验测出这三种两相平衡的温度和压力的数据，列于表 5-1 中。

表 5-1 水的相平衡数据

温度 $t/℃$	系统的饱和蒸气压 $p/$ kPa		平衡压力 $p/$kPa
	水 ⟶ 水蒸气	冰 ⟶ 水蒸气	冰 ⟶ 水
−20	0.126	0.103	$193.5×10^3$
−10	0.287	0.260	$110.4×10^3$
0.01	0.610 62	0.610 62	0.610 62
20	2.338	—	—
60	19.916	—	—
99.65	100.000	—	—
200	1 554.4	—	—
300	8 590.3	—	—
374.2	22 119.247	—	—

5.2.2 水的相图

将表 5-1 中的实验数据，画在 p-T 图上，则可得到图 5-1 所示的水的相图。

1. 三条两相平衡线

在图 5-1 中有三条实曲线 OA、OB 和 OC。在这三条曲线上的任意一点 $P=2$，是两相平衡共存；$f=1$，指定了温度就不能再任意指定压力，压力应由系统自定，反之亦然，即温度与压力相互限制。另外，OA、OB、OC 三条曲线的斜率均可由克劳修斯-克拉贝龙方程

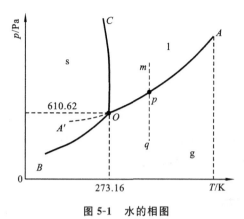

图 5-1　水的相图

或克拉贝龙方程求得。

其中 *OA* 线是水和水蒸气的两相平衡共存线,也称为水在不同温度下的蒸气压曲线或水的蒸发曲线。它反映了水与水蒸气两相平衡共存时温度与压力的依赖关系。由 *OA* 线可知,水的饱和蒸气压随温度升高而增大。*OA* 线不能无限延伸,*A* 点是水的临界点($T_c = 647.4$ K,$p_c = 22.1$ MPa)。在临界点液体的密度与蒸气的密度相等,液态和气态之间的界面消失。

OB 线是冰和水蒸气的两相平衡共存线(即冰的升华曲线),它反映了冰与水蒸气两相平衡时温度与压力的依赖关系。由 *OB* 线可知,冰的饱和蒸气压随温度升高而增大。*OB* 线在理论上可延长到绝对零度(即 0 K)附近。

OC 线为冰和水的两相平衡共存线(即冰的熔点曲线或水的凝固点曲线),由 *OC* 线可知,水的凝固点随压力升高而略有降低。*OC* 线不能无限向上延长,大约从 203 MPa 开始,相图变得比较复杂,有不同结构的冰生成。

2. 三个单相区

图 5-1 中的三条实曲线 *OA*、*OB* 和 *OC* 把整个 *p-T* 图分成了三个单相区(即水蒸气、冰和水),其中 *AOB* 区为气相区(即水蒸气,用符号 g 表示),*COA* 区为液相区(即水,用符号 l 表示),*BOC* 区为固相区(即冰,用符号 s 表示)。在这三个单相区内,系统都是单相,$P=1$;另外,$f=2$,即在该区域内,可以有限度地独立改变温度与压力,而不会引起相的改变,也就是说,温度与压力不再相互限制,两者可任意改变。

3. 一个三相点

图 5-1 中的三条实曲线 *OA*、*OB* 和 *OC* 相交于 *O* 点,因此 *O* 点是气相、液相和固相的三相平衡共存点,简称为三相点。在该点 $P=3$,$f=0$。三相点的温度和压力皆由系统自定,而不能任意改变。三相点的温度和压力分别为 273.16 K 和 610.62 Pa。必须指出,不要把水的三相点与凝固点相混淆。水的凝固点(又叫冰点)是指在 101.325 kPa 下空气所饱和了的水(已不是单组分系统)与冰呈平衡时的温度,即 0 ℃;而三相点的温度是纯水、冰以及水蒸气三相平衡共存的温度,即 0.01 ℃。国际规定的水的三相点的温度为 273.16 K,即 0.01 ℃。

4. 一条延长线

OA′ 是 *OA* 的延长线,是水和水蒸气的亚稳平衡线,是代表过冷水的饱和蒸气压与温度的关系曲线。*OA′* 线在 *OB* 线之上,它的蒸气压比同温度下处于稳定状态的冰的蒸气压大,因此过冷的水处于不稳定状态。

5. 相图的动态分析

对任一分界线上的点,例如 *p* 点,可能有三种情况。

(1)从 *m* 点起,在等温下使压力降低,在无限趋近于 *p* 点之前,气相尚未生成,系统仍是一个液相,系统自由度数为 2,$f=1+2-1=2$,由于 p 点是液相区的一个边界点,若要维持液相,则只允许升高压力和降低温度。

(2) 当有气相出现,系统是气、液两相平衡,$f=1+2-2=1$,即当两相共存时,若温度一定,相应就有一定的饱和蒸气压。

(3) 当液体全部变为蒸气时,p 点成为气相区的边界点,若要维持气相,则只允许降低压力和升高温度($f=2$)。

在 p 点虽有上述三种情况,但由于通常我们只注意相的转变过程,所以常以第二种情况来代表边界线上的相变过程。

5.3　二组分系统相图

对于二组分系统,$C=2$,根据相律 $f=2-P+2=4-P$。当 $f_{min}=0$ 时,$P_{max}=4$,即二组分系统最多时可以四相共存。当 $P_{min}=1$ 时,$f_{max}=3$,即系统的状态可以由三个独立变量所决定,这三个变量通常采用温度 T、压力 p 和组成 x(或 y),要用具有三个坐标的立体图来表示,不易描述。为了研究方便,对于二组分系统,一般固定一个强度变量(等温或等压),用另外两个变量的平面图来表示系统状态的变化。最常用的平面图有两种:等温下的蒸气压-组成图,即 p-$x(y)$图;等压下的沸点-组成图,即 T-$x(y)$图。这时 $f=C-P+1=3-P$,$f_{max}=2$,$P_{max}=3$。根据系统中二组分在液态时的互溶情况,二组分系统相图可分为二组分理想液态混合物(即液态完全互溶)相图、二组分液态部分互溶系统相图、二组分液态不互溶系统相图,以下将逐个分析。

5.3.1　二组分理想液态混合物相图

属于二组分理想液态混合物相图的一般为同系物混合物、同分异构体混合物或同位素混合物。由于理想液态混合物中任一组分皆服从拉乌尔定律,因而这类气液平衡相图最具有规律性,相图的形状也最简单,是讨论其他系统气液平衡的基础。下面以甲苯 $C_6H_5CH_3$(A)-苯 C_6H_6(B)为例(为了研究的方便,将第一种物质编号为 A,将第二种物质编号为 B,本节以下相关内容皆与此同)将二组分理想液态混合物的蒸气压-组成图(即 p-$x(y)$图)和沸点-组成图(即 t-$x(y)$图)分述如下。

1. 二组分理想液态混合物的蒸气压-组成图

1)甲苯 $C_6H_5CH_3$(A)-苯 C_6H_6(B)的相平衡实验数据

将甲苯 A 和苯 B 以各种不同的比例配成混合物,把盛有混合物的容器浸在恒温浴中,在恒定温度下达到相平衡后,测出混合物的蒸气总压力 p、液相组成 x_B 及气相组成 y_B,并将相关数据绘制成表格。表 5-2 是在 79.70 ℃下,由实验测得的不同组成的混合物的蒸气压数据(包括纯 A 及纯 B 的蒸气压)。

表 5-2　79.70 ℃下,甲苯(A)-苯(B)系统的蒸气压与液相组成及气相组成的部分数据

液相组成 x_B	气相组成 y_B	蒸气总压力 p/kPa
0	0	38.46
0.116 1	0.253 0	45.53
0.338 3	0.566 7	59.07
0.545 1	0.757 4	71.66
0.732 7	0.878 2	83.31
0.918 9	0.967 2	94.85
1.000 0	1.000 0	99.82

2) 甲苯 $C_6H_5CH_3$(A)-苯 C_6H_6(B)的蒸气压-组成图

用表 5-2 中的实验数据,以混合物蒸气的总压力 p 为纵坐标,以平衡组成(液相组成 x_B 和气相组成 y_B)为横坐标,绘制成蒸气压-组成图,即 p-x_B(y_B)图,如图 5-2 所示。

(1) 两条两相平衡线。

图 5-2 中,上面的连线 $p_A^* L p_B^*$ 是混合物蒸气的总压力 p 随液相组成 x_B 变化的曲线,称为液相线。下面的连线 $p_A^* G p_B^*$ 是混合物蒸气的总压力 p 随气相组成 y_B 变化的曲线,称为气相线。根据拉乌尔定律,蒸气的总压力 p 与液相组成 x_B 及气相组成 y_B 的关系分别为

$$p = p_A + p_B = p_A^*(1-x_B) + p_B^* x_B = p_A^* + (p_B^* - p_A^*)x_B$$

及

$$p = \frac{p_A^* p_B^*}{p_B^* - (p_B^* - p_A^*)y_B}$$

以上表明蒸气的总压力 p 与液相组成 x_B 呈直线关系,因而 $p_A^* L p_B^*$ 是一条直线,而蒸气的总压力 p 与气相组成 y_B 不呈直线关系,因而 $p_A^* G p_B^*$ 是一条曲线。在这两条相线上,均有 $f = C - P + 1 = 2 - 2 + 1 = 1$。另外,图中的 p_A^*、p_B^* 分别为 79.70 ℃下纯甲苯及纯苯的饱和蒸气压。从图中可以看出 $p_B^* > p_A^*$。

(2) 三个相区。

图 5-2 中的液相线 $p_A^* L p_B^*$ 和气相线 $p_A^* G p_B^*$ 把 p-x_B(y_B)图分成了三个区域。在液相线 $p_A^* L p_B^*$ 以上的区域为液相区,用符号 l(A+B) 来表示。在气相线 $p_A^* G p_B^*$ 以下的区域为气相区,用符号 g(A+B) 来表示。液相线和气相线之间的区域为气、液两相平衡共存区,用符号 l(A+B) ⇌ g(A+B) 来表示。在指定温度下的单相区内,$f=2$,压力和组成可以独立改变而无新相产生。在两相区内,$f=1$,压力、气相组成及液相组成三个变量

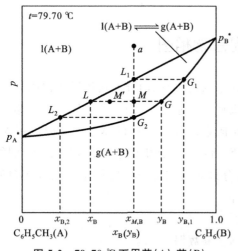

图 5-2　79.70 ℃下甲苯(A)-苯(B)系统的蒸气压-组成图

中只要有一个确定,其他两个皆为定值。例如,在两相区内当确定压力 p 时,y_B 与 x_B 即分别由气相线与液相线单值地确定。为保持系统中始终存在气、液两相,只有一个变量可在一定范围内独立变化。如果一定要任意改变两个变量,如同时独立地使压力与液相组成改变,将引起其中一相消失。

(3) 系统点与相点。

在图 5-2 中,每一个点皆对应于两个坐标,用来表示系统的压力和组成(温度一定)的点称为系统点,如图 5-2 中的 M 点与 M' 点;用来表示一个相的压力和组成的点称为相点,如图 5-2 中的 L 点与 G 点。在气相区或液相区中,系统点也是相点。

(4) 定压连接线。

在液、气两相平衡区内,表示系统的平衡态时,需要一个系统点和两个相点。平衡时,系统的压力及两相的组成是一定的,所以两个相点和系统点的连线必是与横坐标平行的线。因此,通过系统点作平行于横坐标的水平线,该水平线与液相线及气相线的交点即是两个相点。这两个相点之间的连线即为定压连接线。例如,由系统的压力和组成可在图 5-2 中标出系统点 M,过 M 点作平行于横坐标的水平线,该水平线与液相线及气相线的交点分别为 L 点与 G 点(即分别为液相点与气相点)。L 点与 G 点的连线 LG 即为定压连接线。由相律可知,同一定压连接线上的任何一个系统点,其总组成虽然不同,但相组成是相同的。例如图 5-2 中的 M 点与 M' 点,虽然它们的总组成不同,但液相组成是相同的,都是 L 点;气相组成也是相同的,都是 G 点。

(5) 相图的动态分析。

只要确定系统点,从系统点在图中的位置即知该系统的总组成、温度、压力、平衡相的相数、各相的聚集态及相组成等。例如,图 5-2 中的系统点 M,它的总组成为 $x_{M,B}$,温度 $t=79.70\ ℃$,压力 $p=600\ kPa$,相数 $P=2$。

此外,从图 5-2 可以看出,各种组成混合物的蒸气压的大小总是介于两纯组分蒸气压之间,即 $p_A^* < p < p_B^*$,对于这种类型的相图,在两相共存区的任何一个系统点,其气相中易挥发组分 B 的含量均大于液相中该易挥发组分的含量,即 $y_B > x_B$。这是液态混合物可以通过蒸馏进行提纯分离的理论基础。另外,还可以对相图进行动态分析。如图 5-2 所示,在一个组成为 $x_{M,B}$ 的系统中,在温度不变的情况下,缓慢降低系统的压力,始态 a(系统点)将沿 $ax_{M,B}$ 线缓慢下移,在到达 L_1 之前系统仍处于液相区。当系统点沿 $ax_{M,B}$ 线下移至 L_1 时,液体开始蒸发,冒出第一个微小的气泡,此时第一个气泡的气相点为 G_1,对应的气相组成为 $y_{B,1}$。随着压力的不断降低,气相的量不断增多,气相组成也沿着气相线向下方移动。同时液相的量也相应地不断减少,液相组成也沿着液相线向下方移动。当系统点沿 $ax_{M,B}$ 线下移至 M 点时,液相与气相平衡共存,对应的液相点为 L,液相组成为 x_B;对应的气相点为 G,气相组成为 y_B。当系统点沿 $ax_{M,B}$ 线下移至 G_2 点时,将剩下最后一滴液体,对应的液相为 L_2,其组成为 $x_{B,2}$。当系统点沿 $ax_{M,B}$ 线下移至 G_2 点以下,全部为气相。在整个变化过程中,两平衡相的组成和相对数量皆随总压的变化而变化,两相的相对数量可由杠杆规则来计算。

2. 杠杆规则

如图 5-3 所示,当系统点处于两相平衡区内的 M 点时,系统的总组成为 $x_{M,B}$;气相点

为 G，气相组成为 y_B，气相的物质的量为 n_g；液相点为 L，液相组成为 x_B，液相的物质的量为 n_l。系统中组分 B 的物质的量等于该组分在气、液两相中物质的量之和，即

$$n_B = n_g y_B + n_l x_B = (n_g + n_l) x_{M,B}$$

整理上式，可得

$$\frac{n_g}{n_l} = \frac{x_{M,B} - x_B}{y_B - x_{M,B}} = \frac{\overline{LM}}{\overline{MG}} \qquad (5\text{-}5)$$

或

$$n_l \overline{LM} = n_g \overline{MG} \qquad (5\text{-}6)$$

式(5-5)及式(5-6)均称为杠杆规则。此规则表明：当组成以摩尔分数表示时，两相的物质的量反比于系统点到两个相点的线段的长度。这里的线段 $\overline{LG}$ 好比一个杠杆，系统点 M 为支点，两个相点 L 和 G 为力点，两力点分别挂着 n_l 及 n_g 的重物，当杠杆达到平衡时，则存在上述关系。在上述推导中，系统点和相点的组成用的是摩尔分数，在杠杆规则中两相的量均指的是物质的量；如果系统点和相点的组成用质量分数表示，则杠杆规则中两相的量就应当是质量。杠杆规则适用于任意两相平衡。

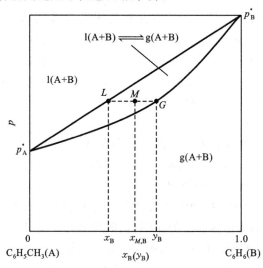

图 5-3　$C_6H_5CH_3(A)\text{-}C_6H_6(B)$ 系统的蒸气压-组成图

[**例 5-1**]　已知 90 ℃下，甲苯(A)和苯(B)的饱和蒸气压分别为 54.22 kPa 和 136.12 kPa，两者可形成理想液态混合物。

(1) 在 90 ℃和 101.325 kPa 下，甲苯和苯所形成的气液平衡系统中两相的摩尔分数各是多少？

(2) 由 4 mol 甲苯和 6 mol 苯构成以上条件下的气液平衡系统，则两相的物质的量又各是多少？

解　(1) 已知 $p_A^* = 54.22$ kPa，$p_B^* = 136.12$ kPa，总压 $p = 101.325$ kPa。

根据拉乌尔定律　　　　　　　$p = p_A^* + (p_B^* - p_A^*) x_B$

因此，液相组成　　$x_B = \dfrac{p - p_A^*}{p_B^* - p_A^*} = \dfrac{101.325 - 54.22}{136.12 - 54.22} = 0.5752$

根据分压定律，气相组成

$$y_B = \frac{p_B}{p} = \frac{p_B^* x_B}{p} = \frac{136.12 \times 0.5752}{101.325} = 0.7727$$

(2) 系统的总组成　　$x_{M,B} = \dfrac{n_B}{n_A + n_B} = \dfrac{6}{6+4} = 0.6$

因为系统总的物质的量为 $n = n_A + n_B = n_l + n_g = 10 \ mol$, $n_g = 10 - n_l$

将以上数据代入式(5-5)中,得

$$\frac{n_g}{n_l} = \frac{x_{M.B} - x_B}{y_B - x_{M.B}} = \frac{10 - n_l}{n_l} = \frac{0.6 - 0.575\ 2}{0.772\ 7 - 0.6} = 0.143\ 6$$

解上式,得 $\qquad\qquad\qquad n_l = 8.744 \ mol$

则 $\qquad\qquad\qquad\qquad n_g = 10 - n_l = 1.256 \ mol$

3. 二组分理想液态混合物的沸点-组成图

工业生产中的一些分离操作(如蒸馏和精馏)往往是在固定压力下进行的。因此,讨论一定压力下的沸点-组成图更具有实践意义。

在恒定压力下,表示二组分系统气、液两相的平衡组成与温度关系的相图,称为温度-组成图。当外压为 101.325 kPa 时,理想液态混合物的气液平衡温度就是它的正常沸点,此时温度-组成图也称为沸点-组成图,即 t-$x_B(y_B)$ 图。仍以甲苯 $C_6H_5CH_3$(A)-苯 C_6H_6(B)为例,在 $p = 101.325$ kPa 下,测得混合物的沸点 t 与液相组成 x_B 及气相组成 y_B 的数据(包括纯 A 及纯 B 的沸点),如表 5-3 所示。

表 5-3　$C_6H_5CH_3$(A)-C_6H_6(B)系统在 $p = 101.325$ kPa 下沸点、液相组成及气相组成的实验数据

沸点 t/℃	液相组成 x_B	气相组成 y_B
110.62	0	0
101.52	0.219	0.395
95.01	0.467	0.619
90.76	0.551	0.742
84.10	0.810	0.911
80.10	1.000	1.000

用表 5-3 中的实验数据,以混合物的沸点 t 为纵坐标,以平衡组成(液相组成 x_B 和气相组成 y_B)为横坐标,绘制成 t-$x_B(y_B)$ 图,见图 5-4。与蒸气压-组成图类似,沸点-组成图也是由两条两相平衡线、三个相区、两个点所组成。两条两相平衡线中,上边的曲线 $t_A^* G t_B^*$ 是根据 t-y_B 数据绘制的,表示混合物的沸点与气相组成的关系,称为气相线。下边的曲线 $t_A^* L t_B^*$ 是根据 t-x_B 数据绘制的,表示混合物的沸点与液相组成的关系,称为液相线。气相线以上为气相区,液相线以下为液相区,两线中间为气、液两相平衡区,该区内任何系统点的平衡态为气、液两相平衡共存。两个点 t_A^* 和 t_B^* 分别为纯甲苯(A)及纯苯(B)的沸点。由于在同一温度下,$p_A^* < p_B^*$,故 $t_A^* > t_B^*$。另外,通过两相区内的任一系统点 M 作平行于横坐标的水平线,该水平线与液相线及气相线分别交于 L 点与 G 点(即两个相点)。L 点与 G 点的连线 LG 即为定温连接线。

将图 5-4 与图 5-2 相比较可发现,t-$x_B(y_B)$ 图中的液相线是曲线而不是直线;另外,两图中的气相区和液相区与气相线和液相线的上下位置恰好相反。此外,在 p-$x_B(y_B)$ 图上,当 t 一定时,对于 $p_A^* < p_B^*$ 的系统,$p_A^* < p < p_B^*$;而在 t-$x_B(y_B)$ 图上,当 p 一定时,对于 $t_A^* > t_B^*$ 的系统,$t_A^* > t > t_B^*$,这是因为沸点高的液体蒸气压小(难挥发),沸点低的液体蒸气压大(易挥发)。所以在 t-$x_B(y_B)$ 图中,在同一温度下,$y_B > x_B$,这正是以后讨论精馏分离的理论基础。

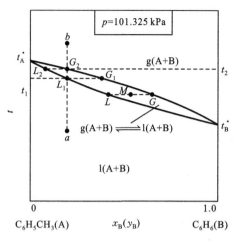

图 5-4 $C_6H_5CH_3$(A)-C_6H_6(B)系统的沸点-组成图

如图 5-4 所示,当将系统点为 a 的液态混合物恒压升温至 L_1 点时,液体刚开始沸腾起泡,所以 L_1 点所对应的温度 t_1 又称为该液体的泡点。液相线表示液相组成与泡点的关系,故液相线又称为泡点线。产生的第一个气泡的气相组成为 G_1(严格说来,正好到 L_1 点时仍是液相,只有温度高一点点才会出现第一个气泡,第一个气泡的组成也应在 G_1 左边一点点)。反之,当将系统点为 b 的气态混合物恒压降温至 G_2 时,气体开始凝结出液滴,G_2 点所对应的温度 t_2 又称为该气体的露点。气相线表示气相组成与露点的关系,故气相线又称为露点线。从 a 升温至 b,或从 b 降温至 a,系统的总组成不变,但在两相平衡区时,两相的组成及两相的物质的量的比值将随温度的改变而改变。这可通过以上的杠杆规则来计算。

4. 简单蒸馏和精馏原理

蒸馏就是根据不同组分在一定压力下的沸点不同,而将它们分离开,从而达到分离目的的方法。若将两种液态混合物进行蒸馏,在沸腾温度下,气相与液相达到平衡,蒸气中含有较多易挥发物质的组分,将此蒸气冷凝后收集起来,则馏出物中易挥发物质组分的含量高于原始液态混合物,而残留液中含有较多的高沸点组分(难挥发组分),这就是一次简单的蒸馏。蒸馏是分离和提纯液态物质的重要方法,它只能粗略地将液态混合物相对分离,要想得到较纯的两种组分,则需要采用精馏的方法。

精馏的原理如图 5-5 所示,设一原始组成为 x 的混合物(或溶液),在恒压下把它加热至 t_2,此时系统中平衡共存的是组成为 x_2 的液相与组成为 y_2 的气相,从图中可以看出,显然 $y_2 > x > x_2$,即 t_2 下,气相中 B 的含量大于原始混合物(或溶液)中的含量,而液相中 B 的含量则小于原始混合物(或溶液)中的含量。如果将 t_2 下的气相与液相分开,并把气相降温至温度 t_1,则此时平衡共存的气相中 B 的含量为 y_1,从图中可以看出,显然 $y_1 > y_2$。重复进行气、液相分离和气相的部分冷凝,则最后可得到接近纯 B 的气相。

另外,如把组成为 x_2 的液相加热至 t_3,则此时平衡共存的液相组成为 x_3,从图中可以看出,显然 $x_3 < x_2$。重复进行气、液相分离和液相的部分蒸发,则最后可得到接近纯 A 的液相。

在工业上,上述气相的冷凝和液相的蒸发是在精馏塔中同时实现的。图 5-6 为精馏塔示意图。塔的底部是盛放混合物的加热釜,塔身内有许多层隔板,称为塔板,每块塔板上都有许多小孔,塔顶装有冷凝器。从塔底到塔顶,温度逐渐降低,每一层塔板就相当于一个简单的蒸馏器。另外,塔板上还有一些溢流管,当液体达到一定高度时,便溢流到下层塔板。需要分离的混合物(或溶液)不断从塔的中部进料口加入,蒸气通过塔板上的小孔由下向上流动,液体通过小孔由上向下流动。在每一块塔板上都进行着液相的部分蒸发和气相的部分冷凝,并接近气液平衡。越向上,蒸气中 B 的摩尔分数越大,相应的温度越低,如果塔板数足够多,则由塔顶冷凝器出来的液体几乎是低沸点(易挥发)的纯 B;越

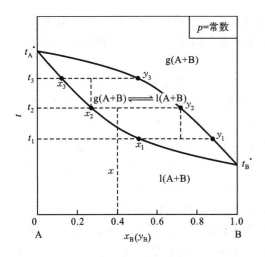

图 5-5 二组分混合物(溶液)的精馏

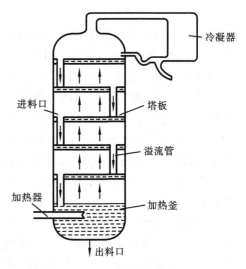

图 5-6 精馏塔示意图

向下,液体中 B 的摩尔分数越小,而 A 的摩尔分数越大,相应的温度越高,如果塔板数足够多,则由塔底出来的液体几乎是高沸点(难挥发)的纯 A。两种纯液体的沸点相差越大,分离的效果越好。许多液态混合物就是用这种方法分离成纯组分的。

5.3.2 二组分实际液态混合物的气液平衡相图

理想液态混合物的主要特征是每一组分在全部浓度范围内都严格遵守拉乌尔定律,蒸气总压力与液相组成间呈线性关系,液相线是直线。实际上,没有严格符合这个条件的真实系统,真实系统总是或多或少有些偏离拉乌尔定律。总的来说,按偏离情况的不同,实际液态混合物可分为正偏差系统和负偏差系统。

1. 正偏差系统

蒸气压实验值大于拉乌尔定律计算值的实际液态混合物称为正偏差系统。当液态混合物中不同组分分子间的相互吸引力比纯物质弱,或者由于第二种物质的加入使分子的缔合程度降低,都将减弱分子间的吸引力,使其蒸气压比理想系统的高,则形成正偏差系统。

1) 一般正偏差混合物

如水(A)-甲醇(B)、苯(A)-四氯化碳(B)、苯(A)-丙酮(B)等系统,它们的蒸气总压力大于拉乌尔定律的计算值,介于 p_A^* 和 p_B^* 之间,如图 5-7 所示。一般正偏差系统的气液平衡相图,除压力-组成图上液相线为凸曲线外,其他部分与理想液态混合物的相似,对相图的分析方法也一样。

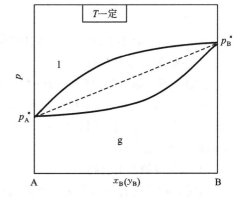

图 5-7 具有一般正偏差的真实液态
混合物的蒸气压-组成图

2）最大正偏差混合物

当混合物的蒸气总压力正偏差很大，或两纯组分的蒸气压比较接近时，在某组成范围内，蒸气总压力就会大于易挥发组分的蒸气压，液相线上出现最高点，这样的液态混合物称为最大正偏差系统。如甲醇（A）-氯仿（B）、苯（A）-乙醇（B）等系统。图 5-8 为甲醇（A）-氯仿（B）系统的蒸气压-组成图。如图 5-8 所示，在 P 点出现最大值，气相线和液相线在 P 点相切，在此点 $y_B = x_B$，最高点将气、液两相区分成左、右两部分。甲醇（A）-氯仿（B）系统中，相对来说甲醇是不易挥发的，氯仿是易挥发的。在最高点左侧，易挥发组分在气相中的相对含量大于它在液相中的相对含量；在最高点右侧，易挥发组分在气相中的相对含量小于它在液相中的相对含量。当系统对拉乌尔定律出现最大正偏差时，在 $p\text{-}x_B(y_B)$ 图中有最高点，而在 $t\text{-}x_B(y_B)$ 图中则有相应的最低点。图 5-9 为甲醇（A）-氯仿（B）系统的沸点-组成图。如图 5-9 所示，在 T 点出现最小值，在此点气相线和液相线相切。由于对应于此点组成的液相在该指定压力下沸腾时产生的气相组成与液相组成相同，即 $y_B = x_B$，其数值称为共沸组成。这一共沸温度又是液态混合物沸腾的最低温度，故称之为最低共沸点，该组成的混合物称为共沸点混合物。

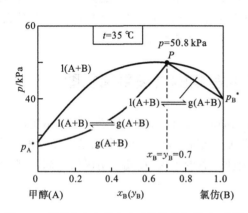

图 5-8 甲醇（A）-氯仿（B）系统的蒸气压-组成图（具有最大正偏差）

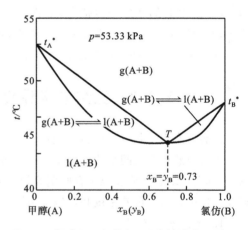

图 5-9 甲醇（A）-氯仿（B）系统的沸点-组成图（具有最低共沸点）

2. 负偏差系统

蒸气压实验值小于拉乌尔定律计算值的实际液态混合物称为负偏差系统。

1）一般负偏差混合物

负偏差不大而蒸气总压力始终介于两纯组分蒸气压之间的系统称为一般负偏差系统。如氯仿（A）-乙醚（B）系统等。如图 5-10 所示，一般负偏差系统的气液平衡相图除蒸气压-组成图上液相线为凹曲线外，其他部分也与理想液态混合物的类似，虽然曲线形状不同，但看图方法一样。

2）最大负偏差混合物

当混合物蒸气总压力产生严重负偏差，或两纯组分的蒸气压相差不大，在某组成范围内，蒸气总压力小于难挥发组分的蒸气压，液相线上出现最低点，这样的液态混合物称为最大负偏差系统。如氯仿-丙酮、水-硝酸系统。最大负偏差系统的特点与最大正偏差系

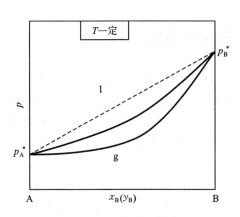

图 5-10 具有一般负偏差的真实液态
混合物的蒸气压-组成图

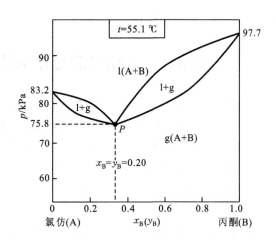

图 5-11 氯仿(A)-丙酮(B)系统的蒸气压-组成图
(具有最大负偏差)

统相反。

图 5-11 为氯仿(A)-丙酮(B)系统的蒸气压-组成图,在该图上有最低点 P,液相线和气相线在最低点处相切,此点系统的蒸气压最小。在此系统中,相对而言氯仿是不易挥发的,丙酮是易挥发的。在最低点左侧,$y_B < x_B$,两相平衡时易挥发组分丙酮在气相中相对含量小于它在液相中的相对含量;在最低点右侧,$y_B > x_B$,两相平衡时易挥发组分丙酮在气相中的相对含量大于它在液相中的相对含量。当系统对拉乌尔定律出现最大负偏差时,在 $p\text{-}x_B(y_B)$ 图中有最低点,而在 $t\text{-}x_B$ (y_B) 图中则有相应的最高点。图 5-12 为氯仿(A)-丙酮(B)系统的沸点-组成图。如图 5-12 所示,在 T 点出现最大值,该点的温度最高。最高点对应的温度称为最高共沸点,具有最高点相应组成的液态混合物也称为共沸点混合物。

应当指出,共沸点混合物的组成取决于压力,压力一定,共沸点混合物的组成就一定,压力改变,共沸点混合物的组成改变,甚至共沸点可以消失。因此,共沸点混合物不是一种化合物。

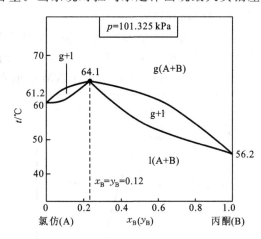

图 5-12 氯仿(A)-丙酮(B)系统的沸点-组成图
(具有最高共沸点)

3. 共沸点混合物的精馏

采用精馏的方法,对理想液态混合物和一般正、负偏差的实际液态混合物进行分离及提纯时,可同时获得两个纯组分。但对于最大正、负偏差的实际液态混合物进行精馏时,只能得到一种纯组分和共沸点混合物。对于具有最低共沸点的系统,参照图 5-9,当进料组成处于共沸点左侧时,塔底得到纯 A,塔顶则只得到共沸点混合物;如果进料组成处于共沸点右侧时,塔底将得到纯 B,塔顶则得到共沸点混合物。对于具有最高共沸点的系统,参照图 5-12,在塔顶视进料组成在共沸点的左侧或右侧,分别得到纯 A 或纯 B,塔底则总是得到共沸点混合物。

5.3.3　二组分液态部分互溶系统相图

两液体间的相互溶解度与它们的性质有关。当两种液体性质相差较大时,只能部分互溶,即在某些温度下,只有当一种液体的量相对很少而另一种液体的量相对很多时,它们才能溶为均匀的一相,而在其他配比下,系统将分层而出现两个平衡共存的液相(即共轭相),这样的系统称为液态部分互溶系统。例如,H_2O-C_6H_5OH、H_2O-$C_6H_5NH_2$、H_2O-C_4H_9OH(正丁醇或异丁醇)等系统。

1.　二组分液态部分互溶系统的液液平衡相图

以水 $H_2O(A)$-苯酚 $C_6H_5OH(B)$ 二组分系统为例。在101.325 kPa 和38.8 ℃下,将少量苯酚滴入一定量的水中,摇荡后苯酚完全溶于水。继续滴加至苯酚的质量分数 $w_B=0.078$ 时,溶液达到饱和状态。如再加入苯酚,溶液将分为互相平衡的两个液层,其中上层 $w_B=0.078$,为苯酚溶于水中的饱和溶液(称为水层);下层 $w_B=0.666$,是水溶于苯酚中的饱和溶液(称为酚层)。这两个平衡共存的液层,称为共轭相。通过实验测出不同温度下共轭两相的组成,可绘出水-苯酚系统的相互溶解度曲线。

图 5-13 中的 AO 线是苯酚在水中的饱和溶解度曲线,$A'O$ 线为水在苯酚中的饱和溶解度曲线。AOA' 线以内为液、液两相平衡区,AOA' 线以外则为单相区。O 点为高会溶点,其温度称为高会溶温度;实验测得该点的温度 $t=68.0$ ℃,当温度高于 68.0 ℃时,两液体可以以任意比例完全互溶。

若系统点从 N 点开始,沿着恒组成线 NM 逐渐升温,共轭两液相的连线逐渐缩短,两液相的组成逐渐接近,达到 O 点时,两液相的组成变得完全相同,成为单一液相。实验测得,此时 $w_B=0.34$。若系统点在 NM 线的右侧,如 C 点,这时共轭两液相的相点分别为 L 点和 L' 点,根据杠杆规则可知,两个液层的质量比 $m(水层)/m(酚层)=\overline{CL'}/\overline{LC}$。当系统点从 C 点开始,沿着恒组成线 CD 升温时,两液相组成分别沿 LO 和 $L'O$ 变化。根据杠杆规则可知,水层的质量逐渐减少,酚层的质量逐渐增加,达到 D 点时,水层全部消失,只剩下单一的液相酚层。当系统点在 NM 线的左侧升温时,发生的情况恰好相反。

会溶温度的高低反映了一对液体间相互溶解能力的强弱,会溶温度越低,两液体间的互溶性越好。实际应用中常利用会溶温度的数据来选择优良的萃取剂。

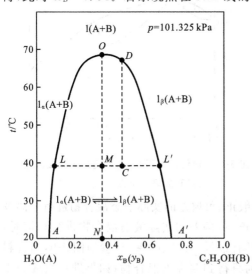

图 5-13　$H_2O(A)$-$C_6H_5OH(B)$ 系统的
液液平衡相图

2. 二组分液态部分互溶系统的液液气平衡相图

图 5-14 为恒压下的温度-组成图,上半部分温度较高,为最低共沸点的气液平衡曲线;下半部分温度较低,为部分互溶的液液平衡曲线。当压力改变时,液液平衡曲线改变甚微,即液液平衡曲线的位置变动不大,但气液平衡曲线不仅位置明显改变了,而且形状发生了变化。例如当压力降至一定程度时,气液平衡曲线可能和液液平衡曲线相交而组成特殊的液液气平衡相图,如图 5-15 所示的水(A)-异丁醇(B)二组分系统在 101.325 kPa 下的液液气平衡相图。这个图的上半部分与一般的最低共沸点系统相类似。但是在最低共沸点 90.0 ℃下,溶液已经不能完全互溶而分成两个互相平衡的液相:一个是异丁醇溶于水中所形成的饱和溶液,即水相(l_α);另一个是水溶于异丁醇中所形成的饱和溶液,即异丁醇相(l_β)。这时实际上是水相、异丁醇相和气相三相共存。应用相律 $f=C-P+1=2-3+1=0$,即当压力确定后,D、H、D' 三点均不随意变动。若温度降低,则气相消失,只有两个液相。在 CD 线与 $C'D'$ 线以外,由于组成小于溶解度,仍为均相。图中 $l_\alpha(A+B)$ 代表异丁醇的水溶液,$l_\beta(A+B)$ 代表水的异丁醇溶液,其他各个区域所代表的相已在图上注明。

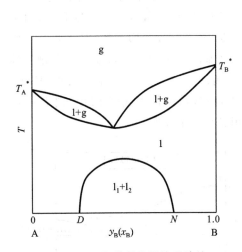

图 5-14 二组分部分互溶系统的
温度-组成图

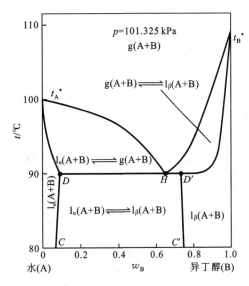

图 5-15 水(A)-异丁醇(B)系统的
液液气平衡相图

5.3.4 二组分液态不互溶系统相图

1. 二组分液态不互溶系统相图

严格地说,两种液体之间完全不互溶的情况是不存在的。但是,有时两种液体的相互溶解度非常小以至于可忽略不计,则这两种液体所组成的系统就称为二组分液态不互溶系统。例如,苯和水、汞和水、二硫化碳和水、氯苯和水等均属于这种系统。在这种系统中,由于两种液体几乎完全不互溶,所以分为两个纯物质液层,因而不论两液体相对数量如何,一定温度下,它们的蒸气压数值与它们单独存在时一样,系统的蒸气总压力也就等于该温度下两液体单独存在时的蒸气压之和,即

$$p = p_A^* + p_B^* \tag{5-7}$$

由式(5-7)可知,二组分液态不互溶系统中,蒸气总压力恒大于任一纯组分的蒸气压。在一定外压下,将该系统加热,当蒸气总压等于外压时,两液体同时沸腾,此时的温度称为两液体的共沸点,简称为共沸点,又称恒沸点。共沸点恒低于任一纯液态组分的沸点。

图 5-16 所示为水(A)-苯(B)混合系统的蒸气压与温度的关系。由图可以看出:当压力 $p=100$ kPa 时,水的沸点约为 373 K,苯的沸点约为 353 K,而同样压力下水-苯系统的沸点为 343 K(70 ℃)。这是因为在 343 K 下,水-苯系统中水和苯的饱和蒸气压之和与外压力相等,已达到了 $p=100$ kPa,故该温度下混合液体就沸腾了,此时的沸腾温度也就是共沸点,比两个纯物质的沸点都低。在共沸点下,气相与两个互不相溶的液相平衡共存,根据相律 $f=C-P+1=2-3+1=0$。自由度数 $f=0$ 说明不论总组成如何,混合气体的组成皆为定值,即

$$y_B = \frac{p_B}{p} = \frac{p_B^*}{p_A^* + p_B^*} \tag{5-8}$$

图 5-17 为水 H_2O(A)-苯 C_6H_6(B)系统在 101.325 kPa 下的沸点-组成图,图中 t_A^*、t_B^* 分别为水和苯的沸点,$t_A^* E$ 线为液态水与蒸气的气液平衡线,蒸气对水是饱和的,对苯则是不饱和的;$t_B^* E$ 线为液态苯与蒸气的气液平衡线,蒸气对苯是饱和的,对水则是不饱和的。水平线 CED 为三相平衡线,也称为共沸点线(即任何比例的水和苯的混合物其沸点均为69.9 ℃)。如图 5-17 中的 E 点即为三相平衡时的气相点。已知 343.05 K 下,$p^*(H_2O)=27\,965.7$ Pa,$p^*(C_6H_6)=73\,359.3$ Pa,将该数据代入式(5-8)中,则 E 点的气相组成为 $y_B=0.724$。其他各个区域所代表的相已在图上注明。

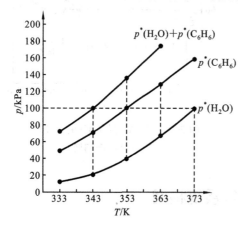

图 5-16　水-苯混合系统的蒸气压与温度的关系

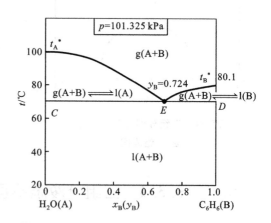

图 5-17　H_2O(A)-C_6H_6(B)系统的沸点-组成图

如图 5-17 所示,若系统点恰好在 E 点,加热时两液体同时蒸发完,全部变为 $y_B=0.724$ 的蒸气后温度才能上升。当系统点在 CED 线上 E 点的两侧(不包含 C 和 D 两点)时,出现三相平衡,即液态水、液态苯及 $y_B=0.724$ 的蒸气三相平衡共存,继续加热,温度不变,两液相的量不断减少,气相的量增多,直至有一个液相消失,温度才能上升,当温度

上升到 $t_A^* E$ 线或 $t_B^* E$ 线所对应的温度时,另一液相也全部汽化。

2. 水蒸气蒸馏原理

对于沸点高、易分解且不溶于水的有机物的提纯常采用水蒸气蒸馏的方法。所谓水蒸气蒸馏,就是利用共沸点比两个不互溶液体的沸点都低这一原理,把不溶于水的高沸点有机物和水一起蒸馏,使两液体在低于水的沸点下共同蒸发,馏出物经冷凝后分为两层,由于两者不互溶,除去水层后即得产品。这样在分离有机物的同时,又避免因温度过高而导致有机物的分解,真正达到了提纯的目的。

水蒸气蒸馏的效率用水蒸气消耗系数来衡量。设蒸气为理想气体,由分压定律,沸腾时蒸气中水(A)和有机物(B)的分压为

$$p_A^* = p y_A = p \frac{n_A}{n_A + n_B}$$

$$p_B^* = p y_B = p \frac{n_B}{n_A + n_B}$$

式中:p_A^*、p_B^*、p——在水蒸气蒸馏温度下,纯水、纯有机物的饱和蒸气压和蒸气总压力,Pa;

y_A、y_B——气相中水和有机物的摩尔分数;

n_A、n_B——水和有机物的物质的量,mol。

将以上两式相除,得

$$\frac{p_A^*}{p_B^*} = \frac{n_A}{n_B} = \frac{m_A/M_A}{m_B/M_B} = \frac{M_B m_A}{M_A m_B}$$

式中:m_A、m_B——水和有机物的质量,g;

M_A、M_B——水和有机物的摩尔质量,g·mol^{-1}。

整理上式,得

$$\frac{m_A}{m_B} = \frac{p_A^* M_A}{p_B^* M_B} \tag{5-9}$$

式中:m_A/m_B——水蒸气消耗系数,它表示蒸馏出单位质量有机物所需水蒸气的用量。

该系数越小,表示水蒸气蒸馏的效率越高。从式(5-9)可知,有机物的蒸气压越高,相对分子质量越大,则水蒸气消耗系数就越小。

[例 5-2] 已知水(A)-氯苯(B)为液态完全不互溶系统,在 101.325 kPa 下其沸点为 364.15 K,在此温度下,水和氯苯的饱和蒸气压分别为 72 852.68 Pa 和 28 472.31 Pa。

试求:(1) 平衡气相组成(摩尔分数);

(2) 蒸馏出 1 000 kg 氯苯至少需消耗水蒸气的质量。

解 (1) 已知 $p_A^* = 72\ 852.68$ Pa,$p_B^* = 28\ 472.31$ Pa,总压 $p = 101.325$ kPa$= 101\ 325$ Pa,所以

$$y_B = \frac{p_B^*}{p} = \frac{28\ 472.31}{101\ 325} = 0.281$$

(2)

$$\frac{m_A}{m_B} = \frac{p_A^* M_A}{p_B^* M_B} = \frac{72\ 852.68 \times 18.0}{28\ 472.31 \times 112.5} = 0.409$$

$$m_A = 0.409 \times m_B = 0.409 \times 1\ 000\ \text{kg} = 409\ \text{kg}$$

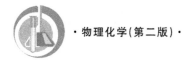

3. 分配定律和萃取

1) 分配定律

实验证明,在一定温度、压力下,当溶质 B 在共存的两互不相溶的液体里达到平衡时,若形成理想稀薄溶液,则溶质在两液相中的浓度之比为常数,这就是分配定律,其数学表达式为

$$K = \frac{c_B(\alpha)}{c_B(\beta)} \tag{5-10}$$

式中:$c_B(\alpha)$、$c_B(\beta)$——溶质 B 在溶剂 α 和溶剂 β 中的物质的量浓度;

K——分配系数。

影响 K 值的因素有温度、压力、溶质及两种溶剂的性质。如果溶质 B 在任一溶剂 β 中以二聚体 B_2 存在,则

$$K = \frac{c_B(\alpha)}{[c_B(\beta)]^{1/2}} \tag{5-11}$$

分配定律是工业中萃取方法的理论基础。用萃取方法可以除去溶液中不希望存在的组分,或分离出溶液中有用的组分。例如,湿法冶金、稀土元素的提取和分离等都是采用这种方法。

2) 萃取

用一种与溶液不互溶的溶剂,将溶质从溶液中提取出来的过程称为萃取。萃取是利用不同物质在选定溶剂中溶解度不同而分离固态或液态混合物中组分的方法。例如,如果水中溶解了少量的某种物质,可加入一定量的与水不相溶的溶剂,使该物质在两溶剂中重新分配,达到平衡时,该物质在这种溶剂中溶解度越大,萃取效果越好。

当分配系数不高时,一次萃取不能满足分离或测定的要求,此时可采用多次连续萃取的方法来提高萃取率。经过 n 次萃取后,原溶液中所剩溶质 B 的质量为

$$m_n = m_0 \left(\frac{KV_1}{KV_1 + V_2} \right)^n \tag{5-12}$$

式中:m_n——经过 n 次萃取后,原溶液中所剩溶质 B 的质量,kg;

m_0——原溶液中所含溶质 B 的质量,kg;

K——分配系数;

V_1——原溶液的体积,m^3;

V_2——每次所加萃取剂的体积,m^3;

n——萃取次数。

实验证明,当萃取剂数量有限时,分多次萃取的效果要比一次萃取的效果好。

[例5-3] $1 dm^3$ 水中溶解有机胺(B)50 g,现以 600 $cm^3 C_6H_6$ 进行如下萃取:

(1) 用 600 $cm^3 C_6H_6$ 一次萃取;

(2) 用 600 $cm^3 C_6H_6$ 分六次萃取。

解 (1) 设一次萃取后水中残留有机胺(B)的质量为 m_1,则根据式(5-12)有

$$m_1 = m_0 \frac{KV_1}{KV_1 + V_2} = 50 \times \frac{0.2 \times 1\ 000}{0.2 \times 1\ 000 + 600} \text{ g} = 12.5 \text{ g}$$

萃取出有机胺(B)的质量为

$$(50-12.5)\ \text{g}=37.5\ \text{g}$$

（2）设分六次萃取后水中残留有机胺(B)的质量为 m_6，则根据式(5-12)有

$$m_6=m_0\left(\frac{KV_1}{KV_1+V_2}\right)^6=50\times\left(\frac{0.2\times1\,000}{0.2\times1\,000+600}\right)^6\ \text{g}=0.01\ \text{g}$$

萃取出有机胺(B)的质量为

$$(50-0.01)\ \text{g}=49.99\ \text{g}$$

5.3.5 二组分液固系统相图

仅由液相和固相所构成的系统称为凝聚系统。通常，压力对凝聚系统的相平衡影响很小，可不予考虑，因此，二组分凝聚系统的相律为 $f=C-P+1=2-P+1=3-P$。当 $P=1$ 时，$f=2$，这两个独立变量是温度和组成，所以下面讨论的相图均为温度-组成图。

凝聚系统分为二组分固态完全不互溶（两种纯固体）系统、二组分固态完全互溶（形成固态溶液）系统和二组分固态部分互溶（形成两共轭固态溶液）系统。分别介绍如下。

1. 二组分固态完全不互溶系统

（1）具有简单的低共熔混合物系统的相图。

① 热分析法。

热分析法就是先将组成不同的样品加热熔化成液态，然后令其缓慢而均匀地冷却，记录下冷却过程中系统温度随时间变化的数据，再以温度为纵坐标，时间为横坐标，绘制成温度-时间曲线，即步冷曲线，或称为冷却曲线。若系统发生相变，由于析出固体时放出的热量补偿了冷却过程中系统向环境散失的热量，冷却曲线的斜率会发生明显变化，出现转折点或水平线段，根据它们对应的温度和系统组成，便能绘制出温度-组成图。热分析法是研究凝聚系统相平衡及绘制其相图最常用的实验方法。

以 Bi(A)-Cd(B)二组分系统为例，将此二组分以各种不同的比例配制成一系列组成不同的混合物，分别由实验测出它们的步冷曲线，如图5-18(a)所示。

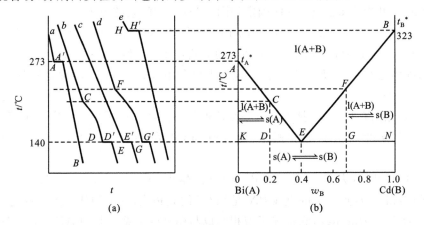

图 5-18 Bi(A)-Cd(B)二组分系统的步冷曲线及其温度-组成图

a 线是纯 Bi 的步冷曲线。开始时液体 Bi 从高温逐渐冷却，温度均匀下降，当温度降至 273 ℃时，有 Bi(s)结晶析出，这时系统为单组分液、固相两相平衡。根据相律，$f=C-$

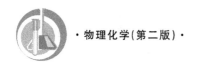

$P+1=1-2+1=0$,此时温度保持不变,步冷曲线上出现 AA' 水平段(称为停歇点),这是因为液体 Bi 的凝固热补偿了系统的散失热。水平段对应的温度 273 ℃就是纯 Bi 的凝固点(或熔点)。在此温度下 Bi 全部凝固,系统成为单一固相 Bi 后,$f=C-P+1=1-1+1=1$,温度又沿 $A'B$ 均匀下降。根据 Bi 的凝固点 273 ℃可确定相图 5-18(b)中的 A 点。

e 线是纯 Cd 的步冷曲线,其形状与 a 线相似,分析方法相同。同理,水平段 HH' 所对应的温度 323 ℃是纯 Cd 的凝固点(或熔点)。由此确定相图 5-18(b)中的 B 点。

b 线是 Cd 的质量分数 $w_B=0.20$ 的 Bi-Cd 混合物的步冷曲线。当 Bi-Cd 液态混合物冷却至 C 点所对应的温度时,Bi 达到饱和状态,开始析出纯 Bi(s)晶体。此时 Bi-Cd 液相与 Bi(s)构成平衡系统,根据相律 $f=C-P+1=2-2+1=1$,说明温度仍可下降。但因为 Bi 的凝固热使冷却降温的速率变慢,所以在 C 点出现了转折,过了 C 点后,温度继续下降,从系统中不断析出纯 Bi 时,液态混合物组成发生了变化(Bi 的质量分数减少,Cd 的质量分数增加),步冷曲线坡度变小了。当冷却到 D 点所对应的温度 140 ℃时,液态混合物对 Cd 也已成为饱和状态,Bi 和 Cd 同时结晶析出,而且温度保持 140 ℃不变,在步冷曲线上出现 DD' 水平段。这时根据相律 $f=C-P+1=2-3+1=0$,系统的组成和温度都保持不变,一直至液相全部凝固为 Bi(s)和 Cd(s),温度才继续下降。故转折点 C 对应的温度是 Cd 的质量分数为 20%时系统开始析出 Bi(s)的温度,水平段 DD' 对应的 140 ℃是 Bi 和 Cd 同时析出的温度。根据此两温度可绘出相图 5-18(b)中的 C 点和 D 点。

c 线是 Cd 的质量分数 $w_B=0.40$ 的步冷曲线,它的形状与纯物质(即 a 线和 e 线)的很相似,没有转折点,只有一个水平段 EE',这是因为当温度降至 140 ℃时,Bi 和 Cd 以试样中的比例同时析出,使液相的组成不变。由于系统中三相平衡共存,$f=C-P+1=2-3+1=0$,温度及各相组成均不变。当液相全部变为固态混合物后,系统又开始降温。如果将 Cd 的质量分数 $w_B=0.40$ 的 Bi-Cd 固态混合物加热,也在 140 ℃全部熔化。显然,140 ℃是 Bi-Cd 固态混合物同时熔化的最低温度,因而该温度称为最低共熔点或低共熔点。上述组成的混合物叫最低共熔混合物或低共熔混合物。它的熔化温度也就是低共熔点。由 140 ℃和组成 $w_B=0.40$ 能确定相图 5-18(b)中的系统点 E。

d 线是 Cd 的质量分数 $w_B=0.70$ 的步冷曲线,其变化规律与 b 线相似。系统降温至 F 点时有 Cd(s)析出;降至水平段 GG' 时,同时析出 Bi(s)和 Cd(s)。所不同的是在 F 点先析出的固体是 Cd。由 F 点和 G 点对应的温度和组成 $w_B=0.70$ 能确定相图 5-18(b)中的系统点 F 和 G。

最后,在相图 5-18(b)中把上述五条步冷曲线中晶体开始析出的温度 A、C、E、F、B 以及全部凝固的温度 D、E、G 连接起来,便得到 Bi-Cd 系统的温度-组成图,也叫做熔点-组成图。

图 5-18(b)中,A 及 B 分别为纯 Bi 及 Cd 的熔点(或凝固点)。A 点以下的直线 AK 是纯 Bi 的固相线,B 点以下的直线 BN 是纯 Cd 的固相线,其上的任一点表示纯固体的一个状态。AEB 线为液相线,它描述了液相组成与温度的关系。其中 AE 线代表纯固体 Bi 与液态混合物平衡时,混合物的组成与温度的关系曲线,即 Bi 的凝固点下降曲线,称为液相线,也称结晶开始曲线。BE 线为纯固体 Cd 与液态混合物平衡时混合物的组成与温度的关系曲线,即 Cd 的凝固点下降曲线,也称液相线或结晶开始曲线。E 点为低共熔点

（温度为 140 ℃，$w_B = 0.40$）。通过 E 点的水平线 KEN 叫做三相平衡线，表示除两端点 K 和 N 外，线上的任一点代表的系统均是固态 Bi（K 点）、固态 Cd（N 点）和 Cd 的质量分数 $w_B = 0.40$ 的液态低共熔混合物（E 点）三相平衡共存。

AEB 线以上为单相的液态混合物区，用符号 l(A+B) 表示。AKE 或 BEN 则为两相共存区，分别为 Bi 和 Cd 与液态混合物共存的区域，分别用符号 $l(A+B) \rightleftharpoons s(A)$ 和 $l(A+B) \rightleftharpoons s(B)$ 来表示。在两相平衡区内，两相的相对质量可由杠杆规则求得。水平线 KEN 以下为两固体 Bi 与 Cd 的混合物区。

此类相图能提供制备低熔点合金的方法。例如在水银中加铊（Tl），能使水银的凝固点（-38.9 ℃）降低，但通过相关的相图可知最低只能降到 -50 ℃，若想进一步降低，则需采用更多组分的系统。

② 溶解度法。

盐溶于水能使水的凝固点降低，只要根据不同温度下盐在水中的溶解度实验数据就可以绘制水-盐系统相图，这种利用盐的溶解度来绘制相图的方法称为溶解度法。有些水-盐系统也属于简单低共熔混合物系统。表 5-4 为不同温度下 H_2O(A)和$(NH_4)_2SO_4$(B)构成的二组分水盐系统的液固平衡实验数据。

表 5-4 H_2O(A)-$(NH_4)_2SO_4$(B)系统的液固平衡实验数据

t/℃	w_B	固 相
0	0	H_2O(s)
-11	0.286	H_2O(s)
-18.3	0.398	H_2O(s) $\rightleftharpoons$ $(NH_4)_2SO_4$
0	0.411	$(NH_4)_2SO_4$
30	0.438	$(NH_4)_2SO_4$
70	0.479	$(NH_4)_2SO_4$
108.90（沸点）	0.518	$(NH_4)_2SO_4$

根据表 5-4 中的实验数据，以温度为纵坐标，质量分数为横坐标，可绘制出 H_2O(A)-$(NH_4)_2SO_4$(B)系统的相图，如图 5-19 所示。各区域所代表的相态已列于相图上，图中点 F 是水的凝固点，FK 线是冰与盐溶液的平衡共存曲线，表示水的凝固点随盐的加入而下降，故又称为水的凝固点降低曲线。KM 线表示$(NH_4)_2SO_4$的溶解度随温度变化的规律，故称为$(NH_4)_2SO_4$的溶解度曲线。一般盐的熔点甚高，大大超过其饱和溶液的沸点，所以 KM 不可向上任意延伸。在 FK 线和 KM 线上都满足 $f = C - P + 1 = 2 - 2 + 1 = 1$，即温度和质量分数两个变量中只有一个可以自由变动。

FK 线与 KM 线交于 K 点，在此点上出现冰、盐和盐溶液三相共存，此时 $f = C - P + 1 = 2$

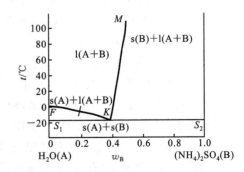

图 5-19 H_2O(A)-$(NH_4)_2SO_4$(B)系统相图

$-3+1=0$,表明系统在 K 点时,温度和各相的组成均有固定不变的数值(-18.3 ℃,$(NH_4)_2SO_4$ 的质量分数 $w_B=0.398$)。即温度降至 -18.3 ℃时,系统就出现冰、盐和盐溶液三相平衡共存。若从升温角度看,K 点是冰和盐能够共同熔化的最低温度,即低共熔点。溶液在 K 点凝成的共晶混合物,称为共晶体或简单低共熔混合物。不同的水盐系统,其低共熔混合物的总组成以及低共熔点各不相同。通过 K 点的 S_1S_2 水平线是三相线。水-盐系统相图可用于盐的分离和提纯,有低共熔点的,可用来创造低温条件,帮助人们有效地选择分离提纯盐类的最佳工艺条件和方法。例如,欲自 $w_B=0.30$ 的 $(NH_4)_2SO_4$ 水溶液中获得 $(NH_4)_2SO_4$ 纯晶体,由图 5-19 可知,单凭冷却是不可能的,因为冷却过程中将首先析出冰,冷却到 -18.3 ℃时,固体盐与冰同时析出,故应将溶液蒸发浓缩,使溶液组成 $w_B>0.398$(0.398 为图 5-19 中 K 点所对应的组成),再将浓缩后的溶液冷却,并控制温度使其略高于 -18.3 ℃,则可获得纯 $(NH_4)_2SO_4$ 晶体。又如用冰和盐可配制冷冻剂,把冰和盐混合,当有少许冰熔化成水,又有盐溶入,则三相共存,溶液的组成向 K 点靠近,相应的温度将向低共熔点靠近,于是系统将自发地通过冰的熔化耗热而降低温度直至达到低共熔点。此后,只要冰和盐存在,则此系统的温度将保持低共熔点温度(-18.3 ℃)恒定不变。

以上讨论的是有简单低共熔混合物系统的相图。所谓"简单",是指这种系统的两个组分不会生成化合物,冷却时析出的是两种纯固体,而不是其固态溶液。属于此类系统的还有锑-铅、硅-铝、氯化钾-氯化银、邻硝基氯苯-对硝基氯苯、萘-苯、水-氯化铵等。

(2)生成相合熔点化合物系统的相图。

将熔化后液相组成与固相组成相同的固体化合物称为稳定化合物,称其熔点为相合熔点。这类系统中最简单的情况是两种物质只生成一种化合物,而且这种化合物与两种纯物质在固态时完全不互溶。如氯化亚铜 CuCl(A)-氯化铁 $FeCl_3$(B)、四氯化碳 CCl_4(A)-对二甲苯 $C_6H_4(CH_3)_2$(B)、苯酚 C_6H_5OH(A)-苯胺 $C_6H_5NH_2$(B)等都是能生成一种物质的量之比为 1:1 稳定化合物的系统。图 5-20 为苯酚(A)-苯胺(B)系统的熔点-组成图。苯酚和苯胺在常压下的熔点分别为 40 ℃ 和 -6.1 ℃,而两者生成的稳定化合物 $C_6H_5OH \cdot C_6H_5NH_2$(C),其熔点是 31 ℃。图 5-20 可以看做由两个具有简单低共熔混合物系统的相图组合而成。左边是苯酚(A)-化合物(C)系统的相图,右边是化合物(C)-苯胺(B)系统的相图。左、右两边的相图中均有一个低共熔点、两条凝固点下降曲线和一条三相平衡线,均有一个液相区和三个两相区。各区域所代表的相态已列于相图上。图 5-20 中的 P、Q、R 分别为 A、B、C 的熔点。对于摩尔分数 $x_B=0.5$ 的系统,C_6H_5OH 与 $C_6H_5NH_2$ 的物质的量之比正好使之全部生成化合物 $C_6H_5OH \cdot C_6H_5NH_2$,因而该系统中不仅存在一个独立的化学反应,还有一个 1:1 的浓度限制条件,故组分数 $C=S-R-R'=3-1-1=1$,即为单组分系统。将 $x_B=0.5$ 的液相冷却,当温度降至 31 ℃,即到达 R 点时,只有纯固态化合物 C 凝固出来,而且温度保持在 31 ℃不变,直至所有液态溶液完全凝固为止,所得步冷曲线的形状与单组分系统(纯物质)的步冷曲线形状一致。

有的二组分系统能生成多种稳定化合物。通常,如果在其相图中有 n 个类似伞状的图形(如图 5-20 中 R 处)存在,就有 n 种稳定的化合物生成,则其相图可以看做由 $n+1$ 个简单低共熔系统的相图组合而成。例如,水 H_2O(A)和硫酸 H_2SO_4(B)系统可以生成

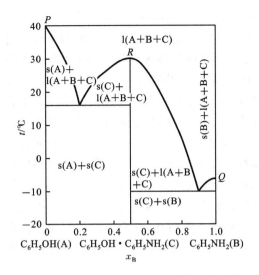

图 5-20　苯酚(A)-苯胺(B)系统熔点-组成图

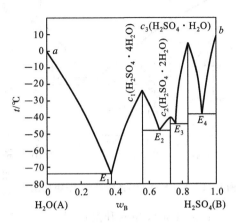

图 5-21　$H_2O(A)$-$H_2SO_4(B)$系统的液固平衡相图

$H_2SO_4 \cdot 4H_2O$、$H_2SO_4 \cdot 2H_2O$、$H_2SO_4 \cdot H_2O$ 三种化合物,在图 5-21 中,有四个简单低共熔系统的相图。通常 $w_B = 0.98$ 的浓硫酸常用于炸药、医药工业等,但是从图中可以看到 $w_B = 0.98$ 的浓硫酸的结晶温度为 273.25 K,作为产品在冬季很容易冻结,输送管道也容易堵塞,无论运输和使用都会遇到困难,因此冬季常把 $w_B = 0.925$ 的硫酸作为产品,这种酸的凝固点大约在 238.2 K,在一般的地区长期存放或运输都不至于冻结,但是从运输的费用看,运输 $w_B = 0.98$ 的浓硫酸比较经济。从图 5-21 还可以看出,组成为 $w_B = 0.90$ 的浓硫酸的结晶温度对组成的变化影响较为显著。例如,当 $w_B = 0.93$ 变为 $w_B = 0.91$,则结晶温度将从 238.2 K 升高到 255.9K,如果 w_B 降到 0.89,则结晶温度升到 269 K,在冬季晶体也很容易析出,所以在冬季不能用同一条输送管道来输送不同组成的 H_2SO_4,以免因组成改变而引起管道堵塞。图 5-21 中各点的数据见表 5-5。

表 5-5　$H_2O(A)$-$H_2SO_4(B)$系统的实验数据

系统点	a	E_1	c_1	E_2	c_2	E_3	c_3	E_4	b
$t/℃$	0	−74.5	−25.8	−45.5	−39.65	−41.0	8.3	−37.85	10.45
w_B	0	0.380	0.576	0.683	0.730	0.750	0.843	0.933	1.000

(3)生成不相合熔点化合物系统的相图。

若 A、B 两物质生成的化合物 C 只能在固态时存在,当加热这种固态化合物 C 时,在未达其熔点以前它即分解成新的固相和组成不同于原来固态化合物 C 的液相,称 A-B 这类系统为生成不稳定化合物系统或生成不相合熔点化合物系统,称固态化合物 C 为不稳定化合物或不相合熔点化合物。属于这种情况的二组分系统有 Na_2SO_4-H_2O、NaCl-H_2O、CaF_2-$CaCl_2$、KCl-$CuCl_2$、SiO_2-Al_2O_3、Na-K、Au-Sb 等。

图 5-22 是 Na(A)-K(B)系统的固液平衡熔点-组成图。由 Na 和 K 生成的化合物Na_2K加热至温度 t_p 时,Na_2K 按下式分解:

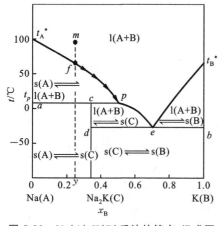

图 5-22 Na(A)-K(B)系统的熔点-组成图

$$Na_2K(s) \rightleftharpoons Na(s)+熔体[(Na+K)]$$

p 点称为转熔点，该点的温度称为不相合熔点。这种分解过程称为转熔反应，因为在转熔反应中，三相平衡共存于一个系统中：固态 Na（相点 a）、固态化合物 Na_2K（相点 c）和液态混合物（相点 p）。所产生的固、液两相的质量比符合杠杆规则，即 $m(l) / m(s) = \overline{ac} / \overline{cp}$。在此温度下，系统的自由度数 $f=0$，三相的组成及温度皆为定值，直到固态化合物 Na_2K 全部分解完后，系统变为两相，$f=1$，温度才开始上升。再继续加热，熔体将不断熔化，对应的液相组成将沿着 pt_A^* 曲线移动，直到熔体消失，液相点与物系点重合。以后则是液相的升温过程。

如果冷却组成为 y 的均相熔合物，则到达 f 点时，纯固态 Na 开始从熔化物中析出，熔化物中 K 含量增加，熔化物的组成在继续冷却过程中沿 fp 曲线变化。当温度到达 t_p 时，固态 Na（相点 a）与熔合物反应生成固态化合物 Na_2K，系统中存在三相平衡，$f=0$。当转熔反应完成后，系统成为含纯固态 Na 和固态化合物 Na_2K 的两相平衡系统时，系统的温度才能继续下降。

在二组分系统的相图中，凡有 T 形的图形（图 5-22 中的 c 处）出现，就表示有不稳定化合物（不相合熔点化合物）生成。

2. 二组分固态完全互溶系统

当两个组分不仅能在液相中完全互溶，而且在固相中也能完全互熔，即从液相中析出的固体不是纯物质而是固态溶液（或称为固熔体）时，这类系统的图形与二组分液态混合物在等压下的气液平衡相图具有相似的形状。

图 5-23 是 Au(A)-Pt(B) 系统的熔点-组成图，这类相图也是利用热分析法绘制的。图中 t_A^* 及 t_B^* 分别表示纯 Au 和纯 Pt 的熔点。上面的曲线 $t_A^* L_2 L_1 t_B^*$ 称为液相线或凝固点曲线，它表示溶液在冷却过程中凝固点随组成变化的关系。下面的曲线 $t_A^* S_2 S_1 t_B^*$ 称为固相线或熔点曲线，它表示固体加热时熔点随组成变化的关系。液相线 $t_A^* L_2 L_1 t_B^*$ 以上的区域是液相区，固相线 $t_A^* S_2 S_1 t_B^*$ 以下的区域为固相区（固熔体）。液相线与固相线之间的区域为液固两相平衡共存区，即液态混合物（或溶液）与固熔体共存。

将状态点为 a 的溶液冷却降温到 t_1 时，系统点到达液相线的 L_1 点，开始有固相析出，此固相不是纯物质，而是固溶体。继续

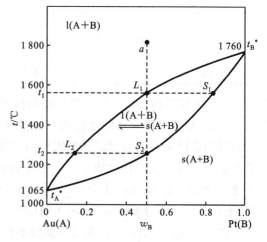

图 5-23 Au(A)-Pt(B) 系统的熔点-组成图

冷却,温度从 t_1 降到 t_2 的过程中,不断有固相析出,液相点沿液相线由 L_1 点变至 L_2 点,固相点相应地沿固相线由 S_1 点变至 S_2 点。在 t_2 下系统点与固相点重合为 S_2 点,液相消失,系统完全凝固,最后消失的一滴液相组成为 L_2。

上述过程要求冷却速度很慢,以保证在凝固过程中整个固相在任何时候都能和液相尽量达到平衡。如果冷却过快,仅固相表面和液相平衡,固相内部来不及变化,在液相点由 L_1 点变至 L_2 点的过程中,将析出一连串不同组成的固相层,而出现固相变化滞后的现象,可以在 t_2 以下的某温度范围内仍存在液相不完全凝固的现象。

为了使固相的组成能均匀分布,可将固体的温度升高到接近熔化而又低于熔化的温度,并在此温度保持一定时间,使固体内部各组分进行扩散并趋于平衡。这种方法通称为金属的热处理,它是金属工件制造工艺过程中的一个重要工序(常称为退火)。退火不好的金属材料处于介稳状态,在长期使用过程中,可能由于系统内部的扩散而引起金属强度的变化。虽然这个扩散过程可能是漫长的,但必须考虑这一因素,以及由于这一因素可能引起的危害。淬火即快速冷却,也属于热处理加工,目的是使金属突然冷却来不及发生相变。虽温度降低,但系统仍能保持高温时的结构状态。

在全部组成范围内都能形成固溶体的系统并不多见,只有在两个组分的粒子的晶体结构都非常相似的条件下,当晶格内一种质点可以由另一种质点来置换而不引起晶格的破坏时,才能构成这种系统。属于这一类型的系统还有 NH_4SCN-$KSCN$、$PbCl_2$-$PbBr_2$、Cu-Ni、Co-Ni、Au-Ag、AgCl-NaCl、萘-1-萘酚等。

固态完全互溶的二组分系统的液固平衡相图,除了图 5-23 所示的类型外,还有具有低共熔点和高共熔点的两类相图。这两类相图与具有最低沸点和最高沸点的二组分系统气液平衡的温度-组成相图类似。具有低共熔点的系统较多,如 HgI_2-$HgBr_2$、Cu-Mn、Cu-Au、KCl-KBr 等。具有高共熔点的系统很少。

3. 二组分固态部分互溶系统

二组分固态部分互溶的情况与二组分液态部分互溶相似,系统的两组分在固态时仅在一定组成范围内完全互溶,形成单一的固溶体,而在其他组成时形成了两个不同的固溶体。这就是二组分固态部分互溶系统,这类系统可分为以下两种情况。

(1) 具有低共熔点的系统。

这类相图如图 5-24 所示,它与二组分液态部分互溶系统的气液平衡的相图相似。六个相区的平衡相已注明于图中,其中 t_A^* 和 t_B^* 分别为纯 A 及纯 B 的熔点;α 代表 B 溶于 A 中的固态溶液(固溶体),β 为 A 溶于 B 中的另一固溶体;曲线 $t_A^* L$ 和 $t_B^* L$ 称为液相组成线,分别为 α 相及 β 相的饱和溶解度曲线。曲线 $t_A^* S_1 M$ 及 $t_B^* S_2 N$ 分别为 α 固溶体和 β 固溶体的固相组成线。水平线 $S_1 S_2$ 为三相共存线,在此线上,α 固溶体、β 固溶体和液相平衡共存。$S_1 S_2$ 线对应的温度为低共熔点。L 点对应的组成为低共熔组成。

状态点为 c 的液相冷却降温到 L 点时,α 相及 β 相皆达到饱和状态,再冷却,相点为 S_1 的 α 相和相点为 S_2 的 β 相将按相图中所示的比例同时析出,在液相消失之前,同时析出两固溶体的质量比为

$$m(\alpha)/m(\beta) = \overline{LS_2}/\overline{LS_1}$$

此时,α 固溶体、β 固溶体和液相三相平衡共存,$f=0$,液相、α 相、β 相三相组成及温度皆为

定值,直至液相消失温度才能继续下降。在 α 相及 β 相两相接近平衡条件下的降温过程中,两相的组成将分别沿着曲线 S_1M 和 S_2N 变化,两相的质量也相应地发生变化。

属于这类系统的实例有 Sn-Pb、KNO₃-NaNO₃、AgCl-CuCl、Ag-Cu、Sn-Pb、Pb-Sb 等。

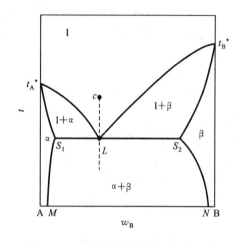

图 5-24　具有低共熔点的二组分固态
部分互溶系统的相图

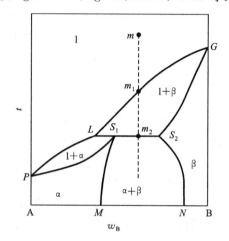

图 5-25　具有转变温度的二组分固态
部分互溶系统的相图

（2）具有转变温度的系统。

如果将图 5-24 中纯 A 的熔点 t_A^* 向下移动到三相平衡线以下,S_1 点沿三相平衡线向右移动,使其靠近 S_2 点,则可以得到相图 5-25。在图 5-25 中,有三个单相区、三个两相区,各区的稳定相皆标于图中。图 5-25 与图 5-24 不同的是,在三相线上,相点 L 所对应的液相中 A 的质量分数高于 α 固溶体或 β 固溶体中 A 的质量分数。

将状态点为 m 的液相冷却到 m_1 点,开始析出 β 固溶体。降温到接近三相平衡线时,所得到的 β 固溶体的质量最多。降温到 m_2 点,再继续冷却,则发生液相和 β 固溶体转变为 α 固溶体的过程,即

$$l(L) + \beta(S_2) \Longleftrightarrow \alpha(S_1)$$

故三相线所对应的温度称为两个固溶体之间的转变温度。这时三相平衡共存,$f = 0$,在冷却曲线上出现水平线段,直到液相消失温度才能下降。此后,则是 α+β 的降温过程,两相的组成及质量也相应地随之而变。故这类相图的特点是 α 固溶体在三相线 LS_1S_2 以上温度时不能存在,且在三相线 LS_1S_2 线上按上式发生转换。

Hg-Cd、AgNO₃-NaNO₃、AgCl-LiCl 等系统的相图具有上述特征。

*5.4　三组分系统相图

一般来说,三组分系统相图比二组分系统相图要复杂得多。本书中只介绍其中最简单的一类,即有一对液体部分互溶的液液平衡相图,以便了解三组分系统相图的处理原则。

5.4.1　三组分系统相图的等边三角形表示法

对于三组分系统,根据吉布斯相律,应有 $f = C - P + 2 = 3 - P + 2 = 5 - P$。显然,在三组分系统中,最多相数为 5,最大的自由度数为 4,即系统最多可以有四个独立的强度变量,这四个变量一般选取温度、压力及两个组成。因此,欲充分地描述三组分系统的相平衡关系,就必须用四维坐标图。当温度、压力两者中固定一个时,就可以用三维坐标图;而当温度、压力都固定时,可以用二维(平面)坐标图。下面介绍最常用到的定温、定压下三组分系统的等边三角形表示法。

若用等边三角形表示,如图 5-26 所示。等边三角形坐标实际上是 60°的斜坐标。其中,等边三角形 A、B 和 C 三顶点分别表示纯组分 A、B 和 C;而三个边 AB、BC 和 CA 则分别为相应的二组分坐标,AB 边上从 A 到 B 表示 w_B,BC 边上从 B 到 C 表示 w_C,CA 边上从 C 到 A 表示 w_A,当然反过来亦可。读图方法是,从系统点 p 作平行各边的平行线,从各边上可读取 $w_A = a'$、$w_B = b'$ 及 $w_C = c'$。

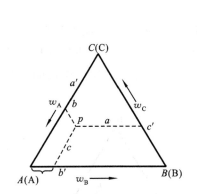

图 5-26　三组分系统组成的表示法

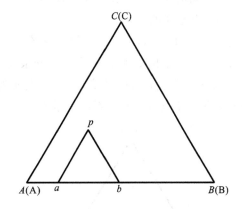

图 5-27　表示三组分系统的等边三角形

另外,也可采取下面的方法。如图 5-27 所示,过点 p 向等边三角形的底边 AB 作平行于其他两边的直线与底边分别交于 a、b 两点,此两点将底边分为三个线段,左边线段 Aa 的长度代表系统中右下角组分 B 的相对含量,中间线段 ab 的长度代表系统中顶角组分 C 的相对含量,右边线段 bB 的长度代表系统中左下角组分 A 的相对含量。反之,若已知系统的组成,要在等边三角形内确定系统的坐标点时,可在 AB 边上取 Aa 线段长度等于组分 B 的相对含量,ab 线段长度等于组分 C 的相对含量,bB 线段长度等于组分 A 的相对含量;通过 a 点作平行于 AC 的直线,通过 b 点作平行于 BC 的直线,这两条直线的交点即为该系统的组成坐标点。

根据等边三角形的几何性质,可以得到以下几点结论。

(1)等比例规则。

如图 5-28 所示,通过顶点 A 的任一直线上的各点,其 A 的含量不同,但其他两组分 B 和 C 的质量分数之比 $w_B : w_C$ 相同。

（2）等含量规则。

平行于三角形某一边的直线上，所含对角组分的质量分数都相等，如图 5-29 中 DE 线平行于 BC 线，线上任一点所含 A 的质量分数 w_A 都相等。

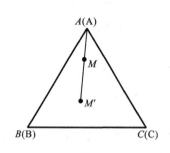

图 5-28　等比例规则

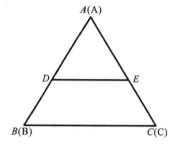

图 5-29　等含量规则

（3）杠杆规则。

如图 5-30 所示，如果有两个三组分系统 D 与 E 所构成的新系统，其系统点必位于 D、E 两点之间的连线上。在这里可使用杠杆规则，即 $n_D \overline{FD} = n_E \overline{FE}$。

（4）重心规则。

如图 5-31 所示，由三个三组分系统 D、E 和 F 混合而成的混合物，欲求其系统点，可先依杠杆规则求出 D 和 E 两个三组分系统所成混合物的系统点 G，然后再依杠杆规则求出 G 和 F 所形成系统的系统点 K，K 点即为 D、E 和 F 三个三组分系统所构成的混合物的系统点。K 点也可看成系统的重心。

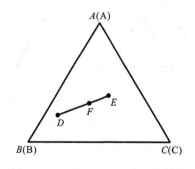

图 5-30　杠杆规则

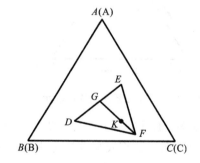

图 5-31　重心规则

5.4.2　三组分部分互溶系统的溶解度图

这里只讨论三个液体组分中只有一对液体是部分互溶的，而其他两对液体则是完全互溶的系统。以苯（A）-水（B）-乙酸（C）系统为例，苯和乙酸、水和乙酸均可以任意比例互溶，而苯和水在一定温度下部分互溶。如果苯和水混合在一起，将很快分为两层，上层为苯，下层为水，若再加乙酸到该系统中去，则成为苯-水-乙酸三组分系统。此时乙酸既溶解到苯层中，又溶解到水层中，而使苯与水由完全不互溶变成部分互溶。如图 5-32 所示，

在原组成为 d 的苯 C_6H_6-水 H_2O 系统中,加入少许乙酸,则形成了相点为 a_1 及 b_1 的两层共轭的三组分系统,即系统点 d_1,a_1b_1 线称为连接线,由于乙酸在相点为 a_1 的层及相点为 b_1 的层中含量不同,所以 a_1b_1 线并不平行于底边 AB。继续向系统中加乙酸,则系统点将沿 dk 线移动,且苯与水的相互溶解度增加,相应于系统点 d_2、d_3 和 d_4,它们的共轭层(相点)分别为 a_2 和 b_2、a_3 和 b_3、a_4 和 b_4。注意到这些连接线之间并不平行,且最后缩为一点 k,该点叫做会熔点(会熔点并不在曲线上的最高点处)。超过会熔点,系统不再分层,三个组分已变成完全互溶。显然,曲线以内的相区为两相平衡区,曲线以外为单相平衡区。

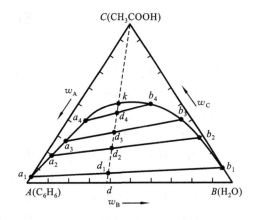

图 5-32　$C_6H_6(A)$-$H_2O(B)$-$CH_3COOH(C)$ 三组分部分互溶系统的相图

思　考　题

1. 物种数和组分数在什么情况下相等?

2. 水的三相点和冰点有何区别?

3. 纯水在三相点处自由度数为零,在冰点时,自由度数是否也等于零? 为什么?

4. 小水滴与水蒸气混在一起,它们都有相同的组成和化学性质,它们是否是同一相?

5. 石灰和面粉混合得十分均匀,再也无法彼此分开,这时混合系统有几相?

6. 二组分系统最多可能有几相? 自由度数最大是多少? 最小能否小于零? 为什么?

7. 系统点和相点有何区别?

8. 能否用市售的 60° 烈性白酒经反复蒸馏而得到纯乙醇?

9. 在一个密闭容器中装满了温度为 373.15 K 的水,一点空隙也不留,这时水的蒸气压为多少? 是否等于零?

10. 二组分液态系统若形成共沸点混合物,试讨论在共沸点时组分数、自由度数和相数各是多少?

11. 水蒸气蒸馏有何优点?

12. 非理想液态混合物对理想液态混合物及理想稀薄溶液所遵守的规律产生偏差的原因是什么?

13. 在低共熔点的二组分金属相图上,当出现低共熔混合物时有三相共存。在低共熔点所在的水平线上,每点都表示有三相共存,那么水平线的两个端点也有三相共存吗?

14. 二组分液-固系统相图都有哪些特点?

习　题

1. 指出下列平衡系统中的物种数 S、组分数 C、相数 P 和自由度数 f。

(1) C_2H_5OH 与水的溶液；

(2) $I_2(s)$ 与 $I_2(g)$ 达到平衡；

(3) $NH_4HS(s)$ 与任意量的 $H_2S(g)$ 及 $NH_3(g)$ 达到平衡；

(4) $NH_4HS(s)$ 放入抽空的容器中分解达到平衡；

(5) $CaCO_3(s)$ 与其分解产物 $CaO(s)$ 和 $CO_2(g)$ 达到平衡；

(6) $CHCl_3$ 溶于水中、水溶于 $CHCl_3$ 中的部分互溶系统及其蒸气达到相平衡。

$((1)\ S=2,C=2,P=1,f=2；(2)\ S=1,C=1,P=2,f=1；(3)\ S=3,C=2,P=2,$
$f=2；(4)\ S=3,C=1,P=2,f=1；(5)\ S=3,C=2,P=3,f=1；(6)\ S=2,C=2,P=3,f=1)$

2. 试求下列平衡系统的组分数 C 和自由度数 f。

(1) 过量的 $MgCO_3(s)$ 在密闭抽空容器中，温度一定时，分解为 $MgO(s)$ 和 $CO_2(g)$；

(2) $H_2O(g)$ 分解为 $H_2(g)$ 和 $O_2(g)$；

(3) 将 $SO_3(g)$ 加热到部分分解；

(4) 将 $SO_3(g)$ 和 $O_2(g)$ 的混合气体加热到部分 $SO_3(g)$ 分解。

$((1)\ C=2,f=2；(2)\ C=1,f=2；(3)\ C=1,f=2；(4)\ C=2,f=3)$

3. 根据表 5-6 给出的 I_2 的数据，绘制相图。(已知：$\rho_s>\rho_1$)

表 5-6　习题 3 附表

变量	三相点	临界点	熔点	沸点
$t/℃$	113	512	114	184
p/kPa	12.159	11 754	101.325	101.325

4. 已知甲苯、苯在 90 ℃下纯液体的饱和蒸气压分别为 54.22 kPa 和 136.12 kPa。两者可形成理想液态混合物。取 0.200 kg 甲苯和 0.200 kg 苯放入带活塞的导热容器中，始态为一定压力下 90 ℃的液态混合物。在恒温(90 ℃)下逐渐降低压力，问：

(1) 压力降到多少时，开始产生气相？此气相的组成如何？

(2) 压力降到多少时，液相开始消失？最后一滴液相的组成如何？

(3) 压力为 92.00 kPa 时，系统内气、液两相平衡，两相的组成如何？两相的物质的量分别为多少？

$((1)\ p=98.54\ kPa，y_B=0.747\ 6；(2)\ p=80.40\ kPa，x_B=0.319\ 7；(3)\ y_B=0.682\ 5，$
$x_B=0.461\ 3，n_{B,1}=1.709\ mol，n_{B,g}=3.022\ mol)$

5. 在 101.325 kPa 下，水(A)-乙酸(B)系统的气液平衡数据如表 5-7 所示。

表 5-7 习题 5 附表

$t/℃$	100	102.1	104.4	107.5	113.8	118.1
x_B	0	0.300	0.500	0.700	0.900	1.000
y_B	0	0.185	0.374	0.575	0.833	1.000

(1) 根据表中的数据,绘制水(A)-乙酸(B)系统的温度-组成图;

(2) 从图中找出组成为 $x_B=0.800$ 的液相的泡点;

(3) 从图中找出组成为 $y_B=0.800$ 的气相的露点;

(4) 求 105 ℃下气液平衡两相的组成;

(5) 5 mol 水和 5 mol 乙酸构成的系统,若在 105 ℃下达到气液平衡,则气相与液相中乙酸的物质的量各为多少?

((2) $t=110.2$ ℃;(3) $t=112.8$ ℃;(4) $y_B=0.417$, $x_B=0.544$;(5) $n_{B,g}=1.444$ mol,
$n_{B,l}=3.556$ mol)

6. 在 25 ℃下,丙醇(A)-水(B)系统气、液两相平衡时,组分 B 的蒸气分压力、液相组成与总压力的关系如表 5-8 所示。

表 5-8 习题 6 附表

x_B	0	0.100	0.200	0.400	0.600	0.800	0.950	0.980	1.000
p_B/kPa	0	1.08	1.79	2.65	2.89	2.91	3.09	3.13	3.17
p/kPa	2.90	3.67	4.16	4.72	4.78	4.72	4.53	3.80	3.17

(1) 根据表中的数据,绘制丙醇(A)-水(B)系统的压力-组成图(包括液相线与气相线)并指出发生何种偏差;

(2) 组成为 $x_B=0.300$ 的系统在平衡压力 $p=4.16$ kPa 下达到气、液两相平衡,求平衡时气相组成 y_B 及液相组成 x_B;

(3) 上述系统 5 mol 在 $p=4.16$ kPa 下达到气、液两相平衡时,则气相与液相的物质的量分别为多少?气相中含丙酮和水分别是多少?

(4) 上述系统 10 kg 在 $p=4.16$ kPa 下达到气、液两相平衡时,则气相与液相的物质的量分别为多少?

((2) $y_B=0.429$, $x_B=0.210$;(3) $n_g=2.18$ mol, $n_l=2.82$ mol, $n_{A,g}=1.25$ mol,
$n_{B,g}=0.94$ mol;(4) $m_g=3.87$ kg, $m_l=6.13$ kg)

7. 某有机物(B)用水蒸气蒸馏提纯时,在 101.325 kPa 下共沸点是 90 ℃,馏出物中水(A)的质量分数 $w_A=0.240$。已知 90 ℃下水的饱和蒸气压为 70.10 kPa,有机物的正常沸点为 130 ℃。试计算:

(1) 该有机物的摩尔质量 M_B;

(2) 该有机物的摩尔蒸发焓 $\Delta_{vap}H_m$。

((1) $M_B=0.128$ kg·mol^{-1};(2) $\Delta_{vap}H_m=35.82$ kJ·mol^{-1})

8. 为了将含非挥发性杂质的甲苯(B)提纯,在 86.0 kPa 压力下用水蒸气蒸馏。已知

在此压力下该系统的共沸点为 80 ℃,80 ℃下水的饱和蒸气压为 47.3 kPa。试求:

(1) 气相的组成 y_B;(2) 欲蒸馏出 100 kg 纯甲苯,需要消耗的水蒸气的量。

$$((1)\ y_B = 0.450;(2)\ m_A = 23.9\ \text{kg})$$

9. 在含有 1.000 g 碘的 1 dm³ 水溶液中加入 50 cm³ CS₂,充分摇荡后,水溶液中碘的浓度减为 0.032 9 g·dm⁻³,试计算碘在水中和 CS₂ 中的分配系数。 ($K = 1.70 \times 10^{-3}$)

10. 在 60 ℃下水(A)-酚(B)二组分系统分成两个共轭液相,其中水相含酚的质量分数 w_B(水相)=0.168,酚相含酚的质量分数 w_B(酚相)=0.551。假如这个系统含有水 90 g 和酚 60 g,问:各相的质量是多少? (m(水相)=59.1 g,m(酚相)=90.9 g)

11. 乙酸 HAc(A)-苯 C₆H₆(B)系统的温度-组成图如图 5-33 所示。

(1) 指出各区的稳定相和自由度数;

(2) 从图中可知低共熔点为 −8 ℃,低共熔混合物中 C₆H₆ 的质量分数 $w_B = 64\%$。将 C₆H₆ 的质量分数为 25% 的溶液 1 kg,由 20 ℃ 冷却时首先析出的为何物? 最多能析出该固体多少千克? ((1) 1 区:$f=2$,2、3、4 区:$f=1$;(2) $m_A = 0.609\ 4$ kg)

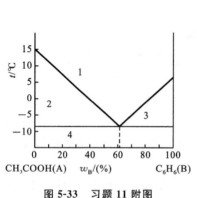

图 5-33　习题 11 附图

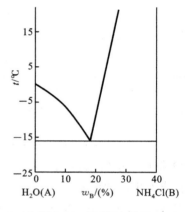

图 5-34　习题 12 附图

12. 图 5-34 是 H₂O(A)-NH₄Cl(B)系统的温度-组成图,请根据相图回答以下问题:

(1) 若在 −5 ℃下,将一块冰投入 NH₄Cl 的质量分数 $w_B = 15\%$ 的系统中,这块冰将如何?

(2) 若在 12 ℃下,将 NH₄Cl 晶体投入 NH₄Cl 的质量分数 $w_B = 25\%$ 的溶液中,NH₄Cl 晶体会溶解吗?

(3) $w_B = 10\%$ 的 NH₄Cl 溶液冷却到 −10 ℃,如何才能使析出的冰在此温度下融化?

(4) 由相图可知,−5 ℃下 NH₄Cl 的质量分数 $w_B = 21\%$,若要使 100 kg、$w_B = 25\%$ 的 NH₄Cl 溶液冷却到 −5 ℃时仍为饱和溶液,则还要加入多少千克的水?

(5) 在冰水中加入 NH₄Cl 晶体,冰水的温度可达多少度? 要得到 −8 ℃的冷冻盐水,NH₄Cl 水溶液的浓度应为多少?

((1) 融化;(2) 不会;(3) 加入 NH₄Cl 固体;(4) 19.05 kg;(5)−16 ℃,$w_B = 14\%$)

13. SiO₂(A)-Al₂O₃(B)系统的温度-组成图如图 5-35 所示。

(1) 标明各区的稳定相;

(2) 垂直于横坐标的那条线段代表什么?

(3) 两条水平线段各代表什么?

(4) M 点代表的溶液,降温时系统的相变情况如何?

((2) 不稳定化合物的固相线;(3) 上边的水平线段:$Al_2O_3(s)$、$3Al_2O_3 \cdot 2SiO_2(s)$、溶液共存的三相线;下边的水平线段:$3Al_2O_3 \cdot 2SiO_2(s)$、$SiO_2(s)$、溶液共存的三相线)

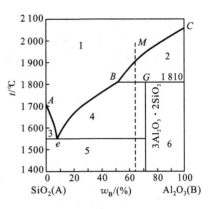

图 5-35 习题 13 附图

![目标检测题]

一、判断题

1. 相是指系统处于平衡状态时,系统中物理性质及化学性质都均匀的部分。( )

2. 依据相律,纯液体在一定温度下,其蒸气压应该是定值。( )

3. 依据相律,单组分系统相图只能有唯一的三相共存点。( )

4. 只要两组分的蒸气压不同,利用简单蒸馏总能分离得到两纯组分。( )

5. 二组分理想溶液,在任何浓度下,其蒸气压与溶液组成无关。( )

6. 在简单低共熔混合物的相图中,三相线上任何一个系统点的液相组成都相同。( )

7. 相图中的点都是系统点。( )

8. 三组分系统最多同时存在的相数为 5。( )

二、选择题

1. 在通常情况下,二组分系统平衡共存时,最多相数为( )。

(A) 1;   (B) 2;   (C) 3;   (D) 4

2. 若 $A(l)$ 与 $B(l)$ 可形成理想液态混合物,温度 T 下,纯 A 及纯 B 的饱和蒸气压 $p_A^* < p_B^*$,则当混合物的组成为 $0 < x_B < 1$ 时,其蒸气总压力 p 与 p_A^*、p_B^* 的相对大小为( )。

(A) $p > p_B^*$;   (B) $p < p_A^*$;   (C) $p_A^* < p < p_B^*$;   (D) $p > p_A^* > p_B^*$

3. 在水的 $p\text{-}T$ 相图中,$H_2O(l)$ 的蒸气压曲线表示系统( )。

(A) $P=1, f=2$;   (B) $P=2, f=1$;   (C) $P=3, f=0$;   (D) $P=2, f=2$

4. $A(l)$ 与 $B(l)$ 可形成理想液态混合物,若在一定温度下,纯 A、纯 B 的饱和蒸气压 $p_A^* > p_B^*$,则在该二组分的蒸气压-组成图上的气、液两相平衡区,达到平衡的气、液两相的组成必有( )。

(A) $x_B > y_B$;   (B) $x_B < y_B$;   (C) $x_B = y_B$;   (D) 无法确定

5. 二元合金处于低共熔点时,物系的自由度数为( )。

(A) 0; (B) 1; (C) 3; (D) 2

6. 水蒸气蒸馏通常用于有机物与水形成的( )。

(A) 二组分液态完全互溶系统; (B) 二组分液态完全不互溶系统;

(C) 二组分液态部分互溶系统; (D) 所有二组分系统

7. 在相图上,当系统处于( )时只存在一个相。

(A) 共沸点; (B) 熔点; (C) 临界点; (D) 低共熔点

三、填空题

1. 在 450 ℃下,对于 $n(N_2):n(H_2)=1:3$ 的氮气和氢气的混合物系统,建立 $N_2(g)+3H_2(g)\rightleftharpoons 2NH_3(g)$ 平衡,则系统的组分数 $C=$＿＿＿＿＿,自由度数 $f=$＿＿＿＿＿。

2. 与拉乌尔定律产生＿＿＿＿＿正偏差或＿＿＿＿＿负偏差的系统能形成共沸点混合物。共沸点混合物不是化合物,因它的组成随＿＿＿＿＿的变化而变化。

3. 测定二组分金属相图的步冷曲线时,若曲线上出现一转折点,则表明二组分系统存在＿＿＿＿＿和＿＿＿＿＿平衡,自由度数为＿＿＿＿＿;当曲线上出现一水平线段时,表明二组分系统存在＿＿＿＿＿、＿＿＿＿＿和＿＿＿＿＿平衡,自由度数为＿＿＿＿＿的系统处于相图的＿＿＿＿＿线上。

4. 碳酸钠和水可以形成三种水合物,在 100 kPa 下该系统共存的相数最多为＿＿＿＿＿。

5. 对三组分相图,最多相数为＿＿＿＿＿,最大的自由度数为＿＿＿＿＿。

第6章

化 学 平 衡

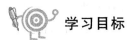 学习目标

能够正确理解温度、压力、惰性气体等对化学平衡的影响,并能通过控制各因素使平衡向预定的方向移动;掌握化学反应等温方程及其应用;掌握平衡常数的表示方法及平衡组成、平衡转化率的计算。

在实际工业生产中,除了希望能获得优质产品外,还希望一定数量的原料(反应物)能变成更多的产物。但在一定工艺条件下,一项化学反应究竟能得到多大的转化率,一些外界条件,如温度、压力等的改变又将怎样影响反应的转化率,这些工业生产的重要问题,从热力学上看都是化学平衡问题。把热力学基本原理和规律应用于化学反应可以从原则上确定反应进行的方向、平衡的条件、反应所能达到的最高限度以及外界条件对平衡态的影响,从而根据具体情况,制定工艺路线,确定工艺条件,设法使反应的转化率接近甚至达到从热力学所得出的理论转化率,以获得最佳的生产效果。

本章将利用热力学方法来处理化学平衡问题,讨论化学平衡的条件,平衡常数与吉布斯函数变化值之间的关系,平衡常数和平衡组成、平衡转化率的计算以及各种因素对化学平衡的影响规律等。

6.1　化学平衡热力学

化学平衡是指在一定条件下,化学反应的正向速率与逆向速率相等,整个系统各物质的浓度不再随时间而变化的动态平衡。

根据吉布斯函数判据,等温等压且没有非体积功时:$\Delta_r G_m(T, p) < 0$,化学反应可以自发进行;$\Delta_r G_m(T, p) = 0$,化学反应已经达到平衡。

6.1.1 化学反应方向与判据

一个化学反应在指定的条件(如温度、压力等)下能否朝着预定的方向进行?如果该反应能够进行,则它将达到什么限度?如何控制反应条件,使反应按照所需要的方向进行?外界条件(如温度、压力和浓度等)对反应有什么影响?这些问题都是我们在工业生产和科学实验中经常遇到的问题。对这类问题的研究属于化学热力学范畴。把热力学基本原理和规律应用于化学反应,就可以从理论上确定反应进行的方向、平衡的条件和反应所达到的最高限度。例如,常温下,若将 2 mol 氢气与 1 mol 氧气的混合物用电火花引爆,就可转化为水,这就是该反应在此条件下进行的方向。但是,当温度高达 1 500 ℃时,水蒸气可以有相当部分分解为氢和氧,这就是说,改变反应条件可以改变反应的方向。

那么,如何判断一个化学反应在指定条件下向什么方向进行?因通常研究的化学反应是在等温、等压且没有非体积功条件下(本章中均假定没有非体积功),因此可以根据吉布斯函数判断化学反应向什么方向进行或是否达到平衡。如果在该条件下,$\Delta_r G_m < 0$,反应自发向右进行;反之,$\Delta_r G_m > 0$,反应不能自发向右进行;$\Delta_r G_m = 0$,说明反应已达到平衡。

在讨论化学反应的方向问题时必须指出:当 $\Delta_r G_m$ 的数值为负时,只是表明该反应在指定条件下有发生的可能性,而并不表明它的现实性。例如,氢和氧化合为水,在 25 ℃和 100 kPa 压力下,$\Delta_r G_m^\ominus = -237.13 \text{ kJ} \cdot \text{mol}^{-1}$,$\Delta_r G_m^\ominus$是具有绝对值很大的负值,表明该反应向右进行的趋势是相当大的。实际上,在通常情况下若把氢和氧放在一起却几乎不发生反应。这个例子说明,热力学计算只能告诉人们反应进行的可能性,至于要实现这个化学反应还与反应速率有关。例如,氢和氧在 600 ℃下就能以燃烧的方式生成水;若用铂为催化剂,则在常温下就可化合成水。尽管如此,有关判断化学反应方向的计算还是有重要意义的。如果计算表明某化学反应在指定条件下不能自发进行,那就不要在该条件下进行试验,以免浪费人力和物力,而要设法改变条件(反应温度、反应压力或物料配比等),使该反应能在新的条件下具有理论上发生的可能性,然后再着手进行试验。

6.1.2 化学平衡条件

对任意的封闭系统,当系统有微小的变化时,有

$$dG = -SdT + Vdp + \sum \mu_B dn_B \tag{6-1}$$

式中:μ_B—— 物质 B 的化学势。

在等温、等压且没有非体积功的条件下,有

$$dG = \sum \mu_B dn_B \tag{6-2}$$

对有化学反应的系统,其反应进度为

$$d\xi = \frac{dn_B}{\nu_B} \quad 或 \quad dn_B = \nu_B d\xi \tag{6-3}$$

将式(6-3)代入式(6-2),在等温、等压下有

$$dG = \sum \nu_B \mu_B d\xi \tag{6-4}$$

于是

$$\left(\frac{\partial G}{\partial \xi}\right)_{T,p} = \sum \nu_B \mu_B = \Delta_r G_m \tag{6-5}$$

如果以系统的吉布斯函数 G 为纵坐标,反应进度 ξ 为横坐标作图(如图 6-1 所示),由图可以看出偏微商 $\left(\frac{\partial G}{\partial \xi}\right)_{T,p}$ 代表反应进度为 ξ 的曲线的斜率。

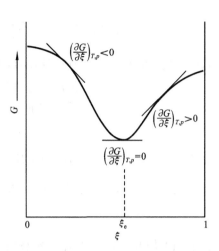

图 6-1 系统的吉布斯自由能与反应进度的关系

若此偏微商是负值,$\left(\frac{\partial G}{\partial \xi}\right)_{T,p} < 0$,即

$$(\Delta_r G_m)_{T,p} < 0 \quad \text{或} \quad \sum \nu_B \mu_B < 0 \tag{6-6}$$

则表示反应物的化学势总和大于产物的化学势总和,反应能自左向右进行,且是自发的。

若此偏微商是正值,$\left(\frac{\partial G}{\partial \xi}\right)_{T,p} > 0$,即

$$(\Delta_r G_m)_{T,p} > 0 \quad \text{或} \quad \sum \nu_B \mu_B > 0 \tag{6-7}$$

则表示反应物的化学势总和小于产物的化学势总和,反应不可能向右自发进行。

若此偏微商等于零,$\left(\frac{\partial G}{\partial \xi}\right)_{T,p} = 0$,即

$$(\Delta_r G_m)_{T,p} = 0 \quad \text{或} \quad \sum \nu_B \mu_B = 0 \tag{6-8}$$

则表示反应物的化学势总和等于产物的化学势总和,相应于曲线的最低点,表明反应达到平衡。当系统达到平衡时,反应进度用 ξ_e 表示。

在等温、等压且没有非体积功的条件下,当反应物的吉布斯函数的总和大于产物的吉布斯函数的总和时,反应自发向右进行,直到系统的吉布斯函数降到最低点为止,此时系统的 $\left(\frac{\partial G}{\partial \xi}\right)_{T,p} = 0$。

6.2 化学平衡常数

6.2.1 理想气体反应等温方程

前已证明,对于任一理想气体,化学势可以写做

$$\mu_B(T, p) = \mu_B^{\ominus}(T) + RT \ln \frac{p_B}{p^{\ominus}} \tag{6-9}$$

于是,对于理想气体化学反应,根据化学反应的摩尔吉布斯函数(变)的定义:

$$\Delta_r G_m(T,p) = \sum \nu_B \mu_B = \sum \nu_B \mu_B^{\ominus}(T) + \sum \nu_B RT \ln \frac{p_B}{p^{\ominus}} \tag{6-10}$$

式中：$\sum \nu_B \mu_B^{\ominus}(T)$——各反应组分均处于标准态($p^{\ominus} = 100\ \text{kPa}$, 纯理想气体)时发生单位反应进度后系统的吉布斯函数的变化，常以 $\Delta_r G_m^{\ominus}$ 表示，称为化学反应的标准摩尔吉布斯函数(变)，即

$$\Delta_r G_m^{\ominus}(T) \xlongequal{\text{def}} \sum \nu_B \mu_B^{\ominus}(T) \tag{6-11}$$

显然，$\Delta_r G_m^{\ominus}(T)$ 仅仅是温度的函数，它的单位是 $\text{J} \cdot \text{mol}^{-1}$。将式(6-11)代入式(6-10)得

$$\Delta_r G_m(T,p) = \Delta_r G_m^{\ominus}(T) + RT \sum \ln \left(\frac{p_B}{p^{\ominus}}\right)^{\nu_B} = \Delta_r G_m^{\ominus}(T) + RT \ln \prod \left(\frac{p_B}{p^{\ominus}}\right)^{\nu_B} \tag{6-12}$$

式中：$\prod \left(\dfrac{p_B}{p^{\ominus}}\right)^{\nu_B}$——各反应组分的分压力与标准压力之比的连乘积。因反应物的化学计量数为负，产物的化学计量数为正，故将此项连乘积称为分压商 J_p，即

$$J_p = \prod \left(\frac{p_B}{p^{\ominus}}\right)^{\nu_B} \tag{6-13}$$

其中，J_p 是一个量纲为 1 的量。对于任意的化学反应：

$$d\text{D} + e\text{E} \longrightarrow g\text{G} + h\text{H} \tag{6-14}$$

分压商 J_p 记做

$$J_p = \frac{\left(\dfrac{p_G}{p^{\ominus}}\right)^g \left(\dfrac{p_H}{p^{\ominus}}\right)^h}{\left(\dfrac{p_D}{p^{\ominus}}\right)^d \left(\dfrac{p_E}{p^{\ominus}}\right)^e}$$

将式(6-13)代入式(6-12)，得

$$\Delta_r G_m(T,p) = \Delta_r G_m^{\ominus}(T) + RT \ln J_p \tag{6-15}$$

式(6-15)即为理想气体化学反应的等温方程。

已知温度 T 下 $\Delta_r G_m^{\ominus}(T)$ 及各气体的分压 p_B，即可求得该温度下的 $\Delta_r G_m$。

6.2.2 标准平衡常数的表示方法

对于任一理想气体化学反应：

$$0 = \sum \nu_B B$$

当反应达到平衡时，$\Delta_r G_m = 0$，将其代入式(6-12)，得

$$\Delta_r G_m^{\ominus}(T) = -RT \ln \prod \left(\frac{p_B^{eq}}{p^{\ominus}}\right)^{\nu_B} \tag{6-16}$$

式中：p_B^{eq}——反应系统达到化学反应平衡时理想气体组分的平衡分压力。

由于在给定温度下，给定的反应 $\Delta_r G_m^{\ominus}(T)$ 有定值，因此对数项也有定值，令

$$K^{\ominus} = \prod \left(\frac{p_B^{eq}}{p^{\ominus}}\right)^{\nu_B} \tag{6-17}$$

式中：$K^{\ominus}$——化学反应的标准平衡常数，$K^{\ominus}$ 是一个量纲为 1 的量，对于一个指定的化学反应计量式来说，它仅仅是温度的函数，而与压力和组成无关。

因此，式(6-16)可简写为

$$\Delta_r G_m^{\ominus}(T) = -RT\ln K^{\ominus} \tag{6-18}$$

对于化学反应计量式(6-14)，标准平衡常数 $K^{\ominus}$ 记为

$$K^{\ominus}(T) = \frac{\left(\dfrac{p_G^{eq}}{p^{\ominus}}\right)^g \left(\dfrac{p_H^{eq}}{p^{\ominus}}\right)^h}{\left(\dfrac{p_D^{eq}}{p^{\ominus}}\right)^d \left(\dfrac{p_E^{eq}}{p^{\ominus}}\right)^e}$$

将式(6-18)代入式(6-15)，化学反应等温方程式又可表示为

$$\Delta_r G_m(T, p) = -RT\ln K^{\ominus} + RT\ln J_p \tag{6-19}$$

通过上式可以判断在等温、等压条件下的反应方向：

若 $K^{\ominus} > J_p$，则 $\Delta_r G_m < 0$，反应可以自发向右进行；

若 $K^{\ominus} < J_p$，则 $\Delta_r G_m > 0$，反应不能自发向右进行；

若 $K^{\ominus} = J_p$，则 $\Delta_r G_m = 0$，反应已达到平衡态。

应该指出，当 $K^{\ominus} < J_p$ 时，只是指在此条件下反应不能自发进行，并不表明该反应在其他条件下不能自发进行；如果改变反应条件，使 $K^{\ominus} > J_p$，那么反应还是可以自发进行的。

另外，若将式(6-18)与式(6-19)比较可知，式(6-18)中的 $\Delta_r G_m^{\ominus}$ 用于决定反应的限度，而式(6-19)中的 $\Delta_r G_m$ 用于判别反应的方向，因此两者具有不同的功能。在一般情况下，倘若 $\Delta_r G_m^{\ominus}$ 的绝对值很大，即很负或很正，则式(6-19)左端的 $\Delta_r G_m$ 基本上由该式右端的第一项 $-RT\ln K^{\ominus}$（即 $\Delta_r G_m^{\ominus}$）所决定，$\Delta_r G_m^{\ominus}$ 的符号也就决定了 $\Delta_r G_m$ 的符号，所以根据 $\Delta_r G_m^{\ominus}$ 的正、负也可近似地估计反应进行的方向。

6.2.3　平衡常数的计算

对于实际能进行的化学反应，其平衡常数未必都能通过实验测定，一些中间反应就是如此，这就有必要寻求化学反应平衡常数的计算方法。由 $\Delta_r G_m^{\ominus} = -RT\ln K^{\ominus}(T)$ 可知，计算平衡常数 $K^{\ominus}(T)$ 的前提是要获取反应的 $\Delta_r G_m^{\ominus}$。

（1）由物质的标准摩尔生成吉布斯函数 $\Delta_f G_m^{\ominus}$ 计算平衡常数。

利用 $\Delta_r H_m^{\ominus} = \sum \nu_B \Delta_f H_m^{\ominus}$ 可求反应的标准摩尔焓变。因焓的绝对值无法求得而相应定义了化合物的 $\Delta_f H_m^{\ominus}$。吉布斯函数也是状态函数，故求取反应的标准摩尔吉布斯函数变 $\Delta_r G_m^{\ominus}$，也可采用求 $\Delta_r H_m^{\ominus}$ 的类似方法进行处理，即任意标准摩尔反应吉布斯函数变是参与反应的各物质的标准摩尔生成吉布斯函数 $\Delta_f G_m^{\ominus}$ 的代数和。

$$\Delta_r G_m^{\ominus} = \sum \nu_B \Delta_f G_{m,B}^{\ominus}$$

当有离子参与反应时，规定温度 T 及标准态下，氢离子标准摩尔生成吉布斯函数为零，即 $\Delta_f G_m^{\ominus}(H^+) = 0$。由此规定可求出任何其他离子的 $\Delta_f G_m^{\ominus}$。有了物质（单质、化合物、离子）的标准摩尔生成吉布斯函数的数据（可以在手册中查到），可用上式求反应的 $\Delta_r G_m^{\ominus}$，

进而求得标准平衡常数。

在电解质溶液中,常用浓度的单位是质量摩尔浓度,其各物质的标准态是 $b_B^\ominus = 1\ mol$ · kg^{-1} 且具有稀溶液性质的假想态。计算这类反应的 $\Delta_r G_m^\ominus$ 时,要用到标准态($b_B = b^\ominus$)的溶质的 $\Delta_f G_m^\ominus$ 数据,当手册上查不到所需溶质的 $\Delta_f G_m^\ominus$ 时,可利用其饱和蒸气压或溶解度的数据而求得。

(2) 根据反应的 $\Delta_r H_m^\ominus$、$\Delta_r S_m^\ominus$ 计算 $\Delta_r G_m^\ominus$,再求平衡常数。

将任一等温过程的热力学函数式 $\Delta G = \Delta H - T\Delta S$ 应用于反应系统,若参与反应的物质均处于标准态,且反应进度为 1 mol 时,则有 $\Delta_r G_m^\ominus = \Delta_r H_m^\ominus - T\Delta_r S_m^\ominus$,其中 $\Delta_r H_m^\ominus = \sum \nu_B \Delta_f H_m^\ominus$,$\Delta_r S_m^\ominus = \sum \nu_B S_m^\ominus$。

在已知反应的 $\Delta_r H_m^\ominus$ 和 $\Delta_r S_m^\ominus$ 后,可依式 $\Delta_r G_m^\ominus = \Delta_r H_m^\ominus - T\Delta_r S_m^\ominus$ 求出反应的 $\Delta_r G_m^\ominus$。

6.3　影响化学平衡的因素

勒沙特列(Le Châtelier)在 1888 年就对一些外界因素对化学平衡的影响总结出一条规律,称为勒沙特列原理。他认为倘若一个化学平衡系统受到外界因素的影响,则这个平衡系统就要向着消除外界因素影响的方向移动。但是勒沙特列原理只能作定性的描述,而运用热力学原理则能作定量的计算。本节主要讨论不同的因素对化学平衡的影响。

6.3.1　温度对化学平衡的影响

如前所述,所有反应的平衡常数都是温度的函数。因此,同一化学反应若在不同的温度下进行,其平衡常数是不相同的。也就是说,同一化学反应若在不同的温度下进行,其反应限度是不一样的。

由式 $\Delta_r G_m^\ominus = -RT\ln K^\ominus$,得

$$\frac{\Delta_r G_m^\ominus}{T} = -R\ln K^\ominus$$

将上式在定压下对 T 求偏微分,得

$$\frac{\partial(\Delta_r G_m^\ominus/T)}{\partial T} = -R\left[\frac{\partial(\ln K^\ominus)}{\partial T}\right]_p$$

根据吉布斯-亥姆霍兹方程,上式左端等于 $-\dfrac{\Delta_r H_m^\ominus}{T^2}$,因而有

$$\frac{\Delta_r H_m^\ominus}{RT^2} = \left[\frac{d(\ln K^\ominus)}{dT}\right]_p \tag{6-20}$$

式(6-20)是任意化学反应的标准平衡常数随温度变化的微分形式,称为范特霍夫(Van't Hoff)方程。式中的 $\Delta_r H_m^\ominus$ 是产物与反应物在标准态时的焓值之差,即反应在一定压力条件下的标准摩尔焓变。

由此可见,对于吸热反应,$\Delta_r H_m^\ominus > 0$,$\dfrac{d(\ln K^\ominus)}{dT} > 0$,即温度升高将使标准平衡常数增

大,有利于正向反应的进行;对于放热反应,$\Delta_r H_m^\ominus < 0$,$\frac{d(\ln K^\ominus)}{dT} < 0$,即温度升高将使标准平衡常数减小,不利于正向反应的进行。该式不但定性地说明了温度对标准平衡常数的影响,而且能通过将上式积分,定量地计算出标准平衡常数随温度的改变量。

若温度变化范围不大,或反应的定压热效应改变很小,可忽略不计($\sum \nu_B C_{p,m}^\ominus(B) \approx 0$)时,可将反应的 $\Delta_r H_m^\ominus$ 近似地看做与温度无关。当 $\Delta_r H_m^\ominus$ 为常数时,将式(6-20)作定积分得

$$\ln K^\ominus(T_2) - \ln K^\ominus(T_1) = -\frac{\Delta_r H_m^\ominus}{R}\left(\frac{1}{T_2} - \frac{1}{T_1}\right) \tag{6-21}$$

式(6-21)是范特霍夫等压方程的积分式,由此式可以由 T_1 下的 $K^\ominus(T_1)$ 求出 T_2 下的 $K^\ominus(T_2)$,也可由已知两个不同温度下的 $K^\ominus$ 求 $\Delta_r H_m^\ominus$。

当温度变化范围较大,而且反应物与产物的 $\sum \nu_B C_{p,m}^\ominus(B) \neq 0$ 时,反应的 $\Delta_r H_m^\ominus$ 不能看做与温度无关的常数,须将 $\Delta_r H_m^\ominus = f(T)$ 的关系式代入方能积分。

[**例 6-1**] 在高温下,水蒸气通过灼热煤层反应生成水煤气:

$$C(s) + H_2O(g) = H_2(g) + CO(g)$$

已知在 1 000 K 及 1 200 K 下,$K^\ominus$ 分别为 2.472 及 37.58。

(1) 求该反应在此温度范围内的 $\Delta_r H_m^\ominus$;

(2) 求 1 100 K 下该反应的 $K^\ominus$。

解 (1) 根据式(6-21)有

$$\ln K^\ominus(1\ 200\ K) - \ln K^\ominus(1\ 000\ K) = -\frac{\Delta_r H_m^\ominus}{R}\left(\frac{1}{1\ 200} - \frac{1}{1\ 000}\right) = 2.72$$

解得
$$\Delta_r H_m^\ominus = 1.36 \times 10^5\ J \cdot mol^{-1}$$

(2) 根据式(6-21)有

$$\ln K^\ominus(1\ 100\ K) - \ln K^\ominus(1\ 000\ K) = -\frac{\Delta_r H_m^\ominus}{R}\left(\frac{1}{1\ 100} - \frac{1}{1\ 000}\right)$$

将 $\Delta_r H_m^\ominus = 1.36 \times 10^5\ J \cdot mol^{-1}$ 代入上式,得

$$\ln K^\ominus(1\ 100\ K) = \frac{1.36 \times 10^5}{R}\left(\frac{1}{1\ 000} - \frac{1}{1\ 100}\right) + \ln 2.472 = 2.392$$

解得
$$K^\ominus(1\ 100\ K) = 10.94$$

6.3.2 压力对化学平衡的影响

如果系统保持温度不变,则标准平衡常数 $K^\ominus$ 不变,所以反应系统压力的改变不会影响标准平衡常数,但可能改变平衡组成,使平衡发生移动。

若气体的总压力为 p,任一反应组分的分压 $p_B = y_B p$,由 $K^\ominus$ 的表达式

$$K^\ominus = \prod\left(\frac{p_B^{eq}}{p^\ominus}\right)^{\nu_B} = \prod\left(\frac{y_B p}{p^\ominus}\right)^{\nu_B} = \left(\frac{p}{p^\ominus}\right)^{\sum \nu_B} \prod y_B^{\nu_B}$$

当 $\sum \nu_B < 0$ 时,p 增大,$\prod y_B^{\nu_B}$ 必增大,表明平衡系统中产物的含量增高而反应物的含量降低,即平衡向体积缩小的方向移动。

当 $\sum \nu_B > 0$ 时,p 增大,$\prod y_B^{\nu_B}$ 必减小,表明平衡系统中产物的含量降低而反应物的

含量增高,即平衡向体积减小的方向移动。

当 $\sum \nu_B = 0$ 时,压力对化学平衡无影响。

总之,压力对平衡的影响与化学计量数有关。增加压力,化学平衡向着气体分子数减小的方向移动;反之,减小压力,化学平衡向着气体分子数增加的方向移动,这与平衡移动原理是一致的。

[**例 6-2**] 在某温度及标准压力 $p^\ominus$ 下,$N_2O_4(g)$ 有 0.50(摩尔分数)分解成 $NO_2(g)$,若压力扩大 10 倍,则 $N_2O_4(g)$ 的解离分数为多少?

解　　　　　　　　　$N_2O_4(g) \Longrightarrow 2NO_2(g)$　　　　合计

平衡时物质的量/mol　　　　$1-0.5$　　　2×0.5　　　$1+0.5$

$$K_{x(1)} = \frac{\left(\dfrac{2 \times 0.50}{1+0.50}\right)^2}{\left(\dfrac{1-0.50}{1+0.50}\right)} = 1.33$$

因为 $\sum\limits_B \nu_B = 1$,有

$$\ln \frac{K_{x(10)}}{K_{x(1)}} = \ln \frac{1}{10}$$

已知　　　　　　　　　　　　$K_{x(1)} = 1.33$

所以　　　　　　　　　　　　$K_{x(10)} = 0.133$

设 α 为增加压力后 N_2O_4 的解离度,则

$$0.133 = \frac{4\alpha^2}{1-\alpha^2}$$

解得　　　　　　　　　　　　$\alpha = 0.18$

可见增加压力不利于 N_2O_4 的解离。

6.3.3　惰性气体对化学平衡的影响

惰性气体是指不参加化学反应的气体。与压力一样,惰性气体的存在并不影响标准平衡常数,但能影响平衡组成。

(1)等温等容下加入惰性气体。

保持反应系统的温度和体积不变,在系统中加入惰性气体,因为 $p_B = \dfrac{n_B RT}{V}$,等式右边各项均没有改变,所以分压力 p_B 也不会发生变化。因此,等温等容下加入惰性气体对平衡组成无影响,即平衡不移动。

(2)等温等压下加入惰性气体。

由式(6-17)知,$K^\ominus = \prod \left(\dfrac{p_B^{eq}}{p^\ominus}\right)^{\nu_B}$,据道尔顿分压定律 $p_B = p y_B$,得

$$K^\ominus = \prod \left(\frac{p y_B}{p^\ominus}\right)^{\nu_B} = \left(\frac{p}{p^\ominus}\right)^{\Sigma \nu_B} \prod y_B^{\nu_B} = \left(\frac{p}{p^\ominus}\right)^{\Sigma \nu_B} \prod \left(\frac{n_B}{n_总}\right)^{\nu_B}$$

$$= \left(\frac{p}{p^\ominus n_总}\right)^{\Sigma \nu_B} \prod n_B^{\nu_B} = K_n \left(\frac{p}{p^\ominus n_总}\right)^{\Sigma \nu_B}$$

加入惰性气体即增大 $n_总$。

若 $\sum \nu_B = 0, n_总$ 对 K_n 没有影响,这就是说加入惰性气体不会影响系统的平衡组成,对化学平衡无影响。

若 $\sum \nu_B > 0, n_总$ 增大, K_n 必然增大,即产物的物质的量会增大,反应物的物质的量会减小,平衡向正反应方向移动。

若 $\sum \nu_B < 0, n_总$ 增大, K_n 必然减小,即产物的物质的量会减小,反应物的物质的量会增大,平衡向逆反应方向移动。

由此可见,当总压力 p 保持不变(即反应在等压条件下进行),惰性气体的存在实际是起了稀释作用,它和减小反应系统压力的效应是一样的。

 ### 6.3.4 催化剂对化学平衡的影响

正、负催化剂对正、逆反应有同样的加速作用或减速作用,它只能缩短或延长达到平衡所需的时间,并不影响化学平衡与平衡常数 K。因此,催化剂对化学平衡的移动无影响。

 ### 6.3.5 其他因素对化学平衡的影响

除温度、压力及惰性气体会影响化学平衡外,浓度以及反应物的物质的量之比对化学平衡也产生影响。

1. 浓度对化学平衡的影响

对于任意化学反应,其等温等压下的吉布斯函数变化为

$$\Delta_r G_m(T,p) = \Delta_r G_m^\ominus(T) + RT \ln J_p$$

若 $K^\ominus = J_p$,则 $\Delta_r G_m = 0$,反应达到平衡。当增大反应物的浓度或减小产物的浓度时,将使 $K^\ominus > J_p$,则 $\Delta_r G_m < 0$,将打破原有平衡,正向反应将自发进行,直到再一次使 $K^\ominus = J_p$,反应建立新的平衡为止。反之,如果增大产物的浓度或减小反应物的浓度,将导致 $K^\ominus < J_p, \Delta_r G_m > 0$,逆向反应将自发进行,直至达到新的平衡。

对于任何可逆反应,增大某一反应物的浓度或减小某一产物的浓度,都能使平衡向着增加产物的方向移动。在生产中,常采取以下方法。

(1)为了充分利用某一原料,常常加大另一反应物的量,以提高其转化率。

(2)不断分离出产物,使平衡持续向右移动,使反应进行得较彻底。

2. 反应物的物质的量之比对化学平衡的影响

对于气相化学反应

$$a\mathrm{A}(g) + e\mathrm{E}(g) \Longrightarrow m\mathrm{M}(g) + n\mathrm{N}(g)$$

如果反应开始时只有反应物,没有产物,令反应物的物质的量之比 $r = \dfrac{n_E}{n_A}$,r 的变化范围是 0 到无穷大。

实验发现,在一定温度和压力下,调整反应物的物质的量之比,使 r 从小到大。组分 E 的转化率逐渐减小,组分 A 的转化率逐渐增大。但是产物在混合气中的含量,在增大

到一个最高值后又逐渐减小,可以证明,当原料气中两种气体的物质的量之比等于两种反应物的化学计量数比时,即 $r=\dfrac{\nu_E}{\nu_A}$,产物 M、N 在混合气中的含量最大。

例如合成氨反应,在 500 ℃、30.4 MPa 的平衡混合物中氨的体积分数 $\varphi(NH_3)$ 与原料气的物质的量之比 $r=n(H_2)/n(N_2)$ 的关系见表 6-1。

表 6-1 500 ℃、30.4 MPa 下,不同氢氮比时,混合气中氨的平衡含量(体积分数)

$r=n(H_2)/n(N_2)$	1	2	3	4	5	6
$\varphi(NH_3)$	18.8	25.0	26.4	25.8	24.2	22.2

由表 6-1 可以看出,当原料气中氢气与氮气的体积比为 3∶1 时,混合气中氨气的体积分数最大。因此,合成氨反应时,总是将原料气中氢气与氮气的体积按 3∶1 进行配比,以得到最高含量的产物氨气。

另外,如果两种原料气中,E 气体较 A 气体便宜,而 E 气体又容易从混合气中分离,那么根据平衡移动原理,为了充分利用 A 气体,可以使 E 气体大大过量,以尽量提高 A 的转化率。这样做虽然在混合气中产物的含量低了,但经过分离便得到更多的产物,在经济上还是有益的。

6.4 标准平衡常数的应用

6.4.1 化学平衡的判断

利用等温、等压条件下,标准平衡常数 $K^\ominus$ 与分压商 J_p 的大小关系判断反应进行的方向及反应是否达到平衡。当 $K^\ominus > J_p$ 时,反应自发进行;当 $K^\ominus = J_p$ 时,反应处于平衡态;当 $K^\ominus < J_p$ 时,反应逆向自发进行。

[例 6-3] 已知四氧化二氮的分解反应

$$N_2O_4(g) \Longrightarrow 2NO_2(g)$$

在 298.15 K 下,$\Delta_r G_m^\ominus = 4.75 \text{ kJ} \cdot \text{mol}^{-1}$。试判断在此温度及下列条件下,反应进行的方向。

(1) N_2O_4(100 kPa),NO_2(1 000 kPa);

(2) N_2O_4(1 000 kPa),NO_2(100 kPa);

(3) N_2O_4(300 kPa),NO_2(200 kPa)。

解 首先利用公式 $\ln K^\ominus = -\dfrac{\Delta_r G_m^\ominus}{RT}$ 计算出标准平衡常数,然后利用判断法则判断反应发生的方向。

(1) $$\ln K^\ominus = -\frac{\Delta_r G_m^\ominus}{RT} = -4.75 \times 10^3/(8.314 \times 298.15) = -1.916$$

得 $$K^\ominus = 0.147$$

$$J_p = \prod \left(\frac{p_B}{p^\ominus} \right)^{\nu_B} = (1\,000/100)^2 \times (100/100)^{-1} = 100$$

则 $K^{\ominus} < J_p$,反应逆向自发进行,即反应朝着生成 N_2O_4 的方向进行。

$$(2) \qquad J_p = \prod \left(\frac{p_B}{p^{\ominus}}\right)^{\nu_B} = (100/100)^2 \times (1\,000/100)^{-1} = 0.1$$

则 $K^{\ominus} = 0.147 > J_p = 0.1$,反应自发进行,即反应朝着生成 NO_2 的方向进行。

$$(3) \qquad J_p = \prod \left(\frac{p_B}{p^{\ominus}}\right)^{\nu_B} = (200/100)^2 \times (300/100)^{-1} = 1.33$$

则 $K^{\ominus} = 0.147 < J_p = 1.33$,反应逆向自发进行,即反应朝着生成 N_2O_4 的方向进行。

6.4.2 化学平衡组成的计算

若已知反应体系的起始组成,利用 $K^{\ominus}$ 或 $\Delta_r G_m^{\ominus}$,就可以计算在该温度下的平衡组成(包括计算一定物质的分解压力、分解温度等)。其目的是了解反应系统达到平衡时的组成情况,即预计反应能够进行的程度;同时,通过计算进而指示如何按照需要控制反应的条件。这方面的应用十分广泛,以下举几个例子来说明。

[例 6-4] 在标准压力和 523 K 下,用物质的量之比为 1:2 的 CO 及 H_2 合成甲醇,反应为
$$CO(g) + 2H_2(g) \Longrightarrow CH_3OH(g)$$
试求平衡混合物中甲醇的摩尔分数。(设反应热不随温度而变)

解 已知 298 K 下的数据如表 6-2 所示。

表 6-2 例 6-3 附表

物 质	CO(g)	CH₃OH(g)
$\Delta_f H_m^{\ominus}/(\text{kJ} \cdot \text{mol}^{-1})$	-110.52	-201.17
$\Delta_f G_m^{\ominus}/(\text{kJ} \cdot \text{mol}^{-1})$	-137.269	-161.88

$$\Delta_r G_m^{\ominus}(298\ \text{K}) = \Delta_f G_m^{\ominus}(CH_3OH, g) - \Delta_f G_m^{\ominus}(CO, g)$$
$$= [-161.88 - (-137.269)]\ \text{kJ} \cdot \text{mol}^{-1} = -24.61\ \text{kJ} \cdot \text{mol}^{-1}$$

由 $\Delta_r G_m^{\ominus}(T) = -RT\ln K^{\ominus}$,得
$$K^{\ominus}(298\ \text{K}) = 2.062 \times 10^4$$

$$\Delta_r H_m^{\ominus}(298\ \text{K}) = \Delta_f H_m^{\ominus}(CH_3OH, g) - \Delta_f H_m^{\ominus}(CO, g)$$
$$= [-201.17 - (-110.52)]\ \text{kJ} \cdot \text{mol}^{-1} = -90.65\ \text{kJ} \cdot \text{mol}^{-1}$$

因反应热不随温度而变,故可将 $\Delta_r H_m^{\ominus}$ 看做常数。

由 $\ln K^{\ominus}(T_2) - \ln K^{\ominus}(T_1) = -\dfrac{\Delta_r H_m^{\ominus}}{R}\left(\dfrac{1}{T_2} - \dfrac{1}{T_1}\right)$,得

$$\ln K^{\ominus}(523\ \text{K}) - \ln K^{\ominus}(298\ \text{K}) = -\frac{\Delta_r H_m^{\ominus}}{R} \times \left(\frac{1}{523} - \frac{1}{298}\right)$$

解得
$$K^{\ominus}(523\ \text{K}) = 3.00 \times 10^{-3}$$

设平衡时甲醇的物质的量为 n mol,则
$$CO(g) + 2H_2(g) \Longrightarrow CH_3OH(g)$$

平衡时物质的量/mol $\qquad 1-n \qquad\qquad 2(1-n) \qquad\qquad n$

故平衡时系统的总物质的量 $n_{总} = 3 - 2n$。

由 $K^{\ominus} = \prod \left(\dfrac{p_B}{p^{\ominus}}\right)^{\nu_B}$ 及道尔顿分压定律 $p_B = py_B \left(y_B = \dfrac{n_B}{n_{总}}\right)$,得

167

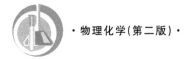

$$K^{\ominus} = \prod \left(\frac{py_B}{p^{\ominus}}\right)^{\nu_B} = \left(\frac{p}{p^{\ominus}}\right)^{\sum \nu_B} \prod y_B^{\nu_B} = \prod y_B^{\nu_B}$$

$$= \frac{\dfrac{n}{3-2n}}{\dfrac{1-n}{3-2n}\left[\dfrac{2(1-n)}{3-2n}\right]^2} = \frac{n(3-2n)^2}{4(1-n)^3}$$

因 $K^{\ominus}$ 很小，n 很小，所以上式可近似为

$$K^{\ominus} = \frac{9n}{4} = 3.00 \times 10^{-3}$$

从而

$$n = 1.33 \times 10^{-3}$$

所以混合物中甲醇的摩尔分数为

$$x = \frac{1.33 \times 10^{-3}}{3} = 4.44 \times 10^{-4}$$

[例 6-5] 反应 $NH_2COONH_4(s) \rightleftharpoons 2NH_3(g) + CO_2(g)$ 在 30 ℃ 下 $K^{\ominus} = 6.65 \times 10^{-4}$，试求 NH_2COONH_4 的分解压力。

解 分解压力是指一定温度下，纯固体或纯液体分解出气体的分解反应达到平衡时，气体产物的总压力。对于只生成一种气体产物的反应，其分解压力就是该气体产物的平衡分压力，但对于生成两种或两种以上气体产物的反应，其分解压力则是气体产物平衡分压力的总和。

设 NH_2COONH_4 的分解压力为 p，则

$$p = p(NH_3) + p(CO_2)$$

由化学反应方程式可知，$p(NH_3) = 2p(CO_2)$，所以

$$p(NH_3) = \frac{2}{3}p, \quad p(CO_2) = \frac{1}{3}p$$

$$K^{\ominus} = [p(NH_3)/p^{\ominus}]^2 [p(CO_2)/p^{\ominus}] = \frac{4}{27}\left(\frac{p}{p^{\ominus}}\right)^3 = 6.55 \times 10^{-4}$$

解之得

$$\frac{p}{p^{\ominus}} = 0.164, \quad p = 1.64 \times 10^4 \text{ Pa}$$

小资料

分解压力与压力平衡常数的关系

分解反应只产生一种气体时，压力平衡常数与分解压力才相等；分解反应产生多种气体时，压力平衡常数与分解压力不相等。例如，$NH_4HS(s) \rightleftharpoons NH_3(g) + H_2S(g)$，分解压力 $p = p(NH_3) + p(H_2S)$，因为 $p(NH_3) = p(H_2S)$，所以，压力平衡常数 $K_p = p(NH_3)p(H_2S) = \dfrac{p}{2}\dfrac{p}{2} = \dfrac{p^2}{4}$。

[例 6-6] 石灰窑中生产石灰的反应为

$$CaCO_3(s) \rightleftharpoons CaO(s) + CO_2(g)$$

欲使石灰石以一定速率分解为石灰，分解压力最小达到大气压力，此时所对应的平衡温度称为分解温度。设分解反应的 $\Delta C_{p,m} = 0$，试求 $CaCO_3$ 的分解温度。

解 已知 298 K 下的相关数据如表 6-3 所示。

表 6-3　例 6-6 附表

物　质	$CaCO_3(s)$	$CaO(s)$	$CO_2(g)$
$\Delta_f G_m^{\ominus}/(kJ \cdot mol^{-1})$	$-1\,128.8$	-604.2	-394.4
$\Delta_f H_m^{\ominus}/(kJ \cdot mol^{-1})$	$-1\,206.9$	-635.5	-393.5

$$\Delta_r G_m^{\ominus}(298\ K) = (-604.2 - 394.4 + 1\,128.8)\ kJ \cdot mol^{-1} = 130.2\ kJ \cdot mol^{-1}$$

由 $\ln K^{\ominus} = -\dfrac{\Delta_r G_m^{\ominus}}{RT}$，得

$$K^{\ominus}(298\ K) = 1.52 \times 10^{-23}$$

$$\Delta_r H_m^{\ominus}(298\ K) = (-635.5 - 393.5 + 1\,206.9)\ kJ \cdot mol^{-1} = 177.9\ kJ \cdot mol^{-1}$$

由于 $\Delta C_{p,m} = 0$，故 $\Delta_r H_m^{\ominus}$ 不随温度变化。设分解温度为 T_2，则

$$K^{\ominus}(T_2) = \frac{p}{p^{\ominus}} = 1$$

据公式 $\ln K^{\ominus}(T_2) - \ln K^{\ominus}(T_1) = -\dfrac{\Delta_r H_m^{\ominus}}{R}\left(\dfrac{1}{T_2} - \dfrac{1}{T_1}\right)$，解得

$$T_2 = 1\,112\ K$$

6.4.3　转化率的计算

反应进行的程度也常用转化率来表示，在化学平衡中所说的转化率均指平衡转化率。所谓平衡转化率，是指平衡时转化掉的反应物的数量占反应物原始数量的比例，即

$$平衡转化率 = \frac{某反应物消耗掉的数量}{该反应物的原始数量} \times 100\%$$

若两反应物 A、B 起始的物质的量之比与其化学计量数之比相等，即 $\dfrac{n_{A,0}}{n_{B,0}} = \dfrac{\nu_A}{\nu_B}$，两反应物的转化率是相同的；若两反应物 A、B 起始的物质的量之比与其化学计量数之比不相等，即 $\dfrac{n_{A,0}}{n_{B,0}} \neq \dfrac{\nu_A}{\nu_B}$，两反应物的转化率是不同的。

[例 6-7]　已知气体反应

$$CH_2{=}CH_2 + HCl \Longrightarrow CH_3CH_2Cl$$

在 200 ℃、100 kPa 下 $K^{\ominus} = 16.6$。若反应开始时 $CH_2{=}CH_2$ 和 HCl 分别为 1 mol 和 2 mol，则反应达到平衡时 CH_3CH_2Cl 的最大产量是多少？各气体的摩尔分数是多少？$CH_2{=}CH_2$ 和 HCl 的转化率是多少？

解　(1) 求最大产量。

设平衡时 CH_3CH_2Cl 的物质的量为 x，系统的总压力为 p，则

$$CH_2{=}CH_2 + HCl \Longrightarrow CH_3CH_2Cl$$

开始时各气体物质的量/mol	1	2	0
平衡时各气体物质的量/mol	$1-x$	$2-x$	x
平衡时各气体物质的量之和/mol	$1-x+2-x+x=3-x$		
平衡分压	$\dfrac{1-x}{3-x}p$	$\dfrac{2-x}{3-x}p$	$\dfrac{x}{3-x}p$

代入公式
$$K^{\ominus}=\dfrac{\dfrac{x}{3-x}\dfrac{p}{p^{\ominus}}}{\left(\dfrac{2-x}{3-x}\dfrac{p}{p^{\ominus}}\right)\left(\dfrac{1-x}{3-x}\dfrac{p}{p^{\ominus}}\right)}$$

代入数据
$$16.6=\dfrac{\dfrac{x}{3-x}}{\dfrac{2-x}{3-x}\dfrac{1-x}{3-x}}$$

得 $\qquad x=0.897\ \text{mol}$ （弃去不合题意的根）

故平衡时 CH_3CH_2Cl 的最大产量是 $0.897\ \text{mol}$。

(2)计算平衡组成。

$CH_2=CH_2$ 的摩尔分数 $\qquad \dfrac{1-x}{3-x}\times100\%=4.9\%$

HCl 的摩尔分数 $\qquad \dfrac{2-x}{3-x}\times100\%=52.4\%$

CH_3CH_2Cl 的摩尔分数 $\qquad \dfrac{x}{3-x}\times100\%=42.7\%$

(3)计算平衡转化率。

$$平衡转化率=\dfrac{某反应物消耗掉的数量}{该反应物的原始数量}\times100\%$$

$CH_2=CH_2$ 的平衡转化率 $\qquad \dfrac{0.897}{1}\times100\%=89.7\%$

HCl 的平衡转化率 $\qquad \dfrac{0.897}{2}\times100\%=44.9\%$

思 考 题

1. 在什么情况下,可以用 $\Delta_rG_m^{\ominus}$ 判断反应方向?

2. 一个化学反应在什么情况下反应热效应与温度无关?

3. 对于封闭体系中的均相反应 $cC+dD \longrightarrow gG+hH$

(1) 如果 $g\mu_G + h\mu_H < c\mu_C + d\mu_D$;

(2) 如果 $g\mu_G + h\mu_H > c\mu_C + d\mu_D$;

(3) 如果 $g\mu_G + h\mu_H = c\mu_C + d\mu_D$。

以上三种条件下,各表明反应体系存在什么情况?

4. "某一反应的平衡常数是一个确定不变的常数。"这句话是否恰当?

5. "凡是反应体系便一定能建立化学平衡",这个叙述是否一定正确? 试举例说明。

6. 为什么反应平衡系统中充入惰性气体与减小系统的压力等效?

习 题

1. 有理想气体反应 $2SO_2(g)+O_2(g)\Longleftrightarrow2SO_3(g)$,在 $1\ 000\ \text{K}$ 下 $K^{\ominus}=3.45$。试计算 $SO_2(g)$、$O_2(g)$ 和 $SO_3(g)$ 的分压分别为 $2.03\times10^4\ \text{Pa}$、$1.01\times10^4\ \text{Pa}$ 和 $1.01\times10^5\ \text{Pa}$

的混合气中,发生上述反应的 $\Delta_r G_m$,并判断反应进行的方向。若 $SO_2(g)$ 和 $O_2(g)$ 的分压仍分别为 2.03×10^4 Pa 及 1.01×10^4 Pa,为使反应正向进行,SO_3 的分压不得超过多少?

$$(3.56\times10^4\ J\cdot mol^{-1};1.19\times10^4\ Pa)$$

2. 合成氨反应为 $3H_2(g)+N_2(g)\Longleftrightarrow2NH_3(g)$,所用反应物氢气和氮气的物质的量之比为 3:1,在 673 K 和 1 000 kPa 下达到平衡,平衡产物中氨气的摩尔分数为 0.038 5。

(1)试求该反应在该条件下的标准平衡常数;

(2)在该温度下,若要使氨气的摩尔分数为 0.05,应控制总压为多少?

$$((1)\ 1.64\times10^{-4};(2)\ 1\ 315.6\ kPa)$$

3. 已知 298.15 K 下的有关数据,见表 6-4。

表 6-4 习题 3 附表

物 质	$CO_2(g)$	$NH_3(g)$	$H_2O(g)$	$CO(NH_2)_2(s)$
$\Delta_f H_m^{\ominus}/(kJ\cdot mol^{-1})$	-393.51	-46.19	-241.83	-333.19
$S_m^{\ominus}/(J\cdot mol^{-1}\cdot K^{-1})$	213.76	192.61	188.82	104.60

试求 298.15 K 下,反应 $CO_2(g)+2NH_3(g)\Longrightarrow H_2O(g)+CO(NH_2)_2(s)$ 的 $\Delta_r G_m^{\ominus}$ 及平衡常数 $K^{\ominus}$。 $(1\ 861\ J\cdot mol^{-1};0.472)$

4. 银可能受到 H_2S 气体的磨蚀而发生下列反应:

$$H_2S(g)+2Ag(s)\longrightarrow Ag_2S(s)+H_2(g)$$

已知在 298.15 K 和 100 kPa 下,$Ag_2S(s)$ 和 $H_2S(g)$ 的标准摩尔生成吉布斯函数 $\Delta_f G_m^{\ominus}$ 分别为 -40.26 kJ·mol^{-1} 和 -33.02 kJ·mol^{-1}。试问在 298.15 K 和 100 kPa 下:

(1)在 $H_2S(g)$ 和 $H_2(g)$ 的等体积的混合气中,Ag 是否会被腐蚀生成 $Ag_2S(s)$?

(2)在 $H_2S(g)$ 和 $H_2(g)$ 的混合气中,$H_2S(g)$ 的摩尔分数低于多少时便不至于使 Ag 发生腐蚀? $((1)$会被腐蚀;$(2)0.051)$

5. 反应 $N_2O_4(g)\Longleftrightarrow2NO_2(g)$ 在 60 ℃下的 $K^{\ominus}=1.33$。试求在 60 ℃及标准压力下:

(1)纯 N_2O_4 气体的解离度;

(2)1 mol N_2O_4 与 2 mol 惰性气体中,N_2O_4 的解离度。 $((1)0.500;(2)0.652)$

6. 苯乙烯的工业化生产是从石油裂解得到的乙烯与苯作用生成乙苯,再由乙苯直接脱氢而制得:

$$C_6H_5CH_2CH_3(g)\longrightarrow C_6H_5CH=CH_2(g)+H_2(g)$$

如反应在 900 K 下进行,其 $K^{\ominus}=1.51$。试分别计算在下述情况下,乙苯的平衡转化率。

(1)反应压力为 100 kPa;

(2)反应压力为 10 kPa;

(3)反应压力为 100 kPa,且加入水蒸气使原料气中水与乙苯蒸气的物质的量之比为 10:1。 $((1)\ 77.6\%;(2)\ 96.8\%;(3)\ 95.0\%)$

目标检测题

一、选择题

1. 下列措施中肯定使理想气体反应的标准平衡常数改变的是(　　)。

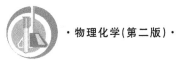

(A) 增加某种产物的浓度；　　　　　　(B) 加入惰性气体；

(C) 改变反应温度；　　　　　　　　　(D) 增加系统的压力

2. 理想气体反应 $N_2O_5(g) = N_2O_4(g) + 1/2O_2(g)$ 的 $\Delta_r H_m^{\ominus}$ 为 41.84 kJ·mol^{-1}，$\Delta C_{p,m} = 0$。要增加 N_2O_4 的产率，可以(　　)。

(A) 降低温度；　　　　　　　　　　　(B) 提高温度；

(C) 提高压力；　　　　　　　　　　　(D) 等温等容下加入惰性气体

3. 将 $NH_4HS(s)$ 置于真空容器内，在 298 K 下使其分解达到平衡，测知 $K^{\ominus} = 0.11$，则系统的平衡压力(总压力)为(　　)。($p^{\ominus} = 100$ kPa)

(A) 66 332 Pa；　　(B) 33 166 Pa；　　(C) 2 420 Pa；　　(D) 40 122 Pa

4. 反应 $FeO(s) + C(s) = CO(g) + Fe(s)$ 的 $\Delta_r H_m^{\ominus}$ 为正，$\Delta_r S_m^{\ominus}$ 为正(假定 $\Delta_r H_m^{\ominus}$、$\Delta_r S_m^{\ominus}$ 与温度无关)，下列说法中正确的是(　　)。

(A) 低温下为自发过程，高温下非自发过程；

(B) 高温下为自发过程，低温下非自发过程；

(C) 任何温度下均为非自发过程；

(D) 任何温度下均为自发过程

5. 在一定温度范围内，某化学反应的 $\Delta_r H_m^{\ominus}$ 不随温度而变，故此化学反应在该温度内的 $\Delta_r S_m^{\ominus}$ 随温度而(　　)。

(A) 增大；　　　　(B) 减小；　　　　(C) 不变；　　　　(D) 无法确定

6. 某反应 $A(s) = Y(g) + Z(g)$ 的 $\Delta_r G_m^{\ominus}$ 与温度的关系为 $\Delta_r G_m^{\ominus} = -45\,000 + 110T$，当各种物质处于标准压力下，要防止该反应发生，温度必须(　　)。

(A) 高于 136 ℃；　　(B) 低于 184 ℃；　　(C) 高于 184 ℃；　　(D) 低于 136 ℃

7. 等温、等压下，某反应的 $\Delta_r G_m^{\ominus} = 5$ kJ·mol^{-1}，则该反应(　　)。

(A) 能正向自发进行；　　　　　　　　(B) 能反向自发进行；

(C) 方向无法判断；　　　　　　　　　(D) 不能进行

8. 298 K 下，$CuSO_4 \cdot H_2O(s) = CuSO_4(s) + H_2O(g)$，$p(H_2O，平衡) = 106.66$ Pa；

$CuSO_4 \cdot 3H_2O(s) = CuSO_4 \cdot H_2O(s) + 2H_2O(g)$，$p(H_2O，平衡) = 746.61$ Pa；

$CuSO_4 \cdot 5H_2O(s) = CuSO_4 \cdot 3H_2O(s) + 2H_2O(g)$，$p(H_2O，平衡) = 1\,039.91$ Pa；

若要使 $CuSO_4 \cdot 3H_2O(s)$ 稳定存在，应当使空气中水蒸气的分压保持在(　　)。

(A) $p(H_2O) < 106.66$ Pa；　　　　　　(B) 106.66 Pa $< p(H_2O) < 746.61$ Pa；

(C) 746.61 Pa；　　　　　　　　　　　(D) 746.61 Pa $< p(H_2O) < 1\,039.91$ Pa

9. 对反应 $CH_4(g) + 2O_2(g) = CO_2(g) + 2H_2O(g)$，若压力增大一倍，则反应平衡(　　)。

(A) 向右移动；　　(B) 向左移动；　　(C) 不变；　　　　(D) 不能确定

10. 某气相反应，除温度以外其他条件相同时，T_1 下的平衡反应进度比 $T_2(T_2 = 2T_1)$ 下的大一倍；除压力以外其他条件相同时，p_1 下的平衡反应进度比 $p_2(p_2 > p_1)$ 下的小。该反应的特征是(　　)。

(A) 吸热反应，体积增大；　　　　　　(B) 放热反应，体积减小；

(C) 放热反应，体积增大；　　　　　　(D) 吸热反应，体积减小

二、判断题

1. 标准平衡常数的数值不仅与化学反应方程式的写法有关,而且还与标准态的选择有关。　　　　　　　　　　　　　　　　　　　　　　　　　（　　）

2. 在恒定的温度和压力条件下,某化学反应的 $\Delta_r G_m$ 就是在一定量的系统中进行 1 mol 的化学反应时产物与反应物之间的吉布斯函数的差值。　　　　　（　　）

3. 因为 $\Delta_r G_m^{\ominus} = -RT\ln K^{\ominus}$,所以 $\Delta_r G_m^{\ominus}$ 是平衡态时的吉布斯函数变化。　（　　）

4. $\Delta_r G_m^{\ominus}$ 是反应进度的函数。　　　　　　　　　　　　　　　　　　（　　）

5. 在等温等压条件下,$\Delta_r G_m > 0$ 的反应一定不能进行。　　　　　　（　　）

6. $\Delta_r G_m$ 的大小表示了反应系统处于该反应进度 ξ 时反应的趋势。　（　　）

7. 任何一个化学反应都可以用 $\Delta_r G_m^{\ominus}$ 来判断其反应进行的方向。　　（　　）

8. 在等温、等压且没有非体积功的条件下,系统总是向着吉布斯函数减小的方向进行。若某化学反应在给定条件下 $\Delta_r G_m < 0$,则反应物将完全变成产物,反应将进行到底。

　　　　　　　　　　　　　　　　　　　　　　　　　　　　　　　　（　　）

9. 在等温、等压且没有非体积功的条件下,反应的 $\Delta_r G_m < 0$ 时,若值越小,自发进行反应的趋势也越强,反应进行得越快。　　　　　　　　　　　　　　（　　）

10. 一个已达平衡的化学反应,只有当标准平衡常数改变时,平衡才会移动。（　　）

三、填空题

1. 25 ℃下反应 $N_2O_4(g) \Longrightarrow 2NO_2(g)$ 的标准平衡常数 $K^{\ominus} = 0.113\ 2$,同温度下系统中 $N_2O_4(g)$ 和 $NO_2(g)$ 的分压力均为 101.325 kPa,则反应将向_____进行。（$p^{\ominus} = 100$ kPa）

2. 范特霍夫等温方程:$\Delta_r G_m(T) = \Delta_r G_m^{\ominus}(T) + RT\ln J_p$ 中,表示系统标准态下性质的是_____,用来判断反应进行方向的是_____,用来判断反应进行限度的是_____。

3. 对反应 $CH_4(g) + 2O_2(g) \Longrightarrow CO_2(g) + 2H_2O(g)$,若压力增大一倍,则反应平衡_____。

4. 某反应在 1 023 K 下的 $K^{\ominus}$ 为 105.9,在 1 667 K 下的 $K^{\ominus}$ 为 1.884,则该反应在 1 023~1 667 K 的反应的标准摩尔焓变的平均值为_____,在 1 360 K 下的 $K^{\ominus}$ 为_____。

5. 已知 $\Delta_f G_m^{\ominus}(CH_3OH, l, 298.15\ K) = -166.15$ kJ·mol^{-1},$\Delta_f G_m^{\ominus}(CO, g, 298.15\ K) = -137.285$ kJ·mol^{-1},则反应 $CO(g) + 2H_2(g) \Longrightarrow CH_3OH(l)$ 的 $\Delta_f G_m^{\ominus}(298.15\ K) = $_____。

6. 已知反应 $Ag_2O(s) + 2HCl(g) \Longrightarrow 2AgCl(s) + H_2O(l)$ 的 $\Delta_r G_m^{\ominus}(298.15\ K) = -324.9$ kJ·mol^{-1} 且 $\Delta_f G_m^{\ominus}(Ag_2O, s, 298.15\ K) = -10.82$ kJ·mol^{-1},$\Delta_f G_m^{\ominus}(HCl, g, 298.15\ K) = -95.265$ kJ·mol^{-1},$\Delta_f G_m^{\ominus}(H_2O, l, 298.15\ K) = -237.142$ kJ·mol^{-1},则 $AgCl(s)$ 的标准摩尔生成吉布斯函数 $\Delta_f G_m^{\ominus}(AgCl, s, 298.15\ K) = $_____。

7. 在 732 K 下,反应 $NH_4Cl(s) \Longrightarrow NH_3(g) + HCl(g)$ 的 $\Delta_r G_m^{\ominus} = -20.8$ kJ·mol^{-1},$\Delta_r H_m^{\ominus} = 154$ kJ·mol^{-1},则该反应的 $\Delta_r S_m^{\ominus} = $_____。

8. 对一个化学反应,若知其 $\sum \nu_B C_{p,m}(B) > 0$,则 $\Delta_r H_m^{\ominus}$ 随温度升高而_____。

9. $H_2(g)$ 与 $O_2(g)$ 的化学反应计量式可写成：

(1) $H_2(g)+1/2O_2(g)\!=\!\!=\!\!=\!H_2O(g)$；(2) $2H_2(g)+O_2(g)\!=\!\!=\!\!=\!2H_2O(g)$

它们的标准平衡常数 $K^\ominus(1)$、$K^\ominus(2)$ 和标准摩尔反应吉布斯函数变 $\Delta_rG_m^\ominus(1)$、$\Delta_rG_m^\ominus(2)$ 之间的关系为_____。

10. 增加反应 $CO(g)+2H_2(g)\!=\!\!=\!\!=\!CH_3OH(g)$ 的压力,将使平衡转化率_____。

四、计算题

1. 反应 $Fe(s)+H_2O(g)\!=\!\!=\!\!=\!FeO(s)+H_2(g)$ 在 1 025 ℃ 达平衡时 $H_2(g)$ 的压力为 56.9 kPa,$H_2O(g)$ 的压力为 44.4 kPa;在 900 ℃ 达平衡时,$H_2(g)$ 的压力为 60.0 kPa,$H_2O(g)$ 的压力为 41.3 kPa。求 960 ℃ 下上述反应的标准平衡常数。(设反应的 $\sum\nu_B C_{p,m}(B)=0$)

2. 已知反应 $3CuCl(g)\!=\!\!=\!\!=\!Cu_3Cl_3(g)$ 的 $\Delta_rG_m^\ominus(T)\ /(J\cdot mol^{-1})=-528\ 858-22.7T\ln T+438.1T$,求 2 000 K 下平衡混合物中 $Cu_3Cl_3(g)$ 的摩尔分数为 0.5 时系统的总压力。($p^\ominus=100$ kPa)

五、简答题

1. 标准平衡常数与标准摩尔反应吉布斯函数变的关系为 $\Delta_rG_m^\ominus=-RT\ln K^\ominus$,为什么反应的平衡态与标准态是不相同的?

2. 对于化学计量数 $\Delta\nu=0$ 的理想气体化学反应,哪些因素变化不改变平衡点?

3. 对于复分解反应,如有沉淀、气体或水生成,则容易进行到底,试以化学平衡理论分析其道理。

4. 今有 A、B 两个吸热反应,其标准平衡常数分别为 $K^\ominus(A)$ 和 $K^\ominus(B)$,反应的标准摩尔焓变 $\Delta_rH_m^\ominus(A)>\Delta_rH_m^\ominus(B)$,则温度升高 10 K 时,哪一个反应的标准平衡常数变化较大? 为什么?

5. 合成氨反应为 $3H_2(g)+N_2(g)\rightleftharpoons 2NH_3(g)$,一般在 30 MPa,约 520 ℃ 下进行,生产过程中要经常从循环气(主要是 H_2、N_2、NH_3、CH_4)中排除 CH_4 气体,为什么?

6. 如果知道某一反应体系在一定温度与压力下,其 $\Delta_rG_m<0$,则体系中的反应物是否能全部变成产物?

第7章

电 化 学

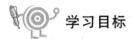 学习目标

学习电解质溶液的性质与理论；掌握可逆电池的电动势，理解产生电动势的机理；熟悉电化学中的惯用符号；掌握有关电动势的计算与电动势测定的应用；讨论在有电流通过电解池时的不可逆电极过程；掌握一些重要概念——分解电压和超电势；了解电解时电极上的反应规律，以及电化学腐蚀、防腐的有关知识。

电化学是研究化学现象和电现象之间关系的科学。化学反应与电之间的联系通过电池来完成，电池由两个电极和电极间的电解质构成，因而电化学的研究内容应包括电解质和电极。电解质溶液的导电和电子导体不同，为表征电解质溶液的导电能力，引入了电导、电导率、摩尔电导率、离子迁移、电迁移率等概念。即使很稀的电解质溶液也偏离理想稀薄溶液所遵从的热力学规律，所以引入离子平均活度和离子平均活度因子等概念来讨论电解质溶液的热力学性质。电化学系统是指在两相或数相间存在电势差的系统。电化学系统的热力学主要研究电化学系统中没有电流通过时的性质，即有关电化学反应平衡的规律，表征这一规律的重要方程是能斯特方程。电化学系统的动力学主要研究电化学系统中有电流通过时的性质，即电化学反应速率的规律，表征这一规律的重要概念是超电势，用超电势的大小来衡量电化学系统中有电流通过时偏离平衡的程度。

研究电化学内容离不开热力学方法与动力学方法。目前，电化学主要应用在电解工业（氯碱工业，铝、钠等轻金属的冶炼，铜、锌等的精炼）、机械工业（电镀、电抛光、电泳涂漆等）、环境保护（电渗析方法除去氰离子、铬离子等污染物）、化学电源及金属的防腐等方面。可见，研究电化学具有重要意义。

7.1 电解质溶液

7.1.1 电导与电导率

1. 电解质与电解质溶液

在水溶液里或熔融状态下能导电的化合物叫做电解质。电解质在溶剂(如 H_2O)中分开成阴、阳离子的现象叫做解离(也叫电离)。根据电解质解离度的大小,电解质可分为强电解质和弱电解质。强电解质在溶液中几乎全部解离成阳离子和阴离子,例如,HCl、NaOH、$MgSO_4$ 等在水中都是强电解质。弱电解质在溶液中部分地解离为阳离子和阴离子,阳离子和阴离子与未解离的电解质分子间存在解离平衡。例如,$NH_3 \cdot H_2O$、CH_3COOH 等在水中为弱电解质。强、弱电解质在划分上除与电解质本身的性质有关外,还与溶剂性质有关。例如,CH_3COOH 在水中属于弱电解质,而在液 NH_3 中属于强电解质;KI 在水中为强电解质,而在丙酮中为弱电解质。

2. 电导及电导率

导体的导电能力常用电阻(R)表示,导体的电阻越大则导电能力越弱。如果采用导体电阻的倒数来表示导电能力,其值越大则导体的导电能力越强。通常电解质溶液的导电能力就采用电阻的倒数来表示。习惯上将电阻的倒数称为电导,用符号 G 表示,即

$$G = \frac{1}{R} \tag{7-1}$$

电导的单位是西门子,用符号 S 表示,根据式(7-1)可知 1 S=1 Ω^{-1}。

均匀导体在均匀电场中的电导 G 与导体截面积 A 成正比,与其长度 l 成反比,即

$$G = \kappa \frac{A}{l} \tag{7-2}$$

式中:κ——电导率,其单位为 $S \cdot m^{-1}$。

实际上电导率 κ 也是电阻率 ρ 的倒数。均匀导体电导率的物理意义指单位长度、单位横截面积的导体所具有的电导值。对于电解质溶液来讲,电导率则是两个单位面积的极板,其距离为单位长度时溶液的电导。

由式(7-2)可有

$$\kappa = K_{cell} G \tag{7-3}$$

式中:K_{cell}——电导池常数,$K_{cell} = \frac{l}{A}$。电导池常数是与电导池几何特征有关的物理量。

电解质溶液的物质的量浓度对电导率有一定影响。同一电解质溶液的电导率,随着电解质溶液物质的量浓度的不同有很大变化。比如稀薄溶液随着物质的量浓度的增大,单位体积内导电离子增多,溶液的电导率几乎随着物质的量浓度的增大成正比增加;在物质的量浓度较大时,由于阴、阳离子的相互作用,离子的运动速率降低,尽管单位体积内离

子数目不断增加,但是电导率经过一个极大值后反而降低。对于不同的电解质溶液,强电解质中强酸、强碱的电导率较大,其次是盐类;而弱电解质等为最低。具体见图 7-1 电导率与物质的量浓度的关系。

3. 摩尔电导率

摩尔电导率是指在相距 1 m 的两个平行电极之间,放置含有 1 mol 某电解质的溶液的电导率,用 Λ_m 表示。设含有 1 mol 该电解质的溶液的体积为 V_m,则电解质溶液物质的量浓度 $c = \dfrac{1}{V_m}$。由于电导率 κ 是相距 1 m 的两个平行电极之间含有 1 m^3 溶液的电导,所以 Λ_m 与 κ 之间的关系为

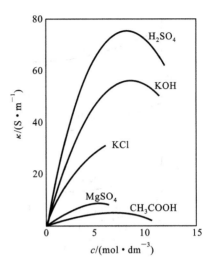

图 7-1　电导率与物质的量浓度的关系

$$\Lambda_m = \frac{\kappa}{c} \tag{7-4}$$

式中:Λ_m——摩尔电导率,$S \cdot m^2 \cdot mol^{-1}$;

　　　c——电解质溶液物质的量浓度,$mol \cdot m^{-3}$;

　　　κ——电导率,$S \cdot m^{-1}$。

在表示电解质的摩尔电导率时,应标明该物质的基本单元。基本单元常采用元素符号和化学式来表示。习惯上把阳、阴离子各带有 1 mol 电荷的电解质作为物质的量的基本单元,如 KCl、$\frac{1}{2}K_2SO_4$、$\frac{1}{3}AlCl_3$ 等。因此,相同的电解质由于基本单元不同,表示的摩尔电导率也会不同,比如在某一定条件下:

$$\Lambda_m(K_2SO_4) = 0.024\,85\ S \cdot m^2 \cdot mol^{-1}$$

$$\Lambda_m\left(\frac{1}{2}K_2SO_4\right) = 0.012\,43\ S \cdot m^2 \cdot mol^{-1}$$

显然有　　　　　　　　$$\Lambda_m(K_2SO_4) = 2\Lambda_m\left(\frac{1}{2}K_2SO_4\right)$$

同样,电解质溶液物质的量浓度对电解质的摩尔电导率也有影响。对于强电解质来说,如果溶液物质的量浓度降低,摩尔电导率增大。这是因为随着溶液物质的量浓度的降低,离子间作用力减小,离子运动速率增加,故摩尔电导率增大。对于弱电解质,当溶液物质的量浓度较大时,由于弱电解质解离度较小,溶液中离子数量很少,摩尔电导率很小,这时随着溶液物质的量浓度变化很小;但是当溶液极稀时,解离度随溶液的稀释而增加,因此溶液物质的量浓度越小,离子越多,摩尔电导率也就越大。

 ## 7.1.2　离子独立运动定律

1. 离子独立运动定律

科尔劳施(Kohlrausch)研究了大量电解质的摩尔电导率。经过大量实验后发现:在

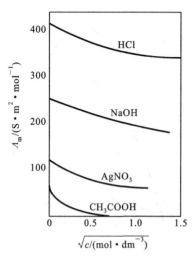

图7-2 某些电解质水溶液的摩尔电导率与物质的量浓度的平方根的关系

很稀的溶液中,强电解质的摩尔电导率与其物质的量浓度的平方根呈线性关系,具体如图 7-2 所示。该关系可以采用下式表示:

$$\Lambda_m = \Lambda_m^{\infty} - A\sqrt{c} \tag{7-5}$$

式中:Λ_m——电解质的摩尔电导率;

Λ_m^{∞}——极限摩尔电导率(电解质无限稀释时的摩尔电导率);

A——经验常数,与电解质有关。

同时,科尔劳施也比较了一系列电解质的极限摩尔电导率。表 7-1 列举了一些具有相同离子的电解质的极限摩尔电导率。研究发现:具有同一阴离子(或阳离子)的盐类,它们的极限摩尔电导率之差在同一温度下几乎为定值,而与另一阳离子(或阴离子)的存在无关。比如表 7-1 中,KCl 及 LiCl 的极限摩尔电导率的差值 $\Delta\Lambda_m^{\infty}$ 与 KNO₃ 及 LiNO₃ 的 $\Delta\Lambda_m^{\infty}$ 相同。这表明,在一定的温度下,阳离子的无限稀释溶液中的导电能力与阴离子的存在无关。同样,KCl 及 KNO₃ 的 $\Delta\Lambda_m^{\infty}$ 与 LiCl 及 LiNO₃ 的 $\Delta\Lambda_m^{\infty}$ 也相同,这也表明在一定的温度下,阴离子在无限稀释溶液中的导电能力与阳离子的存在无关。在此基础上,科尔劳施提出了离子独立运动定律:无论是强电解质还是弱电解质,在无限稀释时,离子间的相互作用均可忽略不计,离子彼此间独立运动,互不影响。这表明每种离子的摩尔电导率对电解质的摩尔电导率都有独立的贡献,因而电解质摩尔电导率为阳、阴离子摩尔电导率之和。可见,极限摩尔电导率是电解质溶液的一个非常重要的参数。对于电解质 $A_{\nu_+}B_{\nu_-}$ 来讲,离子独立运动定律可用公式表示如下:

$$\Lambda_m^{\infty} = \nu_+ \Lambda_{m,+}^{\infty} + \nu_- \Lambda_{m,-}^{\infty} \tag{7-6}$$

式中:Λ_m^{∞}——电解质的极限摩尔电导率,$S \cdot m^2 \cdot mol^{-1}$;

$\Lambda_{m,+}^{\infty}$、$\Lambda_{m,-}^{\infty}$——阳、阴离子的极限摩尔电导率,$S \cdot m^2 \cdot mol^{-1}$;

ν_+、ν_-——阳、阴离子的化学计量数,量纲为 1。

表 7-1 某些电解质的极限摩尔电导率 Λ_m^{∞} 值

电解质	$\Lambda_m^{\infty}/(S \cdot m^2 \cdot mol^{-1})$	$\Delta\Lambda_m^{\infty}$	电解质	$\Lambda_m^{\infty}/(S \cdot m^2 \cdot mol^{-1})$	$\Delta\Lambda_m^{\infty}$
KCl	0.014 99	34.9×10^{-4}	HCl	0.042 62	4.90×10^{-4}
LiCl	0.011 50		HNO₃	0.042 13	
KClO₄	0.014 00	34.0×10^{-4}	KCl	0.014 99	4.90×10^{-4}
LiClO₄	0.010 60		KNO₃	0.014 50	
KNO₃	0.014 50	34.9×10^{-4}	LiCl	0.011 50	4.90×10^{-4}
LiNO₃	0.011 01		LiNO₃	0.011 01	

根据离子独立运动定律,可以应用强电解质极限摩尔电导率来计算弱电解质的极限

摩尔电导率。

[例7-1] 已知在 25 ℃下，$\Lambda_m^\infty(NH_4Cl)=1.499\times10^{-2}\ S\cdot m^2\cdot mol^{-1}$，$\Lambda_m^\infty(NaOH)=2.487\times10^{-2}$ $S\cdot m^2\cdot mol^{-1}$，$\Lambda_m^\infty(NaCl)=1.265\times10^{-2}\ S\cdot m^2\cdot mol^{-1}$。求该温度下 $\Lambda_m^\infty(NH_3\cdot H_2O)$。

解 根据离子独立运动定律：

$$\Lambda_m^\infty(NH_4Cl)=\Lambda_m^\infty(NH_4^+)+\Lambda_m^\infty(Cl^-)$$

$$\Lambda_m^\infty(NaOH)=\Lambda_m^\infty(Na^+)+\Lambda_m^\infty(OH^-)$$

$$\Lambda_m^\infty(NaCl)=\Lambda_m^\infty(Na^+)+\Lambda_m^\infty(Cl^-)$$

$$\Lambda_m^\infty(NH_3\cdot H_2O)=\Lambda_m^\infty(NH_4^+)+\Lambda_m^\infty(OH^-)=\Lambda_m^\infty(NH_4Cl)+\Lambda_m^\infty(NaOH)-\Lambda_m^\infty(NaCl)$$

$$=(1.499+2.487-1.265)\times10^{-2}\ S\cdot m^2\cdot mol^{-1}$$

$$=2.721\times10^{-2}\ S\cdot m^2\cdot mol^{-1}$$

2. 电迁移率与离子迁移数

在外电场的作用下，电解质溶液中的阳、阴离子发生定向移动的现象，叫做离子的电迁移现象。即电解质溶液通电之后，溶液中的阳、阴离子分别向阴、阳两极移动。此时溶液中的离子不仅受到电场力的作用，同时也受到溶剂分子间的黏性摩擦力作用。当两力均衡时，离子便以恒定的速率运动，该速率称为离子漂移速率，用 v_B 表示。在一定的温度和浓度下，离子在电场方向上的漂移速率 v_B 与电场强度成正比。单位电场强度下离子的漂移速率叫做离子的电迁移率，用符号 u_B 表示，即

$$u_B\xlongequal{\text{def}}\frac{v_B}{E}\tag{7-7}$$

式(7-7)中 v_B 和 E 的单位分别是 $m\cdot s^{-1}$ 和 $V\cdot m^{-1}$，所以 u_B 的单位是 $m^2\cdot V^{-1}\cdot s^{-1}$。离子的漂移速率 v_B 与外加电场有关，而电迁移率 u_B 则排除了外电场的影响，因而更能反映离子运动的本性。因为阳、阴离子的电迁移率不同，所以它们传递的电量也不同。离子迁移数表示了各种离子传递电量的比例关系，即指每种离子所迁移的电量与通过溶液的总电量的比值。离子迁移数常用 t 表示。对于只含阳、阴离子各一种的电解质溶液而言，阳、阴离子的迁移数 t_+、t_- 分别表示为

$$t_+=\frac{Q_+}{Q},\quad t_-=\frac{Q_-}{Q}\tag{7-8}$$

式中：Q_+、Q_-、Q——阳、阴离子运载的电量及总电量。

显然，$Q_++Q_-=Q$。

7.1.3 电导测定与应用

1. 电导测定方法

测量电解质溶液的电导时，可用图 7-3 所示的惠斯通电桥计算。在图 7-3 中，AB 为均匀的滑线电阻，R_z 为可变电阻，T 为检零器，R_x 为待测电阻，R_3 和 R_4 分别为 AC、BC 段的电阻，K 为用以抵消电导池电容的可变电容器，电源使用 1 000 Hz 左右的交流电。测定时，接通电源，选择一定的电阻 R_z，移动接触点 C，直到流经 T 的电流接近于零，此时电桥达到平衡，各电阻之间存在如下关系：

$$\frac{R_z}{R_x}=\frac{R_3}{R_4}\tag{7-9}$$

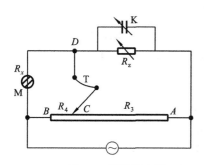

图 7-3 惠斯通电桥

此时电解质溶液的电导

$$G_x = \frac{1}{R_x} = \frac{R_3}{R_4}\frac{1}{R_z} = \frac{\overline{AC}}{\overline{CB}}\frac{1}{R_z} \qquad (7\text{-}10)$$

根据式(7-2)，电解质溶液的电导率为

$$\kappa = G_x\frac{l}{A} = \frac{1}{R_x}\frac{l}{A} = \frac{1}{R_x}K_{cell} \qquad (7\text{-}11)$$

对于给定的电导池来说，电导池常数是一定的。因此，欲测定某电解质溶液在一定温度下的电导率，须先将一个已知电导率的溶液注入该电导池中，测其电阻值，然后根据式(7-11)计算出 K_{cell}，最后将待测电解质溶液置于此电导池中测其电阻，用式(7-4)计算出待测溶液的摩尔电导率。通常用来测定电导池常数的电解质溶液是 KCl 溶液，不同浓度 KCl 溶液的电导率列于表 7-2 中。

表 7-2 标准 KCl 溶液的电导率

物质的量浓度	电导率 $\kappa/(S \cdot m^{-1})$		
$c/(mol \cdot dm^{-3})$	273.15 K	291.15 K	298.15 K
1	6.643	9.820	11.173
0.1	0.715	1.119 2	1.288 6
0.01	0.077 5	0.122 7	0.141 1

[例 7-2] 已知 298.15 K 下，0.02 mol·dm⁻³ 的 KCl 溶液的电导率为 0.276 8 S·m⁻¹。将该溶液放入某电导池中，测得其电阻为 82.4 Ω。若将 0.05 mol·dm⁻³ 的 $\frac{1}{2}$ MgCl₂ 溶液放入该电导池中，测得其电阻为 42 300 Ω。试求：

(1) 该电导池的电导池常数 K_{cell}；

(2) 0.05 mol·dm⁻³ 的 $\frac{1}{2}$ MgCl₂ 溶液的电导率 κ 和摩尔电导率 Λ_m。

解 (1) $K_{cell} = \dfrac{\kappa(KCl)}{G(KCl)} = \kappa(KCl)R(KCl) = 0.276\ 8 \times 82.4\ m^{-1} = 22.81\ m^{-1}$

(2) $\kappa\left(\dfrac{1}{2}MgCl_2\right) = K_{cell}G = K_{cell}\dfrac{1}{R} = 22.81 \times \dfrac{1}{42\ 300}\ S \cdot m^{-1} = 5.4 \times 10^{-4}\ S \cdot m^{-1}$

$$\Lambda_m\left(\frac{1}{2}MgCl_2\right) = \frac{\kappa\left(\frac{1}{2}MgCl_2\right)}{c} = \frac{5.4 \times 10^{-4}}{0.05}\ S \cdot m^2 \cdot mol^{-1}$$

$$= 1.08 \times 10^{-2}\ S \cdot m^2 \cdot mol^{-1}$$

2. 电导测定的应用

利用电导测定原理可以快速测出电解质的物质的量浓度。目前该方法可以用来检验水的纯度、测定弱电解质的解离度及解离常数、测定难溶盐的溶解度和溶度积常数以及进行电化学分析等。

1) 检验水的纯度

纯水在 298.15 K 下的电导率为 5.5×10^{-6} S·m⁻¹，重蒸馏水(蒸馏水经 KMnO₄ 和

KOH 溶液处理除去 CO_2 及有机杂质,然后在石英皿中重新蒸馏 1~2 次)和去离子水的电导率都小于 $1.00×10^{-4}$ S·m^{-1}。但水中含有电解质时就会具有相当大的电导率,即使蒸馏水中溶解空气中的二氧化碳时电导率也会达到 $1.00×10^{-3}$ S·m^{-1}。因此,只要测出水的电导率,就可断定水的纯度是否符合使用要求。

2)测定弱电解质的解离度及解离常数

弱电解质的解离度很小,如果溶液中离子的物质的量浓度很低,就可以认为离子的移动速率受物质的量浓度的影响微乎其微。因而,一定物质的量浓度的弱电解质溶液的摩尔电导率与其极限摩尔电导率的差别主要是由于解离度的不同造成的。例如甲酸,在无限稀释的溶液中全部解离,有

$$HCOOH \longrightarrow H^+ + HCOO^-$$

此时其摩尔电导率为 Λ_m^∞。当溶液物质的量浓度为 c 时,甲酸的解离度为 α,此时其摩尔电导率为 Λ_m。显然有

$$\alpha = \frac{\Lambda_m}{\Lambda_m^\infty} \tag{7-12}$$

这样其解离常数为

$$K^\ominus = \frac{\dfrac{c(H^+)}{c^\ominus} \dfrac{c(HCOO^-)}{c^\ominus}}{\dfrac{c(HCOOH)}{c^\ominus}} = \frac{\left(\dfrac{\alpha c}{c^\ominus}\right)^2}{\dfrac{(1-\alpha)c}{c^\ominus}} = \frac{\alpha^2}{(1-\alpha)} \frac{c}{c^\ominus} \tag{7-13}$$

式(7-13)中 $c^\ominus = 1$ mol·dm^{-3}。

[例 7-3] 298.15 K 下,$\Lambda_m^\infty(H^+) = 3.496×10^{-2}$ S·m^2·mol^{-1},$\Lambda_m^\infty(CH_3COO^-) = 0.409×10^{-2}$ S·m^2·mol^{-1},某电导池两电极间距与电极截面积之比 $\left(\dfrac{l}{A}\right)$ 为 13.1 m^{-1},电解质溶液是物质的量浓度为 15.18 mol·m^{-3} 的乙酸溶液,测得其电阻为 625 Ω。求 298.15 K 下乙酸的解离度。

解 根据离子独立运动定律有

$\Lambda_m^\infty(CH_3COOH) = \Lambda_m^\infty(H^+) + \Lambda_m^\infty(CH_3COO^-)$

$\qquad = (3.496 + 0.409)×10^{-2}$ S·m^2·mol$^{-1} = 3.905×10^{-2}$ S·m^2·mol^{-1}

乙酸溶液的电导率为

$$\kappa = G\frac{l}{A} = \frac{1}{R}\frac{l}{A} = \frac{1}{625}×13.1 \text{ S·m}^{-1} = 2.096×10^{-2} \text{ S·m}^{-1}$$

乙酸溶液的摩尔电导率为

$$\Lambda_m(CH_3COOH) = \frac{\kappa}{c} = \frac{2.096×10^{-2}}{15.18} \text{ S·m}^2·\text{mol}^{-1} = 1.38×10^{-3} \text{ S·m}^2·\text{mol}^{-1}$$

乙酸的解离度为

$$\alpha = \frac{\Lambda_m}{\Lambda_m^\infty} = \frac{1.38×10^{-3}}{3.905×10^{-2}} = 3.53×10^{-2}$$

3)测定难溶盐的溶解度和溶度积常数

利用电导率可以测定难溶盐在水中的溶解度。首先用已知电导率的水配制待测难溶盐的饱和溶液,先测其电导率 κ,再按下式求出该难溶盐的电导率:

$$\kappa(盐) = \kappa(溶液) - \kappa(水) \tag{7-14}$$

然后根据离子独立运动定律计算难溶盐饱和溶液的极限摩尔电导率 Λ_m^∞。由于难溶盐的

饱和溶液极稀,可认为 $\Lambda_m = \Lambda_m^\infty$,因而难溶盐饱和溶液溶解度的计算公式为

$$c(盐) = \frac{\kappa(盐)}{\Lambda_m^\infty(盐)} \tag{7-15}$$

[例 7-4] 已知在 298.15 K 下,$\Lambda_m^\infty(Ag^+) = 6.19 \times 10^{-3}$ S·m²·mol⁻¹,$\Lambda_m^\infty(Br^-) = 7.84 \times 10^{-3}$ S·m²·mol⁻¹,此时测得 AgBr 饱和溶液的电导率为 1.701×10^{-4} S·m⁻¹,配制该溶液所用的水的电导率为 1.60×10^{-4} S·m⁻¹。求该温度下 AgBr 饱和溶液的溶解度和溶度积常数。

解 $\kappa(AgBr) = \kappa(溶液) - \kappa(水) = (1.701 \times 10^{-4} - 1.60 \times 10^{-4})$ S·m⁻¹

$\qquad = 1.01 \times 10^{-5}$ S·m⁻¹

$\quad \Lambda_m^\infty(AgBr) = \Lambda_m^\infty(Ag^+) + \Lambda_m^\infty(Br^-) = (6.19 + 7.84) \times 10^{-3}$ S·m²·mol⁻¹

$\qquad = 14.03 \times 10^{-3}$ S·m²·mol⁻¹

AgBr 饱和溶液的溶解度为

$$c(AgBr) = \frac{\kappa(AgBr)}{\Lambda_m^\infty(AgBr)} = \frac{1.01 \times 10^{-5}}{14.03 \times 10^{-3}} \text{ mol·m}^{-3} = 7.2 \times 10^{-4} \text{ mol·m}^{-3}$$

AgBr 饱和溶液的溶度积常数为

$$K_{sp} = \frac{c(Ag^+)}{c^\ominus} \frac{c(Br^-)}{c^\ominus} = \left(\frac{7.2 \times 10^{-4}}{1 \times 10^3}\right)^2 = 5.2 \times 10^{-13}$$

4) 进行电化学分析

在化学分析中,当溶液混浊或有颜色而不能使用指示剂时,可用电导滴定来测定溶液中电解质的物质的量浓度。但只有在滴定分析过程中,一种离子被另一种离子所代替,电导率发生明显变化时才能选用此法。例如用 NaOH 溶液滴定 HCl 溶液,滴定前溶液中只有 HCl 一种电解质,而且 H⁺ 的电导率很大,所以溶液的电导率也很大;当逐渐滴入 NaOH 时,溶液中的 H⁺ 逐渐减少,Na⁺ 的电导率较小,所以溶液的电导率在滴定过程中逐渐减小;当到达滴定终点时,H⁺ 全部被 Na⁺ 所取代,此时电导率最小;此后再滴入 NaOH,因为 OH⁻ 的电导率也很大,所以滴定终点以后电导率骤增。图 7-4 表示了该滴定过程。图 7-4 中两条直线 AB 和 BC 的交点 B 就是滴定的终点。可以根据该点对应的 NaOH 溶液的体积计算 HCl 溶液的物质的量浓度。

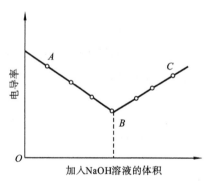

图 7-4 HCl 与 NaOH 溶液电导滴定

7.1.4 电解质离子活度

1. 离子的化学势

电解质溶液中溶质和溶剂的化学势 μ_B 及 μ_A 分别定义为

$$\mu_B \overset{\text{def}}{=\!=\!=} \left(\frac{\partial G}{\partial n_B}\right)_{T,p,n_A} \tag{7-16a}$$

$$\mu_A \overset{\text{def}}{=\!=\!=} \left(\frac{\partial G}{\partial n_A}\right)_{T,p,n_B} \tag{7-16b}$$

同样,电解质溶液中阳、阴离子的化学势 μ_+ 及 μ_- 分别定义为

$$\mu_+ \overset{\text{def}}{=\!=\!=} \left(\frac{\partial G}{\partial n_+}\right)_{T,p,n_-} \tag{7-17a}$$

$$\mu_- \overset{\text{def}}{=\!=\!=} \left(\frac{\partial G}{\partial n_-}\right)_{T,p,n_+} \tag{7-17b}$$

式(7-17a,b)表明,离子化学势是指在 T、p 不变,只改变某种离子的物质的量而相反电荷离子和其他物质的量都不变的条件下,溶液吉布斯函数 G 对该离子的物质的量的变化率。实际上式(7-17a,b)无实验意义,因为向电解质溶液中单独添加阳离子或阴离子都是做不到的。但可以通过 μ_B 与 μ_+ 和 μ_- 之间的关系来处理,设电解质 S 在溶液中完全解离:

$$S \longrightarrow \nu_+ X^{z+} + \nu_- Y^{z-}$$

$$dG = -SdT + Vdp + \mu_A dn_A + \mu_+ dn_+ + \mu_- dn_-$$

$$= -SdT + Vdp + \mu_A dn_A + (\nu_+\mu_+ + \nu_-\mu_-)dn_B$$

当 T、p 及 n_A 不变时,有

$$dG = (\nu_+\mu_+ + \nu_-\mu_-)dn_B$$

即

$$\left(\frac{\partial G}{\partial n_B}\right)_{T,p,n_A} = \nu_+\mu_+ + \nu_-\mu_-$$

根据式(7-16a,b),有

$$\mu_B = \nu_+\mu_+ + \nu_-\mu_- \tag{7-18}$$

2. 活度及活度因子

电解质溶液中离子间的静电力作用比较强烈,导致电解质溶液很稀也会偏离理想稀薄溶液的热力学规律。因此在研究电解质溶液热力学性质时,引入电解质及离子的活度和活度因子等概念。

电解质及其解离的阳、阴离子的活度分别定义为

$$\mu_B = \mu_B^\ominus + RT\ln a_B \tag{7-19}$$

$$\mu_+ = \mu_+^\ominus + RT\ln a_+ \tag{7-20}$$

$$\mu_- = \mu_-^\ominus + RT\ln a_- \tag{7-21}$$

式中:a_B、a_+、a_-——电解质、阳离子、阴离子的活度;

$\mu_B^\ominus$、$\mu_+^\ominus$、$\mu_-^\ominus$——电解质、阳离子、阴离子的标准态化学势。

将式(7-19)、式(7-20)和式(7-21)代入式(7-18)中,得

$$\mu_B^\ominus + RT\ln a_B = \nu_+\mu_+^\ominus + \nu_-\mu_-^\ominus + RT\ln(a_+^{\nu_+} a_-^{\nu_-})$$

定义

$$\mu_B^\ominus \overset{\text{def}}{=\!=\!=} \nu_+\mu_+^\ominus + \nu_-\mu_-^\ominus \tag{7-22}$$

则

$$a_B = a_+^{\nu_+} a_-^{\nu_-} \tag{7-23}$$

式(7-23)为电解质活度与阳、阴离子活度的关系式。

阳、阴离子的活度因子定义为

$$\gamma_+ \overset{\text{def}}{=\!=\!=} \frac{a_+}{b_+/b^\ominus}, \quad \gamma_- \overset{\text{def}}{=\!=\!=} \frac{a_-}{b_-/b^\ominus} \tag{7-24}$$

式中:b_+、b_-——阳、阴离子的质量摩尔浓度,$b^\ominus = 1\ \text{mol} \cdot \text{kg}^{-1}$。

如果电解质完全解离,则

$$b_+ = \nu_+ b, \quad b_- = \nu_- b \tag{7-25}$$

式中：b——电解质的质量摩尔浓度。

实际上，a_+、a_- 和 γ_+、γ_- 也无法由实验单独测出，所以只能测出它们的平均值。

定义阳、阴离子活度的几何平均值为离子平均活度，即

$$a_\pm \overset{\text{def}}{=\!=\!=} (a_+^{\nu_+} a_-^{\nu_-})^{\frac{1}{\nu}} \tag{7-26a}$$

同样，定义阳、阴离子活度因子及质量摩尔浓度的几何平均值为离子的平均活度因子与平均质量摩尔浓度：

$$\gamma_\pm \overset{\text{def}}{=\!=\!=} (\gamma_+^{\nu_+} \gamma_-^{\nu_-})^{\frac{1}{\nu}} \tag{7-26b}$$

$$b_\pm \overset{\text{def}}{=\!=\!=} (b_+^{\nu_+} b_-^{\nu_-})^{\frac{1}{\nu}} \tag{7-26c}$$

在式(7-26a,b,c)中，$\nu = \nu_+ + \nu_-$，其中 $a_\pm$、$\gamma_\pm$、$b_\pm$ 分别称为离子平均活度、离子平均活度因子和平均质量摩尔浓度。

离子平均活度、离子平均活度因子和平均质量摩尔浓度的关系为

$$a_\pm = a_B^{\frac{1}{\nu}} = \gamma_\pm (\nu_+^{\nu_+} \nu_-^{\nu_-})^{\frac{1}{\nu}} \frac{b}{b^\ominus} \tag{7-27}$$

[例 7-5] 电解质 KCl、K_2SO_4、$K_3Fe(CN)_6$ 溶液的质量摩尔浓度均为 b，阳、阴离子的活度因子分别为 γ_+、γ_-。

(1) 写出各电解质离子活度因子 $\gamma_\pm$ 与 γ_+ 及 γ_- 的关系；

(2) 用 b 及 $\gamma_\pm$ 表示各电解质的离子平均活度 $a_\pm$ 及电解质活度 a_B。

解 (1) 根据式 $\gamma_\pm \overset{\text{def}}{=\!=\!=} (\gamma_+^{\nu_+} \gamma_-^{\nu_-})^{\frac{1}{\nu}}$，有

$$KCl \longrightarrow K^+ + Cl^-, \quad \nu_+ = 1, \quad \nu_- = 1$$

所以对于 KCl 有

$$\gamma_\pm = (\gamma_+^{\nu_+} \gamma_-^{\nu_-})^{\frac{1}{2}} = (\gamma_+ \gamma_-)^{\frac{1}{2}}$$

$$K_2SO_4 \longrightarrow 2K^+ + SO_4^{2-}, \quad \nu_+ = 2, \quad \nu_- = 1$$

所以对于 K_2SO_4 有

$$\gamma_\pm = (\gamma_+^{\nu_+} \gamma_-^{\nu_-})^{\frac{1}{\nu}} = (\gamma_+^2 \gamma_-)^{\frac{1}{3}}$$

$$K_3Fe(CN)_6 \longrightarrow 3K^+ + [Fe(CN)_6]^{3-}, \quad \nu_+ = 3, \quad \nu_- = 1$$

所以对于 $K_3Fe(CN)_6$ 有

$$\gamma_\pm = (\gamma_+^{\nu_+} \gamma_-^{\nu_-})^{\frac{1}{\nu}} = (\gamma_+^3 \gamma_-)^{\frac{1}{4}}$$

(2) 根据式 $a_\pm = a_B^{\frac{1}{\nu}} = \dfrac{\gamma_\pm (\nu_+^{\nu_+} \nu_-^{\nu_-})^{\frac{1}{\nu}} b}{b^\ominus}$ 有

KCl:

$$a_\pm = \frac{\gamma_\pm [(\nu_+ b)^{\nu_+} (\nu_- b)^{\nu_-}]^{\frac{1}{\nu}}}{b^\ominus} = \frac{\gamma_\pm b}{b^\ominus}$$

$$a_B = a_\pm^\nu = \left(\frac{\gamma_\pm b}{b^\ominus}\right)^2 = \gamma_\pm^2 \left(\frac{b}{b^\ominus}\right)^2$$

K_2SO_4:

$$a_\pm = \frac{\gamma_\pm [(\nu_+ b)^{\nu_+} (\nu_- b)^{\nu_-}]^{\frac{1}{\nu}}}{b^\ominus} = \frac{\gamma_\pm [b(2b)^2]^{\frac{1}{3}}}{b^\ominus} = \frac{4^{\frac{1}{3}} \gamma_\pm b}{b^\ominus}$$

$$a_B = a_\pm^\nu = \left(\frac{4^{\frac{1}{3}} \gamma_\pm b}{b^\ominus}\right)^3 = 4\gamma_\pm^3 \left(\frac{b}{b^\ominus}\right)^3$$

$K_3Fe(CN)_6$:

$$a_\pm = \frac{\gamma_\pm [(\nu_+ b)^{\nu_+} (\nu_- b)^{\nu_-}]^{\frac{1}{\nu}}}{b^\ominus} = \frac{\gamma_\pm [(3b)^3 b]^{\frac{1}{4}}}{b^\ominus} = \frac{27^{\frac{1}{4}} \gamma_\pm b}{b^\ominus}$$

$$a_B = a_\pm^\nu = \left(\frac{27^{\frac{1}{4}} \gamma_\pm b}{b^\ominus}\right)^4 = 27\gamma_\pm^4 \left(\frac{b}{b^\ominus}\right)^4$$

3. 计算离子平均活度因子

离子平均活度因子是由实验来测定的。表 7-3 列出了 25 ℃下某些电解质水溶液离子平均活度因子的实验测定值。除了实验测定以外,也可以通过经验公式来计算离子平均活度因子。

表 7-3　25 ℃下某些电解质水溶液中的离子平均活度因子

$b/(mol \cdot kg^{-1})$	HCl	KCl	$CaCl_2$	H_2SO_4	$LiCl_3$
0.001	0.966	0.966	0.888		0.853
0.005	0.930	0.927	0.798	0.643	0.715
0.01	0.906	0.902	0.732	0.545	0.637
0.05	0.833	0.816	0.584	0.341	0.417
0.10	0.798	0.770	0.524	0.266	0.356
0.50	0.769	0.652	0.510	0.155	0.303
1.00	0.811	0.607	0.725	0.131	0.583
2.00	1.011	0.577		0.125	0.954

（1）根据路易斯经验关系式计算离子平均活度因子。

从表 7-3 中电解质水溶液中离子平均活度因子的实验测定值来看,在稀薄溶液范围内,影响离子平均活度因子的因素主要是离子的质量摩尔浓度和离子价数。路易斯根据这两个因素对离子平均活度因子的综合影响,提出了离子强度概念,用符号 I（单位为 $mol \cdot kg^{-1}$）表示,定义为

$$I \stackrel{\mathrm{def}}{=\!=\!=} \frac{1}{2} \sum b_B z_B^2 \qquad (7\text{-}28)$$

式中:b_B、z_B——离子 B 的质量摩尔浓度与价数。

路易斯根据实验总结出当离子强度 $I < 0.01 \ mol \cdot kg^{-1}$ 时,电解质离子平均活度因子 $\gamma_\pm$ 与离子强度 I 之间的经验关系式为

$$\ln\gamma_\pm = -A\sqrt{\frac{I}{b^\ominus}} \qquad (7\text{-}29)$$

其中 A 为常数。

（2）根据德拜-休克尔极限定律计算离子平均活度因子。

德拜-休克尔根据离子互吸理论,加上一些近似处理,推导出一个比较适用于计算电解质稀薄溶液离子平均活度因子的经验公式:

$$-\ln\gamma_\pm = C\,|\,z_+ z_-\,|\,I^{\frac{1}{2}} \qquad (7\text{-}30)$$

其中 C 是与电解质溶液中的溶剂自身性质和外界有关的一个常数。若以 H_2O 为溶剂,25 ℃时,$C = 0.509 \ kg^{\frac{1}{2}} \cdot mol^{-\frac{1}{2}}$。式(7-30)比较适用于质量摩尔浓度小于 0.01 $mol \cdot kg^{-1}$ 的电解质溶液,所以该式也称为德拜-休克尔极限定律。目前,常用该定律计算稀电解质溶液的离子平均活度因子。实际上,德拜-休克尔极限定律与路易斯经验关系式具有很强

的一致性。

[例 7-6]　计算在 25 ℃下,0.001 mol·kg^{-1} KCl、CaCl$_2$、LaCl$_3$ 溶液的离子强度。

解　KCl 溶液离子强度:

$$I = \frac{1}{2} \sum b_B z_B^2 = \frac{1}{2} [0.001 \times 1^2 + 0.001 \times (-1)^2] \text{ mol·kg}^{-1}$$

$$= 0.001 \text{ mol·kg}^{-1}$$

CaCl$_2$ 溶液离子强度:

$$I = \frac{1}{2} \sum b_B z_B^2 = \frac{1}{2} [0.001 \times 2^2 + 0.002 \times (-1)^2] \text{ mol·kg}^{-1}$$

$$= 0.003 \text{ mol·kg}^{-1}$$

LaCl$_3$ 溶液离子强度:

$$I = \frac{1}{2} \sum b_B z_B^2 = \frac{1}{2} [0.001 \times 3^2 + 0.003 \times (-1)^2] \text{ mol·kg}^{-1}$$

$$= 0.006 \text{ mol·kg}^{-1}$$

[例 7-7]　采用德拜-休克尔极限定律计算在 25 ℃下,0.002 0 mol·kg^{-1} CaSO$_4$ 溶液中 CaSO$_4$ 的平均活度因子。

解　CaSO$_4$ 溶液离子强度:

$$I = \frac{1}{2} \sum b_B z_B^2 = \frac{1}{2} [0.002 \ 0 \times 2^2 + 0.002 \ 0 \times (-2)^2] \text{ mol·kg}^{-1}$$

$$= 0.008 \ 0 \text{ mol·kg}^{-1}$$

采用德拜-休克尔极限定律计算离子平均活度因子:

$$-\ln \gamma_{\pm} (\text{CaSO}_4) = 0.509 \mid z_+ \ z_- \mid \sqrt{I}$$

$$= 0.509 \times \mid 2 \times (-2) \mid \times \sqrt{0.008 \ 0}$$

$$= 0.182 \ 1$$

所以　　　　　　　　　　　　$$\gamma_{\pm} (\text{CaSO}_4) = 0.833 \ 5$$

7.2　可逆电池

7.2.1　电池概述

1. 电池及表示方法

电池包括原电池和电解池。原电池是化学能转变为电能的装置(利用 $\Delta_r G < 0$ 的化学反应自发地把化学能转化成电能),电解池是电能转化为化学能的装置(利用电能促使 $\Delta_r G > 0$ 的化学反应发生而制得化学产品或进行其他电化学工艺过程,如电镀等)。电池由两个电极组成,两个电极上分别进行氧化、还原反应,称为电极反应。两个电极反应的总结果称为电池反应。电化学中规定:发生氧化反应的电极称为阳极;发生还原反应的电极称为阴极。因为氧化反应是失电子反应,还原反应是得电子反应,所以在电池外的连接两极的导线中,电子流总是由氧化极流向还原极,而电流的流向相反。根据电极电势的高低,电势高的电极称为正极,电势低的电极称为负极,电流总是从电源电势高的电极流向电势低的电极,而电子流的方向恰恰相反。以上规定对原电池、化学电源、电解池都是适用的。因此,原电池、化学电源的阳极是负极,阴极是正极,而电解池的阳极为正极,阴极则为负极。典型的原电池为丹尼尔电池,如图 7-5 所示。图中锌片插入 $ZnSO_4$ 溶液($1\ mol \cdot kg^{-1}$)中,铜片插入 $CuSO_4$ 溶液($1\ mol \cdot kg^{-1}$)中,溶液中间用多孔隔板隔开,目的是防止溶液互相混合。锌片与铜片用导线连接就构成原电池。

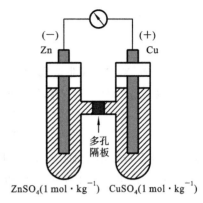

图 7-5　丹尼尔电池

丹尼尔原电池的电极反应及电池反应分别为

阳极(负极)反应：　　$Zn(s) \longrightarrow Zn^{2+}(1\ mol \cdot kg^{-1}) + 2e^-$

阴极(正极)反应：　　$Cu^{2+}(1\ mol \cdot kg^{-1}) + 2e^- \longrightarrow Cu(s)$

电池反应：　　$Zn(s) + Cu^{2+}(a) \longrightarrow Zn^{2+}(a) + Cu(s)$

书写电极反应和电池反应时,既要满足物质的量平衡,又要满足电量平衡,同时还要标明各物质的状态,如离子或电解质溶液应标明活度、气体应标明压力、纯液体或纯固体应标明相态等。(如不写出,一般指 298.15 K 和 $p^{\ominus}$)

电池装置图可用电池图式来表示,如图 7-5 丹尼尔原电池就可用电池图式表示：

$$Zn(s) | ZnSO_4(1\ mol \cdot kg^{-1}) \parallel CuSO_4(1\ mol \cdot kg^{-1}) | Cu(s)$$

电池图式表示规定如下。

(1) 将发生氧化反应的阳极(负极)写在左边,将发生还原反应的阴极(正极)写在右边,并按顺序用化学式从左到右依次排列各个相的物质、组成(a 或 p)及相态(g,l,s)。

(2) 用单垂线"|"表示相与相间界面(有时也可用逗号表示),用双垂线"‖"表示盐桥。

盐桥一般是用饱和 KCl 或 NH_4NO_3 溶液装在倒置的 U 形管中构成,为避免流出,常冻结在琼脂中(用做盐桥的电解质,其阳、阴离子的电迁移率很接近)。盐桥主要用来消除两液体间的接界面产生的液体接界电势。

[例 7-8]　写出下列原电池的电极反应和电池反应。

(1) $Pt(s) | H_2(p^{\ominus}) | HCl(a) | Cl_2(p^{\ominus}) | Pt(s)$

(2) $Pt(s) | H_2(p^{\ominus}) | NaOH(a) | HgO(s) | Hg(s)$

解　(1) 阳极反应：　　$H_2(p^{\ominus}) \longrightarrow 2H^+(a(H^+)) + 2e^-$

阴极反应：　　$Cl_2(p^{\ominus}) + 2e^- \longrightarrow 2Cl^-(a(Cl^-))$

电池反应：　　$H_2(p^{\ominus}) + Cl_2(p^{\ominus}) \longrightarrow 2H^+(a(H^+)) + 2Cl^-(a(Cl^-))$

(2) 阳极反应：　　$H_2(p^{\ominus}) + 2OH^-(a(OH^-)) \longrightarrow 2H_2O(l) + 2e^-$

阴极反应：　　$HgO(s) + H_2O(l) + 2e^- \longrightarrow 2OH^-(a(OH^-)) + Hg(s)$

电池反应：　　$H_2(p^{\ominus}) + HgO(s) \longrightarrow Hg(s) + H_2O(l)$

2. 电极的类型

电极是电池的重要组成部分,常见的电池电极有如下几种类型。

(1) $M^{z+} | M$(金属离子与其金属成平衡)电极：如 $Zn^{2+}(a) | Zn$、$Ag^+(a) | Ag$ 等,该类

电极反应为

$$Zn^{2+}(a) + 2e^- \longrightarrow Zn$$

$$Ag^+(a) + e^- \longrightarrow Ag$$

(2) $Pt|X_2|X^{z^-}$(非金属单质与其离子成平衡)电极:如$Pt|H_2(p^\ominus)|H^+(a(H^+)=1)$,$Pt|Cl_2(p^\ominus)|Cl^-(a)$等,该类电极反应分别为

$$2H^+(a) + 2e^- \longrightarrow H_2(p^\ominus)$$

$$Cl_2(p^\ominus) + 2e^- \longrightarrow 2Cl^-(a)$$

该类电极本身并不参加反应,其中$Pt|H_2(p^\ominus)|H^+(a(H^+)=1)$又叫氢电极,其构成如图7-6所示。该电极常用镀铂黑的Pt电极增大面积,促进对气体的吸附,利于与溶液达到平衡。

(3) $M|M$的微溶盐|微溶盐阴离子电极:如$Ag(s)|AgCl(s)|Cl^-(a)$、$Hg(s)|Hg_2Cl_2(s)|Cl^-(a)$等,该类电极反应分别为

$$AgCl + e^- \longrightarrow Ag + Cl^-(a)$$

$$Hg_2Cl_2 + 2e^- \longrightarrow 2Hg + 2Cl^-(a)$$

其中$Hg(s)|Hg_2Cl_2(s)|Cl^-(a)$也叫甘汞电极,是一种常用的参比电极,结构如图7-7所示。

(4) $M^{z^+}|M^{z'^+}|Pt$或$X^{z^-}|X^{z'^-}|Pt$等氧化还原电极:如$Fe^{3+}(a_1)|Fe^{2+}(a_2)|Pt$、$MnO_4^-(a_1)|MnO_4^{2-}(a_2)|Pt$等,该类电极反应分别为

$$Fe^{3+}(a_1) + e^- \longrightarrow Fe^{2+}(a_2)$$

$$MnO_4^-(a_1) + e^- \longrightarrow MnO_4^{2-}(a_2)$$

(5) $M|M_xO_y$(金属氧化物)$|OH^-$电极:如$Hg(s)|HgO(s)|OH^-(a)$、$Sb(s)|Sb_2O_3(s)|OH^-(a)$等,该类电极反应分别为

$$HgO(s) + H_2O(l) + 2e^- \longrightarrow Hg(l) + 2OH^-(a)$$

$$Sb_2O_3(s) + 3H_2O(l) + 6e^- \longrightarrow 2Sb(S) + 6OH^-(a)$$

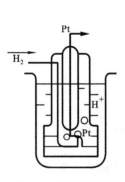

图7-6 氢电极示意图

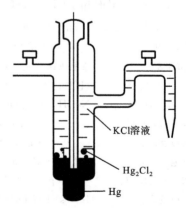

图7-7 甘汞电极示意图

3. 设计原电池

按照电池反应的不同,原电池可分为化学电池和浓差电池。化学电池的电池反应为

化学反应,浓差电池的电池反应不是化学反应,而是指电极物质的浓度(或压力)不同或电解质溶液浓度不同。因此对于化学电池,设计原电池的方法是将化学反应中发生氧化反应的物质组装成电池负极,放在原电池图式的左边;用发生还原反应的物质作正极,放在原电池图式的右边。按照书写原电池的规定写出电池表达式。如果组成原电池的是两种不同的电解质溶液,则在两种溶液之间插入盐桥。最后写出所设计的原电池的电极反应、电池反应并核对检验。对于浓差电池,可以考虑在电极两边加入 H^+ 或 OH^- 来进行设计。

[例 7-9] 根据下列反应设计原电池。

(1) $Zn(s) + H_2SO_4(aq) \longrightarrow H_2(p) + ZnSO_4(aq)$

(2) $Ag^+(a) + Cl^-(a) \longrightarrow AgCl(s)$

(3) $Ag_2O(s) \longrightarrow 2Ag(s) + \frac{1}{2}O_2(g, p)$

(4) $H_2(g, p_1) \longrightarrow H_2(g, p_2)$

解 (1) 该化学反应中

氧化反应: $\qquad\qquad\qquad Zn(s) \longrightarrow Zn^{2+}(a) + 2e^-$

还原反应: $\qquad\qquad\qquad 2H^+(a) + 2e^- \longrightarrow H_2(p)$

电池反应: $\qquad\qquad\qquad Zn(s) + 2H^+(a) \longrightarrow Zn^{2+}(a) + H_2(p)$

即设计的原电池为 $\qquad Zn(s) | ZnSO_4(aq) \parallel H_2SO_4(aq) | H_2(p), Pt(s)$

(2) 该化学反应中,有关元素价态没有变化。从产物 $AgCl$ 和 Cl^- 来看,对应的电极应为 $Ag(s) | AgCl(s) | Cl^-(a)$,发生的电极反应为

$$Ag(s) + Cl^- \longrightarrow AgCl(s) + e^-$$

根据电池反应: $\qquad\qquad Ag^+ + Cl^- \longrightarrow AgCl(s)$

另一个电极反应为 $\qquad\qquad Ag^+ + e^- \longrightarrow Ag(s)$

这样设计的原电池为 $\qquad Ag(s) | Ag^+(aq) \parallel HCl(aq) | AgCl(s) | Ag(s)$

(3) 该化学反应中

氧化反应: $\qquad\qquad 2OH^-(a) \longrightarrow \frac{1}{2}O_2(g, p) + H_2O + 2e^-$

还原反应: $\qquad\qquad Ag_2O(s) + H_2O + 2e^- \longrightarrow 2Ag(s) + 2OH^-(a)$

电池反应: $\qquad\qquad Ag_2O(s) \longrightarrow 2Ag(s) + \frac{1}{2}O_2(g, p)$

即设计的原电池为 $\qquad Pt(s) | O_2(g, p) | OH^-(a) | Ag_2O(s) | Ag(s)$

(4) 该过程始态与终态相同,没有发生氧化还原反应,且反应前后只存在一种物质,根据压力不同,可设计成浓差电池。

因此,可以在等式两边都加入 H^+:

$$H_2(g, p_1) + 2H^+(a) \longrightarrow H_2(g, p_2) + 2H^+(a)$$

阳极反应: $\qquad\qquad H_2(g, p_1) \longrightarrow 2H^+(a) + 2e^-$

阴极反应: $\qquad\qquad 2H^+(a) + 2e^- \longrightarrow H_2(g, p_2)$

相应的电池表达式为 $\qquad Pt(s) | H_2(g, p_1) | H^+(a) | H_2(g, p_2) | Pt(s)$

当然,也可在等式两边加入 OH^-,这样电池可设计为

$$Pt(s) | H_2(g, p_1) | OH^-(a) | H_2(g, p_2) | Pt(s)$$

7.2.2　可逆电池

1. 电化学系统

电化学系统是指两相或数相间存在电势差的系统,电池就属于电化学系统。影响电化学系统性质的因素有温度、压力、组成以及各相的带电状态。在电化学系统中,常见的相间电势差主要有金属-溶液、金属-金属以及两种电解质溶液间的电势差等。

(1) 金属与溶液间的电势差。

将金属(M)插入含有 M^{z+} 的电解质溶液后,如果金属离子的水化能较大而金属晶格能较小,则离子将脱离金属进入溶液,而将电子留在金属上,使金属带负电。随着金属上负电荷的增加,其对阳离子的吸收作用增强,金属离子的溶解速率减慢。当金属离子的溶解速率等于离子从溶液沉积到金属上的速率时,建立起动态平衡($M^{z+}+ze^- \Longrightarrow M$)。此时,金属上带过剩负电荷,溶液中有过剩正电荷,金属与溶液间形成了双电层,从而产生金属与溶液间的电势差。同样,如果金属离子水化能较小而金属晶格能较大,则平衡时过剩的阳离子沉积在金属上,使金属带正电而溶液带负电,金属与溶液间也形成双电层,产生金属与溶液间的电势差。

(2) 金属与金属间的接触电势。

在两种不同金属接界处,金属电子互相穿越的能力有差别,会导致电子在界面两边分布不均,即缺少电子的一面带正电,电子过剩的一面带负电。当达到动态平衡后,建立在金属接界处的电势差叫做接触电势。

(3) 液体接界电势。

当两种不同电解质的溶液或电解质相同而浓度不同的溶液相接界时,电解质离子相互扩散时迁移速率不同,引起阳、阴离子在相界面两侧分布不均,导致在两种电解质溶液的接界处产生微小电势差,称之为液体接界电势,也叫扩散电势。液体接界电势很小,一般不超过 0.03 V,所以常用盐桥消除液体接界电势。

2. 原电池电动势

原电池电动势是指在没有电流通过条件下电池两端的电势差。例如测量原电池 $Zn|Zn^{2+}|Ag^+|Ag$ 两端电势差时,实际测量的是 $M_左|Zn|Zn^{2+}|Ag^+|Ag|M_右$ 的两端电势差,用"sln"表示物质在溶液中的电势,即

$$\Delta\varphi = \varphi(M_右) - \varphi(M_左) = [\varphi(M_右) - \varphi(Ag)] + [\varphi(Ag) - \varphi(Ag^+ sln)] + [\varphi(Ag^+ sln) - \varphi(Zn^{2+} sln)] + [\varphi(Zn^{2+} sln) - \varphi(Zn)] + [\varphi(Zn) - \varphi(M_左)]$$
$$= \{[\varphi(M_右) - \varphi(Ag)] + [\varphi(Ag) - \varphi(Ag^+ sln)]\} - \{[\varphi(M_左) - \varphi(Zn)] + [\varphi(Zn) - \varphi(Zn^{2+} sln)]\} + [\varphi(Ag^+ sln) - \varphi(Zn^{2+} sln)]$$

如果原电池电动势用 E_{MF} 表示,即

$$E_{MF} \overset{def}{=\!=\!=} [\varphi(M_右) - \varphi(M_左)]_{I \to 0} \tag{7-31}$$

测量原电池两端的电势差时,常用两根同种金属 M(Cu, Pt)的导线将原电池两个金属电极与电位差计相连,也可用电子伏特计(数字电压表)或电位差计应用对峙法测定等。

3. 可逆电池条件

可逆电池在电池研究中占有重要地位。一方面可逆电池能揭示一个原电池把化学能转变为电能的最高限度，另一方面可利用可逆电池来研究电化学系统的热力学，即电化学反应的平衡规律。参照热力学可逆过程，可逆电池须具有以下两个条件。

（1）从化学反应看，电极及电池的化学反应本身必须是可逆的，即在外加电势 E_{ex} 与原电池电动势 E_{MF} 方向相反的情况下，$E_{MF} > E_{ex}$ 时的化学反应（包括电极反应及电池反应）应是 $E_{MF} < E_{ex}$ 时反应的逆反应。严格来说，有液体接界的电池是不可逆的，因为离子扩散过程是不可逆的，但用盐桥消除液界电势后，可近似作为可逆电池处理。

（2）从热力学上看，除要求 $E_{MF} < E_{ex}$ 的化学反应与 $E_{MF} > E_{ex}$ 的化学反应互为可逆外，还要求变化的推动力（E_{MF} 与 E_{ex} 之差）只需发生微小的改变便可使变化的方向倒转过来。亦即电池的工作条件是可逆的（处于或接近于平衡态，即在没有电流通过或通过的电流为无限小）。实际上，原电池的电动势就是指可逆电池的电动势。若原电池工作时符合可逆条件则为可逆电池，它是没有电流通过或有无限小电流通过的电化学系统，该系统处于或接近平衡态；若原电池工作时不符合可逆条件则为不可逆电池，如化学电源，它是生产电能的装置。化学电源及电解池都是有大量电流通过的电化学系统，进行的是远离平衡态的不可逆过程。

7.2.3 可逆电池电动势

1. 法拉第定律

英国科学家法拉第在 1823 年研究电解时归纳出如下规律：电极上发生化学反应物质的量与通过的电量成正比。这就是著名的法拉第定律，用数学公式表示为

$$Q = zF\xi \tag{7-32}$$

式中：Q——通过的电量，C；

z——电极反应的电子计量数；

F——法拉第常数，指 1 mol 电子所带的电量的绝对值，即 1 F ≈ 96 485 C·mol^{-1}；

ξ——电极反应的反应进度，mol。

法拉第定律适用于电解和原电池的放电过程。

2. 标准电极电势

不能单独测量组成电池的某个电极的电极电势，但可通过选定一个电极作为标准电极与欲测电极组成原电池来测得此电池的电动势。规定氢电极 $H^+(a(H^+)=1)|H_2(p^\ominus=100 \text{ kPa})|Pt$ 为标准电极，其标准电极电势为 0 V。这样在原电池的电池图式中以氢电极为左极（氧化反应），以欲测电极为右极（还原反应），将这样组合成的电池的标准电动势定义为欲测电极的电极电势，用符号 $E^\ominus$ 表示。根据标准电极电势定义，Ag|AgCl|Cl^- 电极的标准电极电势 $E^\ominus$ 就是指电池 $Pt|H_2(p)|HCl(a)|AgCl|Ag$ 的标准电动势。实验测得 25 ℃下，$E_{MF}^\ominus = 0.222\ 5$ V，因此该温度下 Ag|AgCl|Cl^- 的标准电极电势 $E^\ominus = 0.222\ 5$ V。表 7-4 列出了部分电极 25 ℃，$p^\ominus = 100$ kPa 时的标准电极电势 $E^\ominus$。

表 7-4　部分电极 25 ℃, $p^{\ominus}=100$ kPa 时的标准电极电势 $E^{\ominus}$

电　极	电极反应(还原)	$E^{\ominus}$/V
$Li^+\mid Li$	$Li^+ + e^- \Longrightarrow Li$	-3.045
$K^+\mid K$	$K^+ + e^- \Longrightarrow K$	-2.924
$Na^+\mid Na$	$Na^+ + e^- \Longrightarrow Na$	$-2.710\ 7$
$Mg^{2+}\mid Mg$	$Mg^{2+} + 2e^- \Longrightarrow Mg$	-2.375
$Mn^{2+}\mid Mn$	$Mn^{2+} + 2e^- \Longrightarrow Mn$	-1.029
$Zn^{2+}\mid Zn$	$Zn^{2+} + 2e^- \Longrightarrow Zn$	$-0.762\ 6$
$Fe^{2+}\mid Fe$	$Fe^{2+} + 2e^- \Longrightarrow Fe$	-0.409
$Co^{2+}\mid Co$	$Co^{2+} + 2e^- \Longrightarrow Co$	-0.28
$Ni^{2+}\mid Ni$	$Ni^{2+} + 2e^- \Longrightarrow Ni$	-0.23
$Sn^{2+}\mid Sn$	$Sn^{2+} + 2e^- \Longrightarrow Sn$	$-0.136\ 2$
$Pb^{2+}\mid Pb$	$Pb^{2+} + 2e^- \Longrightarrow Pb$	$-0.126\ 2$
$H^+\mid H_2\mid Pt$	$H^+ + e^- \Longrightarrow \frac{1}{2}H_2$	$0.000\ 0$
$Cu^{2+}\mid Cu$	$Cu^{2+} + 2e^- \Longrightarrow Cu$	$+0.340\ 2$
$Cu^+\mid Cu$	$Cu^+ + e^- \Longrightarrow Cu$	$+0.522$
$Hg^{2+}\mid Hg$	$Hg^{2+} + 2e^- \Longrightarrow Hg$	$+0.851$
$Ag^+\mid Ag$	$Ag^+ + e^- \Longrightarrow Ag$	$+0.799\ 4$
$OH^-\mid O_2\mid Pt$	$\frac{1}{2}O_2 + H_2O + 2e^- \Longrightarrow 2OH^-$	$+0.401$
$H^+\mid O_2\mid Pt$	$O_2 + 4H^+ + e^- \Longrightarrow 2H_2O$	$+1.229$
$I^-\mid I_2\mid Pt$	$\frac{1}{2}I_2 + e^- \Longrightarrow I^-$	$+0.535\ 5$
$Br^-\mid Br_2\mid Pt$	$\frac{1}{2}Br_2 + e^- \Longrightarrow Br^-$	$+1.065$
$Cl^-\mid Cl_2\mid Pt$	$\frac{1}{2}Cl_2 + e^- \Longrightarrow Cl^-$	$+1.358\ 6$
$I^-\mid AgI\mid Ag$	$AgI + e^- \Longrightarrow Ag + I^-$	$-0.151\ 7$
$Br^-\mid AgBr\mid Ag$	$AgBr + e^- \Longrightarrow Ag + Br^-$	$+0.071\ 5$
$Cl^-\mid AgCl\mid Ag$	$AgCl + e^- \Longrightarrow Ag + Cl^-$	$+0.222\ 5$
$OH^-\mid Ag_2O\mid Ag$	$Ag_2O + H_2O + 2e^- \Longrightarrow 2Ag + 2OH^-$	$+0.342$
$Cl^-\mid Hg_2Cl_2\mid Hg$	$Hg_2Cl_2 + 2e^- \Longrightarrow 2Hg + 2Cl^-$	$+0.267\ 6$
$SO_4^{2-}\mid Hg_2SO_4\mid Hg$	$Hg_2SO_4 + 2e^- \Longrightarrow 2Hg + SO_4^{2-}$	$+0.625\ 8$
$SO_4^{2-}\mid PbSO_4\mid Pb$	$PbSO_4 + 2e^- \Longrightarrow Pb + SO_4^{2-}$	-0.356
$H^+\mid Q\cdot QH_2\mid Pt$	$C_6H_4O_2 + 2H^+ + 2e^- \Longrightarrow C_6H_4(OH)_2$	$+0.699\ 7$
$Fe^{3+}, Fe^{2+}\mid Pb$	$Fe^{3+} + e^- \Longrightarrow Fe^{2+}$	$+0.770$
$H^+, MnO_4^-, Mn^{2+}\mid Pt$	$MnO_4^- + 8H^+ + 5e^- \Longrightarrow Mn^{2+} + 4H_2O$	$+1.491$
$MnO_4^-, MnO_4^{2-}\mid Pt$	$MnO_4^- + e^- \Longrightarrow MnO_4^{2-}$	$+0.564$
$Sn^{4+}, Sn^{2+}\mid Pt$	$Sn^{4+} + 2e^- \Longrightarrow Sn^{2+}$	$+0.15$

注:Q 和 QH₂ 分别代表醌和对苯二酚。

根据原电池电动势的定义,任意两个电极组成电池时,有

$$E_{MF}^{\ominus} = E_{右极,还原}^{\ominus} - E_{左极,还原}^{\ominus} \tag{7-33}$$

如果知道组成电池两极的 $E^{\ominus}$,便可根据式(7-33)计算电池的 $E_{MF}^{\ominus}$。

3. 能斯特方程

根据热力学原理,一个化学反应

$$aA(a_A) + eE(a_E) \longrightarrow yY(a_Y) + zZ(a_Z)$$

若在电池中等温、等压下可逆地进行,并按化学计量式发生单位反应进度,则该系统在此过程中所做的非体积功(W_r')在数值上等于吉布斯函数的减少值($\Delta G_{T,p}$)。此时的非体积功为可逆电功,等于电量与电动势的乘积,即

$$W_r' = -zFE_{MF} \tag{7-34}$$

所以有

$$\Delta G_{T,p} = -zFE_{MF} \tag{7-35}$$

式中:z——电极反应的电荷数;

F——法拉第常数,通常取 96 485 C·mol^{-1}。

这样利用式(7-35)可求化学反应的摩尔吉布斯函数变。若电池反应中各物质均处于标准态($a_B = 1$),则根据式(7-35)有

$$\Delta_r G_m^{\ominus} = -zFE_{MF}^{\ominus} \tag{7-36}$$

式中:$E_{MF}^{\ominus}$——电池的标准电动势,它等于电池反应中各物质均处于标准态($a_B = 1$)且无液体接界时电池的电动势。

根据范特霍夫等温方程

$$\Delta_r G_m = \Delta_r G_m^{\ominus} + RT \ln \prod a_B^{\nu_B}$$

和式(7-36),可得电池反应的能斯特方程:

$$E_{MF} = E_{MF}^{\ominus} - \frac{RT}{zF} \ln \prod a_B^{\nu_B} \tag{7-37}$$

式(7-37)表示在一定温度下可逆电池的电动势与参与电池反应的各物质的活度关系。这里气体的活度为逸度,纯液体或纯固体的活度为 1 mol·kg^{-1}。

根据标准平衡常数定义式

$$K^{\ominus}(T) = \exp\left[\frac{-\Delta_r G_m^{\ominus}(T)}{RT}\right]$$

和式(7-36),可写出电池反应的标准平衡常数

$$K^{\circ} = \exp \frac{zFE_{MF}^{\ominus}}{RT} \tag{7-38}$$

因此,利用式(7-38)可计算电池反应的标准平衡常数。

如果电极反应表示为

$$氧化态 + ze^- \longrightarrow 还原态$$

根据电池反应的能斯特方程即式(7-37),可得到电极反应的能斯特方程:

$$E_{还原} = E_{还原}^{\ominus} - \frac{RT}{zF} \ln \prod a_B^{\nu_B} \tag{7-39}$$

式(7-39)表示电极电势 E 与参与电极反应的各物质的活度关系。

例如,$Br^-(a)\mid AgBr(s)\mid Ag(s)$电极

还原反应 $\qquad AgBr(s)+e^-\longrightarrow Ag(s)+Br^-$

能斯特方程 $\qquad E(AgBr\mid Ag)=E^{\ominus}(AgBr\mid Ag)-\dfrac{RT}{F}\ln a(Br^-)$

同样,任意两个电极组成电池的原电池的电动势有

$$E_{MF}=E_{右极,还原}-E_{左极,还原} \qquad\qquad (7\text{-}40)$$

这样利用式(7-40)也可计算原电池的电动势 E_{MF}。

 ## 7.2.4 原电池电动势的应用

1. 电池电动势的计算方法

(1) 应用电池反应能斯特方程计算。

知道电池反应各物质活度,应用电池反应能斯特方程 $E_{MF}=E_{MF}^{\ominus}-\dfrac{RT}{zF}\ln\prod a_B^{\nu_B}$ 来直接进行计算,其中 $E_{MF}^{\ominus}=E_{右极,还原}^{\ominus}-E_{左极,还原}^{\ominus}$。有关标准电极电势查表7-4可知。

(2) 应用电极反应能斯特方程计算。

知道电极反应各物质活度,应用电极反应能斯特方程 $E_{还原}=E_{还原}^{\ominus}-\dfrac{RT}{zF}\ln\prod a_B^{\nu_B}$,再根据 $E_{MF}=E_{右极,还原}-E_{左极,还原}$ 计算。

(3) 应用化学反应的热力学函数计算。

因为 $\Delta_r G_m^{\ominus}=-zFE_{MF}^{\ominus}$ 和 $\Delta_r G_m^{\ominus}=\Delta_r H_m^{\ominus}-T\Delta_r S_m^{\ominus}$,所以由 $\Delta_r H_m^{\ominus}$、$T\Delta_r S_m^{\ominus}$ 就可以进一步求出电池的电动势。当然,也可以根据电池反应中各物质的 $\Delta_f G_m^{\ominus}$,应用公式 $\Delta_r G_m^{\ominus}=\sum\nu_B\Delta_f G_{m,B}^{\ominus}$ 来计算 $\Delta_r G_m^{\ominus}$,进而求出电池的电动势。

[例7-10] 已知 $E^{\ominus}(Zn^{2+}\mid Zn)=-0.7626\ V$,$E^{\ominus}(Cu^{2+}\mid Cu)=0.3402\ V$,计算 25 ℃下原电池 $Zn\mid Zn^{2+}(a=0.1)\parallel Cu^{2+}(a=0.01)\mid Cu$ 的电动势。

解 第一种方法:应用电极反应的能斯特方程来计算。

阳极反应: $\qquad Zn^{2+}(a=0.1)+2e^-\longrightarrow Zn(s)$

阴极反应: $\qquad Cu^{2+}(a=0.01)+2e^-\longrightarrow Cu(s)$

电极反应的能斯特方程为

$$E_{左极,还原}=E^{\ominus}(Zn^{2+}\mid Zn)-\dfrac{RT}{2F}\ln\dfrac{1}{a(Zn^{2+})}$$

$$E_{右极,还原}=E^{\ominus}(Cu^{2+}\mid Cu)-\dfrac{RT}{2F}\ln\dfrac{1}{a(Cu^{2+})}$$

将已知数据代入上述方程,可得

$$E_{左极,还原}=-0.792\ V, \quad E_{右极,还原}=0.281\ V$$

因此 $\qquad E_{MF}=E_{右极,还原}-E_{左极,还原}=[0.281-(-0.792)]\ V=1.07\ V$

第二种方法:应用电池反应的能斯特方程来计算。

电池反应: $\qquad Cu^{2+}(a=0.01)+Zn(s)\longrightarrow Cu(s)+Zn^{2+}(a=0.1)$

将已知数据代入电池反应的能斯特方程有

$$E_{MF}=E_{MF}^{\ominus}-\dfrac{RT}{zF}\ln\dfrac{0.1}{0.01}$$

即
$$E_{MF} = E_{右极}^{\ominus} - E_{左极}^{\ominus} - \frac{RT}{zF} \ln \frac{0.1}{0.01} = 1.07 \text{ V}$$

[例 7-11] 在 298.15 K 下测得 Ag、AgCl、Hg_2Cl_2、Hg 的标准摩尔反应熵分别为 42.71 $J \cdot mol^{-1} \cdot K^{-1}$、96.11 $J \cdot mol^{-1} \cdot K^{-1}$、195.80 $J \cdot mol^{-1} \cdot K^{-1}$ 和 77.40 $J \cdot mol^{-1} \cdot K^{-1}$。若反应 $2Ag + Hg_2Cl_2 \Longrightarrow 2AgCl + 2Hg$ 的 $\Delta_r H_m^{\ominus} = 15.90 \text{ kJ} \cdot mol^{-1}$，求该温度下电池 $Ag(s), AgCl(s) | KCl(a) | Hg_2Cl_2(s), Hg(l)$ 的电动势。

解 根据给定反应
$$2Ag + Hg_2Cl_2 \Longrightarrow 2AgCl + 2Hg$$

计算熵变得
$$\begin{aligned}
\Delta_r S_m^{\ominus} &= 2S_m^{\ominus}(AgCl) + 2S_m^{\ominus}(Hg) - 2S_m^{\ominus}(Ag) - S_m^{\ominus}(Hg_2Cl_2) \\
&= (2 \times 96.11 + 2 \times 77.40 - 2 \times 42.71 - 195.80) \text{ J} \cdot mol^{-1} \cdot K^{-1} \\
&= 65.8 \text{ J} \cdot mol^{-1} \cdot K^{-1}
\end{aligned}$$

所以
$$\begin{aligned}
\Delta_r G_m^{\ominus} &= \Delta_r H_m^{\ominus} - T\Delta_r S_m^{\ominus} \\
&= (15.90 \times 10^3 - 298.15 \times 65.8) \text{ J} \cdot mol^{-1} \\
&= -3718 \text{ J} \cdot mol^{-1}
\end{aligned}$$

因为
$$\Delta_r G_m^{\ominus} = -zFE_{MF}^{\ominus}$$

所以
$$E_{MF}^{\ominus} = -\frac{\Delta_r G_m^{\ominus}}{zF} = -\frac{-3718}{2 \times 96485} \text{ V} = 0.019 \text{ V}$$

2. 电池电动势计算的应用

（1）计算电池反应的 $\Delta_r G_m$、$\Delta_r S_m$、$\Delta_r H_m$ 和 $Q_{r,m}$ 等热力学量。

根据 $\left(\dfrac{\partial \Delta_r G_m}{\partial T}\right)_p = -\Delta_r S_m$，在等温等压下，将 $\Delta_r G_m = -zFE_{MF}$ 两边对温度求导有

$$\Delta_r S_m = -\left(\frac{\partial \Delta_r G_m}{\partial T}\right)_p = -\left[\frac{\partial(-zFE_{MF})}{\partial T}\right]_p = zF\left(\frac{\partial E_{MF}}{\partial T}\right)_p \tag{7-41}$$

式中：$\left(\dfrac{\partial E_{MF}}{\partial T}\right)_p$——原电池电动势的温度系数，它表示在等压下电动势随温度的变化率。

由 $\Delta_r G_m = \Delta_r H_m - T\Delta_r S_m$，可得

$$\Delta_r H_m = \Delta_r G_m + T\Delta_r S_m = -zFE_{MF} + zFT\left(\frac{\partial E_{MF}}{\partial T}\right)_p \tag{7-42}$$

根据式(7-42)，如果测得了原电池电动势的温度系数，就可以通过该式计算化学反应的 $\Delta_r H_m$。该方法比用量热法测得的数据准确可靠。

在等温等压下，原电池可逆放电时的反应过程为

$$Q_{r,m} = T\Delta_r S_m = zFT\left(\frac{\partial E_{MF}}{\partial T}\right)_p \tag{7-43}$$

式(7-43)表明，原电池可逆放电时吸热还是放热由 $\left(\dfrac{\partial E_{MF}}{\partial T}\right)_p$ 决定。当 $\left(\dfrac{\partial E_{MF}}{\partial T}\right)_p > 0$ 时，$Q_{r,m} > 0$ 表明原电池在等温下可逆放电时，要向环境吸热以维持温度不变；当 $\left(\dfrac{\partial E_{MF}}{\partial T}\right)_p < 0$ 时，$Q_{r,m} < 0$ 表明原电池在等温下可逆放电时，要向环境放热以维持温度不变；当 $\left(\dfrac{\partial E_{MF}}{\partial T}\right)_p = 0$ 时，$Q_{r,m} = 0$ 表明原电池在等温下可逆放电时，与环境无热交换。

[例 7-12] 电池 $Zn(s) | ZnCl_2(0.05 \text{ mol} \cdot kg^{-1}) | AgCl(s) | Ag(s)$ 的电动势与温度的关系为 $E_{MF} =$

$1.015-4.92\times10^{-4}(T-298)$。计算在 298 K 下,当电池有 2 mol 电子输出时,电池反应的 $\Delta_r G_m$、$\Delta_r S_m$、$\Delta_r H_m$ 以及该过程的可逆热效应 $Q_{r,m}$。

解 将 $T=298$ K 代入电动势与温度的关系式得

$$E_{MF}=[1.015-4.92\times10^{-4}\times(298-298)]\ V=1.015\ V$$

$$\left(\frac{\partial E_{MF}}{\partial T}\right)_p=-4.92\times10^{-4}\ V\cdot K^{-1}$$

由电池反应知 $z=2$,所以

$$\Delta_r G_m=-zFE_{MF}=-2\times96\ 485\times1.015\ J\cdot mol^{-1}=-195.9\ kJ\cdot mol^{-1}$$

$$\Delta_r S_m=zF\left(\frac{\partial E_{MF}}{\partial T}\right)_p=2\times96\ 485\times(-4.92\times10^{-4})\ J\cdot mol^{-1}\cdot K^{-1}$$

$$=-94.9\ J\cdot mol^{-1}\cdot K^{-1}$$

$$\Delta_r H_m=zF\left[T\left(\frac{\partial E_{MF}}{\partial T}\right)-E_{MF}\right]=2\times96\ 485\times[298\times(-4.92\times10^{-4})-1.015]\ J\cdot mol^{-1}$$

$$=-224.2\ kJ\cdot mol^{-1}$$

$$Q_{r,m}=T\Delta_r S_m=298\times(-94.9)\ J\cdot mol^{-1}=-28.3\ kJ\cdot mol^{-1}$$

(2)计算化学反应的标准平衡常数。

已知电池反应的 $E_{MF}^\ominus$,根据 $K^\ominus=\exp\dfrac{zFE_{MF}^\ominus}{RT}$ 计算化学反应的标准平衡常数 $K^\ominus$。

[例 7-13] 已知 $E^\ominus(Cd^{2+}|Cd)=-0.402\ 9$ V,$E^\ominus(I_2|I^-)=0.535\ 5$ V。计算 $Cd(s)+I_2(s)\Longrightarrow Cd^{2+}(a(Cd^{2+}))+2I^-(a(I^-))$ 在 25 ℃ 下的标准平衡常数 $K^\ominus$。如果反应写成 $\frac{1}{2}Cd(s)+\frac{1}{2}I_2(s)\Longrightarrow\frac{1}{2}Cd^{2+}(a(Cd^{2+}))+I^-(a(I^-))$,此时的标准平衡常数 $(K_1^\ominus)$ 会怎样变化?

解 将 $Cd+I_2\Longrightarrow Cd^{2+}(a(Cd^{2+}))+2I^-(a(I^-))$ 反应组成原电池为

$$Cd(s)|Cd^{2+}(a(Cd^{2+}))\parallel I^-(a(I^-))|I_2(s)|Pt$$

该原电池标准电动势为

$$E_{MF}^\ominus=E^\ominus(I_2|I^-)-E^\ominus(Cd^{2+}|Cd)=0.938\ 4\ V$$

$$K^\ominus=\exp\frac{zFE_{MF}^\ominus}{RT}=\exp\frac{2\times96\ 485\times0.938\ 4}{8.314\times298.15}$$

$$=5.5\times10^{31}$$

如果电池反应计量数缩小一半,原电池标准电动势不变,但是电子 $z=1$,则此时的标准平衡常数为

$$K_1^\ominus=\exp\frac{zFE_{MF}^\ominus}{RT}=\exp\frac{1\times96\ 485\times0.938\ 4}{8.314\times298.15}=7.4\times10^{15}$$

(3)计算难溶盐的溶度积常数。

难溶盐的溶度积常数就是难溶盐在达到溶解平衡时的平衡常数,难溶盐在水中的解离并非氧化还原反应,但是可根据难溶盐解离时的离子反应设计原电池,先求原电池的标准电动势,再求难溶盐的溶度积常数。

[例 7-14] 已知 $E^\ominus(I^-|AgI|Ag)=-0.151\ 7$ V,$E^\ominus(Ag^+|Ag)=0.799\ 4$ V。求 298.15 K 下 AgI 在水中的溶度积常数 $(K_{sp}^\ominus)$。

解 AgI 在水中的溶解平衡:$AgI\longrightarrow Ag^+(a)+I^-(a)$

将该反应设计成原电池为

$$Ag(s)|Ag^+(a(Ag^+))\parallel I^-(a(I^-))|AgI(s)|Ag(s)$$

阳极反应: $Ag(s)\longrightarrow Ag^+(a(Ag^+))+e^-$

阴极反应: $AgI(s)+e^-\longrightarrow Ag(s)+I^-(a(I^-))$

电池反应： $$AgI(s) \longrightarrow Ag^+(a(Ag^+)) + I^-(a(I^-))$$

该原电池标准电动势为

$$E_{MF}^{\ominus} = E^{\ominus}(I^- | AgI | Ag) - E^{\ominus}(Ag^+ | Ag) = (-0.151\ 7 - 0.799\ 4)\ V = -0.951\ 1\ V$$

所以

$$K_{sp}^{\ominus} = \exp \frac{zFE_{MF}^{\ominus}}{RT}$$

$$= \exp \frac{1 \times 96\ 485 \times (-0.951\ 1)}{8.314 \times 298.15}$$

$$= 8.361 \times 10^{-17}$$

（4）计算溶液的 pH 值。

测定溶液的 pH 值实际上就是测定溶液中氢离子的活度或浓度（pH $\overset{def}{=\!=\!=} -\lg a(H^+)$），测定原理是把可逆的氢离子指示电极插入待测溶液中，与一个参比电极相连组成电池，测出该电池的电动势，即可求出溶液的 pH 值。常用的氢离子浓度指示电极有氢电极、醌氢醌电极和玻璃电极等。常用的参比电极为甘汞电极。表 7-5 列出了 KCl 为三种物质的量浓度时甘汞电极的电极电势。

表 7-5　KCl 为三种物质的量浓度时甘汞电极的电极电势

电 极 符 号	298.15 K 下 E/V
$KCl(饱和)	Hg_2Cl_2	Hg$	0.241 5
$KCl(1\ mol \cdot dm^{-3}) | Hg_2Cl_2 | Hg$	0.280 1
$KCl(0.1\ mol \cdot dm^{-3}) | Hg_2Cl_2 | Hg$	0.333 7

① 氢电极法。

把氢电极插入待测溶液和甘汞电极构成电池，电池表达式为

$$Pt | H_2(g,\ p^{\ominus}) | 待测溶液(a(H^+)) \| 甘汞电极$$

此电池电动势 $E_{MF} = E^{\ominus}(甘汞) - E^{\ominus}(H^+ | H_2) = E^{\ominus}(甘汞) - \frac{RT}{F} \ln \frac{1}{a(H^+)}$

所以在 298.15 K 下，溶液 pH 值的计算公式为

$$pH = \frac{E_{MF} - E^{\ominus}(甘汞)}{0.059\ 16} \tag{7-44}$$

氢电极不易制备、不稳定，应用时还要使用纯度高、压力恒定的氢气，所以实际操作比较困难。目前使用氢电极主要进行 pH 值的标定等工作。

② 醌氢醌电极法。

醌氢醌电极 $H^+ | Q \cdot QH_2 | Pt$（Q 和 QH_2 分别代表醌和对苯二酚）也是一种常用的氢离子指示电极，其电极反应为

$$Q(a(Q)) + 2H^+(a(H^+)) + 2e^- \longrightarrow QH_2(a(QH_2))$$

微溶的醌氢醌（$Q \cdot QH_2$）在水溶液中完全解离成醌和氢醌，由于两者浓度相等且很低，因此 $a(Q) \approx a(QH_2)$，得

$$E_{MF} = E^{\ominus}(H^+ | Q \cdot QH_2 | Pt) - \frac{RT}{F} \ln \frac{1}{a(H^+)}$$

故

$$E_{MF} = E^{\ominus}(H^+ | Q \cdot QH_2 | Pt) - \frac{RT\ln 10}{F} pH$$

由表 7-4 得 298.15 K 下,$E^{\ominus}(H^+|Q \cdot QH_2|Pt) = 0.699\ 7\ V$,所以,298.15 K 下有

$$E_{MF} = (0.699\ 7 - 0.059\ 16\ pH)\ V$$

将醌氢醌电极和甘汞电极组成如下电池:

$$甘汞电极 \parallel Q \cdot QH_2,待测溶液(a(H^+)) | Pt$$

就可以根据甘汞电极的电极电势求溶液的 pH 值。例如 298.15 K 下甘汞电极的电极电势为 0.280 1 V,则电池电动势为

$$E_{MF} = E(Q \cdot QH_2) - E(甘汞) = (0.699\ 7 - 0.059\ 16\ pH - 0.280\ 1)\ V$$

即

$$pH = \frac{0.419\ 6 - E}{0.059\ 16} \qquad (7\text{-}45)$$

醌氢醌电极制备简单,使用方便,但只适用于酸性和中性溶液中。

③ 玻璃电极法。

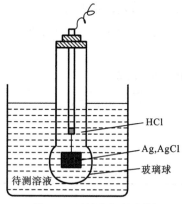

图 7-8　玻璃电极示意图

玻璃电极是测定溶液 pH 值最常用的指示电极,其构造如图 7-8 所示,玻璃管下端是一个由特种玻璃制成的玻璃膜球,球内装入盐酸或已知 pH 值的其他缓冲溶液,溶液中插入一根 Ag-AgCl 电极作为参比电极,其电极可以表示为

$$Ag(s) | AgCl(s) | HCl(0.1\ mol \cdot kg^{-1}) | 待测溶液$$

$$E_{MF} = E^{\ominus}(玻璃) - \frac{RT}{F} \ln \frac{1}{a(H^+)}$$
$$= E^{\ominus}(玻璃) - 0.059\ 16\ pH$$

玻璃电极与甘汞电极组成如下电池:

$$Ag(s),\ AgCl(s) | HCl(0.1\ mol \cdot kg^{-1}) | 待测溶液 \parallel 甘汞电极$$

298.15 K 下,电池电动势

$$E_{MF} = E(甘汞) - E(玻璃) = E(甘汞) - [E^{\ominus}(玻璃) - 0.059\ 16\ pH]$$

$$pH = \frac{E_{MF} - E(甘汞) + E^{\ominus}(玻璃)}{0.059\ 16} \qquad (7\text{-}46)$$

使用时,先用标准缓冲溶液进行标定,再测出电池电动势来求出 $E^{\ominus}$(玻璃),然后对未知溶液进行测定计算出 pH 值。pH 计就是一种由玻璃电极和毫伏计组成的装置,是利用玻璃电极测定未知溶液的专用仪器。

[例 7-15]　将醌氢醌电极与饱和甘汞电极组成电池:

$$Hg | Hg_2Cl_2 | KCl(饱和) \parallel Q \cdot QH_2 | H^+(pH = ?) | Pt$$

25 ℃ 下测得 $E_{MF} = 0.025\ V$。求溶液的 pH 值。

　解　查表 7-5 可知

$$E_{左极,还原} = 0.241\ 5\ V$$
$$E_{右极,还原} = (0.699\ 7 - 0.059\ 16\ pH)\ V$$
$$E_{MF} = E_{右极,还原} - E_{左极,还原}$$

即

$$0.025 = 0.699\ 7 - 0.059\ 16\ pH - 0.241\ 5$$
$$pH = 7.3$$

(5) 计算离子的活度与平均活度因子 $\gamma_{\pm}$。

计算溶液中氢离子的活度因子时首先测定活度,即通过电极电势的测定来推算活度,

进而求出平均活度因子。

[**例 7-16**] 已知 $E^{\ominus}(Au^+|Au(s))=1.68\ V$,298.15 K 下测得原电池:$Pt|H_2(p^{\ominus})|HI(b=3.0\ mol\cdot kg^{-1})|AuI(s)|Au(s)$ 的电动势 $E_{MF}=0.41\ V$,求 $3.0\ mol\cdot kg^{-1}$ HI 溶液的 $\gamma_{\pm}$。

解 原电池电极反应与电池反应分别为

阳极反应:
$$\frac{1}{2}H_2(p^{\ominus})\longrightarrow H^+(b)+e^-$$

阴极反应:
$$AuI(s)+e^-\longrightarrow Au(s)+I^-(b)$$

电池反应:
$$\frac{1}{2}H_2(p^{\ominus})+AuI(s)\longrightarrow Au(s)+H^+(b)+I^-(b)$$

该原电池标准电动势为
$$E_{MF}^{\ominus}=E^{\ominus}(Au^+|Au(s))-E^{\ominus}(Pt|H^+|H_2)=(1.68-0)\ V=1.68\ V$$

所以
$$E_{MF}=E_{MF}^{\ominus}-\frac{RT}{F}\ln[a(H^+)a(I^-)]$$

将 $E_{MF}=0.41\ V,E_{MF}^{\ominus}=1.68\ V,T=298.15\ K$ 代入能斯特方程进行计算。

又因为
$$a(H^+)a(I^-)=a_{\pm}^2=\gamma_{\pm}^2\left(\frac{b}{b^{\ominus}}\right)^2$$

所以
$$\gamma_{\pm}=\frac{[a(H^+)a(I^-)]^{\frac{1}{2}}}{\frac{b}{b^{\ominus}}}=1.8$$

(6) 判断化学反应的方向。

电极电势的高低代表了参加电极反应的物质得失电子的能力。电极电势越低,还原态物质越易失去电子而发生氧化反应;电极电势越高,则氧化态物质越易获得电子而发生还原反应。$E>0$,表明电池反应在该条件下自发进行;$E<0$,表明电池反应在该条件下非自发,但可逆向进行;$E=0$,表明电池反应在该条件下达到平衡态。因此,可以利用电动势的数值来判断化学反应的方向。

[**例 7-17**] 已知 $E^{\ominus}(H^+|O_2|Pt)=1.229\ V,E^{\ominus}(Fe^{2+}|Fe)=-0.409\ V$,当 $a(H^+)=1\ mol\cdot kg^{-1}$,$a(Fe^{2+})=1\ mol\cdot kg^{-1}$,$p(O_2)=p^{\ominus}$ 时,在温度为 25 ℃ 的条件下,铁在酸性介质中是否被腐蚀?

解 铁在酸性介质中的反应为
$$Fe+2H^+(a)+\frac{1}{2}O_2\longrightarrow Fe^{2+}(a)+H_2O$$

设计如下原电池:
$$Fe(s)|Fe^{2+}(a)\parallel H^+(a)|O_2(p^{\ominus})|Pt(s)$$

阳极反应:
$$Fe(s)\longrightarrow Fe^{2+}(a)+2e^-$$

阴极反应:
$$2H^+(a)+\frac{1}{2}O_2(p^{\ominus})+2e^-\longrightarrow H_2O(l)$$

电池反应:
$$Fe(s)+2H^+(a)+\frac{1}{2}O_2(g)\longrightarrow Fe^{2+}(a)+H_2O(l)$$

因为 $a(H^+)=1\ mol\cdot kg^{-1},a(Fe^{2+})=1\ mol\cdot kg^{-1}$,$p(O_2)/p^{\ominus}=p^{\ominus}/p^{\ominus}=1$,$a(Fe)=1\ mol\cdot kg^{-1}$,$a(H_2O)\approx 1\ mol\cdot kg^{-1}$,所以
$$E_{MF}=E_{MF}^{\ominus}=E^{\ominus}(H^+|O_2|Pt)-E^{\ominus}(Fe^{2+}|Fe)$$
$$E_{MF}=[1.229-(-0.409)]\ V=1.638\ V>0$$

故从热力学上看,Fe 在 25 ℃ 下在酸性介质中被腐蚀的反应能自发进行。

判断某反应能否自发进行,也可以通过计算该反应的摩尔吉布斯函数变($\Delta_r G_m$),如

该题中

$$\Delta_r G_m = -zFE_{MF} = -316.1 \text{ kJ} \cdot \text{mol}^{-1} < 0$$

所以两种方法均可以作为自发反应的判断依据。

7.3 电极极化与电解

 ## 7.3.1 电极极化

1. 阴极过程和阳极过程

当电化学系统中有电流通过时,电极的金属和溶液界面间会存在一定速率的电荷传递过程,即电极反应过程

$$M^{n+} + ne^- \Longrightarrow M$$

电极反应过程中的正反应称为阴极过程,设其反应速率为 v_c;电极反应过程中的逆反应称为阳极过程,设其反应速率为 v_a。在一个电极上阴极过程和阳极过程并存,净反应速率为两过程速率之差。如果 $v_c > v_a$,则该电极为阴极;如果 $v_c < v_a$,则该电极为阳极;如果 $v_a = v_c$,则该电极反应处于平衡态。

2. 电化学反应速率

电化学反应速率为单位时间内,单位面积的电极上反应进度的改变量。其定义式为

$$v \overset{\text{def}}{=\!=} \frac{1}{A} \frac{d\xi}{dt} \tag{7-47}$$

式中:A——电极截面积,m^2;

$\quad\quad \xi$——反应进度,mol;

$\quad\quad t$——时间,s。

因此,v 的单位为 $\text{mol} \cdot \text{m}^{-2} \cdot \text{s}^{-1}$。

在电化学中,常用电流密度(j)(单位电极截面上通过的电流,单位为 $\text{A} \cdot \text{m}^{-2}$)来表示电化学反应速率 v 的大小,j 与 v 的关系为

$$j = zFv \tag{7-48}$$

这样阴极过程的电流密度表示为 $j_c = zFv_c$,阳极过程的电流密度表示为 $j_a = zFv_a$。因此,阴极上 $j_c > j_a$,$j = j_c - j_a$;阳极上 $j_a > j_c$,$j = j_a - j_c$;如果是平衡电极,则 $j_c = j_a = j_0$。

3. 电极极化与极化曲线

当电极上无电流通过时,电极过程是可逆的($j_a = j_c$),电极处于平衡态,此时的电极电势为平衡电极电势。当使用化学电源或进行电解操作时,电极上进行着净反应不为零($v_a \neq v_c$)的电化学反应,电极过程是不可逆的。此时的实际电极电势偏离平衡电极电势。当电化学系统中有电流通过时,两个电极上的实际电极电势偏离其平衡电势的现象称为电极的极化。

电极过程极其复杂,可能包含物质的迁移和电化学反应,以及新相的生成和相间迁移

等多种步骤。电极的极化作用是诸多步骤引起的极化作用的叠加结果。电极极化分为浓差极化和电化学极化。浓差极化是指在电解过程中,电极附近某离子浓度由于电极反应而发生变化,本体溶液中离子扩散的速度赶不上而不能弥补这个变化,导致电极附近溶液的浓度与本体溶液间有一个浓度梯度,这种浓度差别引起的电极电势的改变称为浓差极化。电化学极化是指在外电场作用下,由于电化学作用相对于电子运动的迟缓性改变了原有的电偶层而引起的电极电势变化。其特点是在电流流出端的电极表面积累过量的电子,即电极电势趋负值,电流流入端则相反。

实际电极电势偏离平衡电极电势的趋势可由实验测定的极化曲线来显示,图 7-9 为电解池与化学电源极化曲线示意图。

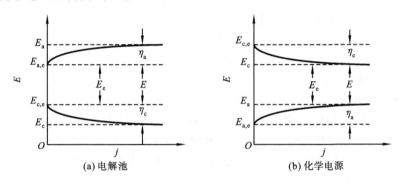

图 7-9 电解池与化学电源极化曲线示意图

从图 7-9 可见,电极极化使阳极电极电势升高($E_a > E_{a,e}$),使阴极电极电势下降($E_c < E_{c,e}$),实际电极电势偏离平衡电极电势的程度随电流密度的增大而增大。

 ## 7.3.2 超电势

1. 超电势的定义

超电势是指电池中有电流通过时实际电极电势偏离平衡电极电势的程度。为了使超电势为正值,所以将阳极和阴极超电势分别定义为

$$\eta_a \xlongequal{\text{def}} E_a - E_{a,e} \tag{7-49}$$

$$\eta_c \xlongequal{\text{def}} E_c - E_{c,e} \tag{7-50}$$

式中:η_a、η_c——阳极超电势和阴极超电势。

$E_a > E_{a,e}$,$E_c < E_{c,e}$。由浓差极化产生的超电势就称为浓差超电势,由电化学极化产生的超电势称为电化学超电势。

2. 浓差超电势与电化学超电势

1)浓差超电势

浓差超电势也叫扩散超电势,是在电流通过时,由于电极反应的反应物或产物迁向或迁离电极表面的相对缓慢而引起的电极电势对其平衡值的偏离。例如,把两个银电极插入浓度为 c_0 的 $AgNO_3$ 溶液中进行电解时,阴极发生还原反应 $Ag^+ + e^- \longrightarrow Ag$。由于

Ag^+ 从溶液向电极迁移速率赶不上 Ag^+ 的还原速率,电极表面附近 Ag^+ 的浓度 c' 低于本体溶液中 Ag^+ 的浓度 c_0。

电极平衡时: $\qquad E(Ag^+|Ag)_e = E^\circ(Ag^+|Ag) + \dfrac{RT}{F}\ln c_0$

有电流通过时:

$$E(Ag^+|Ag) = E^\circ(Ag^+|Ag) + \dfrac{RT}{F}\ln c'$$

$$\eta = E(Ag^+|Ag) - E(Ag^+|Ag)_e = \dfrac{RT}{F}\ln\dfrac{c'}{c_0}$$

可见,由于 $c' \neq c_0$,引起了超电势,c' 越小于 c_0,则 $|\eta|$ 越大。

阴极的扩散超电势可由下式计算:

$$\eta_c = \dfrac{RT}{zF}\ln\left(1 - \dfrac{j}{j_{max}}\right) \tag{7-51}$$

式中:j_{max}——极限电流密度。

2)电化学超电势

电极反应是反应物得到或失去电子的过程。由于电荷越过电极-溶液界面的步骤而引起的对电极的平衡电极电势的偏离叫做电化学超电势。电化学超电势的大小与电极通过的电流密度大小有联系。1905 年,塔菲尔在研究关于氢气的电化学超电势 η 与电流密度 j 的关系时提出下列经验关系式:

$$\eta = a + b\lg\dfrac{j}{[j]} \tag{7-52}$$

式(7-52)称为塔菲尔方程,表明 η 与 $\lg\dfrac{j}{[j]}$ 呈线性关系,其中 a、b 均为经验参数。该方程主要适用于当电流密度不太小时的电化学超电势 η 与电流密度 j 的关系。

7.3.3　电解池与分解电压

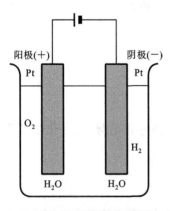

图 7-10　水的电解池示意图

1. 电解池

电解池是利用电能促使化学反应生产化学品的反应装置。比较熟悉的是电解水生产氢气和氧气的电解池,如图 7-10 所示。

在该电解池中

阴极反应:　　$2H_2O + 2e^- \longrightarrow H_2 + 2OH^-$

阳极反应:　　$2OH^- \longrightarrow \dfrac{1}{2}O_2 + H_2O + 2e^-$

电解池反应:　　$H_2O \longrightarrow H_2 + \dfrac{1}{2}O_2$

电解结果是阴极产生 H_2,阳极产生 O_2。

2. 分解电压

对电解池进行电解时,随着外加电压的改变,电流密度也会发生相应的改变。为判断分解电压的大小,参照电解水的装置组成电解水的分解电压测定装置,如图 7-11 所示。在电解池中的 KOH 溶液内插入两个铂电极。

当逐渐增大外加电压时,测得如图 7-12 所示的 *I-E* 曲线。当外加电压很小时,只有极微弱的电流通过,此时观测不到电解反应发生。逐渐增加电压,电流逐渐增大,当外加电压增加到某一数值后,电流随电压直线上升,同时可观测到两极上有 H_2 和 O_2 的气泡连续析出。电解时在两极上显著析出电解产物所需的最低外加电压称为分解电压。

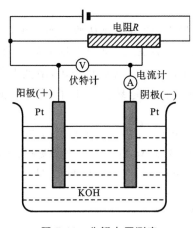

图 7-11　分解电压测定

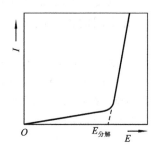

图 7-12　测定分解电压的 *I-E* 曲线

分解电压可用图 7-12 中 *I-E* 曲线求得。从理论上讲,分解电压应该等于原电池的可逆电动势。但电解时的实际分解电压均大于理论分解电压。原因有二:其一是由于电极的极化(浓差极化与电化学极化)产生了超电势;其二是由于电解池内溶液、导线等的电阻 R 引起的电势降 IR。即

$$E_{实际} = E_{理论} + (\eta_a + |\eta_c|) + IR$$

在电解工业中,超电势的存在使生产过程多消耗电能。但增大电极面积、减小电流密度、强化机械搅拌可以减小由浓差极化带来的超电势。

[**例 7-18**]　已知 $E^{\ominus}(O_2|OH^-) = 0.401$ V,计算 H_2SO_4 溶液的理论分解电压。

解　计算 H_2SO_4 溶液的理论分解电压,即计算由电解产物 H_2 及 O_2 所构成的原电池的电动势。

在电解池的阴极上:　　　　　　　　$2H^+ + 2e^- \longrightarrow H_2(p)$

$$E(H^+|H_2) = 0.059\ 16\ \lg a(H^+)$$

在电解池的阳极上:　　　　　　$2OH^- \longrightarrow H_2O + \dfrac{1}{2}O_2(p) + 2e^-$

$$E(O_2|OH^-) = E^{\ominus}(O_2|OH^-) - 0.059\ 16\ \lg a(OH^-)$$

由产物 O_2 及 H_2 构成的原电池的电动势:

$$E_{MF} = E_{右极} - E_{左极} = E(O_2|OH^-) - E(H^+|H_2)$$

已知 298.15 K 下水的活度积:$K_w = a(OH^-)a(H^+) = 10^{-14}$,而 $E^{\ominus}(O_2|OH^-) = 0.401$ V,得

$$E_{MF} = 0.401 - 0.059\ 16\ \lg a(OH^-) - 0.059\ 16\ \lg a(H^+)$$

$$= 0.401 - 0.059\ 16\ \lg[a(OH^-)a(H^+)]$$

$$= (0.401 - 0.059\ 16\ \lg 10^{-14})\ V$$

$$= 1.229\ V$$

7.3.4 电解反应的应用

目前,电解工业发展很快。对整个电解池来讲,只要外加电压达到分解电压的数值,电解反应就开始进行;对整个电极来说,只要电极电势达到对应离子的析出电势,电解反应就应该进行。

1. 判断离子析出顺序

电解池中,若在某一电极上有几种反应都可能发生,此时主要从两方面考虑:一要看反应的热力学趋势,二要看反应的速率。既要看电极电势 $E_{电极}$,又要看超电势 η 的大小。比如在阴极还原反应中,金属离子在阴极上获得电子被还原为金属而析出,溶液中不同的金属离子具有不同的析出电势,离子的析出电势越高,就越易获得电子而优先还原成金属。

[例7-19] 在 298.15 K 下电解含有 Ag^+($a(Ag^+)=0.05$ mol·kg^{-1})、Fe^{2+}($a(Fe^{2+})=0.01$ mol·kg^{-1})、Ni^{2+}($a(Ni^{2+})=0.1$ mol·kg^{-1})的电解质溶液。如果 Ag、Fe 及 Ni 的析出超电势可以忽略不计,试确定哪种金属在阴极上最先析出。(已知 $E^{\ominus}(Ag^+|Ag)=0.799\ 4$ V,$E^{\ominus}(Fe^{2+}|Fe)=-0.409$ V,$E^{\ominus}(Ni^{2+}|Ni)=-0.23$ V)

解
$$Ag^+ + e^- \longrightarrow Ag$$

银的平衡电极电势:
$$E(Ag^+|Ag) = E^{\ominus}(Ag^+|Ag) - \frac{RT}{zF}\ln\frac{1}{a(Ag^+)}$$
$$= \left(0.799\ 4 + \frac{0.059\ 16}{1}\lg 0.05\right) V = 0.722\ 4\ V$$
$$Fe^{2+} + 2e^- \longrightarrow Fe$$

铁的平衡电极电势:
$$E(Fe^{2+}|Fe) = E^{\ominus}(Fe^{2+}|Fe) - \frac{RT}{zF}\ln\frac{1}{a(Fe^{2+})}$$
$$= \left(-0.409 + \frac{0.059\ 16}{2}\lg 0.01\right) V = -0.468\ 2\ V$$
$$Ni^{2+} + 2e^- \longrightarrow Ni$$

镍的平衡电极电势:
$$E(Ni^{2+}|Ni) = E^{\ominus}(Ni^{2+}|Ni) - \frac{RT}{zF}\ln\frac{1}{a(Ni^{2+})}$$
$$= \left(-0.23 + \frac{0.059\ 16}{2}\lg 0.1\right) V = -0.259\ 6\ V$$

因为
$$E(Ag^+|Ag) > E(Ni^{2+}|Ni) > E(Fe^{2+}|Fe)$$
所以 Ag^+ 最先在阴极上还原析出。

2. 判断离子分离程度

电解液中含有多种金属离子,可通过电解的方法把各种离子分开。例如,电解液中含有浓度各为 1 mol·kg^{-1} 的 Ag^+、Cu^{2+} 和 Cd^{2+},因 E(Ag 电极)$>E$(Cu 电极)$>E$(Cd 电极),则首先析出 Ag,其次析出 Cu,最后析出 Cd。依据这一原理控制阴极电势,能够将它们依次分离。当两种金属析出电势不同时,可以调整离子浓度或提高超电势,使两种金属在阴极上同时析出。电解法制造合金就是依据这一原理。

[例 7-20] 298.15 K 下,溶液中含有质量摩尔浓度为 1 mol·kg⁻¹ 的 Ag^+、Cu^{2+} 和 Cd^{2+},能否用电解的方法将它们分离完全?

解 设 Ag^+、Cu^{2+} 和 Cd^{2+} 活度因子等于 1,由相关资料可知

$$E^\ominus(Ag^+|Ag) = 0.799\ 4\ V > E^\ominus(Cu^{2+}|Cu) = 0.340\ 2\ V > E^\ominus(Cd^{2+}|Cd)$$
$$= -0.402\ 9\ V$$

则电解时析出的顺序为 Ag、Cu、Cd。

当阴极电势由高变低的过程中达到 0.799 4 V 时,Ag 首先开始析出;当阴极电势降至 0.340 2 V 时,Cu 开始析出,此时溶液中 Ag^+ 的质量摩尔浓度计算如下:

$$E(Cu^{2+}|Cu) = E^\ominus(Ag^+|Ag) + \frac{RT}{zF}\ln\frac{b(Ag^+)}{b^\ominus}$$

$$0.340\ 2 = 0.799\ 4 + 0.025\ 69\ln\frac{b(Ag^+)}{b^\ominus}$$

$$\ln\frac{b(Ag^+)}{b^\ominus} = -\frac{0.799\ 4 - 0.340 2}{0.025\ 69}$$

$$\frac{b(Ag^+)}{b^\ominus} = 1.7 \times 10^{-8}$$

当阴极电势降至 -0.402 9 V 时,Cd 开始析出,此时溶液中 Cu^{2+} 的质量摩尔浓度计算如下:

$$E(Cd^{2+}|Cd) = E^\ominus(Cu^{2+}|Cu) + \frac{RT}{zF}\ln\frac{b(Cu^{2+})}{b^\ominus}$$

$$-0.402\ 9 = 0.340\ 2 + 0.012\ 85\ln\frac{b(Cu^{2+})}{b^\ominus}$$

$$\ln\frac{b(Cu^{2+})}{b^\ominus} = -\frac{0.340\ 2 + 0.402\ 9}{0.012\ 85}$$

$$\frac{b(Cu^{2+})}{b^\ominus} = 7.7 \times 10^{-26}$$

上述计算结果表明,用电解的方法可以把析出的电势相差较大的离子从溶液中分离得非常完全。

小资料

电解的应用

电解时阴极上的反应并不限于金属离子的析出,任何能从阴极上获得电子的还原反应都可能在阴极上进行;同样,在阳极上也并不限于阴离子的析出或阳极的溶解,任何放出电子的氧化反应都能在阳极上进行。因此电解应用十分广泛,如电解制备、塑料电镀、铝及其合金的电化学氧化和表面着色等。电解制备的主要优点如下:① 产物比较纯净,易于提纯,用电解法进行氧化和还原时不需另外加入氧化剂或还原剂,可以减少污染;② 适当地选择电极材料、电流密度和溶液的组成,可以扩大电解还原法的适用范围,通过控制反应条件还可以使原来在化学方法中一步完成的反应,控制在电解的某一中间步骤上停止,有时又可以让多步骤的化学反应在电解槽内一次完成,从而得到所要的产物。

目前在建筑业、汽车制造业及人们日常生活中越来越多地采用塑料来代替金属。电镀时,先使各种塑料(如 ABS、尼龙、聚四氟乙烯等)表面去油、粗化及进行各种表面活性处理,然后用化学沉积法使其表面形成很薄的导电层,再把塑

料镀件置于电镀槽的阴极,镀上各种所需的金属,电镀后的塑料制品能够导电、导磁,有金属光泽且提高了焊接性能,机械性能、热稳定性和防老化能力等都有所提高。

7.4 化学电源与电化学防腐

7.4.1 化学电源

化学电源是把化学能转化为电能的装置。化学电源内参加电极反应的反应物叫做活性物质。化学电源按工作方式可分为一次电池和二次电池。一次电池是放电到活性物质耗尽后,只能废弃不能再生的电池;二次电池是放电到活性物质耗尽后,可以用其他外来直流电源进行充电而使活性物质再生的电池。

1. 锌-锰干电池

锌-锰干电池属于一次电池,它的负极是锌,正极是石墨。石墨周围是 MnO_2,电解质是 NH_4Cl 和 $ZnCl_2$ 溶液,其中加入淀粉糊使之不易流动,故称"干电池"。该电池图式为

$$Zn \mid ZnCl_2, NH_4Cl(糊状) \parallel MnO_2 \mid C(石墨)$$

锌-锰干电池的电极反应及电池反应如下。

负极反应:　　　$Zn + 2NH_4Cl \longrightarrow Zn(NH_3)_2Cl_2 + 2H^+ + 2e^-$

正极反应:　　　$2MnO_2 + 2H^+ + 2e^- \longrightarrow 2MnO(OH)$

电池反应:$2MnO_2 + Zn + 2NH_4Cl \longrightarrow Zn(NH_3)_2Cl_2 + 2MnO(OH)$

干电池的优点是制作容易、成本低、工作温度范围宽;其缺点是实际能量密度低($20 \sim 80 \ W \cdot h \cdot kg^{-1}$),在电池储存不用时,电容量自动下降的现象较严重。

2. 铅蓄电池

1)酸性铅蓄电池

铅蓄电池由充满海绵状金属铅的铅锑合金格板做负极,由充满二氧化铅的铅锑合金格板做正极,两组格板浸泡在电解质稀硫酸中。电池表示如下:

$$Pb\text{-}PbSO_4 \mid H_2SO_4(\rho = 1.28 \ g \cdot cm^{-3}) \mid PbSO_4\text{-}PbO_2\text{-}Pb$$

放电时有以下反应。

负极反应:　　　　　$Pb + SO_4^{2-} \longrightarrow PbSO_4 + 2e^-$

正极反应:　　$PbO_2 + H_2SO_4 + 2H^+ + 2e^- \longrightarrow PbSO_4 + 2H_2O$

电池反应:　　　$PbO_2 + Pb + 2H_2SO_4 \longrightarrow 2PbSO_4 + 2H_2O$

该电池电动势为 2 V。当放电时,电池内 H_2SO_4 的密度不断降低。当降至约 1.05 $g \cdot cm^{-3}$ 时,电池电动势约为 1.9 V,应暂停使用。以外来直流电源充电直至 H_2SO_4 密度恢复到约 $1.28 \ g \cdot cm^{-3}$ 时为止。

充电时,用一个电压略高于蓄电池电压的直流电源与蓄电池相接,将负极上的 $PbSO_4$ 还原成 Pb,而将正极上的 $PbSO_4$ 氧化成 PbO_2,充电时发生放电时的逆反应。

阴极反应:
$$PbSO_4 + 2e^- \longrightarrow Pb + SO_4^{2-}$$

阳极反应:
$$PbSO_4 + 2H_2O \longrightarrow PbO_2 + H_2SO_4 + 2H^+ + 2e^-$$

总反应:
$$2PbSO_4 + 2H_2O \longrightarrow Pb + PbO_2 + 2H_2SO_4$$

铅蓄电池具有充放电可逆性好、电流大、稳定可靠、价格便宜等优点,缺点是比较笨重。铅蓄电池常用做汽车和内燃机车的启动电源,坑道、矿山和潜艇的动力电源,以及变电站的备用电源等。

2) 碱性蓄电池

碱性蓄电池以电池反应在碱性条件下进行而得名。日常生活中用的充电电池就属于这类,常见的有镍-镉(Ni-Cd)和镍-铁(Ni-Fe)两类,它们的电池反应分别为

$$Cd + 2NiO(OH) + 2H_2O \longrightarrow 2Ni(OH)_2 + Cd(OH)_2$$

$$Fe + 2NiO(OH) + 2H_2O \longrightarrow 2Ni(OH)_2 + Fe(OH)_2$$

碱性蓄电池的体积、电压都和干电池差不多,携带方便,使用寿命比铅蓄电池长,可以反复充放电上千次,但价格比较贵。

3. 燃料电池

燃料在电池中直接氧化而发电的电池装置叫做燃料电池。燃料电池把燃料不断输入负极作为活性物质,把氧或空气输送到正极作为氧化剂,产物不断排出。正、负极不包含活性物质,只是个催化转换元件。氢-氧燃料电池可表示为

$$M \mid H_2(g) \mid KOH \mid O_2(g) \mid M(M \text{代表金属})$$

负极反应:
$$H_2 + 2OH^- \longrightarrow 2H_2O + 2e^-$$

正极反应:
$$\frac{1}{2}O_2 + H_2O + 2e^- \longrightarrow 2OH^-$$

电池反应:
$$H_2 + \frac{1}{2}O_2 \longrightarrow H_2O$$

氢-氧燃料电池不仅能大功率供电(可达几十千瓦),而且还具有可靠性高、无噪声等优点。因此该类电池发展迅速,已应用于宇宙航行和潜艇中。

4. 海洋电池

以铝-空气-海水为能源的海洋电池是一种无污染、长效、稳定可靠的电源。海洋电池是以铝合金为电池负极,金属(Pt、Fe)网为正极,用取之不尽的海水为电解质溶液,它靠海水中的溶解氧与铝反应产生电能。目前科学家通过增大正极表面积来吸收海水中的微量溶解氧。这些氧在海水电解液作用下与铝反应,源源不断地产生电能。

负极反应:
$$4Al \Longrightarrow 4Al^{3+} + 12e^-$$

正极反应:
$$3O_2 + 6H_2O + 12e^- \Longrightarrow 12OH^-$$

电池反应:
$$4Al + 3O_2 + 6H_2O \Longrightarrow 4Al(OH)_3 \downarrow$$

海洋电池本身不含电解质溶液和正极活性物质,不放入海洋时,铝极就不会在空气中被氧化,所以可以长期储存。使用海洋电池时,把它放入海水中,便可供电。海洋电池以海水为电解质溶液,不存在污染,是海洋用电设施的能源新秀。

5. 高能电池

具有高"比能量"和高"比功率"的电池称为高能电池。所谓"比能量"和"比功率",是指以电池的单位质量或单位体积计算电池所能提供的电能和功率。

1) 银-锌电池

银-锌电池的电极材料是 Ag_2O_2 和 Zn。电极反应和电池反应分别如下。

负极反应: $\qquad\qquad 2Zn+4OH^- \Longrightarrow 2Zn(OH)_2+4e^-$

正极反应: $\qquad\qquad Ag_2O_2+2H_2O+4e^- \Longrightarrow 2Ag+4OH^-$

电池反应: $\qquad\qquad 2Zn+Ag_2O_2+2H_2O \Longrightarrow 2Zn(OH)_2+2Ag$

这类电池具有质量轻、体积小等优点,常用于电子手表、计算器或小型助听器等,也可应用于火箭、潜艇等。

2) 锂-二氧化锰非水电解质电池

锂-二氧化锰非水电解质电池以片状金属为负极,电解活性 MnO_2 为正极,高氯酸及溶于碳酸丙烯酯和二甲氧基乙烷的混合有机溶剂作为电解质溶液,以聚丙烯为隔膜,电池符号为

$$Li \mid LiClO_4 \mid MnO_2 \mid C(石墨)$$

负极反应: $\qquad\qquad Li \Longrightarrow Li^++e^-$

正极反应: $\qquad\qquad MnO_2+Li^++e^- \Longrightarrow LiMnO_2$

电池反应: $\qquad\qquad Li+MnO_2 \Longrightarrow LiMnO_2$

该种电池的电动势为 2.69 V,质量轻、体积小、电压高、比能量大,充电 1 000 次后仍能维持其能力的 90%,储存性能好,已广泛用于电子计算机、手机、无线电设备等。

7.4.2 化学电源最大效率

化学电源将化学能转换为电能的最大效率定义为

$$\varepsilon_{max} \stackrel{def}{=\!=\!=} \frac{-\Delta_r G_m}{-\Delta_r H_m} \qquad\qquad (7\text{-}53)$$

式中: $-\Delta_r G_m$ ——电池可做的最大电功;

$\quad\;\; -\Delta_r H_m$ ——电池反应不在电池中进行时的焓变。

在室温条件下, $\mid T\Delta_r S_m \mid \ll \mid \Delta_r H_m \mid$,故 $-\Delta_r G_m \approx -\Delta_r H_m$ 。因此, $\varepsilon_{max} \approx 1$ 。

例如,氢氧燃料电池的反应为 $\qquad H_2+\dfrac{1}{2}O_2 \longrightarrow H_2O$

$$\Delta_r H_m(298.15\ K)=-241.83\ kJ \cdot mol^{-1}$$

$$\Delta_r G_m(298.15\ K)=-228.58\ kJ \cdot mol^{-1}$$

所以 $\qquad\qquad\qquad \varepsilon_{max}=\dfrac{-\Delta_r G_m}{-\Delta_r H_m}=\dfrac{228.58}{241.83}=0.95$

因为 $\qquad\qquad W'_{max}=-\Delta_r G_m=zFE_{MF}, \qquad W'_{实际}=zFE_{实际}$

所以 $\qquad\qquad\qquad \varepsilon_{实际}=\dfrac{zFE_{实际}}{-\Delta_r H_m}$

因为 $\qquad\qquad\qquad\qquad E_{实际}<E_{MF}$

故 $$\varepsilon_{实际}<\varepsilon_{max}$$

可见,要提高 $\varepsilon_{实际}$ 就必须使 $E_{实际}$ 增大。这就要减小超电势及溶液电阻。由 $\eta_{电化学}\propto\ln\dfrac{j}{j_0}$ 或 $\eta_d\propto\ln\left(1-\dfrac{j}{j_{max}}\right)$ 可知,增大 $\varepsilon_{实际}$ 的方法是提高交换电流密度 j_0 或加大 j_{max} 及减小溶液电阻。

7.4.3 电化学腐蚀

金属腐蚀有两种:一种是化学腐蚀(金属在高温的环境中或与非导电的有机介质接触时发生纯化学作用),一种是电化学腐蚀(在潮湿的环境中发生电化学作用)。

电化学腐蚀,实际上是由大量的微小电池构成的微电池群自发放电的结果。图 7-13 所示为由不同金属接触构成的微电池,图 7-14 所示为金属与其自身中的杂质构成的微电池。当它们的表面与溶液接触时,就会发生原电池反应,导致金属被氧化而腐蚀。

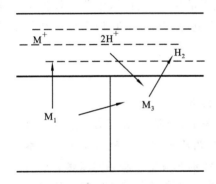

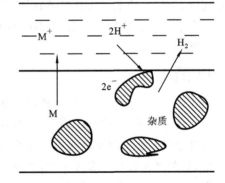

图 7-13　不同金属接触时构成的微电池　　图 7-14　金属与其自身中的杂质构成的微电池

图 7-14 构成的微电池的相关反应如下。

阳极过程:
$$Fe \longrightarrow Fe^{2+} + 2e^-$$

阴极过程:
$$2H^+ + 2e^- \longrightarrow H_2$$
$$O_2 + 4H^+ + 4e^- \longrightarrow 2H_2O$$

若反应生成的是 H_2,则电池反应为
$$Fe + 2H^+ \longrightarrow Fe^{2+} + H_2 \uparrow$$

若反应生成的是 H_2O,则电池反应为
$$Fe + \frac{1}{2}O_2 + 2H^+ \longrightarrow Fe^{2+} + H_2O$$

利用能斯特方程,可算得 25 ℃ 下酸性溶液中上述两个电池反应的电极电势 $E_{MF,1}$ 和 $E_{MF,2}$ 均为正值,表明电池反应都是自发的。计算还表明 $E_{MF,1}<E_{MF,2}$,说明有氧存在时,腐蚀更为严重。通常把阴极过程中生成 H_2 的反应称为析氢腐蚀,把阴极过程中生成 H_2O 的反应称为吸氧腐蚀。

7.4.4 电化学防腐

金属腐蚀是一个很严重的问题,每年都有大量的金属遭到不同程度的腐蚀,使得机器、设备、轮船、车辆等金属制品的使用时间大大缩短。目前常见的防腐方法主要有非金属保护层(使用油漆、搪瓷、陶瓷、玻璃、沥青以及高分子材料涂在被保护的金属表面上构成保护层,使得金属与介质隔开,起保护作用)、电镀(在被保护的金属上镀上另外一层金属或合金)、金属钝化(铁易溶于稀硝酸,但不溶于浓硝酸。把铁预先放在浓硝酸中浸过后,即使再把它放在稀硝酸中,其腐蚀速率也比原来未处理前有显著的下降,甚至不溶解)和电化学保护等。下面主要介绍电化学保护方法的应用。

1. 牺牲阳极保护法

将被保护金属与电极电势比被保护金属的电极电势更低的金属两者连接起来,构成原电池。电极电势低的金属为阳极,从而保护了被保护金属。例如,在轮船的尾部和船壳的水线以下部分,装上一定数量的锌块,来防止船壳等的腐蚀。目前,电化学保护法不仅应用于海水或河道中钢铁设备的保护,还应用于防止电缆、石油管道、地下设备和化工设备等的腐蚀。

小资料

牺牲阳极保护法的特点

通常用做牺牲阳极保护法的材料有镁和镁合金、锌合金、铝合金等。镁阳极适用于淡水和电阻率较高的土壤中,锌阳极大多用于电阻率较低的土壤和海水中,铝阳极主要应用在海水、海泥以及原油储罐污水介质中。牺牲阳极保护法的主要特点如下:① 适用范围广,尤其是中短距离和复杂的管网;② 阳极输出电流小,发生阴极剥离的可能性小;③ 随管道安装一起施工时,工程量较小;④ 运行期间,维护工作简单;⑤ 阳极输出电流不能调节,可控性较小。

2. 阴极电保护法

利用外加直流电,负极接在被保护金属上成为阴极,正极接废钢。例如,一些装酸性溶液的管道常用这种方法。把要保护的钢铁设备作为阴极,另外用不溶性电极作为辅助阳极,两者都放在电解质溶液里,接上外加直流电源。通电后,大量电子被强制流向被保护的钢铁设备,使钢铁表面产生负电荷的积累,只要外加足够强的电压,金属腐蚀而产生的原电池电流就不能被输送,因而防止了钢铁的腐蚀。

3. 阳极电保护法

把直流电的电源正极连接在被保护的金属上,使被保护金属进行阳极极化,使金属"钝化"而得到保护。

4. 缓蚀剂的防腐作用

许多有机化合物(如胺类、吡啶、喹啉等)能被金属表面所吸附,可以使阳极或阴极更加极化,大大降低阳极或阴极的反应速率而缓解金属的腐蚀,这些物质叫做缓蚀剂。缓蚀剂可分为无机缓蚀剂、有机缓蚀剂和气相缓蚀剂三类。无机缓蚀剂包括阳极型缓蚀剂(使阳极过程变慢,如促进阳极钝化的氧化剂(铬酸盐、亚硝酸盐等)或阳极成膜剂(碱、磷酸盐、硅酸盐、苯甲酸盐)、阴极缓蚀剂(促进阴极极化,如 Ca^{2+}、Zn^{2+}、Mg^{2+}、Cu^{2+}、Cd^{2+}、Mn^{2+}、Ni^{2+} 等,能与在阴极反应中产生的 OH^- 形成不溶性的氢氧化物,以厚膜形态覆盖在阴极表面,因而阻滞氧扩散到阴极,增大浓差极化)和混合型缓蚀剂(同时阻滞阳极过程和阴极过程)。有机缓蚀剂属于吸附型缓蚀剂,它们吸附在金属表面形成几个分子厚的不可见膜,一般同时阻滞阳极和阴极反应,但阻滞效果并不相同。气相缓蚀剂多是挥发性强的物质,其蒸气分解出有效的缓蚀基团,吸附在金属表面使腐蚀减缓,一般用于金属零部件的保护、储藏和运输。它必须用于密封包装内,海洋油轮内舱也可用它来保护。常见的有效气相缓蚀剂有脂环胺和芳香胺、亚硝酸盐与硫脲混合物、乌洛托品和乙醇胺、硝基苯和硝基萘等。

1. 电解质溶液的导电能力与哪些因素有关?

2. 电导、电导率与摩尔电导率有什么关系?

3. 什么叫离子独立运动定律?

4. 在解释强电解质在溶液中的活度时,为什么引入离子平均活度的概念?

5. 可逆电池必须满足哪两个条件?

6. 怎样理解标准电极电势的概念?

7. 原电池与电解池有什么联系? 阳极、阴极、正极、负极是怎样定义的?

8. 可逆电池与平衡常数有什么关系?

9. 什么叫液体接界电势? 产生的原因是什么? 如何消除?

10. 什么叫电极极化? 什么叫超电势? 引起超电势的原因是什么?

11. 化学腐蚀与电化学腐蚀有何区别? 金属腐蚀的机理是什么? 金属腐蚀的防腐方法有几种?

1. 计算 25 ℃ 下浓度均为 0.005 mol·kg^{-1} 的电解质(1) NaCl 和(2) Na_2SO_4 溶液的离子强度和离子平均活度因子(采用德拜-休克尔极限公式计算平均活度因子)。

$$((1)\ 0.920\ 4\ kg \cdot mol^{-1};(2)\ 0.750\ 4)$$

2. 计算 0.005 mol·kg^{-1} 的 $CdCl_2$($\gamma_\pm = 0.219$)的离子平均质量摩尔浓度 $b_\pm$、离子平均活度 $a_\pm$ 及电解质活度 a_B。

$$(0.007\ 95\ mol \cdot kg^{-1}, 1.74 \times 10^{-3}\ mol \cdot kg^{-1}, 5.27 \times 10^{-9}\ mol \cdot kg^{-1})$$

3. 25 ℃ 下,在一电导池中注入电导率 $\kappa_1 = 0.141\ 06$ S·m^{-1} 的 KCl 溶液,测得其电

阻为 525 Ω。若在该电导池中注入 0.1 mol·dm^{-3} NH$_3$·H$_2$O 溶液,测得其电阻为 2 030 Ω,求 NH$_3$·H$_2$O 溶液的摩尔电导率。   (3.65×10^{-1} S·m^2·mol^{-1})

4. 已知在 25 ℃下,Λ_m^∞(NaAc)=0.009 09 S·m^2·mol^{-1},Λ_m^∞(HCl)=0.042 62 S·m^2·mol^{-1},Λ_m^∞(NaCl)=1.265×10^{-2} S·m^2·mol^{-1},求该温度下 Λ_m^∞(HAc)。

(0.039 06 S·m^2·mol^{-1})

5. 写出下列电池的电极反应和电池反应。

(1) Pt(s)|H$_2$(p°)|HCl(a)|AgCl(s)|Ag(s)

(2) Pt(s)|H$_2$(p°)|NaOH(a)|O$_2$(p°)|Pt(s)

(3) Pt|H$_2$(g,p)|HI(a)|I$_2$|Pt

(4) Zn|Zn^{2+}(a_1)‖Sn^{2+}(a_2),Sn^{4+}(a_3)|Pt

6. 将下列化学反应设计成电池。

(1) AgCl(s)⟶Ag$^+$(a_1)+Cl$^-$(a_2)

(2) Pb(s)+HgO(s)⟶Hg(l)+PbO(s)

7. 根据能斯特方程计算下列电极的电极电势,并计算两电极组成电池后的电动势。

(1) Pt|Fe^{2+}(a=1 mol·kg^{-1}),Fe^{3+}(a=0.1 mol·kg^{-1})

(2) Ag(s)|AgCl(s)|Cl$^-$(a=0.001 mol·kg^{-1})

((1) 0.712 V,0.400 V;(2) 0.312 V)

8. 电池 Pb|PbCl$_2$(s)|KCl(aq)|AgCl(s)|Ag 在 25 ℃下,$\left(\dfrac{\partial E_{MF}}{\partial T}\right)_p$=−1.86×10^{-4} V·K^{-1},$E_{MF}$=0.490 0 V。写出电极反应和电池反应式,并计算电池在 25 ℃下的 $\Delta_r H_m$、$\Delta_r G_m$ 和 $\Delta_r S_m$。   (−94.55 kJ·mol^{-1},−105.25 kJ·mol^{-1},−35.89 J·mol^{-1})

9. 计算 Zn+Cu^{2+}(a=0.1 mol·kg^{-1})⟷Zn^{2+}(a=0.01 mol·kg^{-1})+Cu 在 25 ℃下的标准平衡常数 $K^\ominus$。   (1.93×10^{38})

10. 使用氢电极与甘汞电极构成的电池测定某一未知溶液的 pH 值,测得 25 ℃下该电池电动势为 0.478 V,求溶液的 pH 值。已知 25 ℃下甘汞电极的电极电势为 0.267 6 V。

(3.56)

11. AgCl 饱和溶液在 25 ℃下的电导率为 3.41×10^{-4} S·m^{-1},在此温度下,该溶液所用水的电导率为 1.6×10^{-4} S·m^{-1},计算 AgCl 的溶解度。   (1.31×10^{-2} mol·m^{-3})

12. 298.15 K 下,电池 Zn(s)|Zn^{2+}(a=0.187 5 mol·kg^{-1})‖Cd^{2+}(a=0.013 mol·kg^{-1})|Cd(s) 的 E_{MF}°=0.36 V。

(1) 写出电极反应和电池反应式;

(2) 计算此电池的电动势。   (0.326 V)

13. 计算电池 Sn(s)|Sn^{2+}(a=0.600 mol·kg^{-1})‖Pb^{2+}(a=0.300 mol·kg^{-1})|Pb(s)在 298.15 K 下的 E_{MF}、$\Delta_r G_m^\ominus$、K,并判断反应是否能自发进行。

(1.1×10^{-3} V,−212.27 J·mol^{-1},1.09)

14. 已知 25 ℃下,下列反应的标准电极电势:

$$Cu^+(a)+e^- \longrightarrow Cu(s) \qquad E^\ominus(Cu^+/Cu)=0.522 \text{ V}$$

$$Cu^{2+}(a)+e^- \longrightarrow Cu^+(a) \qquad E^\ominus(Cu^{2+}/Cu^+)=0.158 \text{ V}$$

电极反应为 $Cu^{2+}(a)+2e^- \longrightarrow Cu(s)$,求 $E^{\ominus}(Cu^{2+}/Cu)$。 (0.340 2 V)

15. 已知 $E^{\ominus}(Hg|Hg_2Cl_2|Cl^-)=0.267\ 6$ V,298.15 K 下测得原电池:$Pt|H_2(p^{\ominus})|$ $HCl(b=0.075\ 03\ mol \cdot kg^{-1})|Hg_2Cl_2|Hg$ 的电动势 $E_{MF}=0.411\ 9$ V,计算 0.075 03 $mol \cdot kg^{-1}$ HCl 溶液的 $\gamma_{\pm}$。 (0.80)

16. 25 ℃下用铜电极电解 0.1 $mol \cdot kg^{-1}$ $CuSO_4$ 和 0.1 $mol \cdot kg^{-1}$ $ZnSO_4$ 的混合溶液。当电流密度为 0.01 $A \cdot cm^{-2}$ 时,氢在铜电极上的超电势为 0.584 V,Zn 与 Cu 在铜电极上的超电势很小可忽略不计,判断电解时阴极上各物质的析出顺序。

17. 在 298.15 K 下电解含 0.01 $mol \cdot kg^{-1}$ Cu^{2+} 及 0.1 $mol \cdot kg^{-1}$ Zn^{2+} 的电解质溶液。如果 Cu 及 Zn 的析出超电势可以忽略不计,试确定能否用电解的方法将它们分离完全。

(已知 $E^{\ominus}(Cu^{2+}|Cu)=0.340\ 2$ V,$E^{\ominus}(Zn^{2+}|Zn)=-0.762\ 6$ V,设活度因子均等于 1)

目 标 检 测 题

一、选择题

1. 若向摩尔电导率为 1.4×10^{-2} $S \cdot m^2 \cdot mol^{-1}$ 的 $CuSO_4$ 溶液中,加入 1 m^3 纯水,这时 $CuSO_4$ 的摩尔电导率( )。

(A) 降低; (B) 增高; (C) 不变; (D) 不能确定

2. 下列电解质溶液的浓度都为 0.010 0 $mol \cdot kg^{-1}$,离子平均活度系数最小的是( )。

(A) $ZnSO_4$; (B)$CaCl_2$; (C)KCl; (D)$LaCl_3$

3. 科尔劳施定律 $\Lambda_m=\Lambda_m^{\infty}-A\sqrt{c}$,这一规律只适用于( )。

(A) 弱电解质; (B) 强电解质的稀薄溶液;

(C) 无限稀薄溶液; (D) 浓度为 1 $mol \cdot kg^{-1}$ 的溶液

4. 硫酸溶液浓度从 0.01 $mol \cdot kg^{-1}$ 增加到 0.1 $mol \cdot kg^{-1}$ 时,其电导率 κ 和摩尔电导率 Λ_m 将( )。

(A) κ 减小,Λ_m 增加; (B) κ 增加,Λ_m 增加;

(C) κ 减小,Λ_m 减小; (D) κ 增加,Λ_m 减小

5. 通电于含有相同浓度的 Fe^{2+}、Ca^{2+}、Zn^{2+}、Cu^{2+} 的电解质溶液,已知 $E^{\ominus}(Zn^{2+}|Zn)=-0.762\ 6$ V,$E^{\ominus}(Fe^{2+}|Fe)=-0.409$ V,$E^{\ominus}(Ca^{2+}|Ca)=-2.866$ V,$E^{\ominus}(Cu^{2+}|Cu)=-0.340\ 2$ V。若不考虑超电势,在电极上金属析出的顺序为( )。

(A) Cu—Fe—Zn—Ca; (B) Ca—Zn—Fe—Cu;

(C) Ca—Fe—Zn—Cu; (D) Cu—Ca—Zn—Fe

6. 某电池反应可写成(1) $H_2(p_1)+Cl_2(p_2)=\!=\!=2HCl$ 或(2) $\frac{1}{2}H_2(p_1)+\frac{1}{2}Cl_2(p_2)$ $=\!=\!=HCl$,这两种不同的表示式算出的 E、$E^{\ominus}$、$\Delta_r G_m$ 和 $K^{\ominus}$ 的关系是( )。

(A) $E_1=E_2$,$E_1^{\ominus}=E_2^{\ominus}$,$\Delta_r G_{m,1}=\Delta_r G_{m,2}$,$K_1^{\ominus}=K_2^{\ominus}$;

(B) $E_1=E_2$,$E_1^{\ominus}=E_2^{\ominus}$,$\Delta_r G_{m,1}=2\Delta_r G_{m,2}$,$K_1^{\ominus}=(K_2^{\ominus})^2$;

(C) $E_1 = 2E_2$，$E_1^\ominus = 2E_2^\ominus$，$\Delta_r G_{m,1} = 2\Delta_r G_{m,2}$，$K_1^\ominus = 2K_2^\ominus$；

(D) $E_1 = E_2$，$E_1^\ominus = E_2^\ominus$，$\Delta_r G_{m,1} = (\Delta_r G_{m,2})^2$，$K_1^\ominus = (K_2^\ominus)^2$

7. 当原电池放电,在外电路中有电流通过时,其电极的变化规律为(　　)。

(A) 负极电势高于正极电势；　　　　(B) 阳极电势高于阴极电势；

(C) 正极不可逆电势比可逆电势更负；　(D) 阴极不可逆电势比可逆电势更正

8. 储水铁箱上被腐蚀了一个洞,今将金属片焊接在洞外面以堵漏。为了延长铁箱的寿命,选用(　　)为好。

(A) 铜片；　　　(B) 铁片；　　　(C) 镀锡铁片；　　　(D) 锌片

9. 蓄电池在充电和放电时的反应正好相反,则其充电时正极和负极、阴极和阳极的关系为(　　)。

(A) 正、负极不变,阴、阳极不变；　　　(B) 正、负极不变,阴、阳极改变；

(C) 正、负极改变,阴、阳极不变；　　　(D) 正、负极改变,阴、阳极改变

10. 某电池反应,若算得其电池电动势为负值,表示此电池反应(　　)。

(A) 正向进行；　　(B) 逆向进行；　　(C) 不可能进行；　　(D) 反应方向不确定

二、填空题

1. 用同一电导池分别测定浓度为 $0.1\ \text{mol}\cdot\text{dm}^{-3}$ 和 $0.01\ \text{mol}\cdot\text{dm}^{-3}$ 的 NaCl 溶液,其电阻分别为 600 Ω 和 1 000 Ω,则它们的摩尔电导率之比为_____。

2. 浓度为 b 的 AB 型电解质水溶液,其平均浓度 $b_\pm =$ _____,若电解质为 A_2B 型,则平均浓度 $b_\pm =$ _____。

3. 若用电动势法来测定难溶盐 AgI 的溶度积常数 K_{sp},设计的可逆电池为_____。

4. 已知某电池反应的 $\Delta_r G_m^\ominus = a + bT$,则该电池反应的电池电动势的温度系数 $\left(\dfrac{\partial E_{MF}}{\partial T}\right)_p =$ _____,反应焓变 $\Delta_r H_m^\circ =$ _____。

5. 下列两个电池：

$Pt\mid H_2(p_1)\mid HCl(aq)\mid H_2(p_2)\mid Pt$,当 $p_2 > p_1$ 时,正极应为 _____,负极为 _____；

$Pt\mid Cl_2(p_1)\mid HCl(aq)\mid Cl_2(p_2)\mid Pt$,当 $p_2 > p_1$ 时,正极应为 _____,负极为 _____。

6. 用 0.1 F 的电量,可以从 $CuCl_2$ 溶液中沉淀出_____g 铜。

三、判断题

1. $E^\ominus$ 是电池反应达到平衡时的电动势。　　　　　　　　　　　　　（　　）

2. 离子独立运动定律不仅适用于弱电解质,也适用于强电解质。　　　（　　）

3. 原电池中电解质浓度的改变,肯定引起电极电势改变和电动势改变。　（　　）

4. 电解时,在阳极上首先发生还原反应的是不可逆还原电极。　　　　（　　）

5. 标准氢电极的电极电势实际上为零;当 H^+ 的浓度不等于 $1\ \text{mol}\cdot\text{dm}^{-3}$ 时,也为零。　　　　　　　　　　　　　　　　　　　　　　　　　　　　（　　）

6. 通电于 HCl 溶液时,H^+ 在阴极上放电的电量等于通过溶液的总电量,所以 H^+ 迁移的电量就等于它在阴极上放电的电量。　　　　　　　　　　　　　（　　）

四、计算题

1. 已知 25 ℃下，0.020 mol·dm⁻³KCl 溶液的电导率为 0.276 8 S·m⁻¹。25 ℃下，将上述 KCl 溶液放入某电导池中，测得其电阻为 453 Ω，求电导池常数。同一电导池中若装入相同体积的 0.555 g·dm⁻³ 的 $CaCl_2$ 溶液，测得其电阻为 1 050 Ω。试计算该溶液的电导率及摩尔电导率。

2. 已知 $E^{\ominus}(Sn^{2+}|Sn)=-0.136\ 2$ V，$E^{\ominus}(Pb^{2+}|Pb)=-0.126\ 2$ V。在 298.15 K 下有溶液：$a(Sn^{2+})=1.0$ mol·kg⁻¹，$a(Pb^{2+})=0.1$ mol·kg⁻¹。现将 Pb(s) 放入这种溶液中，试判断能否置换出 Sn^{2+}。

3. 298.15 K 下，$Cu^{2+}(aq)+I^-(aq)+e^- \longrightarrow CuI(s)$ 的标准电极电势 $E^{\ominus}=0.860$ V，$Cu^{2+}(aq)+e^- \longrightarrow Cu^+(aq)$ 的标准电极电势 $E^{\ominus}=0.153$ V。试求 CuI 的解离平衡常数。

第8章

化学动力学

 学习目标

　　掌握基元反应、反应分子数、反应级数、速率系数的概念以及化学反应速率的表示方法,学会具有简单级数的反应的速率公式及反应特征。了解测定反应级数的几种方法,掌握温度对反应速率的影响——阿仑尼乌斯方程的应用,理解活化能的概念。了解典型复杂反应(对峙反应、平行反应、连串反应和链反应)的动力学特征。了解催化作用的基本原理与特征,光化学基本定律(光化学第一定律、光化学第二定律)等。

　　化学动力学研究化学反应速率及其影响因素,以及反应过程所经历的具体步骤——反应机理所遵循的规律。从物质的结构、性质与反应的关系,通过实验测定反应系统的温度、浓度、时间等宏观量之间的关系,综合应用热力学、统计热力学和量子力学的理论方法,利用激光、分子束等实验技术,讨论反应速率、反应条件和反应机理的规律,建立动力学方程,为最优地事先控制反应,得到所需要的产品提供理论依据。

　　对于化学反应的研究,动力学和热力学是相辅相成的。化学热力学是研究反应的可能性和方向性及能量转化规律的,而化学动力学是研究反应如何实现及实现反应的方法和规律。因此,化学动力学要比化学热力学更为重要,与实际生产过程关系更加密切。但是,它的理论并没有热力学那么完善和成熟,这就需要不断地努力和研究,在生产实践中善于发现和总结,不断探索化学动力学的规律,建立更加完善和科学的理论体系。

　　本章主要讨论反应速率、速率方程与反应机理的关系,基本反应速率方程的建立和特征,以及温度对反应速率的影响规律;简单介绍光化学反应、催化作用的基本概念和基本原理。

8.1 化学反应速率

8.1.1 化学反应速率的概念

把单位时间、单位体积内化学反应的反应进度定义为反应速率。反应速率的单位为 $mol \cdot m^{-3} \cdot s^{-1}$。即

$$r \overset{def}{=\!=\!=} \frac{1}{\nu_B} \frac{dc_B}{dt} \tag{8-1}$$

在等容条件下，对于反应

$$aA + eE \longrightarrow gG + hH$$

可用任一种物质的浓度随时间的变化率来表示反应的速率，其结果是一样的。

$$r = -\frac{1}{a}\frac{dc_A}{dt} = -\frac{1}{e}\frac{dc_E}{dt} = \frac{1}{g}\frac{dc_G}{dt} = \frac{1}{h}\frac{dc_H}{dt} \tag{8-2}$$

反应物不断消耗，$\dfrac{dc_A}{dt}$、$\dfrac{dc_E}{dt}$ 为负值，为保持速率为正值，故式（8-2）中表示为 $-\dfrac{1}{a}\dfrac{dc_A}{dt}$、$-\dfrac{1}{e}\dfrac{dc_E}{dt}$。把 $r_A = -\dfrac{dc_A}{dt}$ 或 $r_E = -\dfrac{dc_E}{dt}$ 称为 A 物质或 E 物质的消耗速率；把 $r_G = \dfrac{dc_G}{dt}$ 或 $r_H = \dfrac{dc_H}{dt}$ 称为 G 物质或 H 物质的生成速率。则

$$r = \frac{r_A}{a} = \frac{r_E}{e} = \frac{r_G}{g} = \frac{r_H}{h} \tag{8-3}$$

例如合成氨反应： $N_2(g) + 3H_2(g) \longrightarrow 2NH_3(g)$

其反应速率可表示为

$$r = -\frac{dc(N_2)}{dt} = -\frac{1}{3}\frac{dc(H_2)}{dt} = \frac{1}{2}\frac{dc(NH_3)}{dt}$$

其中 $-\dfrac{dc(N_2)}{dt}$ 与 $-\dfrac{dc(H_2)}{dt}$ 分别表示反应物 $N_2(g)$、$H_2(g)$ 的消耗速率；$\dfrac{dc(NH_3)}{dt}$ 表示产物 $NH_3(g)$ 的生成速率。

为研究方便，通常选用某一主反应物的消耗速率或某一主产物的生成速率来表示该反应的反应速率。例如，以 $N_2(g)$ 的消耗速率来表示合成氨的反应速率为

$$r = -\frac{dc(N_2)}{dt}$$

在表示反应速率时，选用何种物质的反应速率来表示，可根据生产实际需要，以方便、简单为原则而选择。

对于恒温恒容气相反应，反应速率也可以分压随时间的变化来表示。例如，合成氨的反应速率也可表示为

$$r_p = -\frac{\mathrm{d}p(\mathrm{N_2})}{\mathrm{d}t} = -\frac{1}{3}\frac{\mathrm{d}p(\mathrm{H_2})}{\mathrm{d}t} = \frac{1}{2}\frac{\mathrm{d}p(\mathrm{NH_3})}{\mathrm{d}t}$$

式中：$p(\mathrm{N_2})$、$p(\mathrm{H_2})$、$p(\mathrm{NH_3})$——$\mathrm{N_2(g)}$、$\mathrm{H_2(g)}$、$\mathrm{NH_3(g)}$的分压。

8.1.2 化学反应速率的测定

化学反应速率的测定方法可分为化学法和物理法。可通过测定不同时刻任一反应组分的浓度，得到组分浓度随时间的变化率，从而得到化学反应速率。如图 8-1 所示，由实验测得反应物 A 的浓度 c_A 与时间 t 的数据，以 c_A、t 为坐标作图，得一曲线，曲线上 t 时刻切线的斜率就为 A 物质在 t 时刻的消耗速率，即

$$r_A = -\frac{\mathrm{d}c_A}{\mathrm{d}t}$$

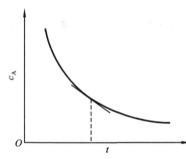

图 8-1 化学反应速率的测定

1. 物理法

物理法是测定化学反应速率比较常用的方法。它是根据反应组分的某一物理性质（如折射率、电导率、旋光率、吸收光谱、电动势、比色、介电常数、压力、体积、质谱、色谱等），随着反应进行的程度而有明显变化，且该物理量的变化与反应组分的浓度呈线性关系，通过该物理量与时间的关系，换算出浓度与时间的关系，从而得到化学反应速率。

2. 化学法

化学法测定化学反应速率时，通过化学测定方法直接测得不同时刻的反应组分浓度，得到 c-t 数据，而得到化学反应速率。

8.2 化学反应速率方程

把反应速率与浓度的函数关系式称为化学反应速率方程，简称速率方程，也称动力学过程。例如反应

$$a\mathrm{A} + e\mathrm{E} \longrightarrow g\mathrm{G} + h\mathrm{H}$$

通过实验测定得

$$r = kc_A^{\alpha} c_E^{\varepsilon} \tag{8-4}$$

式(8-4)称为该化学反应的速率方程。反应速率不但与反应物浓度有关，也与产物的浓度有关。因此，速率方程中不仅有反应物的浓度，而且会出现产物的浓度。速率方程往往要通过大量实验和科学验证才能确定。

8.2.1 基元反应与质量作用定律

1. 基元反应

一个化学反应,由反应物到产物往往要经历若干个反应步骤才能完成。每一步都是一个简单反应,即反应物微粒(分子、原子、离子或自由基等)直接碰撞,完成一步反应。把简单反应称为基元反应。把一个化学反应由反应物到产物所经历的每一个简单反应集合起来就称为该反应的反应机理,又称反应历程,其总反应称为总包反应。可见,基元反应就是一切化学反应的基本反应单元。例如反应

$$H_2 + I_2 \longrightarrow 2HI(g)$$

研究表明,上述反应的反应机理为

$$I_2(g) \longrightarrow 2I \cdot$$
$$H_2(g) + 2I \cdot \longrightarrow 2HI(g)$$
$$2I \cdot \longrightarrow I_2(g)$$

式中的 $I \cdot$ 代表自由原子碘。可见,$H_2(g)$ 与 $I_2(g)$ 反应生成 $HI(g)$ 要经历三个简单反应,每一步反应称为一个基元反应。

2. 反应级数

一个化学反应的速率方程,通常可表示为如下幂函数的形式:

$$r = kc_A^\alpha c_E^\varepsilon c_D^\gamma \tag{8-5}$$

式中 $\alpha + \varepsilon + \gamma + \cdots = n$,$n$ 称为反应的总级数,简称反应级数。而 $\alpha,\varepsilon,\gamma,\cdots$ 分别为物质 A,E,D,$\cdots$ 的反应分级数,它们都是通过实验来确定的,其值可以是整数、分数、零或负数。一般 n 不大于 3。

由速率方程可见,反应级数表示物质浓度对反应速率影响的程度。反应级数越大,表明浓度对反应速率的影响就越大。例如反应

$$H_2(g) + Cl_2(g) \longrightarrow 2HCl(g)$$

已证明该反应的速率方程为

$$r = kc(H_2)c^{0.5}(Cl_2)$$

说明反应对 $H_2(g)$ 为 1 级,对 $Cl_2(g)$ 为 0.5 级,所以该反应为 1.5 级反应。因为 $H_2(g)$ 的反应级数大于 $Cl_2(g)$ 的反应级数,所以 $H_2(g)$ 浓度对反应速率的影响会比 $Cl_2(g)$ 大。

3. 反应分子数

反应分子数是指基元反应中实际参加反应的分子数。例如 $H_2(g)$ 与 $I_2(g)$ 反应生成 $HI(g)$ 的反应中,第一个基元反应是 $I_2(g)$ 分子获得足够大的能量,生成两个很活泼的 $I \cdot$ 原子,为单分子反应;第二个基元反应是两个 $I \cdot$ 原子与一个 $H_2(g)$ 分子相碰撞后,生成两个 $HI(g)$ 分子,为三分子反应;第三个基元反应是两个 $I \cdot$ 原子相碰撞后生成稳定的 $I_2(g)$,为双分子反应。可见,基元反应的分子数就是参加反应的微粒数,其值只能是整数,不可能是分数、负数或零。

反应分子数只对基元反应有意义,而对总包反应是无意义的;反应分子数是微观的概念,对于基元反应,其值与反应计量式是一致的;反应分子数与反应级数不同,反应级数对

于基元反应或总包反应都有意义,其值可以是整数、分数或零。通常反应分子数不会出现 4,因为 4 个粒子同时碰撞在一起的可能性甚小。

4. 质量作用定律

对于基元反应,其反应速率与各反应物浓度的幂乘积成正比。这一规律称为基元反应的质量作用定律。其中各反应物的幂指数为各物质的分子数。

例如基元反应

$$aA + eE \longrightarrow gG$$

则反应速率可表示为

$$r = kc_A^a c_E^e$$

可见,$a + e = n$ 为该基元反应的反应级数,其值也等于该基元反应的反应分子数。

又如反应 $\qquad H_2(g) + I_2(g) \longrightarrow 2HI(g)$

其反应机理及反应速率为

$$I_2(g) \xrightarrow{k_1} 2I \cdot \qquad\qquad r_1 = k_1 c(I_2)$$

$$H_2(g) + 2I \cdot \xrightarrow{k_2} 2HI(g) \qquad r_2 = k_2 c(H_2) c^2(I \cdot)$$

$$2I \cdot \xrightarrow{k_3} I_2(g) \qquad\qquad r_3 = k_3 c^2(I \cdot)$$

式中:k_1、k_2、k_3——基元反应的速率系数。

可根据上述反应机理推出该反应的速率方程。若以 $HI(g)$ 的生成速率来表示该反应的反应速率,则

$$\frac{dc(HI)}{dt} = r_2 = k_2 c(H_2) c^2(I \cdot)$$

因为有两个基元反应互为逆反应,当反应处于平衡时,有 $r_1 = r_3$,即

$$k_1 c(I_2) = k_3 c^2(I \cdot)$$

所以 $\qquad\qquad c^2(I \cdot) = \dfrac{k_1}{k_3} c(I_2)$

得 $\qquad\qquad \dfrac{dc(HI)}{dt} = \dfrac{k_1 k_2}{k_3} c(H_2) c(I_2)$

令 $\qquad\qquad k = \dfrac{k_1 k_2}{k_3}$

则反应速率为

$$\frac{dc(HI)}{dt} = kc(H_2) c(I_2)$$

该反应为二级反应。

特别注意:质量作用定律只适用于基元反应,或基元反应一定服从质量作用定律。但总包反应的速率方程与质量作用定律表示结果相一致的反应,并不一定是基元反应。一个化学反应的速率方程往往要通过科学实验来得到。

5. 反应速率系数

在速率方程中,比例系数 k 称为反应速率系数,又称反应速率常数。例如 $\dfrac{dc(HI)}{dt} =$

$kc(H_2)c(I_2)$ 中，k 为 $H_2(g)$ 与 $I_2(g)$ 反应生成 $HI(g)$ 的反应速率系数。其物理意义就是反应物 $H_2(g)$、$I_2(g)$ 的物质的量浓度 $c(H_2)$、$c(I_2)$ 均为单位浓度时的反应速率。反应速率系数 k 与反应物浓度无关，而与温度、催化剂、溶剂及其他反应条件有关。它的单位与反应本性有关，通常由速率方程可确定。

对于反应

$$aA + eE \longrightarrow gG + hH$$

则有

$$-\frac{k_A}{a} = -\frac{k_E}{e} = \frac{k_G}{g} = \frac{k_H}{h}$$

式中：k_A、k_E——反应物 A、E 的消耗速率系数；

k_G、k_H——产物 G、H 的生成速率系数。

反应速率系数在动力学研究和应用中，具有十分重要的意义。

8.2.2 简单级数的反应速率及计算

速率方程一般有微分形式、积分形式。积分形式可由速率方程的微分形式转化而得到，它是物质浓度 c 与反应时间 t 的函数关系式。这里主要讨论具有简单级数反应的速率方程及其动力学特征。

1. 零级反应

对于反应

$$A \longrightarrow C$$

若反应的速率与反应物 A 浓度的零次方成正比，该反应为零级反应。所以

$$-\frac{dc_A}{dt} = kc_A^0 = k \tag{8-6}$$

零级反应是反应速率与反应物浓度无关的反应，也就是在一定条件下，零级反应的反应速率为常数。例如光化学反应，反应速率只与光的强度有关，若光的强度保持恒定，则为恒速反应，反应速率并不随反应物浓度的变化而变化。

将式(8-6)积分

$$-\int_{c_{A,0}}^{c_A} dc_A = k\int_0^t dt$$

得

$$c_{A,0} - c_A = kt \tag{8-7}$$

式中：$c_{A,0}$——反应开始($t=0$)时反应物 A 的浓度；

c_A——反应至某时刻 t 时反应物 A 的浓度。

若将反应物反应掉一半所需要的时间定义为半衰期，并以符号 $t_{1/2}$ 表示，即

$$c_A = \frac{1}{2}c_{A,0} \tag{8-8}$$

将式(8-8)代入式(8-7)，得

$$t_{1/2} = \frac{c_{A,0}}{2k} \tag{8-9}$$

式(8-9)为零级反应的半衰期公式。

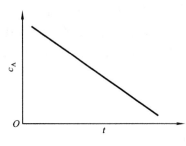

图 8-2　零级反应的直线关系

综上所述,零级反应的动力学特征可归纳如下。

(1) 零级反应的反应速率与反应物浓度无关,在一定条件下为恒速反应。

(2) 零级反应的反应速率系数 k 的单位为 $mol \cdot m^{-3} \cdot s^{-1}$。

(3) 零级反应的反应物浓度 c_A 与反应时间 t 呈直线关系,见图 8-2。

(4) 零级反应的半衰期与反应物 A 的初始浓度 $c_{A,0}$ 成正比。

这些动力学特征,也可作为零级反应判定的依据。

2. 一级反应

对于反应

$$A \longrightarrow C$$

若反应的速率与反应物浓度的一次方成正比,该反应为一级反应,即

$$-\frac{dc_A}{dt} = kc_A \tag{8-10}$$

单分子基元反应、一些物质的分解反应和一些放射性元素的蜕变,可认为是一级反应。

式(8-10)可写做 $-(dc_A/c_A)/dt = k$,式中 $-dc_A/c_A$ 为 dt 时间内反应物 A 反应掉的分数,比值 $-(dc_A/c_A)/dt$ 与反应物 A 的初始浓度 $c_{A,0}$ 无关,它只表示单位时间内反应物 A 反应掉的分数。

将式(8-10)积分得

$$-\int_{c_{A,0}}^{c_A} \frac{dc_A}{c_A} = k \int_0^t dt$$

得

$$\ln \frac{c_{A,0}}{c_A} = kt \tag{8-11a}$$

式(8-11a)为一级反应速率方程的积分形式。如果将式(8-11a)写为指数形式,则

$$c_A = c_{A,0} \exp(-kt) \tag{8-11b}$$

或对数形式,则

$$\ln c_A = -kt + \ln c_{A,0} \tag{8-11c}$$

若定义某时刻反应物 A 反应掉的分数为该时刻 A 的转化率,用 x_A 表示,则

$$x_A = (c_{A,0} - c_A)/c_{A,0}$$

或

$$c_A = c_{A,0}(1 - x_A) \tag{8-12}$$

将式(8-12)代入一级反应速率方程的积分式,得

$$\ln \frac{1}{1 - x_A} = kt \tag{8-13}$$

这是一级反应转化率的计算公式。

如果将 $c_A = \dfrac{c_{A,0}}{2}$ 代入式(8-11a),或将 $x_A = \dfrac{1}{2}$ 代入式(8-13),可得

$$t_{1/2} = \frac{\ln 2}{k} = \frac{0.693}{k} \qquad (8-14)$$

这是一级反应的半衰期表达式。

一级反应的动力学特征可归纳如下。

（1）对于一级反应，单位时间内反应物 A 反应掉的分数与反应物 A 的初始浓度无关，在一定条件下，为常数。

（2）一级反应速率系数 k 的单位为 s^{-1}。

（3）对于一级反应，$\ln c_A$ 与 t 呈直线关系，见图 8-3，通过求直线的斜率，可得反应速率系数 k 值。

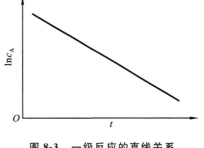

图 8-3　一级反应的直线关系

（4）一级反应的半衰期与反应物 A 的初始浓度无关，在指定条件下，半衰期为常数。

这些动力学特征，也可作为一级反应判定的依据。

[**例 8-1**] 有一药物溶液每毫升含药 500 单位，40 d 后降为每毫升含 300 单位，其药物分解为一级反应，若药物分解至原有浓度的一半，需要多少天？

解　由一级反应积分式 $kt = \ln \dfrac{c_{A,0}}{c_A}$ 得

$$k = \frac{1}{t} \ln \frac{c_{A,0}}{c_A} = \frac{1}{40} \ln \frac{500}{300} \ \mathrm{d^{-1}} = 0.012\,8 \ \mathrm{d^{-1}} = 1.48 \times 10^{-7} \ \mathrm{s^{-1}}$$

根据一级反应半衰期计算公式 $t_{1/2} = \dfrac{0.693}{k}$，得

$$t = \frac{0.693}{k} = \frac{0.693}{0.012\,8} \ \mathrm{d} = 54.1 \ \mathrm{d}$$

即药物分解至原有浓度一半，所需的时间为 54.1 d。

[**例 8-2**] N_2O_5 在四氯化硫中的分解反应为一级反应。

$$N_2O_5 \longrightarrow 2NO_2 + \frac{1}{2}O_2(g)$$
$$\Updownarrow$$
$$N_2O_4$$

分解产物 NO_2 和 N_2O_4 都溶于溶液中，而 O_2 逸出，在等温等压下，用量气管测定 O_2 的体积，在 40 ℃ 下进行实验，当 O_2 的体积为 10.75 cm^3 时，开始计时（$t=0$），当 $t=2\,400$ s 时，O_2 的体积为 29.65 cm^3，经过很长时间，N_2O_5 分解完毕时（$t=\infty$），O_2 的体积为 45.50 cm^3。求该反应的反应速率系数和半衰期。

解　对于一级反应，速率方程为 $k = \dfrac{1}{t} \ln \dfrac{c_{A,0}}{c_A}$，欲求反应速率系数 k，则只要把 t 时刻 $\dfrac{c_{A,0}}{c_A}$ 数据代入即可，但本题并没有告诉 $c_{A,0}$、c_A 的值，于是借助测定反应中 O_2 的体积来表示 $\dfrac{c_{A,0}}{c_A}$。视 O_2 为理想气体。

若以 A 代表 N_2O_5，B 代表 $O_2(g)$，则

$$\begin{array}{ccccc}
 & & N_2O_4 & & \\
 & & \Updownarrow & & \\
N_2O_5 & \longrightarrow & 2\,NO_2 & + & \dfrac{1}{2}O_2(g)
\end{array}$$

$t=0$ 时　　$n_{A,0}$　　　　　　$n_{B,0}$　　　　　　　$V_{B,0} = \dfrac{n_{B,0}RT}{p}$

$t=t$ 时	n_A	$n_{B,0}+\dfrac{1}{2}(n_{A,0}-n_A)$	$V_{B,t}=\dfrac{\left[n_{B,0}+\dfrac{1}{2}(n_{A,0}-n_A)\right]RT}{p}$
$t=\infty$ 时	0	$n_{B,0}+\dfrac{1}{2}n_{A,0}$	$V_{B,\infty}=\dfrac{\left(n_{B,0}+\dfrac{1}{2}n_{A,0}\right)RT}{p}$

比较 $V_{B,0}$、$V_{B,t}$、$V_{B,\infty}$ 可得知

$$V_{B,\infty}-V_{B,0}=\frac{n_{A,0}}{2}\frac{RT}{p}$$

$$V_{B,\infty}-V_{B,t}=\frac{n_A}{2}\frac{RT}{p}$$

因溶液体积不变,故

$$\frac{c_{A,0}}{c_A}=\frac{n_{A,0}}{n_A}=\frac{V_{B,\infty}-V_{B,0}}{V_{B,\infty}-V_{B,t}}$$

所以

$$k=\frac{1}{t}\ln\frac{V_{B,\infty}-V_{B,0}}{V_{B,\infty}-V_{B,t}}$$

将题中所给数据代入上式,得

$$k=\frac{1}{2\,400}\ln\frac{45.50-10.75}{45.50-29.65}\ \text{s}^{-1}=3.271\times10^{-4}\ \text{s}^{-1}$$

将 $k=3.271\times10^{-4}\ \text{s}^{-1}$ 代入一级反应半衰期公式,得

$$t_{1/2}=\frac{0.693}{k}=\frac{0.693}{3.271\times10^{-4}}\ \text{s}=2\,119\ \text{s}$$

若数据较多,也可通过作 $(V_{B,\infty}-V_{B,t})$-t 图,由直线的斜率求得 k。

3. 二级反应

反应速率与反应物浓度的二次方成正比的反应,即为二级反应。例如乙酸乙酯的皂化反应,氢气与碘蒸气化合成碘化氢及碘化氢气体的热分解,乙烯、丙烯等的气相二聚合作用均为二级反应。

二级反应是最常遇到的反应,二级反应有两种类型:一类是反应速率仅与一种反应物浓度的二次方成正比,如

$$2A\longrightarrow C\qquad r=kc_A^2\tag{8-15}$$

另一类是反应速率与两种反应物浓度的乘积成正比,如

$$A+E\longrightarrow C\qquad r=kc_Ac_E\tag{8-16}$$

若反应物 A、E 的初始浓度相等,即 $c_{A,0}=c_{E,0}$,则反应过程中,在任意时刻 t,都会有 $c_A=c_E$,所以 $r=kc_Ac_E=kc_A^2$,即速率方程与第一类相同。

对 $r=kc_A^2$ 或 $-\dfrac{\mathrm{d}c_A}{\mathrm{d}t}=kc_A^2$ 求积分

$$-\int_{c_{A,0}}^{c_A}\frac{\mathrm{d}c_A}{c_A^2}=k\int_0^t\mathrm{d}t$$

得

$$\frac{1}{c_A}-\frac{1}{c_{A,0}}=kt\tag{8-17}$$

这就是二级反应速率方程的积分形式。由此可见,反应速率系数 k 的单位为 $\text{mol}^{-1}\cdot\text{m}^3\cdot\text{s}^{-1}$,且 $\dfrac{1}{c_A}$-t 呈直线关系,通过求直线的斜率可求得反应速率系数 k。

将 $c_A=\dfrac{1}{2}c_{A,0}$ 代入式(8-17),得二级反应的半衰期为

$$t_{1/2}=\frac{1}{kc_{A,0}} \tag{8-18}$$

可见,二级反应的半衰期与反应物 A 的初始浓度 $c_{A,0}$ 成反比。

将反应物 A 的转化率 x_A 代入式(8-17),可得二级反应的转化率公式:

$$\frac{x_A}{c_{A,0}(1-x_A)}=kt \tag{8-19}$$

这也是二级反应速率方程的另一种形式。

综上所述,速率方程可表示为 $r=kc_A^2$ 的二级反应,其动力学特征如下。

(1) 二级反应的反应速率系数 k 的单位是 $mol^{-1} \cdot m^3 \cdot s^{-1}$。

(2) 以反应物 A 浓度 c_A 的倒数 $\dfrac{1}{c_A}$ 对 t 作图, 呈直线关系,如图 8-4 所示,通过直线的斜率可求得反应速率系数 k。

(3) 半衰期与反应物 A 的初始浓度 $c_{A,0}$ 成反比。

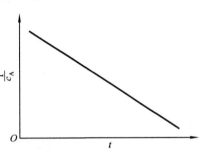

图 8-4　二级反应的直线关系

当反应 $aA+eE \longrightarrow C$ 为二级反应,$a=e$,且两种反应物的初始浓度相等,即 $c_{A,0}=c_{E,0}$,或 $a \neq e$,但两种反应物的初始浓度满足 $c_{A,0} : c_{E,0}=a : e$ 时,在任一时刻两反应物的浓度均满足 $c_A : c_E=a : e$,于是有

$$-\frac{dc_A}{dt}=kc_Ac_E=\frac{e}{a}kc_A^2=k'c_A^2 \tag{8-20}$$

其积分结果与式(8-17)相同。但式(8-17)中的 k 与式(8-20)中的 k' 不一定相等,这点应注意。

若 $a=e$,但反应物的初始浓度 $c_{A,0} \neq c_{E,0}$,则在任一时刻 t,$c_A \neq c_E$,所以 $-\dfrac{dc_A}{dt}=kc_Ac_E$。

为了得到这类反应的积分形式,设 t 时刻反应物 A、E 反应掉的浓度为 x,则 t 时刻有 $c_A=c_{A,0}-x$,$c_E=c_{E,0}-x$,且 $dc_A=-dx$,所以上述微分式可写为

$$\frac{dx}{dt}=k(c_{A,0}-x)(c_{E,0}-x)$$

对该式积分

$$\int_0^x \frac{dx}{(c_{A,0}-x)(c_{E,0}-x)}=k\int_0^t dt$$

得

$$\frac{1}{c_{A,0}-c_{E,0}}\ln\frac{c_{E,0}(c_{A,0}-x)}{c_{A,0}(c_{E,0}-x)}=kt \tag{8-21}$$

[例 8-3]　二级反应 $CH_3COOC_2H_5+NaOH \longrightarrow CH_3COONa+C_2H_5OH$,已知反应物乙酸乙酯和氢氧化钠的初始浓度均为 $0.02\ mol \cdot dm^{-3}$,在 21 ℃下,反应 25 min 后,取出样品,立即终止反应,进行定量分析,测得溶液中剩余氢氧化钠的浓度为 $0.529 \times 10^{-2}\ mol \cdot dm^{-3}$。问:(1)该反应转化率为 90%

时,所需的时间为多少? (2)如果乙酸乙酯和氢氧化钠的初始浓度均为 $0.01\ mol\cdot dm^{-3}$,要达到 90% 的转化率,需要多少时间?

解 该反应为二级反应,属 $a=e$ 的形式,且 $c_{A,0}=c_{E,0}$。设乙酸乙酯为 A,氢氧化钠为 E,则有

$$r=kc_A c_E=kc_A^2\ ,\quad \frac{1}{c_A}-\frac{1}{c_{A,0}}=kt$$

将题中所给数据代入公式

$$\frac{1}{c_A}-\frac{1}{c_{A,0}}=kt$$

得

$$k\times 25\times 60=\frac{1}{0.529\times 10^{-2}}-\frac{1}{0.02}$$

解得

$$k=0.0928\ mol^{-1}\cdot dm^3\cdot s^{-1}=9.28\times 10^{-5}\ mol^{-1}\cdot m^3\cdot s^{-1}$$

(1) 当 $x_A=90\%$ 时,代入二级反应转化率公式 $kt=\dfrac{x_A}{c_{A,0}(1-x_A)}$,得

$$0.0928\,t=\frac{0.9}{0.02\times(1-0.9)}$$

解得

$$t=4849\ s$$

(2) 当 $c_{A,0}=c_{E,0}=0.01\ mol\cdot dm^{-3}$,$x_A=90\%$ 时,代入二级反应转化率公式,得

$$0.0928\,t=\frac{0.9}{0.01\times(1-0.9)}$$

解得

$$t=9698\ s$$

[例 8-4] 400 K 下,在一抽空的恒容容器中,按化学计量比引入反应物 A(g) 和 E(g),进行下列反应:

$$A(g)+2E(g)\longrightarrow I(g)$$

测得反应开始时,容器内总压为 3.36 kPa,反应进行 1000 s 后,总压降至 2.12 kPa。已知 A(g)、E(g) 的反应分级数分别为 0.5、1.5,求反应速率系数 $k_{p,A}$、k_A 及半衰期 $t_{1/2}$。

解 由题意知,$n_{E,0}=2n_{A,0}$,所以初始分压 $p_{E,0}=2p_{A,0}$,则任一时刻 A、E 的分压有 $p_E=2p_A$。

以反应物 A 表示的速率方程为

$$-\frac{dc_A}{dt}=k_A c_A^{0.5} c_E^{1.5}$$

基于反应物 A 的分压表示的速率方程为

$$-\frac{dp_A}{dt}=k_{p,A}\,p_A^{0.5}\,p_E^{1.5}$$

则

$$-\frac{dp_A}{dt}=k_{p,A}\,p_A^{0.5}\,(2p_A)^{1.5}=k'_{p,A}\,p_A^2$$

积分得

$$\frac{1}{p_A}-\frac{1}{p_{A,0}}=k'_{p,A}\,t$$

由反应方程式,不同时刻各组分的分压及总压表示为

$$A(g)+2E(g)\longrightarrow I(g)$$

$t=0$ 时 $\qquad\qquad\qquad p_{A,0}\qquad\quad 2p_{A,0}\qquad\quad p_{总,0}=3p_{A,0}$

$t=t$ 时 $\qquad\qquad\qquad p_A\qquad\qquad 2p_A\qquad\qquad p_{总,t}=2p_A+p_{A,0}$

于是

$$p_{A,0}=\frac{p_{总,0}}{3}=\frac{3.36}{3}\ kPa=1.12\ kPa$$

$t=1000$ s 时

$$p_A=\frac{p_{总,t}-p_{A,0}}{2}=\frac{2.12-1.12}{2}\ kPa=0.5\ kPa$$

所以

$$k'_{p,A}=\frac{1}{t}\left(\frac{1}{p_A}-\frac{1}{p_{A,0}}\right)=\frac{1}{1000}\times\left(\frac{1}{0.5}-\frac{1}{1.12}\right)\ kPa^{-1}\cdot s^{-1}=1.107\times 10^{-3}\ kPa^{-1}\cdot s^{-1}$$

则
$$k_{p,A} = \frac{k'_{p,A}}{2^{1.5}} = \frac{1.107 \times 10^{-3}}{2^{1.5}} \text{ kPa}^{-1} \cdot \text{s}^{-1} = 3.914 \times 10^{-4} \text{ kPa}^{-1} \cdot \text{s}^{-1}$$

设 A 为理想气体,则 $p_A = c_A RT$,并代入 $-\dfrac{\mathrm{d}p_A}{\mathrm{d}t} = k_{p,A} p_A^2$,有

$$-\frac{\mathrm{d}c_A}{\mathrm{d}t} = k_{p,A} c_A^2 RT$$

与 $-\dfrac{\mathrm{d}c_A}{\mathrm{d}t} = k_A c_A^2$ 对比,可知

$$k_A = k_{p,A} RT = 3.914 \times 10^{-4} \times 8.314 \times 400 \text{ mol}^{-1} \cdot \text{dm}^3 \cdot \text{s}^{-1}$$
$$= 1.302 \text{ mol}^{-1} \cdot \text{dm}^3 \cdot \text{s}^{-1} = 1.302 \times 10^{-3} \text{ mol}^{-1} \cdot \text{m}^3 \cdot \text{s}^{-1}$$

根据半衰期公式

$$t_{1/2} = \frac{1}{k'_{p,A} p_{A,0}} = \frac{1}{1.107 \times 10^{-3} \times 1.12} \text{ s} = 806 \text{ s}$$

4. n 级反应($n \neq 1$)

对于一种反应物或多种反应物而反应物浓度符合化学计量比 $c_A : c_E = a : e$ 的反应

$$a\text{A} \longrightarrow \text{C}$$

或
$$a\text{A} + e\text{E} \longrightarrow \text{C}$$

速率方程均可表示为

$$-\frac{\mathrm{d}c_A}{\mathrm{d}t} = k c_A^n \tag{8-22}$$

n 为反应级数。只讨论符合式(8-22)的 n 级反应。

对式(8-22)积分

$$-\int_{c_{A,0}}^{c_A} \frac{\mathrm{d}c_A}{c_A^n} = k \int_0^t \mathrm{d}t$$

得
$$\frac{1}{n-1}\left(\frac{1}{c_A^{n-1}} - \frac{1}{c_{A,0}^{n-1}}\right) = kt \tag{8-23}$$

将 $c_A = \dfrac{c_{A,0}}{2}$ 代入式(8-23),整理得 n 级反应的半衰期为

$$t_{1/2} = \frac{2^{n-1}-1}{(n-1)k c_{A,0}^{n-1}} \tag{8-24}$$

总之,n 级反应的动力学特征可归纳如下。

(1)n 级反应速率系数 k 的单位为 $(\text{mol} \cdot \text{m}^{-3})^{1-n} \cdot \text{s}^{-1}$。

(2)$\dfrac{1}{c_{A,0}^{n-1}}$ 与 t 呈直线关系。

(3)半衰期 $t_{1/2}$ 与反应物初始浓度 $c_{A,0}^{n-1}$ 成反比。

[例 8-5] 某反应 A $\longrightarrow$ E+C 中,反应物 A 的初始浓度 $c_{A,0} = 1 \text{ mol} \cdot \text{dm}^{-3}$,初速率 $r_{A,0} = 0.01$ mol $\cdot$ dm^{-3} $\cdot$ s^{-1},若反应为零级、一级、二级、2.5 级反应,分别求各级反应的反应速率系数 k、半衰期 $t_{1/2}$ 以及反应物浓度为 $0.1 \text{ mol} \cdot \text{dm}^{-3}$ 时需要的时间。

解 已知 $c_{A,0} = 1 \text{ mol} \cdot \text{dm}^{-3}$,$r_{A,0} = 0.01 \text{ mol} \cdot \text{dm}^{-3} \cdot \text{s}^{-1}$,$c_A = 0.1 \text{ mol} \cdot \text{dm}^{-3}$。

(1)反应为零级时 $\qquad\qquad\qquad\qquad r = k$

$t = 0$ 时 $\qquad\qquad\qquad\qquad r_{A,0} = 0.01 \text{ mol} \cdot \text{dm}^{-3} \cdot \text{s}^{-1}$

所以 $\qquad\qquad\qquad\qquad k = 0.01 \text{ mol} \cdot \text{dm}^{-3} \cdot \text{s}^{-1}$

半衰期为 $$t_{1/2} = \frac{c_{A,0}}{2k} = \frac{1}{2 \times 0.01} \text{ s} = 50 \text{ s}$$

当 $c_A = 0.1 \text{ mol} \cdot \text{dm}^{-3}$ 时,代入零级反应积分公式

$$kt = c_{A,0} - c_A$$

即 $$0.01t = 1 - 0.1$$

得 $$t = 90 \text{ s}$$

（2）反应为一级时 $$r_A = kc_A$$

$t = 0$ 时 $$r_{A,0} = kc_{A,0} = k \times 1$$

所以 $$k = 0.01 \text{ s}^{-1}$$

半衰期为 $$t_{1/2} = \frac{0.693}{k} = \frac{0.693}{0.01} \text{ s} = 69.3 \text{ s}$$

当 $c_A = 0.1 \text{ mol} \cdot \text{dm}^{-3}$ 时,代入一级反应积分公式

$$k = \ln \frac{c_{A,0}}{c_A}$$

即 $$0.01t = \ln \frac{1}{0.1}$$

得 $$t = 230.3 \text{ s}$$

（3）反应为二级时 $$r = kc_A^2$$

$t = 0$ 时 $$r_{A,0} = kc_{A,0}^2 = k \times 1^2$$

所以 $$k = 0.01 \text{ mol}^{-1} \cdot \text{dm}^{-3} \cdot \text{s}^{-1}$$

半衰期为 $$t_{1/2} = \frac{1}{kc_{A,0}} = \frac{1}{0.01} \text{ s} = 100 \text{ s}$$

当 $c_A = 0.1 \text{ mol} \cdot \text{dm}^{-3}$ 时,代入二级反应积分公式

$$kt = \frac{1}{c_A} - \frac{1}{c_{A,0}}$$

即 $$0.01t = \frac{1}{0.1} - 1$$

得 $$t = 900 \text{ s}$$

（4）反应为 2.5 级时 $$r = kc_A^{2.5}$$

$t = 0$ 时 $$r_{A,0} = kc_{A,0}^{2.5} = k \times 1^{2.5}$$

所以 $$k = 0.01 \text{ mol}^{-1.5} \cdot \text{dm}^{4.5} \cdot \text{s}^{-1}$$

半衰期为 $$t_{1/2} = \frac{2^{n-1} - 1}{(n-1)kc_{A,0}^{n-1}} = \frac{2^{2.5-1} - 1}{(2.5-1) \times 0.01 \times 1^{2.5-1}} \text{ s} = 121.8 \text{ s}$$

当 $c_A = 0.1 \text{ mol} \cdot \text{dm}^{-3}$ 时,代入 n 级反应积分公式

$$kt = \frac{1}{n-1}\left(\frac{1}{c_A^{n-1}} - \frac{1}{c_{A,0}^{n-1}}\right)$$

即 $$0.01t = \frac{1}{2.5-1} \times \left(\frac{1}{0.1^{2.5-1}} - 1\right)$$

得 $$t = 2\,042 \text{ s}$$

可见,反应级数越高,反应速率随反应物浓度的变化越显著。当反应物的初始浓度相同时,级数越高,反应速率随反应物浓度减小而减小得越快。

为了便于比较各级反应的动力学特征,现将符合通式 $-\dfrac{\mathrm{d}c_A}{\mathrm{d}t} = kc_A^n$,且 $n = 0,1,2,3,\cdots$ 的动力学方程及动力学特征列于表 8-1 中。

表 8-1　符合通式 $-\dfrac{dc_A}{dt}=kc_A^n$ 的各级反应速率方程及特征

级数	速率方程		特征	
	微分式	积分式	半衰期 $t_{1/2}$	直线关系
0	$-\dfrac{dc_A}{dt}=k$	$kt=-(c_A-c_{A,0})$	$\dfrac{c_{A,0}}{2k}$	c_A-t
1	$-\dfrac{dc_A}{dt}=kc_A$	$kt=\ln\dfrac{c_{A,0}}{c_A}$	$\dfrac{\ln 2}{k}$	$\ln c_A$-t
2	$-\dfrac{dc_A}{dt}=kc_A^2$	$kt=\dfrac{1}{c_A}-\dfrac{1}{c_{A,0}}$	$\dfrac{1}{kc_{A,0}}$	$\dfrac{1}{c_A}$-t
3	$-\dfrac{dc_A}{dt}=kc_A^3$	$kt=\dfrac{1}{2}\left(\dfrac{1}{c_A^2}-\dfrac{1}{c_{A,0}^2}\right)$	$\dfrac{3}{2kc_{A,0}^2}$	$\dfrac{1}{c_A^2}$-t
$\vdots$	$\vdots$	$\vdots$	$\vdots$	$\vdots$
n	$-\dfrac{dc_A}{dt}=kc_A^n$	$kt=\dfrac{1}{n-1}\left(\dfrac{1}{c_A^{n-1}}-\dfrac{1}{c_{A,0}^{n-1}}\right)$	$\dfrac{2^{n-1}-1}{(n-1)kc_{A,0}^{n-1}}$	$\dfrac{1}{c_A^{n-1}}$-t

8.2.3　速率方程的建立

速率方程的建立是反应动力学研究的重要内容,而速率方程建立的关键是确定反应级数。

对于化学反应

$$aA+eE\longrightarrow C$$

速率方程通常可表示为

$$-\frac{dc_A}{dt}=kc_A^\alpha c_E^\varepsilon \tag{8-25}$$

对于只有一种反应物,或有两种反应物而符合 $c_{A,0}:c_{E,0}=a:e$ 的反应,式(8-25)可改写为下列形式:

$$-\frac{dc_A}{dt}=kc_A^n \tag{8-26}$$

确定反应级数 n,通常采取的方法有微分法和积分法(尝试法、半衰期法)及隔离法。

1. 微分法

微分法就是利用速率方程的微分形式,如式(8-26),通过实验测得 c_A 与 t 的相关数据作图,得到反应的级数 n。

用微分法确定反应级数时,先在一定温度下,测定不同时刻 t 的反应物浓度 c_A(可用物理方法或化学方法),并作图,如图 8-5 所示,然后分别求得 t_1 和 t_2 时刻的反应速率 $-\dfrac{dc_{A,1}}{dt}$ 和 $-\dfrac{dc_{A,2}}{dt}$,并对式 $-\dfrac{dc_{A,1}}{dt}=k_A c_{A,1}^n$ 和 $-\dfrac{dc_{A,2}}{dt}=k_A c_{A,2}^n$ 分别取对数,得

$$\ln\left(-\frac{dc_{A,1}}{dt}\right)=\ln k_A+n\ln c_{A,1}$$

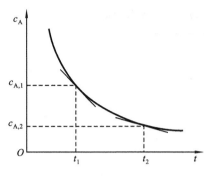

图 8-5 微分法确定反应级数 n

$$\ln\left(-\frac{dc_{A,2}}{dt}\right)=\ln k_A+n\ln c_{A,2}$$

则反应级数

$$n=\frac{\ln\left(-\dfrac{dc_{A,1}}{dt}\right)-\ln\left(-\dfrac{dc_{A,2}}{dt}\right)}{\ln c_{A,1}-\ln c_{A,2}} \quad (8\text{-}27)$$

有时反应的产物对反应速率有影响,为了排除产物的干扰,常采用初始浓度法。就是取若干个不同的初始浓度 $c_{A,0}$,测出若干套 c_A-t 数据,绘出若干条 c_A-t 曲线。在每条曲线的初始浓度处,求出相应的 $-\dfrac{dc_A}{dt}$,然后根据上述方法求出反应级数 n。

2. 积分法

积分法就是利用速率方程的积分形式而确定反应级数。积分法分为尝试法和半衰期法。

1)尝试法

尝试法又称试差法,就是将多组实验测得的 c_A 与 t 数据代入动力学积分式,哪一级数的积分式计算出来的 k 为常数,则反应就可被确定为相应级数的反应。

也可将测得的 x_A 与 t 数据代入转化率计算公式,哪一级数相应的转化率公式计算出来的 k 为常数,则反应级数可以被确定。

还可用作图法来确定反应级数。就是将 c_A 与 t 的数据,按表 8-1 中的直线关系,分别作 $\ln c_A$-t 图或 n 为不同值时的 $\dfrac{1}{c_A^{n-1}}$-t 图,若呈直线关系,则为相应级数的反应。

因为大多数反应为二级反应,所以对于未知级数的反应,通常先尝试二级,再一级、零级或三级等。尝试法只适用于整数级反应级数的确定。

2)半衰期法

半衰期法是通过反应的半衰期 $t_{1/2}$ 与反应物初始浓度 $c_{A,0}$ 的关系而确定反应级数。

除一级反应外,通过实验测定反应物不同初始浓度 $c_{A,0,1}$ 和 $c_{A,0,2}$ 时反应的半衰期 $(t_{1/2})_1$ 和 $(t_{1/2})_2$,并分别代入 n 级反应半衰期公式(式(8-24))后再相减,得

$$\frac{(t_{1/2})_1}{(t_{1/2})_2}=\left(\frac{c_{A,0,2}}{c_{A,0,1}}\right)^{n-1}$$

等式两边取对数,整理可得

$$n=1+\frac{\ln(t_{1/2})_1-\ln(t_{1/2})_2}{\ln c_{A,0,2}-\ln c_{A,0,1}} \quad (8\text{-}28)$$

反应级数被确定。

也可用作图法。通过实验测定一组反应物不同初始浓度时的半衰期数据。将式(8-24)取对数,得

$$\ln t_{1/2}=\ln\frac{2^{n-1}-1}{(n-1)k}+(1-n)\ln c_{A,0}$$

作 $\ln t_{1/2}$-$\ln c_{A,0}$ 图,应得一直线,由直线的斜率即可求得反应级数 n。

3. 隔离法

对有两种反应物,但速率方程不能化为式(8-26)形式的反应,其反应级数的确定可采用隔离法与前所述的微分法、积分法相结合的方法来确定速率方程。

若速率方程的微分方程为

$$-\frac{\mathrm{d}c_A}{\mathrm{d}t}=k_A c_A^{\alpha} c_E^{\epsilon}$$

反应物 A、E 的分级数 α、ϵ 可分别确定,先确定 α,再确定 ϵ。使 $c_{E,0} \gg c_{A,0}$,则反应过程中 $c_{E,0}$ 的变化很小,可视为常数,于是反应的微分方程可写为

$$-\frac{\mathrm{d}c_A}{\mathrm{d}t}=k_A' c_A^{\alpha}$$

式中 $k_A'=k_A c_E^{\epsilon}$,再选用前面介绍的方法之一,可确定反应物 A 的分级数 α。

同理,使 $c_{A,0} \gg c_{E,0}$,则速率方程可表示为

$$-\frac{\mathrm{d}c_A}{\mathrm{d}t}=k_A'' c_E^{\epsilon}$$

式中 $k_A''=k_A c_A^{\alpha}$,采取同样的方法可确定反应物 E 的分级数 ϵ。

[例 8-6] 氰酸铵 NH_4CNO 在水溶液中,变为尿素 $(NH_2)CO$,该反应的半衰期与初始浓度的相关数据如表 8-2 所示。

表 8-2 例 8-6 附表

初始浓度 $c_{A,0}/(\mathrm{mol} \cdot \mathrm{dm}^{-3})$	0.05	0.10	0.20
半衰期 $t_{1/2}/\mathrm{min}$	37.03	19.15	9.45

试确定该反应的级数。

解 根据式(8-28)

$$n=1+\frac{\ln (t_{1/2})_1 - \ln (t_{1/2})_2}{\ln c_{A,0,2} - \ln c_{A,0,1}}$$

将表 8-2 任意两组 $c_{A,0}$-t 数据代入,得

$$n=1+\frac{\ln 37.03 - \ln 19.15}{\ln 0.10 - \ln 0.05}=2$$

所以,该反应为二级反应。

8.2.4 复杂反应的速率方程及近似处理方法

前面主要讨论了简单反应的级数、反应速率和动力学特征。在实际化工生产中所进行的反应通常不是单向进行的,有的反应还会伴随副反应的发生,有的反应过程中有中间产物的生成。因此,本节讨论几种典型的复杂反应的特征。

1. 对峙反应

在一定条件下,正向和逆向同时进行的反应,称为对峙反应,又称对行反应。一般情况下,所有反应都是对行的,只是当偏离平衡态很远时,逆向反应可以忽略不计。

对峙反应在一定条件下,最终达到化学平衡态,即正反应速率与逆反应速率相等,产

物浓度与反应物浓度满足化学平衡态条件,也就是平衡常数 $K_c^{\ominus}$、$K_p^{\ominus}$ 等。下面以一级对峙反应为例,讨论反应速率和动力学特征。

下列反应为一级对峙反应,且反应是从 A 开始的:

$$A \underset{k_{-1}}{\overset{k_1}{\rightleftharpoons}} D$$

$t=0$ 时 $\qquad\qquad c_{A,0} \qquad\qquad 0$

$t=t$ 时 $\qquad\qquad c_A \qquad\qquad c_D = c_{A,0} - c_A$

$t=\infty$ 平衡时 $\qquad c_{A,e} \qquad\qquad c_{D,e} = c_{A,0} - c_{A,e}$

则正反应速率为

$$-\frac{dc_A}{dt} = k_1 c_A$$

逆反应速率为

$$-\frac{dc_D}{dt} = k_{-1} c_D = k_{-1}(c_{A,0} - c_A)$$

式中:k_1、k_{-1}——正、逆反应的反应速率系数;

$\qquad c_{A,0}$——反应物 A 的初始浓度;

$\qquad c_A$、c_D——反应物 A、产物 D 在 t 时刻的浓度;

$\qquad c_{A,e}$——反应物 A 的平衡浓度。

反应的总速率以反应物 A 的消耗速率表示为

$$-\frac{dc_A}{dt} = k_1 c_A - k_{-1} c_D = k_1 c_A - k_{-1}(c_{A,0} - c_A)$$

$$= (k_1 + k_{-1}) c_A - k_{-1} c_{A,0} \tag{8-29}$$

反应达到平衡时 $\qquad\qquad r_{正} = r_{逆}$

即 $\qquad\qquad k_1 c_{A,e} = k_{-1} c_{D,e} = k_{-1}(c_{A,0} - c_{A,e})$

则 $\qquad\qquad \dfrac{k_1}{k_{-1}} = \dfrac{c_{A,0} - c_{A,e}}{c_{A,e}} = K_c \tag{8-30}$

整理得 $\qquad\qquad k_{-1} c_{A,0} = (k_1 + k_{-1}) c_{A,e}$

将上式代入式(8-29),得

$$-\frac{dc_A}{dt} = (k_1 + k_{-1}) c_A - (k_1 + k_{-1}) c_{A,e}$$

$$= (k_1 + k_{-1})(c_A - c_{A,e}) \tag{8-31}$$

当 $c_{A,0}$ 一定时,$c_{A,e}$ 为常数。故

$$-\frac{dc_A}{dt} = -\frac{d(c_A - c_{A,e})}{dt} = (k + k_{-1})(c_A - c_{A,e})$$

其中 $c_A - c_{A,e} = \Delta c_A$ 称为反应物 A 的距平衡浓度差。可见反应速率与距平衡浓度差 Δc_A 成正比。即 Δc_A 越大,反应物 A 的浓度 c_A 与平衡浓度 $c_{A,e}$ 相差越大,A 的消耗速率越大;反之 Δc_A 越小,反应物 A 的浓度越接近平衡浓度,则 A 的消耗速率越小。

将上式积分

$$-\int_{c_{A,0}}^{c_A} \frac{d(c_A - c_{A,e})}{c_A - c_{A,e}} = \int_0^t (k_1 + k_{-1}) dt$$

得 $\qquad\qquad \ln \dfrac{c_{A,0} - c_{A,e}}{c_A - c_{A,e}} = (k_1 + k_{-1}) t \tag{8-32}$

可见 $\ln(c_A - c_{A,e})$-t 图形为一直线。由直线斜率可求得 $k_1 + k_{-1}$，借助 $K_c = \dfrac{k_1}{k_{-1}}$，可得到 k_1 和 k_{-1}。速率系数的单位与一级反应的相同，为 s^{-1}。

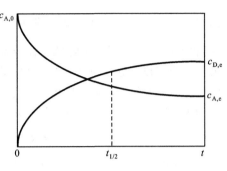

图 8-6　一级对峙反应 c-t 图

一级对峙反应的 c-t 关系如图 8-6 所示。反应经过足够长的时间，反应物浓度和产物浓度都分别趋近于它们的平衡浓度。在此条件下反应达到平衡。

对于一级对峙反应，把反应完成了距平衡浓度差的一半所需的时间，称为对峙反应的半衰期 $t_{1/2}$。则有

$$c_A - c_{A,e} = \frac{1}{2}(c_{A,0} - c_{A,e})$$

$$c_A = \frac{1}{2}(c_{A,0} + c_{A,e})$$

将上式代入式(8-32)得

$$t_{1/2} = \frac{\ln 2}{k_1 + k_{-1}} \tag{8-33}$$

可见一级对峙反应的半衰期与反应物的初始浓度 $c_{A,0}$ 无关。

一些分子内重排和异构化，符合一级对峙反应的规律。

总之，一级对峙反应有如下特征。

(1) 对峙反应，正向和逆向反应同时进行，反应最终达到平衡，正向速率与距平衡浓度差成正比，而逆向速率与距平衡浓度差成反比，平衡时，正向与逆向速率相等。

(2) 一级对峙反应，达到平衡时正向与逆向反应速率系数之比等于产物与反应物浓度之比，等于平衡常数 K_c，即 $\dfrac{k_1}{k_{-1}} = \dfrac{c_{D,e}}{c_{A,e}} = K_c$。

(3) 一级对峙反应，反应速率系数 k 的单位为 s^{-1}。

(4) 一级对峙反应，$\ln(c_A - c_{A,e})$-t 图形呈直线，由直线斜率可求得 $k_1 + k_{-1}$，结合 $\dfrac{k_1}{k_{-1}} = K_c$ 可得到 k_1 和 k_{-1}。

(5) 一级对峙反应，半衰期与反应物初始浓度无关。

(6) 一级对峙反应，当 K_c 相当大时，$k_1 \gg k_{-1}$，表明反应物的转化率很高，反应完全，则逆反应可忽略不计，对峙反应可视为简单的一级反应。

式(8-32)、式(8-33)与式(8-11a)、式(8-14)相一致。当 K_c 很小时，$k_1 \ll k_{-1}$，表明反应物的转化率很低。则有

$$r = -\frac{dc_A}{dt} = k_1 c_A - k_{-1} c_D = k_1 \left(c_A - \frac{1}{K_c} c_D\right)$$

可见产物浓度对反应速率有明显影响。若反应是放热反应，根据平衡移动原理，升高温度，K_c 减小。所以低温下 K_c 增大，$\dfrac{1}{K_c}$ 减小，这时 k_1 为影响速率的主导因素，因此，升高

温度时速率增大,但随着温度的升高,$\dfrac{1}{K_c}$ 逐渐上升为主导因素,当温度升高到一定程度时,再升高温度速率又会降低。在升温过程中,反应速率会出现极大值,这时的温度称为最佳反应温度。在实际生产中,要尽量创造条件使反应在最佳温度下进行。例如 SO_2 的氧化反应、合成氨反应及水煤气变换反应等,它们都有一个最佳反应温度。

[例 8-7] 溶液中某光学活性卤化物的消旋作用

$$R_1 R_2 R_3 CX(右旋) \underset{k_{-1}}{\overset{k_1}{\rightleftharpoons}} R_1 R_2 R_3 CX(左旋)$$

在正、逆方向上反应速率系数 $k_1 = k_{-1}$,如果原始反应物为纯的右旋物质,反应速率系数为 1.9×10^{-6} s^{-1},求:(1)转化 10% 所需的时间;(2)24 h 后的转化率。

解 该反应为一级对峙反应,设右旋物质为 A,左旋物质为 D,$c_{A,0}$ 为右旋物质的初始浓度,$c_{A,e}$ 为 A 的平衡浓度,$c_{D,e}$ 为 D 的平衡浓度。A 的转化率用 x_A 表示,则

$$c_A = c_{A,0}(1 - x_A)$$

因为
$$\frac{k_1}{k_{-1}} = K_c \quad 且 \quad k_1 = k_{-1}$$

所以
$$K_c = \frac{c_{D,e}}{c_{A,e}} = \frac{c_{A,0} - c_{A,e}}{c_{A,e}} = 1$$

那么
$$c_{A,0} = 2c_{A,e}, \quad c_A = 2c_{A,e}(1 - x_A)$$

将上述 $c_{A,0}$、c_A 的关系式代入相关反应速率积分式

$$\ln \frac{c_{A,0} - c_{A,e}}{c_A - c_{A,e}} = (k_1 + k_{-1})t$$

得
$$\ln \frac{2c_{A,e} - c_{A,e}}{2c_{A,e}(1 - x_A) - c_{A,e}} = (k_1 + k_{-1})t$$

整理后得
$$\ln \frac{1}{2(1 - x_A) - 1} = 2k_1 t$$

(1)若 $x_A = 10\%$,代入上式得

$$\ln \frac{1}{2 \times (1 - 10\%) - 1} = 2 \times 1.9 \times 10^{-6} t$$

$$t = 58\ 740\ s$$

(2)当 $t = 24\ h = 86\ 400\ s$ 时,A 的转化率为 x_A',将 t、x_A' 代入相关式子得

$$\ln \frac{1}{1 - 2x_A'} = 2 \times 1.9 \times 10^{-6} \times 86\ 400$$

求得
$$x_A' = 14\%$$

2. 平行反应

平行反应就是反应物能同时进行几个不同的反应,得到几种不同的产物。把生成主要产物的反应称为主反应,其余的反应称为副反应。一般在有机反应中平行反应比较常见。例如,苯酚用 HNO_3 硝化,可同时得到邻位和对位硝基苯酚。又如乙醇在一定条件下的脱水反应,可同时生成乙醚和乙烯。

有反应物 A 同时进行两个一级反应,分别生成 D 和 C,即

$$A \begin{cases} \xrightarrow{k_1} D \\ \xrightarrow{k_2} C \end{cases}$$

k_1、k_2 分别为两个反应的反应速率系数。以 D、C 的生成反应表示两个反应的速率为

$$\frac{dc_D}{dt} = k_1 c_A \tag{8-34}$$

$$\frac{dc_C}{dt} = k_2 c_A \tag{8-35}$$

若反应开始时　　　　　　　　　　$c_{D,0} = c_{C,0} = 0$

则有　　　　　　　　　　　　　$c_A + c_D + c_C = c_{A,0}$

所以反应物 A 消耗的总速率为

$$-\frac{dc_A}{dt} = \frac{dc_D}{dt} + \frac{dc_C}{dt} = k_1 c_A + k_2 c_A$$
$$= (k_1 + k_2) c_A \tag{8-36}$$

对式(8-36)积分

$$-\int_{c_{A,0}}^{c_A} \frac{dc_A}{c_A} = (k_1 + k_2) \int_0^t dt$$

得

$$\ln \frac{c_{A,0}}{c_A} = (k_1 + k_2)t \tag{8-37}$$

式(8-37)为一级平行反应的速率积分式。可见，$\ln c_A$-t 图形为直线，由直线的斜率可求得 $k_1 + k_2$。反应速率系数 k_1、k_2 的单位是 s^{-1}。

式(8-34)除以式(8-35)得

$$\frac{dc_D}{dc_C} = \frac{k_1}{k_2} \tag{8-38}$$

对式(8-38)积分

$$k_2 \int_0^{c_D} dc_D = k_1 \int_0^{c_C} dc_C$$

得

$$\frac{c_D}{c_C} = \frac{k_1}{k_2} \tag{8-39}$$

利用式(8-39)结合式(8-37)求出 $k_1 + k_2$，可得到 k_1、k_2。

式(8-39)表明一级平行反应，在任一瞬间，两产物浓度之比等于两反应速率系数之比，与反应时间及反应物的初始浓度无关。这一特征可适用于其他同级平行反应。但不同级数的平行反应之间不会有这一特征。

3. 连串反应

前一个反应的产物是下一个反应的反应物，如此连续进行的反应，称为连串反应，也称连续反应。在有机反应中，连串反应是比较常见的。例如苯的氯化反应，可连续生成氯苯、二氯苯、三氯苯等。

A 起反应生成 D，D 又起反应生成 C，为两个一级反应组成的连串反应，表示如下：

$$A \xrightarrow{k_1} D \xrightarrow{k_2} C$$

$t=0$ 时　　　　　　$c_{A,0}$　　　0　　　0

$t=t$ 时　　　　　　c_A　　　c_D　　　c_C

则 A 的反应速率为

$$-\frac{dc_A}{dt} = k_1 c_A \tag{8-40}$$

c_A 只与第一个反应有关。

中间产物 D 的净生成速率为

$$\frac{\mathrm{d}c_D}{\mathrm{d}t} = k_1 c_A - k_2 c_D \tag{8-41}$$

D 物质是第一个反应的产物,又是第二个反应的反应物。

产物 C 的生成速率为

$$\frac{\mathrm{d}c_C}{\mathrm{d}t} = k_2 c_D \tag{8-42}$$

对式(8-40)求积分

$$-\int_{c_{A,0}}^{c_A} \frac{\mathrm{d}c_A}{c_A} = k_1 \int_0^t \mathrm{d}t$$

得

$$\ln \frac{c_{A,0}}{c_A} = k_1 t \tag{8-43a}$$

或

$$c_A = c_{A,0} \exp(-k_1 t) \tag{8-43b}$$

将式(8-43b)代入式(8-41)得

$$\frac{\mathrm{d}c_D}{\mathrm{d}t} = k_1 c_{A,0} \exp(-k_1 t) - k_2 c_D$$

求解此微分方程,得

$$c_D = \frac{k_1 c_{A,0}}{k_2 - k_1} [\exp(-k_1 t) - \exp(-k_2 t)] \tag{8-44}$$

因为

$$c_{A,0} = c_A + c_D + c_C$$

所以

$$c_C = c_{A,0} - c_A - c_D$$

将式(8-43b)和式(8-44)代入上式得

$$c_C = c_{A,0} \left\{ 1 - \frac{1}{k_2 - k_1} [k_2 \exp(-k_1 t) - k_1 \exp(-k_2 t)] \right\} \tag{8-45}$$

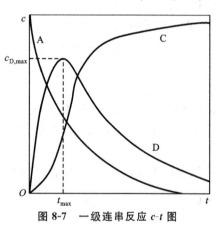

图 8-7 一级连串反应 c-t 图

一级连串反应的 c-t 关系如图 8-7 所示。

由图可见,物质 A 的浓度随时间增加而减小,物质 C 的浓度随时间的增加而增大,而 D 物质的浓度随时间的增加先增大,后减小。反应在一定时间产物 D 的浓度出现一个极大值。

若物质 D 是生产中的目标产物,则 c_D 达到极大值的时间就称为物质 D 的最佳生成时间,那么,当反应到达最佳时间就必须立即终止反应,否则,目标产物 D 的产率就会下降。

将式(8-44)对时间 t 取导数,且令 $\frac{\mathrm{d}c_D}{\mathrm{d}t} = 0$,得

$$t_{max} = \frac{\ln \frac{k_1}{k_2}}{k_1 - k_2} \tag{8-46}$$

将式(8-46)代入式(8-44)，得

$$c_{D,max} = c_{A,0} \left(\frac{k_1}{k_2}\right)^{\frac{k_2}{k_2-k_1}} \tag{8-47}$$

式(8-46)、式(8-47)为中间产物 D 的最佳生成时间 t_{max} 和最大生成浓度 $c_{D,max}$ 的计算式。

4. 链反应

链反应是一种常见的复合反应，它是由热、光、辐射等方法引发反应，产生活性粒子（自由基或自由原子），而发生一系列连续的反应。在反应中，活性粒子交替生成和消失，像链条一样，一环扣一环，连续不断地进行，故链反应又称连锁反应。例如石油的裂解，碳氢化合物的卤化和氧化，有机物的热分解以及燃烧、爆炸反应，高聚物的合成等。

链反应分为链引发、链传递、链终止三个阶段，或称三个步骤。例如反应 $H_2 + Cl_2 \xrightarrow{光} 2HCl$ 的反应机理

① $Cl_2 \xrightarrow{光}{k_1} 2Cl\cdot$ 链引发

② $Cl\cdot + H_2 \xrightarrow{k_2} HCl + H\cdot$ 链传递

③ $H\cdot + Cl_2 \xrightarrow{k_3} HCl + Cl\cdot$

④ $2Cl\cdot \xrightarrow{k_4} Cl_2$ 链终止

式中 $Cl\cdot$、$H\cdot$ 的黑点，代表自由原子 Cl 和 H 具有一个未配对电子。

链引发是产生自由原子或自由基的阶段，如①。

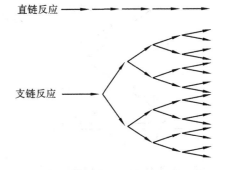

图 8-8　链反应示意图

链传递是自由原子或自由基与分子作用的交替阶段，它是链反应的主体，如②、③。

链终止是自由原子或自由基消失反应终止阶段，如④。

链反应分为直链反应和支链反应。如图 8-8 所示。

（1）直链反应。

在链传递过程中，消失一个活性粒子的同时只生成一个新的活性粒子，这种链反应称为直链反应，也称单链反应。例如反应 $H_2 + Cl_2 \xrightarrow{光} 2HCl$，实验测得或机理推得该反应的动力学方程为

$$-\frac{dc(HCl)}{dt} = kc^{\frac{1}{2}}(Cl_2)c(H_2)$$

（2）支链反应。

在链传递过程中，每消失一个活性粒子的同时产生两个或两个以上活性粒子，这种链反应称为支链反应。能量高、活性很大的活性粒子是支链反应的链传递物。在一个恒定容器中，一个活性粒子变为两个或更多个活性粒子，这种变化连续循环进行，活性粒子迅猛增多，瞬间产生大量的活性粒子，就会导致爆炸。

爆炸的原因可分为两种：一种是热爆炸，就是在一个有限的空间内，放热反应瞬间释

放出大量的热能,来不及散出,造成系统温度迅速升高,温度越高,反应越快,释放的热能就越多,结果造成反应速率在瞬间增大到无法控制的程度,就引起了爆炸;另一种就是由支链反应引起的爆炸。

例如,氢气与氧气的燃烧反应就是支链反应。以 2∶1 的氢氧混合气体为例来讨论温度、压力对支链爆炸反应的影响。如图 8-9 所示。当温度低于 673 K 时,在任何压力下都不会爆炸;当温度高于 853 K 时,在任何压力下都会爆炸;温度在 673~853 K 时,爆炸与压力有关。p_1、p_2、p_3 分别称为该温度下的第一、二、三爆炸界限。以 800 K 温度来看,当 $p < p_1$(0.2 kPa)时不爆炸。因为压力低,活性粒子易扩散到器壁上而消失,使活性粒子减少。当 $p_1 < p < p_2$(6.67 kPa)时,发生爆炸。因为压力增大,气体分子密度增大,链传递加快,而导致爆炸。当 $p_2 < p < p_3$(40 kPa)时,分子密度很高,活性粒子易发生碰撞而消失,所以反应平稳,不爆炸。当压力 $p > p_3$ 时,又会爆炸。第三爆炸界限被认为是热爆炸。

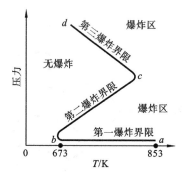

图 8-9　H₂ 和 O₂ 混合系统的爆炸极限

虽然 H_2 与 O_2 反应的机理还不十分清楚,但可认为有下列基本步骤:

① $H_2 + O_2 \xrightarrow{k_1} 2HO\cdot$　　链引发

② $HO\cdot + H_2 \xrightarrow{k_2} H_2O + H\cdot$ ⎫

③ $H\cdot + O_2 \xrightarrow{k_3} HO\cdot + O\cdot$ ⎬ 链增长

④ $O\cdot + H_2 \xrightarrow{k_4} HO\cdot + H\cdot$ ⎭

⑤ $H\cdot + H\cdot \xrightarrow{k_5} H_2$ ⎫

⑥ $H\cdot + HO\cdot \xrightarrow{k_6} H_2O$ ⎬ 链终止
　　　　　　　　　　　　　　　　⎭

常见可燃气体在常温常压下的爆炸界限见表8-3。在生产实际和实验中了解相关爆炸知识,有助于预防爆炸事故,提高安全生产意识。

表 8-3　可燃气体在空气中的爆炸界限(体积分数/(%))

可燃气体	爆炸下限	爆炸上限	可燃气体	爆炸下限	爆炸上限
H_2	4	74	NH_3	16	27
CS_2	1.25	44	CO	12.5	74
CH_4	5.3	14	C_3H_8	2.4	9.5
C_5H_{12}	1.6	7.8	C_2H_4	3.0	29
C_2H_2	2.5	80	C_6H_6	1.4	6.7
C_2H_5OH	4.3	19	$(C_2H_5)_2O$	1.9	48

5. 复杂反应速率方程的近似处理方法

一般的复杂反应,往往是对峙反应、平行反应、连串反应的组合。随着反应机理和组合的复杂程度增加,要得到复杂反应的速率方程非常困难。因此,根据反应机理和特征,结合实际采取科学的近似处理方法,是得到复杂反应速率方程的有效途径。

1）控制步骤法

一个复杂反应的每一步速率的快慢或反应速率系数的大小是不同的。反应速率最慢或反应速率系数最小的步骤，是决定总反应速率的关键，把该步骤称为总反应的控制步骤。因此，要想使反应加快，关键就在于提高控制步骤的速率。

例如，有一级连串反应 $A \xrightarrow{k_1} D \xrightarrow{k_2} C$，若 $k_1 \ll k_2$，则 $A \longrightarrow D$ 就是反应的控制步骤。所以反应速率可表示为

$$-\frac{dc_A}{dt} \approx \frac{dc_C}{dt} = k_1 c_A$$

解得

$$c_A = c_{A,0} \exp(-k_1 t)$$

由于 $D \longrightarrow C$ 反应很快，因此 D 不可能累积，即 $c_D \approx 0$，故

$$c_C = c_{A,0} - c_A = c_{A,0}[1 - \exp(-k_1 t)]$$

可见，选取控制步骤法来推导速率方程很方便，而且得到的速率方程形式也简单得多。

2）稳态法

在复杂反应的进程中，有一些中间产物的反应能力很强，一旦生成，马上就会反应消耗掉。因此，该中间产物的浓度在反应中保持一个较稳定的微小量，可认为是处于稳态（或定态）。稳态是指反应中间产物的生成速率与消耗速率相等，它的浓度不随时间的变化而变化的状态。稳态近似处理法就是利用反应中间产物的这一稳态特征，而导出复杂反应速率方程的。常作为稳态中间产物的有自由原子或自由基等。

仍以一级连串反应 $A \xrightarrow{k_1} D \xrightarrow{k_2} C$ 为例，若 $k_1 \ll k_2$，中间产物 D 的浓度 c_D 可认为是一个保持不变的微小量，视为稳态。即

$$\frac{dc_D}{dt} = 0$$

或

$$\frac{dc_D}{dt} = k_1 c_A - k_2 c_D = 0$$

故

$$c_D = \frac{k_1}{k_2} c_A$$

因为

$$c_A = c_{A,0} \exp(-k_1 t)$$

所以

$$c_D = \frac{k_1}{k_2} c_{A,0} \exp(-k_1 t)$$

[例 8-8]　试采用稳态法，根据 $H_2(g) + Cl_2(g) \longrightarrow 2HCl(g)$ 的反应机理，导出反应速率方程 $\frac{dc(HCl)}{dt}$。

解　在反应进程中，H·、Cl·是活泼的中间体，故将 $c(H·)$ 和 $c(Cl·)$ 视为稳态。即

$$\frac{dc(H·)}{dt} = k_2 c(Cl·)c(H_2) - k_3 c(H·)c(Cl_2) = 0$$

$$k_2 c(Cl·)c(H_2) = k_3 c(H·)c(Cl_2)$$

$$\frac{dc(Cl·)}{dt} = k_1 c(Cl_2) - k_2 c(Cl·)c(H_2) + k_3 c(H·)c(Cl_2) - k_4 c^2(Cl·) = 0$$

所以

$$c(Cl·) = \left(\frac{k_1}{k_4}\right)^{\frac{1}{2}} c^{\frac{1}{2}}(Cl_2)$$

根据反应机理,得

$$\frac{dc(HCl)}{dt} = k_2 c(Cl\cdot)c(H_2) + k_3 c(H\cdot)c(Cl_2)$$

$$= 2k_2 c(Cl\cdot)c(H_2)$$

$$= 2k_2 \left(\frac{k_1}{k_4}\right)^{\frac{1}{2}} c^{\frac{1}{2}}(Cl_2)c(H_2)$$

令

$$k = 2k_2 \left(\frac{k_1}{k_4}\right)^{\frac{1}{2}}$$

故

$$\frac{dc(HCl)}{dt} = kc^{\frac{1}{2}}(Cl_2)c(H_2)$$

该反应的级数为 1.5。

3)平衡态法

在有些复杂反应的步骤中,存在可逆步骤,在反应进程中不断实现快速平衡,利用平衡原理来导出复杂反应的速率方程。例如反应

$$A + E \underset{k_{-1}}{\overset{k_1}{\rightleftharpoons}} C \quad (快速平衡)$$

$$C \xrightarrow{k_2} D \quad (慢步骤)$$

根据控制步骤法,有

$$\frac{dc_D}{dt} = k_2 c_C$$

对于快速平衡步骤,根据平衡原理,有

$$K_c = \frac{k_1}{k_{-1}} = \frac{c_C}{c_A c_E}$$

于是

$$c_C = \frac{k_1}{k_{-1}} c_A c_E$$

代入反应速率方程 $\frac{dc_D}{dt} = k_2 c_C$,得

$$\frac{dc_D}{dt} = \frac{k_1 k_2}{k_{-1}} c_A c_E$$

若令 $k = \frac{k_1 k_2}{k_{-1}}$,则速率方程为

$$\frac{dc_D}{dt} = kc_A c_E$$

上述介绍的三种近似处理方法,对于求得复杂反应的速率方程,既简单,又方便。对于一个复杂反应,可将三种方法结合使用,能更快捷、更好地处理复杂反应的动力学问题。

8.3　温度对反应速率的影响

温度是化学反应的重要条件之一,也是生产实践中的重要控制条件。它是影响产率、转化率或反应速率的重要因素。因此,讨论温度对反应速率的影响,具有十分重要的理论和实践意义。

讨论温度对反应速率的影响,就是研究温度对反应速率系数的影响。大多数化学反应的速率会随着温度的升高而加快,甚至速率改变的程度是很显著的。

在常温范围内,温度每升高 10 K,反应速率会增加为原来的 2~4 倍。这一经验规则称为范特霍夫规则,即

$$\frac{k_{T+10}}{k_T} \approx 2 \sim 4 \tag{8-48}$$

根据这一规则,可粗略估算温度变化对反应速率的影响。虽然结果不够准确,但在有关数据缺乏时,或生产实践中,仍然是有用的。而有理论意义的是阿仑尼乌斯方程。

8.3.1 阿仑尼乌斯方程

在 1889 年,阿仑尼乌斯根据大量实验数据,总结出反应速率与温度的经验关系式,用速率系数 k 和温度 T 表示如下。

指数形式
$$k = A\exp\left(\frac{-E_a}{RT}\right) \tag{8-49}$$

对数形式
$$\ln k = -\frac{E_a}{RT} + \ln A \tag{8-50}$$

式中:A——指前因子或频率因子,其单位与 k 相同;

E_a——活化能,$J \cdot mol^{-1}$ 或 $kJ \cdot mol^{-1}$;

R——摩尔气体常数;

T——热力学温度。

由式(8-50)可见,以 $\ln k$ 对 $\frac{1}{T}$ 作图为一直线,由直线的斜率可求得活化能 E_a;由直线的截距可得到指前因子 A。

式(8-50)对温度 T 取导数,得

$$\frac{d(\ln k)}{dT} = \frac{E_a}{RT^2} \tag{8-51}$$

此式是阿仑尼乌斯方程的微分式。

由式(8-51)可知,$\ln k$ 随 T 的变化与活化能 E_a 成正比。即活化能大的反应,升高温度反应速率增加较显著。升高温度有利于活化能大的反应进行,而降低温度有利于活化能小的反应进行。利用这一原则,选择适宜的反应温度,或采取升高和降低温度的方法,加快主反应的速率,而抑制副反应的速率,从而实现提高主产物产率的目的。

例如甲苯的氯化,可以在苯环上取代,也可在侧链甲基上取代。实验表明,在低温(30~50 ℃)下,用 $FeCl_3$ 作催化剂,得到的主要产物是在苯环上取代的产物;在高温(120~130 ℃)下,用光激发,得到的主要产物是在侧链上取代的产物。

由式(8-51)还可知,$\ln k$ 随 T 的变化率与 T^2 成反比。即当活化能一定时,改变相同温度,则低温反应比高温反应的反应速率改变的程度要大。

对式(8-51)积分,得

$$\ln \frac{k_2}{k_1} = -\frac{E_a}{R}\left(\frac{1}{T_2} - \frac{1}{T_1}\right) \tag{8-52}$$

式中：k_1、k_2——温度 T_1、T_2 下的反应速率系数。

式(8-52)为阿仑尼乌斯方程的积分式。

当温度变化范围不大时，活化能 E_a 可视为常数。利用式(8-52)可由相关数据求得反应的活化能 E_a 及某一温度的反应速率系数 k 或反应所需要的温度。

总之，阿仑尼乌斯方程的上述四种形式，以不同形式表明了温度与反应速率的关系，从而揭示了温度对反应速率的影响。由于它是通过大量实验总结出来的结果，因此适用范围比较广泛，但也存在许多使用的限制和与实际不相符合的现象。

（1）阿仑尼乌斯方程适用于基元反应和大多数非基元反应，对于均相和一些非均相反应也是适用的。

（2）阿仑尼乌斯方程是经验公式，所以求得的结果与实验结果是会有偏差的。而且温度变化越大，偏差会越大。对于一般反应来说，温差小于 100 K 时，其结果能较好地符合实际情况；当温差大于 500 K 时，阿仑尼乌斯方程基本不适用。

（3）阿仑尼乌斯方程适用于升高温度能加快反应速率的反应。有些反应的速率随温度的升高而降低，还有一些特殊反应，如爆炸反应、酶催化等反应，阿仑尼乌斯方程就不适用。

[例 8-9] 已知某反应的反应速率系数在 10 ℃和 60 ℃下分别为 1.080×10^{-4} s^{-1} 和 5.484×10^{-2} s^{-1}。求：(1)该反应的活化能 E_a；(2)在 30 ℃下，反应 1 000 s 的转化率。

解 （1）将题中已知条件 $T_1 = 283.15$ K，$k_1 = 1.080 \times 10^{-4}$ s^{-1}，$T_2 = 333.15$ K，$k_2 = 5.484 \times 10^{-2}$ s^{-1}，代入阿仑尼乌斯方程

$$\ln \frac{k_2}{k_1} = -\frac{E_a}{R}\left(\frac{1}{T_2} - \frac{1}{T_1}\right)$$

得
$$\ln \frac{5.484 \times 10^{-2}}{1.080 \times 10^{-4}} = -\frac{E_a}{8.314} \times \left(\frac{1}{333.15} - \frac{1}{283.15}\right)$$

求得活化能
$$E_a = 97\ 721 \text{ J} \cdot \text{mol}^{-1}$$

（2）当温度为 30 ℃时，将 T_1、k_1 及 E_a、$T_3 = 303.15$ K 代入阿仑尼乌斯方程，得

$$\ln \frac{k_3}{1.080 \times 10^{-4}} = -\frac{97\ 721}{8.314} \times \left(\frac{1}{303.15} - \frac{1}{283.15}\right)$$

解得
$$k_3 = 1.67 \times 10^{-3} \text{ s}^{-1}$$

根据反应速率系数的单位为 s^{-1}，可确认该反应为一级反应，当 $t = 1\ 000$ s 时，由

$$kt = \ln \frac{1}{1 - x_A}$$

得
$$1.67 \times 10^{-3} \times 1\ 000 = \ln \frac{1}{1 - x_A}$$

求得转化率
$$x_A = 81.2\%$$

[例 8-10] 某药品在保存过程中会逐渐分解，当分解比例超过 30% 时即无效。现测得 50 ℃、60 ℃、70 ℃下，该药品每小时分解分数分别为 0.07、0.16、0.35，且浓度改变不影响每小时分解分数。求：(1)药品分解反应速率系数 k 与温度 T 的关系；(2)在 25 ℃下保存该药品，有效期为多长？(3)在多少温度下，保存该药品，可达 5 年？

解 （1）因为该药品分解过程中，浓度变化与每小时分解分数无关，即达到一定转化率的时间与初

始浓度无关,所以可判定该反应为一级反应。

将 $T_1 = 323.15$ K,$T_2 = 333.15$ K,$T_3 = 343.15$ K 下,每小时分解的 x_A 分别代入一级反应速率方程

$$kt = \ln \frac{1}{1 - x_A}$$

得
$$k_1 = \ln \frac{1}{1 - 7 \times 10^{-4}} \text{ h}^{-1} = 7.00 \times 10^{-4} \text{ h}^{-1}$$

$$k_2 = \ln \frac{1}{1 - 1.6 \times 10^{-3}} \text{ h}^{-1} = 1.60 \times 10^{-3} \text{ h}^{-1}$$

$$k_3 = \ln \frac{1}{1 - 3.5 \times 10^{-3}} \text{ h}^{-1} = 3.51 \times 10^{-3} \text{ h}^{-1}$$

以 $\ln k$ 对 $\frac{1}{T}$ 作图,得一直线,如图 8-10 所示。

直线的斜率为 -8.94×10^3,截距为 20.4,由阿仑尼乌斯方程得

$$\ln k = -\frac{8\,940}{T} + 20.4$$

则反应的活化能
$$E_a = 74.3 \text{ kJ} \cdot \text{mol}^{-1}$$

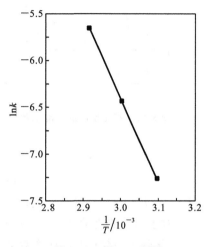

图 8-10　例 8-10 附图

(2) 当 $T = 298.15$ K 下,代入 $\ln k = -\frac{8\,940}{T} + 20.4$,得
$$k_4 = 6.77 \times 10^{-5} \text{ h}^{-1}$$

而
$$t = \frac{1}{k_4} \ln \frac{1}{1 - x_A} = \frac{1}{6.77 \times 10^{-5}} \ln \frac{1}{1 - 0.3} \text{ h} = 5\,268 \text{ h}$$

即 25 ℃下,该药品的有效期为 5 268 h,约219.5 d。

(3) 5 年约为 4.38×10^4 h,有

$$k = \frac{1}{t} \ln \frac{1}{1 - x_A} = \frac{1}{4.38 \times 10^4} \ln \frac{1}{1 - 0.3} \text{ h}^{-1} = 8.14 \times 10^{-6} \text{ h}^{-1}$$

代入 $\ln k = -\frac{8\,940}{T} + 20.4$,得

$$\ln 8.14 \times 10^{-6} = -\frac{8\,940}{T} + 20.4$$

求得
$$T = 278 \text{ K}$$

该药品保存在 278 K 即约 5 ℃ 以下时,有效期可达 5 年以上。

8.3.2　活化能

阿仑尼乌斯方程中的经验常数 E_a 称为活化能,单位是 $\text{J} \cdot \text{mol}^{-1}$ 或 $\text{kJ} \cdot \text{mol}^{-1}$。活化能的大小对反应速率的影响是很显著的。因此,理解和掌握活化能的意义对于动力学的研究十分重要。

1. 基元反应的活化能

要使化学反应发生,反应物分子必须发生碰撞,而每次碰撞的分子并不一定能发生反应。因为发生反应时,旧的化学键要破坏,新的化学键要形成,在旧键破坏时需要能量,新键形成时要放出能量。因此,只有那些能量足够高的反应物分子间的碰撞,才能使旧键断裂而发生反应。把能量足够高,通过碰撞能发生反应的反应物分子称为活化分子。活化

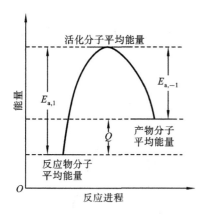

图 8-11 基元反应活化能示意图

分子所处的状态称为活化状态。普通能量的反应物分子要吸收 $E_{a,1}$ 的活化能,才能成为活化分子,活化分子通过碰撞反应生成普通能量的产物分子,并放出能量 $E_{a,-1}$。如图8-11所示。

把活化分子的平均能量与普通反应物分子的平均能量之差称为反应的活化能(E_a)。

对于基元反应 $A \Longrightarrow E$,$E_{a,1}$、$E_{a,-1}$ 分别表示正、逆反应的活化能。那么,基元反应的活化能就是反应物分子发生反应所需要克服的能峰,能峰越高,活化能越大,即反应时,反应物分子需要吸收的能量越多,反应的阻力就越大,则反应速率越慢。

对于等容反应,反应热在数值上等于正、逆反应的活化能之差。即

$$Q_V = \Delta U = E_{a,1} - E_{a,-1} \tag{8-53}$$

当 $E_{a,1} > E_{a,-1}$ 时,为吸热反应;当 $E_{a,1} < E_{a,-1}$ 时,为放热反应。

对于给定的化学反应,其反应的活化能为定值。当升高温度时,分子的平均动能增加,活化分子的数目及碰撞次数会增多,因而反应速率加大。为反应提供能量的方法和形式很多,如加热、辐射(如光照)及供给电能等。

活性粒子(如自由原子、自由基)之间的基元反应,活化能可视为零。

2. 复合反应的表观活化能

对于复合反应,阿仑尼乌斯方程中的活化能 E_a 是表观活化能,它是反应机理中各基元反应活化能的代数和。

例如复合反应 $$H_2 + I_2 \xrightarrow{k} 2HI$$

$$k = A\exp\left(-\frac{E_a}{RT}\right)$$

式中:E_a——该反应的阿仑尼乌斯活化能或表观活化能。

每一步基元反应的活化能 $E_{a,1}$、$E_{a,2}$、$E_{a,3}$ 可表示为

$$k_1 = A_1 \exp\left(-\frac{E_{a,1}}{RT}\right)$$

$$k_2 = A_2 \exp\left(-\frac{E_{a,2}}{RT}\right)$$

$$k_3 = A_3 \exp\left(-\frac{E_{a,3}}{RT}\right)$$

则该复合反应的活化能 E_a 与各基元反应的活化能关系为

$$E_a = E_{a,1} + E_{a,2} - E_{a,3} \tag{8-54}$$

可见,复合反应的活化能没有明确的意义,活化能不表示反应物与产物的能峰。

总之,反应的活化能由反应物本性决定,不同的反应具有不同的活化能,因而反应速率也不相同,甚至温度对反应速率的影响也有差异。活化能可通过实验测定,一般反应的

活化能为 $40 \sim 400$ kJ·mol^{-1}，其中在 $50 \sim 250$ kJ·mol^{-1} 的为多数。若 $E_a < 40$ kJ·mol^{-1}，则反应在常温下可完成，且反应速率很快。

8.3.3 反应速率与温度的关系

阿仑尼乌斯方程以不同形式讨论了温度对反应速率的影响。通过温度变化与反应速率系数的关系，提出了活化分子、活化能的概念，从而揭示了温度、活化能、反应速率系数及反应速率之间的相互关系。他因这一贡献荣获 1903 年的诺贝尔化学奖。

然而，温度与反应速率的关系是相当复杂的。

（1）一般关系。

如图 8-12(a)所示，多数反应属于这种类型。这种反应就是阿仑尼乌斯方程所反映的类型。由图可见，这类反应的速率随温度的变化较平稳，反应速率便于测定和控制。

（2）爆炸反应。

如图 8-12(b)所示，当温度达到燃点时，反应速率突然增大。在很短时间就会完成反应，反应速率难于控制。除温度影响爆炸反应的速率外，压力和气体组成也会影响反应速率。

（3）酶催化反应。

如图 8-12(c)所示，温度太高或太低时，反应速率都比较小，因为生物酶在太高或太低的温度时，活性均较小。因此，酶催化反应在某一温度范围内，随着温度的升高反应速率会增大，当温度达到一定时，反应速率会增大到最大值，若温度继续升高，酶的活性会减弱，反应速率也会随之而减小。

（4）反应速率随温度升高而减小的反应。

如图 8-12(e)所示，这类反应不多，如 $2NO + O_2 \longrightarrow 2NO_2$。

（5）碳氧化反应。

如图 8-12(d)所示，在碳氧化过程中，随着温度的升高，副反应影响较大，所以反应速率随温度的变化也比较复杂。

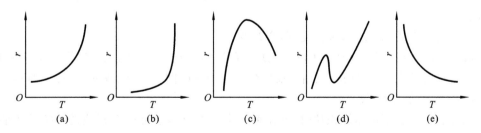

图 8-12　温度与反应速率的关系

关于温度对反应速率的影响，目前还存在许多值得进一步研究的理论问题。因此我们要在生产实践中，不断总结和探索各种类型反应的温度与速率的关系。

8.4 催化剂与反应速率的关系

在化工生产中,多数化学反应是在催化剂作用下完成的。例如,用铁做催化剂将氢与氮合成氨,用铂做催化剂将氨氧化制取硝酸,用 Cu、ZnO 或 MnO 做催化剂将 CO 与 H_2 反应制取甲醇。

本节主要介绍催化剂及催化反应的基本概念和基本原理,从而了解催化剂与反应速率的关系。

8.4.1 催化剂的基本概念

把能显著改变反应速率,而本身的性质、结构和组成特征在反应前、后没有改变的物质称为催化剂。催化剂通过参与反应而改变反应速率的这种作用称为催化作用。在催化剂作用下所进行的反应称为催化反应。催化反应分为单相催化反应和多相催化反应。催化剂与反应物都在同一相里的反应称为单相催化反应,如在酸或碱的作用下酯的水解反应。把催化剂在反应系统中自成一相的反应称为多相催化反应,如在铁的催化作用下氢与氮合成氨的反应。

通常催化反应是指催化剂能加快反应速率的反应。有一些催化剂会减慢反应速率,这样的催化剂称为负催化剂。有些反应的产物也具有加快反应速率的作用,称为自催化作用。对于一般催化反应来说,都是开始时反应速率最快,以后逐渐减慢,而自催化反应,开始时由于产物较少,所以反应速率不快,随着产物的增多,反应速率加快,当反应物太少时,反应才慢下来。

1. 催化剂的基本特征

催化剂的基本特征可归纳为下列四点。

(1) 催化剂参加化学反应,改变反应速率,但反应前后,催化剂的化学性质和质量都不改变。

某些物理性质(如光泽、颗粒度等)会改变。

(2) 催化剂参与反应,改变了反应机理,降低了反应的活化能,从而加快了反应速率。

(3) 催化剂的催化作用只能缩短反应到达平衡的时间,而不能改变平衡态,即不能改变反应系统的始、末状态。

在等温等压和不做非体积功时,催化剂不会改变反应热 ΔH 和反应的 ΔG 以及平衡常数。因此,催化剂只能使 $\Delta G < 0$ 的反应加快进行,直到 $\Delta G = 0$,即反应达到平衡为止。它不能改变反应的方向,不能改变平衡常数和转化率,即不能使已达到平衡的反应继续反应,以致超过平衡转化率。

催化剂不能改变平衡常数 K,而 $K = \dfrac{k_1}{k_2}$,故能加快正反应速率的催化剂,也必定能加快逆反应的速率。例如，在寻找 H_2 与 N_2 高温高压下反应合成氨的催化剂时，可以在常压下以氨的分解实验来选择。又如，工业上用 CO 与 H_2 在高压下合成甲醇的催化剂实验中，可通过在常压下甲醇就能分解的实验来寻找合成甲醇的催化剂。这一规律为寻找催化剂实验提供了很大的方便。

（4）催化剂对反应速率的作用具有选择性。

同一反应物选择不同的催化剂，则会得到不同的产物。例如乙烯的氧化反应，若用 Ag 做催化剂，得到的主要产物是环氧乙烷；若用钯做催化剂，得到的主要产物是乙醛。

对于连串反应，也可以通过选择适宜的催化剂，得到人们所需要的反应产物。

催化剂的研究与选择对实际生产具有十分重要的意义，在化学动力学的发展上也有很大的理论价值。工业上常用下式来定义催化剂的选择性：

$$选择性 = \frac{转化为目标产物的原料量}{原料总的转化量} \times 100\%$$

如果没有副反应发生，则选择性为 100%。例如合成氨，催化剂的选择性为 100%。

2. 催化反应的一般机理

催化反应的机理是比较复杂的。一般认为，催化剂首先与反应物作用生成不稳定的中间物质，然后由中间物质转化为产物。例如反应 $A + E \longrightarrow AE$，催化剂为 S，其反应机理为

$$A + S \underset{k_{-1}}{\overset{k_1}{\rightleftharpoons}} AS \quad （快速平衡）$$

$$AS + E \overset{k_2}{\longrightarrow} AE + S \quad （慢反应）$$

则反应速率为

$$\frac{dc_{AE}}{dt} = k_2 c_{AS} c_E$$

因为

$$K_c = \frac{k_1}{k_{-1}} = \frac{c_{AS}}{c_A c_S}$$

所以

$$c_{AS} = \frac{k_1}{k_{-1}} c_A c_S$$

将上式代入反应速率表示式，得

$$\frac{dc_{AE}}{dt} = \frac{k_1 k_2}{k_{-1}} c_A c_S c_E$$

令

$$k = \frac{k_1 k_2}{k_{-1}} c_S$$

总反应速率可表示为

$$\frac{dc_{AE}}{dt} = k c_A c_E$$

3. 催化反应的活化能

根据催化反应机理，用阿仑尼乌斯方程可得催化反应的表现活化能 E_a，即

$$k = A_2 \frac{A_1}{A_{-1}} c_S \exp[-(E_{a,1} - E_{a,-1} + E_{a,2})/RT] = A c_S \exp(-E_a/RT)$$

式中：A_1、A_2、A_{-1}——催化反应机理各基元反应的指前因子；

A——表观指前因子，且 $A = \frac{A_1 A_2}{A_{-1}}$。

表观活化能 E_a 等于各基元反应活化能的代数和，即

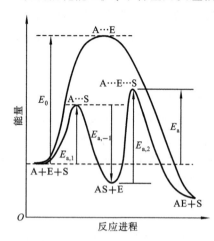

图 8-13　活化能与反应进程示意图

$$E_a = E_{a,1} - E_{a,-1} + E_{a,2}$$

活化能与反应进程示意图见图 8-13。由图可见，当反应没有催化剂存在时，反应要"翻越"较高的能峰 E_0；当有催化剂 S 存在时，反应途径改变了，只需要克服两个小的能峰。两个能峰总的表观活化能 E_a 较 E_0 小得多，故使催化反应速率显著加大。

要说明的是催化剂与反应物的作用要容易进行，即 $E_{a,1}$ 较小，而且生成的中间物质稳定性要低，能量也不应太低，否则下一步反应的活化能 $E_{a,2}$ 会增大，不利于产物的生成，影响整个反应的速率。这可作为选择催化剂的依据。

总之，对于催化反应，催化剂参与了化学反应，改变了反应机理，降低了反应的活化能，从而增大了反应速率。

8.4.2　单相催化反应

反应物与催化剂在同一相的催化反应称为单相催化反应，即均相催化反应。单相催化反应分为气相催化反应和液相催化反应，液相催化反应又分为酸碱催化反应、配位催化反应和酶催化反应。

1. 气相催化反应

气相催化反应是指反应物和催化剂均为气体的反应。常见的催化剂有 NO、$H_2O(g)$、$I_2(g)$ 等。例如：NO 能催化 SO_2 或 CO 的氧化反应；水蒸气能催化 CO 的氧化反应；碘蒸气可催化气相醛、醚等的热分解反应。

在没有催化剂存在时，乙醛的热分解反应为

$$CH_3CHO \longrightarrow CH_4 + CO$$

在少量碘蒸气催化时，其热分解机理被认为是

$$I_2 \Longrightarrow 2I \cdot$$
$$I \cdot + CH_3CHO \longrightarrow HI + H_3C \cdot + CO$$
$$H_3C \cdot + I_2 \longrightarrow CH_3I + I \cdot$$
$$H_3C \cdot + HI \longrightarrow CH_4 + I \cdot$$
$$CH_3I + HI \longrightarrow CH_4 + I_2$$

在碘蒸气催化剂存在时，乙醛的热分解改变了反应机理，降低了反应的活化能，可使反应速率增大几百倍。

2. 液相催化反应

1）酸碱催化反应

酸碱催化反应在化工生产中是最常见的液相催化反应。例如用硫酸催化的乙烯水解

反应,即

$$CH_2{=}CH_2 + H_2O \xrightarrow{H_2SO_4} CH_3CH_2OH$$

用硫酸催化的环氧乙烷水解反应,即

$$\underset{O}{H_2C{-}CH_2} + H_2O \xrightarrow{H_2SO_4} \underset{OH\ OH}{H_2C{-}CH_2}$$

又如在碱的催化作用下,环氧氯丙烷的水解反应,即

$$\underset{O}{H_2C{-}CH_2}{-}\underset{Cl}{CH_2} + H_2O \xrightarrow{OH^-} \underset{OH\ OH\ Cl}{H_2C{-}CH{-}CH_2} + HCl$$

酸碱催化反应的共同特征是质子的转移。酸催化是反应物接受质子生成质子化合物,然后释放质子,生成产物;碱催化是碱首先接受反应物的质子而生成产物,然后碱被复原。例如,甲醇与乙酸在酸的催化作用下发生酯化反应的机理为

$$CH_3OH + H^+ \longrightarrow CH_3{-}\overset{\displaystyle H}{\underset{\displaystyle H}{O^+}}{-}H \text{（质子化合物）}$$

$$CH_3{-}\overset{\displaystyle H}{O^+}{-}H + CH_3COOH \longrightarrow CH_3COOCH_3 + H_2O + H^+$$

一些有质子转移的反应,如有机物的水合、脱水、酯化、水解、烷基化、脱烷基反应,常常可用酸碱催化。

2）配位催化反应

配位催化反应也是一种液相催化反应。催化剂是一些过渡金属的化合物,配位催化反应就是利用过渡金属有较强的配位能力而构成活性中间配合物,而增大反应速率。例如,乙烯氧化制取乙醛,工业上就是用$PdCl_2 + CuCl_2$为催化剂来完成反应的,可表示为

$$C_2H_4 + PdCl_2 + H_2O \longrightarrow CH_3CHO + Pd + 2HCl$$
$$Pd + 2CuCl_2 \longrightarrow PdCl_2 + 2CuCl$$
$$2CuCl + \frac{1}{2}O_2 + 2HCl \longrightarrow 2CuCl_2 + H_2O$$

总反应为
$$C_2H_4 + \frac{1}{2}O_2 \longrightarrow CH_3CHO$$

将乙烯通入溶有$PdCl_2$、$CuCl_2$的水溶液中,在$PdCl_2$的催化作用下,乙烯被氧化为乙醛,还原出来的 Pd 立即被$CuCl_2$氧化为$PdCl_2$,还原出来的 CuCl 极易被氧气氧化生成$CuCl_2$。

配位催化反应中,每一个配合物分子或离子都是一个活性中心,因此,它只能进行一两个特定的反应,这就使配位催化作用具有较高的选择性和高活性。目前,配位催化反应被广泛应用在氧化、异构化、羰基合成和聚合及脱氧、加氢等反应中。然而,单相催化给分离带来许多困难,所以固体催化剂的研究和应用更具有适用性和优越性。

8.4.3 多相催化反应

多相催化反应又称非均相催化反应。多相催化反应中,最常见的是催化剂为固体,而

反应物为气体或液体,称为气-固催化反应或液-固催化反应。下面主要介绍气-固催化反应。

1. 气-固催化反应的一般步骤

因为反应是在固体催化剂表面上进行的,为了增大反应物与催化剂表面的接触,所以常将固体催化剂制成多孔的颗粒。在催化反应时,首先是反应物分子要吸附在催化剂表面上,其次是在催化剂表面上反应物分子通过催化作用发生反应,生成产物,最后产物分子从催化剂表面上解吸下来,完成反应。因为反应是在催化剂表面的孔内进行的,所以在反应物吸附和产物解吸时,还存在扩散过程。具体步骤如下:

(1) 反应物向催化剂外表面扩散;

(2) 反应物由外表面向内表面扩散;

(3) 反应物被吸附在表面;

(4) 在催化剂表面上反应物发生反应,生成产物;

(5) 产物从催化剂表面上解吸;

(6) 产物由内表面向外表面扩散;

(7) 产物由外表面扩散到气体主体。

多相催化反应的上述七步都对反应速率有影响,而总体上可把影响反应速率的过程分为扩散控制和表面反应控制。不同反应物或不同催化剂及不同条件下,控制反应速率的结果是不同的。若为扩散控制,可通过增大气体流速和减小催化剂颗粒,提高扩散速率使反应速率加快;若为表面反应控制,可提高催化剂活性使反应速率增大。一般来说,气-固催化作用主要是表面反应控制,而液-固催化作用主要是扩散控制。

2. 只有一种反应物的表面反应控制的气-固催化反应动力学

表面反应控制是指催化剂表面进行的反应是最慢的,而扩散与吸附相对都是很快的,可认为表面上气体分压与主体中气体分压是相等的,而且在反应进行过程中,能维持吸附快速平衡态。故可应用朗格缪尔吸附平衡来计算反应产率。

对于一种反应物的反应 A $\longrightarrow$ E,固体催化剂用 S 表示,则机理为

吸附 $\qquad\qquad\qquad$ A$+$S$\Longleftrightarrow$AS $\qquad$ (快速平衡)

反应 $\qquad\qquad\qquad$ A·S$\longrightarrow$E·S $\qquad$ (慢反应)

解吸 $\qquad\qquad\qquad$ E·S$\Longleftrightarrow$E$+$S $\qquad$ (快速平衡)

可见,反应总速率为表面反应速率,即反应物 A 的消耗速率正比于分子 A 对催化剂表面的覆盖率 θ_A(根据表面质量作用定律),表示为

$$-\frac{\mathrm{d}p_A}{\mathrm{d}t}=k_s\theta_A \tag{8-55}$$

吸附平衡时,若产物吸附很弱,将朗格缪尔吸附等温方程

$$\theta_A=\frac{b_A p_A}{1+b_A p_A}$$

代入式(8-55),得

$$-\frac{\mathrm{d}p_A}{\mathrm{d}t}=k_s\frac{b_A p_A}{1+b_A p_A} \tag{8-56}$$

式中:k_s——多相催化反应速率系数;

p_A——反应物 A 的分压；

b_A——A 的吸附平衡系数。

此式为一种反应物的表面反应控制的气-固催化反应速率方程。

下面分几种情况讨论。

（1）当反应物吸附很弱或气体压力很小时，b_A 很小，$b_A p_A \ll 1$，则式（8-56）可写为

$$-\frac{dp_A}{dt} = k_s b_A p_A$$

此时反应为一级反应。许多反应符合一级反应，例如甲酸蒸气在玻璃、铂上的分解反应，N_2O 在金表面的分解反应就属于这种情况。

（2）当反应物的吸附很强或气体压力很大时，b_A 很大，$b_A p_A \gg 1$，则式（8-56）可写为

$$-\frac{dp_A}{dt} = k_s$$

此时反应为零级反应。反应速率与压力无关，为常数。例如，NH_3 在钨表面上的分解反应就为零级反应。

（3）当反应物的吸附介于强、弱之间，气体压力适中时，则式（8-56）可近似写为

$$-\frac{dp_A}{dt} = k_s' p_A^n \qquad (0 < n < 1)$$

此时反应的反应级数小于 1。

由此可见，表面反应控制的气-固催化反应速率与反应物的吸附强弱及气体压力大小有关，随着反应物吸附增强或气体压力增大，反应级数由 1 降为 0。

对于有两种反应物的表面反应控制的气-固催化反应，可自行推导和讨论。

*8.5 光与反应速率的关系

光是一种电磁辐射，光具有波粒二象性，光束可视为光量子流，光量子流简称为光子，是辐射能的最小单位，一个光子的能量 ε 为

$$\varepsilon = h\nu \tag{8-57}$$

1 mol 光子的能量为

$$E_m = Lh\nu \tag{8-58}$$

式中：h——普朗克常量；

ν——光的频率，$\nu = \dfrac{c}{\lambda}$，λ 为波长，c 为光速，$c = 3.0 \times 10^8$ m·s^{-1}；

L——阿伏伽德罗常数。

光化学反应就是通过反应物吸收光能而进行的反应，如绿色植物的光合作用、胶片的感光作用及染料的褪色等。

8.5.1　光化学反应

1. 光化学反应的概念

光化学反应是指在光的作用下所进行的化学反应。任何一个反应都有活化能，要使反应发生就必须提供相应的能量。活化能是通过分子热运动的相互碰撞而实现的反应称为热化学反应或称黑暗反应。热能服从玻耳兹曼分布规律，热能的传递是一种无序的方式，是靠分子的热运动来进行的，所以热化学反应服从热力学理论。在等温等压和不做非体积功时，只能进行 $\Delta G < 0$ 的热化学反应，其反应速率对温度十分敏感，也遵从阿仑尼乌斯方程。活化能是通过电能来提供而实现的化学反应称为电化学反应。电能是通过电子束的发射来传送的能量。光化学反应是通过提供光能而实现的化学反应。光能是通过光子束的发射来传递的能量。因此，电化学反应或光化学反应不服从热力学理论，反应速率与温度影响不显著，不遵从阿仑尼乌斯方程。例如，原电池进行的反应是 $\Delta G_{T,p} < 0$ 的，而电解进行的反应是 $\Delta G > 0$ 的；绿色植物叶绿素的光合作用是进行 $\Delta G > 0$ 的反应，即叶绿素在光的作用下，把 CO_2 和 H_2O 转化为碳水化合物和氧气。在晚上没有光的作用时，碳水化合物就自发地转化为 CO_2 和 H_2O，并放出能量，进行的反应是 $\Delta G_{T,p} < 0$ 的反应。

反应物吸收光子，获得能量后从基态跃迁到激发态，导致各种化学或物理过程的发生。例如：

$$NO_2 \xrightarrow{h\nu} NO_2^* \longrightarrow NO + \frac{1}{2}O_2$$

其中，NO_2^* 表示 NO_2 吸收光子后的激发态。

把吸收光子的过程称为光化学反应的初级过程，相继发生的其他过程称为次级过程。光化学反应速率与光的强度有关，且成正比，而与温度无关，或影响不显著。一些热化学反应需在高温下才能进行，而光化学反应可在常温下发生。

对于光化学反应有效的是可见光和紫外光，如图 8-14 所示。X 射线可产生核或分子内层深部电子的跃迁，因此，不属于光化学范畴，而属于辐射化学范畴。

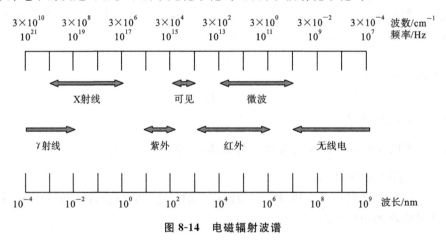

图 8-14　电磁辐射波谱

2. 光化学反应机理及速率方程

光化学反应的一般机理分析如下。

例如反应

$$A_2 \xrightarrow{h\nu} 2A$$

则机理为

$$A_2 + h\nu \xrightarrow{k_1} A_2^* \quad \text{（活化）} \quad \text{初级过程} \quad r_1 = k_1 I_a$$

$$A_2^* \xrightarrow{k_2} 2A \quad \text{（解离）} \left.\vphantom{\begin{matrix}1\\1\end{matrix}}\right\} \text{次级过程} \quad r_2 = k_2 c_{A_2^*}$$

$$A_2^* + A_2 \xrightarrow{k_3} 2A_2 \quad \text{（失活）} \quad r_3 = k_3 c_{A_2^*} c_{A_2}$$

在初级过程中，其速率只取决于吸收光的强度 I_a，故对于 A_2 为零级反应。

若以 A 的生成速率表示，则

$$\frac{dc_A}{dt} = 2r_2 = 2k_2 c_{A_2^*}$$

因为 A_2 吸收一个光子生成 2 个 A，根据稳态法，有

$$\frac{dc_{A_2^*}}{dt} = k_1 I_a - k_2 c_{A_2^*} - k_3 c_{A_2^*} c_{A_2} = 0$$

所以

$$c_{A_2^*} = \frac{k_1 I_a}{k_2 + k_3 c_{A_2}}$$

将上式代入 $\frac{dc_A}{dt}$ 的关系式中，得

$$\frac{dc_A}{dt} = \frac{2k_1 k_2 I_a}{k_2 + k_3 c_{A_2}}$$

当 $k_3 \ll k_2$，即解离速率远大于失活速率时，上式表示为 $\frac{dc_A}{dt} = 2k_1 I_a$，为零级反应；

当 $k_3 \gg k_2$，即失活速率远小于解离速率时，$\frac{dc_A}{dt} = \frac{2k_1 k_2}{k_3 c_{A_2}} I_a$，为一级反应。

3. 光化学反应的特点

光化学反应具有以下特点。

（1）光化学反应速率与光的强度有关，而与温度无关，或影响不明显，即反应速率系数与光强度有关。

（2）在等温等压不做非体积功时，能进行 $\Delta G > 0$ 的光化学反应。

（3）光化学反应在一定条件下也会建立平衡，而平衡常数与光的强度有关。

（4）光化学反应具有较大的选择性。在混合物中，一些物质对光是不敏感的，而有的物质对光是敏感的，则在光的作用下，对光敏感的物质会吸收一定波长的光而发生反应。

把对光敏感的物质称为光敏剂，又称感光剂。有的反应就是通过光敏剂而发生光化学反应的。例如，CO_2 和 H_2O 对光并不敏感，而叶绿素对光是敏感的，所以植物的光合作用就是通过叶绿素吸收光后传递给 CO_2 和 H_2O，而发生反应生成碳水化合物。

8.5.2　光化学基本定律

1. 光化学第一定律

在 1818 年,格罗杜斯和德拉波提出光化学第一定律:只有被系统吸收的光才可能产生光化学反应,而不被吸收的光不会引起光化学反应。透射或反射光对光化学反应就不起作用。另外,并非任意波长的光都能被反应物吸收,反应物只能吸收分子从基态到激发态所需的能量与光子能量匹配的相应波长的光。

光化学反应就是反应物分子吸收光能,由基态变为激发态,成为活化分子即光活化分子,才有可能发生反应,生成产物。因此,只有被反应系统吸收的光才可能对光化学反应起作用。所谓"可能"对光化学反应起作用,就是当反应物吸收光成为活化分子时,有的来不及反应生成产物,就失去活性,如活化分子与普通分子碰撞而失去能量,或与容器壁碰撞而失去活性。

2. 光化学第二定律

在 20 世纪初,爱因斯坦和斯塔克提出了光化学第二定律。该定律指出:在光化学反应的初级过程中,系统每吸收 1 个光子,可活化 1 个分子(或原子)。即吸收 1 mol 光子,可活化 1 mol 分子或原子。1 mol 光子的能量见式(8-58)。

光化学第二定律只适用于光化学反应的初级过程,即活化过程。因为当反应物吸收 1 个光子成为活化分子后,在次级过程中,可能引起多个分子的连串反应。也可能活化分子失活而不发生反应。因此,活化 1 个分子,并不一定是 1 个分子发生反应。

8.5.3　量子效率

所谓量子效率,就是发生反应的分子数与系统吸收的光子数之比,用 ϕ 表示。即

$$\phi = \frac{发生反应的分子数}{吸收的光子数} = \frac{发生反应的物质的量}{吸收光子的物质的量} \tag{8-59}$$

在初级过程,吸收 1 个光子,并不一定是 1 个分子发生反应。为了表示吸收的光子对化学反应所产生效率的大小,故用量子效率来表明。ϕ 可大于 1 或小于 1,一般情况下 ϕ 不等于 1。

当 $\phi > 1$ 时,说明发生反应的分子数大于吸收的光子数。即如果吸收 1 个光子,活化了 1 个分子,但在次级过程中引起链反应,故使发生反应的分子数大于吸收的光子数。

例如,HI 的光解反应为

$$HI \xrightarrow{h\nu} H \cdot + I \cdot$$
$$H \cdot + HI \longrightarrow H_2 + I \cdot$$
$$2I \cdot \longrightarrow I_2$$

可见,一个 HI 分子吸收 1 个光子之后,使 2 个 HI 分子发生反应,所以量子效率 $\phi = 2$。

又如由光引发的链反应 $H_2 + Cl_2 \xrightarrow{h\nu} 2HCl$,量子效率 ϕ 可达到 10^6。

当 $\phi < 1$ 时，即发生反应的分子数小于吸收的光子数。这是由于在初级过程吸收光之后产生的活化分子（也称激发态分子），在进一步反应前有部分高能分子失去活性。

有时为了衡量吸收的光子对生成产物所产生的效率，而定义量子产率，用 ϕ' 表示，即

$$\phi' = \frac{\text{生成产物 B 的分子数}}{\text{吸收的光子数}} \tag{8-60}$$

量子效率与量子产率可能相同，也可能不同。因为量子效率是对反应物而言，量子产率是对指定产物而言。一般使用的是量子效率。

随着人类社会的不断发展，对光能的利用越来越受到人们的重视。光化学反应的研究和应用已渗透到各个科学领域。例如，光化有机合成、人工模拟光合作用、感光材料及太阳能的综合利用等。

小资料

酶催化反应

酶是动植物和微生物产生的具有催化作用的蛋白质。酶的分子直径为 3～100 nm，所以酶催化反应介于单相催化与多相催化之间，一般将它归属于液相催化的范畴。生物体内的化学反应几乎都是在酶的催化作用下进行的。例如碳水化合物、脂肪及蛋白质的分解与合成，几乎都是在相应酶催化作用下完成的。

1. 酶催化反应的简单机理

酶催化反应的机理比较复杂，米凯利斯认为酶催化反应的机理是反应物 A 先与酶 X 结合生成中间配合物 AX，然后由中间配合物继续反应生成产物 E，同时酶复原，即

$$A + X \underset{k_{-1}}{\overset{k_1}{\rightleftharpoons}} AX$$

$$AX \xrightarrow{k_2} E + X$$

被催化的反应物 A 称为底物。中间配合物 AX 能量高、活性大，可视为稳态，即 AX 的浓度随时间的变化率可视为零。故可用稳态法推得速率方程为

$$\frac{dc_E}{dt} = \frac{k_2 c_{X,0} c_A}{k + c_A} \tag{8-61}$$

其中，$c_{X,0}$ 为酶的总浓度，且 $c_{X,0} = c_X + c_{AX}$，$k = \dfrac{k_{-1} + k_2}{k_1}$。

2. 酶催化反应的特征

酶催化反应除具有催化反应的一般特征外，还表现出下列三方面的明显特征。

（1）具有很高的催化活性。

酶的活性极高，它的催化能力特别强，催化效率很高，是一般酸碱催化剂催化作用的 $10^8 \sim 10^{11}$ 倍。例如，尿素酶催化尿素水解的能力约为 H^+ 的 10^{14} 倍。

（2）具有很好的选择性。

一种酶只能催化一种特定的反应,催化功能非常专一。例如:蛋白酶催化蛋白质水解为肽;尿素酶催化尿素水解为氨和二氧化碳;脂肪酶催化脂肪水解为脂肪酸和甘油等。

(3) 具有温和的反应条件。

酶催化反应一般在常温、常压下进行。例如,工业上合成氨需在高温、高压下进行,而豆科植物根瘤菌中的固氮酶能在常温、常压下固定空气中的氮,并还原为氨。通过对酶的化学结构研究,认为酶的催化作用与过渡金属的有机化合物有关。目前,在实验室已找到一些过渡金属配合物,它们能在常温、常压下,像生物固氮酶一样,将空气中的氮还原为氨。化学模拟生物酶的研究非常有意义,而且很活跃,但现在只能在实验室进行。

3. 酶催化反应速率的影响因素

由酶催化反应速率方程(式(8-61))可知以下几点。

(1) 酶催化反应的速率与酶的浓度成正比。

当底物浓度一定时,加入酶的浓度与反应速率成正比。

(2) 酶催化反应的速率与底物浓度的关系如图 8-15 所示。

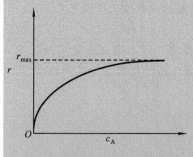

图 8-15　酶催化反应速率与底物浓度的关系图

当酶的浓度一定时,反应速率随底物浓度的增加而增大,在底物浓度很小,即 $c_A \ll k$ 时,反应速率与底物浓度成正比,则反应速率表示为

$$r = \frac{k_2 c_{X,0} c_A}{k}$$

此时反应为一级反应。在底物浓度很大,即 $c_A \gg k$ 时,反应速率达到最大值。

$$r_{max} = k_2 c_{X,0}$$

此时反应为零级反应。

(3) pH 值对酶催化反应速率的影响是显著的,一种酶的有效催化功能只能在一定的 pH 值范围内起作用,pH 值过低或过高都会使酶的催化作用降低或失去。

因此,选择适宜的 pH 值,是酶催化动力学研究的内容之一。在最佳的 pH 值条件下,酶催化活性最高,催化作用最大,反应速率也是最佳的。

(4) 温度对酶催化反应速率的影响也是明显的。

如图 8-12(c)所示,随着温度升高,反应速率先是增加,而后下降,出现一个最大值。这是因为酶是蛋白质,在高温下它会变性,使酶的催化活性下降,甚至完全丧失活性。

酶催化已被广泛应用在发酵,石油脱蜡、脱硫和"三废"处理等方面。

思 考 题

1. 化学动力学研究的主要任务是什么？它与化学热力学的关系如何？

2. 反应级数与反应分子数有什么不同？双分子反应一定是二级反应吗？二级反应一定是双分子反应吗？什么反应的级数与反应分子数是一致的？

3. 速率方程与质量作用定律相符的化学反应一定是基元反应吗？

4. 反应速率系数的物理意义是什么？它与哪些因素有关？

5. 反应 $A + E \longrightarrow C$，其反应速率可表示为 $-\dfrac{dc_A}{dt} = k_A c_A c_E$ 或 $-\dfrac{dc_E}{dt} = k_E c_A c_E$，那么 $-\dfrac{dc_A}{dt}$ 与 $-\dfrac{dc_E}{dt}$ 相等吗？k_A 与 k_E 的关系是什么？

6. 反应 $A \longrightarrow C$，当 A 消耗掉 3/4 所需的时间是它消耗掉 1/2 所需的时间的 3 倍、2 倍或 1.5 倍时，该反应的级数分别为多少？

7. 对峙反应 $A \underset{k_{-1}}{\overset{k_1}{\rightleftharpoons}} C$，平衡时，$k_1 = k_{-1}$，对吗？

8. 什么是活化能？它对反应速率的影响如何？

9. 温度改变时，下列各项有明显变化的应该是什么？
（1）反应机理；（2）反应速率系数；（3）活化能；（4）指前因子。

10. 对峙反应、平行反应、连串反应及链反应有哪些动力学特征？

11. 对于一级平行反应 $A \underset{E_{a,2}}{\overset{E_{a,1}}{\Big\langle}} \begin{smallmatrix} D \\ C \end{smallmatrix}$ ，若反应是从 A 开始的，且 $E_{a,1} > E_{a,2}$（$E_{a,1}$、$E_{a,2}$ 分别是反应的活化能），为了改变产物 D 和 C 的比例，该采用下列哪些措施？
（1）加入适当的催化剂；（2）调节反应温度；
（3）增加反应物的初始浓度；（4）延长反应时间。

12. 若催化剂对正反应的速率能加快 2 倍，则对逆反应的速率也能加快 2 倍，对吗？

13. 在等温等压和不做非体积功时，若反应的 $\Delta G > 0$，那么通过加热或选择催化剂反应能进行吗？如果通过一定波长的光照或提供电能反应是否可以发生？

14. 对于反应 1 和反应 2，若温度同时升高 70 K，反应速率分别提高了 2 倍和 3 倍，则反应的活化能哪个大？

15. 对某反应，分别在 40 ℃、70 ℃ 的温度条件下，都提高 30 ℃，则哪个温度下的反应速率加快的程度大些？

习 题

1. 基元反应 $2A(g) + D(g) \longrightarrow E(g)$，将 2 mol A 与 1 mol D 混合于 1 dm³ 的容器中

反应,那么反应物消耗一半时的反应速率与反应起始速率的比值为多少? $\left(\dfrac{1}{8}\right)$

2. 某反应为一级反应,已知反应物转化 40% 需要 50 min,则转化 80% 需要多少时间? $(9.47\times10^3\ \mathrm{s})$

3. 一级反应 A $\longrightarrow$ E 的半衰期为 10 min,求 1 h 后剩余 A 的百分数。 (1.56%)

4. 某反应为二级反应,当反应物 A 分解 1/3 时,所需的时间为 2 min,若继续反应掉同样量的 A,应需多少时间? $(6\ \mathrm{min})$

5. 在 298 K 下,乙酸乙酯皂化反应的酯和碱的初始浓度相等,均为 0.01 $\mathrm{mol\cdot dm^{-3}}$。用标准酸溶液滴定反应中的碱含量,不同时刻的数据如表 8-4 所示。

表 8-4 习题 5 附表

t/min	3	5	7	10	15	21	25
$c(\mathrm{NaOH})/(10^{-3}\ \mathrm{mol\cdot dm^{-3}})$	7.40	6.34	5.50	4.64	3.63	2.88	2.54

(1) 求该反应的级数及反应速率系数;

(2) 当酯和碱的初始浓度均为 0.002 $\mathrm{mol\cdot dm^{-3}}$ 时,试计算该反应完成 95% 所需的时间及半衰期。 ((1) 二级,$k=11.7\ \mathrm{mol^{-1}\cdot dm^3\cdot min^{-1}}$;(2) 812 min,42.7 min)

6. 硝基乙酸在酸性溶液中的分解反应
$$(\mathrm{NO_2})\mathrm{CH_2COOH}\longrightarrow\mathrm{CH_3NO_2}+\mathrm{CO_2}(\mathrm{g})$$
为一级反应,在 298 K、101.325 kPa 下,不同时间测定放出的 $\mathrm{CO_2}(\mathrm{g})$ 体积如表 8-5 所示。

表 8-5 习题 6 附表

t/min	2.28	3.92	5.92	8.42	11.92	17.47	∞
$V/\mathrm{cm^3}$	4.09	8.05	12.02	16.01	20.02	24.02	28.94

反应不是从 $t=0$ 开始的,求反应速率系数。 $(0.107\ \mathrm{min^{-1}})$

7. 二甲醚的分解反应为
$$\mathrm{CH_3OCH_3}(\mathrm{g})\longrightarrow\mathrm{CH_4}(\mathrm{g})+\mathrm{H_2}(\mathrm{g})+\mathrm{CO}(\mathrm{g})$$
该反应为一级反应。504 ℃ 下,把二甲醚充入真空反应器中,测得反应到 777 s 时,容器内的压力为 65.1 kPa,反应经很长时间(可认为反应彻底)时,容器内的压力为 124.1 kPa。试计算在此温度下的反应速率系数及半衰期。 $(4.35\times10^{-4}\ \mathrm{s^{-1}}, 1\ 593\ \mathrm{s})$

8. 某反应 A $\longrightarrow$ E+C,在一定温度下,当 $t=0$,$c_{A,0}=1\ \mathrm{mol\cdot dm^{-3}}$ 时,反应的 $r_{A,0}=0.01\ \mathrm{mol\cdot dm^{-3}\cdot s^{-1}}$。试计算 $c_A=0.5\ \mathrm{mol\cdot dm^{-3}}$ 及转化率 $x_A=75\%$ 时反应所需的时间,设反应分别为零级、一级、二级。 $(50\ \mathrm{s},75\ \mathrm{s};69.3\ \mathrm{s},138.6\ \mathrm{s};100\ \mathrm{s},300\ \mathrm{s})$

9. 钋的同位素进行 β 放射时,经 14 d 后,放射性降低 6.85%。求此同位素的蜕变速率系数。100 d 以后,该同位素的放射性降低了多少?使钋的放射性蜕变掉 90% 时需要多少天? $(0.507\times10^{-2}\ \mathrm{d^{-1}},39.8\%,454\ \mathrm{d})$

10. 1,2-二氯丙醇在 NaOH 存在下发生环化作用,生成环氧丙烷,反应式为

$$CH_2Cl\text{—}CHCl\text{—}CH_2OH + NaOH \longrightarrow CH_2\text{—}CHCH_2Cl + NaCl + H_2O$$
$$\underset{O}{\diagdown\diagup}$$

　　(A)　　　　　　　(B)

实验测得,1,2-二氯丙醇反应的半衰期与反应物初始浓度的数据如表 8-6 所示。

表 8-6　习题 10 附表

$t/℃$	$c_{A,0}/(mol \cdot dm^{-3})$	$c_{B,0}/(mol \cdot dm^{-3})$	$t_{1/2}/min$
30.2	0.475	0.475	4.80
30.3	0.166	0.166	12.90

试根据实验数据,建立该反应的动力学方程,并求反应速率系数。

（二级,$r_A = kc_A c_B$,$0.452\ mol^{-1} \cdot dm^3 \cdot min^{-1}$）

11. 在乙醇溶液中进行如下反应:

$$C_2H_5I + OH^- \longrightarrow C_2H_5OH + I^-$$

实验测得不同温度下的反应速率系数 k,数据如表 8-7 所示。

表 8-7　习题 11 附表

$t/℃$	15.83	32.62	59.75	90.61
$k/(10^{-3}\ mol^{-1} \cdot dm^3 \cdot s^{-1})$	0.050 3	0.368	6.71	119

求该反应的活化能。　　　　　　　　　　　　　　（91 kJ · mol⁻¹）

12. 某反应由相同初始浓度开始到转化率达到 20% 所需的时间,在 40 ℃、60 ℃ 下分别为 15 min、3 min。计算该反应的活化能。　　　　　　（69.8 kJ · mol⁻¹）

13. 对峙反应 $A(g) \underset{k_{-1}}{\overset{k_1}{\rightleftharpoons}} E(g) + C(g)$ 中,在 25 ℃ 下,k_1、k_{-1} 分别为 0.20 s⁻¹、3.947 7 $\times 10^{-3}\ MPa^{-1} \cdot s^{-1}$,在 35 ℃ 下 k_1、k_{-1} 两者均增为 2 倍。试求:(1)25 ℃ 下反应的平衡常数;(2)正、逆反应的活化能;(3)反应热。　　（(1) 500;(2) 53 kJ · mol⁻¹;(3) 0）

14. 65 ℃ 下,N_2O_5 气相分解的反应速率系数为 0.292 min⁻¹,活化能为 103.3 kJ · mol⁻¹。求 80 ℃ 下的反应速率系数及半衰期。　（1.39 min⁻¹,0.498 min）

15. 对于两平行反应 $A \begin{array}{c} \overset{k_1}{\longrightarrow} E \\ \underset{k_2}{\longrightarrow} C \end{array}$,若总反应的活化能为 E_a。试证明:

$$E_a = \frac{k_1 E_{a,1} + k_2 E_{a,2}}{k_1 + k_2}$$

16. 某气相反应的反应机理为

$$A \underset{k_{-1}}{\overset{k_1}{\rightleftharpoons}} E \qquad E + C \overset{k_2}{\longrightarrow} D$$

E 为活泼物质。求反应速率方程,并证明此反应在高压下为一级,低压下为二级。

$$\left(\frac{dc_D}{dt} = \frac{k_1 k_2 c_A c_C}{k_{-1} + k_2 c_C} \right)$$

17. 乙醛蒸气的热分解反应如下：

$$CH_3CHO(g) \longrightarrow CH_4(g) + CO(g)$$

518 ℃下在一定容器中的压力如表 8-8 所示。

表 8-8 习题 17 附表

纯 CH_3CHO p_0/kPa	100 s 系统总压 p_0/kPa
53.329	66.661
26.664	30.531

求：(1) 反应级数及反应速率系数；

(2) 若反应的活化能为 190.4 kJ·mol^{-1}，欲使反应速率系数是 518 ℃下的 2 倍的反应温度。

((1) 二级，6.3×10^{-5} kPa^{-1}·s^{-1}；(2) 810 K)

目标检测题

一、选择题

1. 反应 $2O_3 \longrightarrow 3O_2$，其速率方程为 $-\dfrac{dc(O_3)}{dt} = kc^2(O_3)c^{-1}(O_2)$，或者 $\dfrac{dc(O_2)}{dt} = k'c^2(O_3)c^{-1}(O_2)$，则反应速率系数 k 与 k' 的关系为(　　)。

(A) $2k = 3k'$；　　(B) $k = k'$；　　(C) $3k = 2k'$；　　(D) $-3k = 2k'$

2. 某反应 $A \longrightarrow B$，如果反应物 A 的浓度减小一半，A 的半衰期也缩短一半，则该反应的级数为(　　)。

(A) 1；　　(B) 2；　　(C) 0；　　(D) 无法确定

3. 对于基元反应，以下说法正确的是(　　)。

(A) 反应级数与反应分子数是一致的；

(B) 反应级数总是大于反应分子数；

(C) 反应级数总是小于反应分子数；

(D) 反应级数与反应分子数不一定一致

4. 在描述一级反应特征时，下列不正确的是(　　)。

(A) 以 $\ln c_A$ 对 t 作图为一直线；

(B) 半衰期与反应物初始浓度成正比；

(C) 反应物消耗的百分数相同时，所需的时间相同(对于同一反应)；

(D) 反应速率系数的单位是 s^{-1}

5. 对于某一反应，若反应物消耗掉 7/8 所需的时间是它消耗掉 3/4 所需时间的 1.5 倍，则该反应是(　　)反应。

(A) 一级；　　(B) 二级；　　(C) 零级；　　(D) 负一级

6. 某反应的 $\Delta H = -100$ kJ·mol^{-1}，则活化能(　　)。

(A) 必等于或小于 100 kJ·mol^{-1}；　　(B) 必等于或大于 100 kJ·mol^{-1}；

(C) 可大于或小于 100 kJ·mol^{-1};　　　　(D) 只能小于 100 kJ·mol^{-1}

7. 反应 A $\xrightarrow[\quad 2\quad]{\quad 1\quad}$ E $\xrightarrow{\quad 3\quad}$ D，C

若 $E_1 > E_3$，为利于产物 D 的生成，原则上可（　　）。

(A) 升高温度;　　　　　　　　　　(B) 降低温度;

(C) 保持温度不变;　　　　　　　　(D) 无法确定

8. 描述平行反应 A $\xrightarrow[k_2]{k_1}$ E，C 的特点时（若两平行反应的级数相同），下列说法中不正确的是（　　）。

(A) k_1 和 k_2 的比值不随温度而变;

(B) 反应的总速率等于两个平行反应的速率之和;

(C) 产物 E、C 的量之比等于两平行反应的反应速率系数之比;

(D) 反应物消耗的速率主要取决于反应速率最大的那一个反应

9. 对于对峙反应 A $\underset{k_{-1}}{\overset{k_1}{\rightleftharpoons}}$ E，当温度一定时，反应由纯 A 开始，则下列说法中不正确的是（　　）。

(A) 反应的净速率是正、逆反应速率之差;

(B) 起始时 A 的消耗速率最大;

(C) k_1/k_{-1} 的值是恒定的;

(D) 达到平衡时，正、逆反应的反应速率系数相等

10. 某复杂反应的机理为 A $\underset{k_{-1}}{\overset{k_1}{\rightleftharpoons}}$ F，F + D $\xrightarrow{k_2}$ E，则 F 的浓度随时间的变化率 $\dfrac{dc_F}{dt}$ 是（　　）。

(A) $k_1 c_A - k_2 c_F c_D$;　　　　　　　　(B) $k_1 c_A - k_{-1} c_F - k_2 c_F c_D$;

(C) $k_1 c_A - k_{-1} c_F + k_2 c_F c_D$;　　　　(D) $-k_1 c_A + k_{-1} c_F + k_2 c_F c_D$

二、判断题

1. 一级反应一定是单分子反应。　　　　　　　　　　　　　　　　　（　　）

2. 质量作用定律只适用于基元反应。　　　　　　　　　　　　　　　（　　）

3. 对于同一个二级反应，当反应物的转化率相同时，初始浓度越低，则反应所需要的时间越少。　　　　　　　　　　　　　　　　　　　　　　　　　　（　　）

4. 反应级数相同的反应，反应机理一定相同。　　　　　　　　　　　（　　）

5. 对于某反应，若反应物浓度与时间呈直线关系，则该反应的半衰期与反应物的初始浓度成正比。　　　　　　　　　　　　　　　　　　　　　　　　　（　　）

6. 若 HI 生成反应的 ΔH_f 为负值，而 HI 分解反应的 ΔH_d 是正值，则 HI 分解反应的活化能 E_a 大于 ΔH_d。　　　　　　　　　　　　　　　　　　　　（　　）

7. 反应级数可以是正整数、正分数、零或负数。　　　　　　　　　　（　　）

8. 阿仑尼乌斯方程只适用于基元反应。　　　　　　　　　　　　　　（　　）

9. 在等温等压不做非体积功时,只能进行 $\Delta G < 0$ 的反应。 （　　）

10. 光化学第一定律、光化学第二定律只适用于初级过程。 （　　）

11. 反应的活化能越高,反应速率对温度的变化越敏感。 （　　）

12. 在催化反应中,催化剂可以增大反应速率,也能提高反应物的转化率。 （　　）

13. 若反应物消耗掉 5/9 所需时间是它消耗掉 1/3 所需时间的 2 倍,则该反应为一级反应。 （　　）

14. 通常将自由基间的反应活化能视为零。 （　　）

15. 已知二级反应的半衰期 $t_{1/2} = \dfrac{1}{kc_{A,0}}$,则 $t_{1/4}$ 是 $\dfrac{1}{3kc_{A,0}}$。 （　　）

三、填空题

1. 一个反应的级数越高,则反应物浓度对反应速率的影响程度_____。

2. 某反应的反应物浓度与时间呈线性关系,则该反应的半衰期与反应物的初始浓度的关系为_____。

3. 某一级反应,若反应物转化 40% 需要 50 min,则该反应在相同条件下转化 80% 需要的时间是_____。

4. 放射性 ^{201}Pb 的半衰期为 8 h,那么 2 g 放射性 ^{201}Pb 在 24 h 后还剩余_____g。

5. 对于某一反应,以 $\ln k$ 对 $\dfrac{1}{T}$ 作图为一直线,直线越陡,则反应的活化能_____。

6. 在光化学反应中,反应物每吸收 1 mol 光子,则_____;若量子效率 $\phi < 1$,说明_____。

7. 某反应若能较好地服从阿仑尼乌斯方程,当加入适当的催化剂时,会改变_____,降低_____,加快_____,不改变_____。

8. 有反应历程为 $A + E \underset{k_{-1}}{\overset{k_1}{\rightleftharpoons}} C, C \xrightarrow{k_2} D$ 的反应,若以 $E_{a,1}$、$E_{a,-1}$、$E_{a,2}$ 分别代表各基元反应的活化能,则该反应的表观活化能 E_a 应该是_____。

9. 反应 $A_2 + E_2 \longrightarrow 2AE$ 的反应机理为

① $A_2 \overset{K_1}{\rightleftharpoons} 2A$ （快速平衡）

② $E_2 \overset{K_2}{\rightleftharpoons} 2E$ （快速平衡）

③ $A + E \xrightarrow{k_3} AE$ （慢）

式中 K_1、K_2 为平衡常数,且均很小,k_3 为速率系数,则以 r_{AE} 表示的速率方程为_____。

10. 如果在 781 K 下,反应 $H_2(g) + I_2(g) \longrightarrow 2HI(g)$ 的反应速率系数 $k(HI) = 80.2$ $mol^{-1} \cdot dm^3 \cdot min^{-1}$,那么 $k(H_2)$ 为_____。

四、计算题

1. 已知 $SO_2Cl_2(g) \longrightarrow SO_2(g) + Cl_2(g)$ 为一级反应,在 320 ℃ 下,反应速率系数 $k = 2.2 \times 10^{-5}$ s^{-1}。求在此温度下反应 90 min,SO_2Cl_2 的分解分数。

2. 偶氮甲烷分解反应为

$$CH_3NNCH_3(g) \longrightarrow C_2H_6(g) + N_2(g)$$

该反应为一级反应,在 560 K 下,将压力为 21.332 kPa 的 CH_3NNCH_3 引入密闭的恒容容器中,反应 1 000 s 后系统总压为 22.732 kPa。求该反应在此温度下的反应速率系数及半衰期。

3. 乙烷裂解制取乙烯的反应为

$$C_2H_6 \longrightarrow C_2H_4 + H_2$$

在 800 ℃下反应速率系数 $k = 3.43 \text{ s}^{-1}$,求乙烷的转化率达到 50% 和 75% 时所需要的时间。

4. 某反应 $A \longrightarrow E + C$,在 363 K 和 343 K 下反应速率系数分别为 $2.74 \times 10^{-4} \text{ s}^{-1}$、$1.71 \times 10^{-5} \text{ s}^{-1}$。求:① 该反应的活化能 E_a;② 323 K 下的反应速率系数 k;③ 此反应在 323 K 下,反应物转化率达到 75% 所需要的时间。

5. 一级对峙反应 $A \rightleftharpoons E$,若反应的初速率为每分钟消耗 0.2% 的 A,平衡时有 80% 的 A 转化为 E,求反应的半衰期 $t_{1/2}$。

五、简答题

1. 反应速率系数的物理意义是什么?它与哪些因素有关?加入催化剂会对它有影响吗?为什么?

2. 对于所有反应升高温度都会增大反应速率吗?举例说明。

3. 为什么活化能越高的反应,反应速率越小?升高温度对活化能高的反应有利吗?为什么?

4. 在生产中,要增大反应速率应采取哪些方法?要提高反应物的转化率应采取哪些方法?

第9章

界 面 现 象

学习目标

　　掌握表面吉布斯函数与界面张力的概念及影响因素;理解弯曲表面下的附加压力产生的原因及与曲率半径的关系;了解溶液表面的吸附现象;理解气-固吸附的本质;明确物理吸附与化学吸附的异同;掌握单分子层吸附模型及吸附等温线的类型;了解气-固相表面催化反应的基本原理。

　　自然界中的物质一般以气、液、固三种相态存在。三种相态相互接触可以产生五种界面:气-液、气-固、液-液、液-固、固-固界面。界面是指密切接触的两相之间的过渡区(有几个分子的厚度),一般把与气体接触的界面称为表面,如气-液界面常称为液体表面,气-固界面常称为固体表面。

　　界面化学是研究任何两相之间的界面上发生的物理化学过程的科学。

9.1　界面现象的原理与表面张力

9.1.1　界面现象的原理

　　界面并不是两相接触的几何面,它有一定的厚度,可以是多分子层界面,也可以是单分子层界面。故有时又将界面称为界面相。界面的结构和性质与相邻两侧的体相不同,自然界中的许多现象都与界面的特殊性质有关。例如:脱脂棉易于被水润湿;微小的汞滴在光滑的玻璃表面自动呈球形;水在毛细管中会自动上升等。这些在界面上发生的物理化学现象皆称为界面现象。

　　产生界面现象的主要原因是物质表面层的分子与内部分子所处的环境是不同的,内部分子所受四周邻近相同分子的作用力是对称的,各个方向的力彼此抵消,合力为零。而表面层分子,一方面受到体相内部相同物质分子的作用,另一方面受到性质不同的另一相中物质分子作用。因此,界面层会显示出一些独特的性质。最简单的情况是液体及其蒸气所形成的系统,如图 9-1 所示,在气-液界面上的分子受气相分子作用力小,受液相分子作用力大,因此,表面层中的分子恒受到指向液体内部的拉力,从而液体表面的分子总是趋于向液体内部移动,力图缩小表面积。对一定体积的液滴来说,在不受外力的作用下,它的形状总是以球形最为稳定。

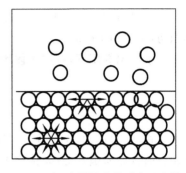

图 9-1 气-液界面分子受力示意图

9.1.2 表面张力

沿着液体表面垂直作用于单位长度上平行于液体表面的紧缩力,称为表面张力,用符号"A"表示。其单位是 $N \cdot m^{-1}$。

表面上存在着张力,要增大表面积,就需要克服此张力,对系统做功。如图 9-2 所示,用细钢丝制作一金属框,在其上装有可以滑动的金属丝,将此金属丝固定后使框架蘸上一层肥皂膜。若放松金属丝,肥皂膜会自动收缩以减小表面积,这时欲使膜维持不变,需对金属丝施加适当的外力 F。若金属丝的长度为 l,作用于液膜单位长度上的紧缩力为 A,则作用于金属丝的总力为 $F = 2Al$,乘以 2 是因为液膜有正、反两个表面,即

$$A = \frac{F}{2l} \tag{9-1}$$

式中:A——液体的表面张力,$N \cdot m^{-1}$;

F——作用于液膜上的平衡外力,N;

l——单面液膜的长度,m。

表面张力即为表面上的紧缩力,所以力的方向对于平液面显然应沿着液面(与液面平行),图 9-2 中平行箭头所指即为 A 的方向,对于弯曲液面则应该与液面相切。

也可以从另一角度来理解表面张力 A。任何一相表面分子与相内分子的状况不同,要把分子从内部移到界面,使表面积增大,就必须克服系统内部分子间的吸引力对系统做功。若使图 9-2 中液膜的面积增大 dA_s,则需抵抗力 F 使金属丝向右移动 dx 距离而做非体积功。在可逆条件下应忽略摩擦力,故所做功为可逆非体积功:

$$\delta W_r' = F dx = 2Al dx = A dA_s \tag{9-2}$$

其中,$dA_s = 2l dx$,为增大的液体表面积。$\delta W_r'$ 称为表面功,若是系统增加单位表面积,则 $\delta W_r'$ 称为比表面功。

式(9-2)可改写为

$$A = \frac{\delta W_r'}{dA_s} \tag{9-3}$$

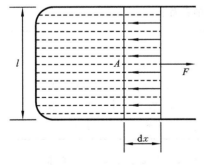

图 9-2 表面功示意图

所以 A 也表示在等温等压和组成不变的条件下,增加单位表面积时环境所需做的可逆非体积功,单位为 $J \cdot m^{-2}$。

由于等温等压下,可逆非体积功等于系统的吉布斯函数变,即

$$\delta W'_r = dG_{T,p} = A dA_s \tag{9-4}$$

故

$$A = \left(\frac{\partial G}{\partial A_s}\right)_{T,p} \tag{9-5}$$

由式(9-5)可知,A 又等于系统增加单位表面积时所增加的吉布斯函数,所以 A 也称为比表面吉布斯函数,或简称比表面自由能或比表面能,单位为 $J \cdot m^{-2}$。

在等温等压下,表面张力 A 为垂直作用于单位长度上平行于液体表面的紧缩力;A 又等于增加液体的单位表面积所需做的可逆非体积功,即比表面功;A 还等于增加液体单位表面积时,系统吉布斯函数的增加值,即比表面吉布斯函数。因此,表面张力、比表面功和比表面吉布斯函数三者虽为不同的物理量,但它们的数值和量纲是相同的,因为 $1 J = 1 N \cdot m$,故 $1 J \cdot m^{-2} = 1 N \cdot m^{-1}$。

上述讲的是液体的表面张力,与之类似,其他界面,如固体表面、液-液界面、液-固界面等由于界面层分子受力不对称,也同样存在着界面张力。

表面张力 A 是物质本身所具有的特性,它与物质的性质有关,不同的物质,分子间相互作用力越大,相应的表面张力也越大。同一种物质的表面张力因温度不同而异,一般来说,温度升高,表面张力下降。表面张力还与压力有关,通常表面张力随压力的增加而下降。此外,表面张力还和与它相接触的另一相物质的性质有关。纯液体的表面张力通常是指液体与含有该液体的饱和蒸气的空气接触时的表面张力。一些纯液体在 20 ℃和常压下的表面张力列于表 9-1 中。汞和水与几种不同物质相接触的界面张力列于表 9-2 中。

表 9-1　20 ℃下一些液体的表面张力

液　体	$A/(N \cdot m^{-1})$	液　体	$A/(N \cdot m^{-1})$
水	7.28×10^{-2}	四氯化碳	2.69×10^{-2}
硝基苯	4.18×10^{-2}	丙酮	2.37×10^{-2}
二硫化碳	3.35×10^{-2}	甲醇	2.26×10^{-2}
苯	2.89×10^{-2}	己醇	2.23×10^{-2}
甲苯	2.84×10^{-2}	己醚	1.69×10^{-2}

表 9-2　20 ℃下汞和水与一些物质间的界面张力

第一相	第二相	$A/(N \cdot m^{-1})$	第一相	第二相	$A/(N \cdot m^{-1})$
汞	汞蒸气	4.716×10^{-1}	水	正己烷	5.11×10^{-2}
	乙醇	3.643×10^{-1}		异戊烷	4.96×10^{-2}
	苯	3.620×10^{-1}		苯	3.26×10^{-2}
	水	3.75×10^{-1}		丁醇	1.76×10^{-2}

[例 9-1]　在 20 ℃及常压条件下,将半径为 1.00 cm 的水滴分散成半径为 1.00 μm 的雾沫。问:(1)表面积增加了多少倍?

（2）表面吉布斯函数增加了多少？

（3）环境至少需做多少功？（20 ℃下水的表面张力为 7.28×10^{-2} N·m^{-1}）

解 （1）将一滴半径 $r_1 = 1.00$ cm 的水滴分散成半径 $r_2 = 1.00$ μm 的微粒时，微粒的个数 n 为

$$n = \left(\frac{4}{3} \pi r_1^3 \right) \Big/ \left(\frac{4}{3} \pi r_2^3 \right) = \left(\frac{r_1}{r_2} \right)^3 = \left(\frac{10^{-2}}{10^{-6}} \right)^3 = 10^{12}$$

每个半径为 1.00 cm 的小水滴的表面积为

$$A_{s1} = 4\pi r_1^2 = 4\pi \times (10^{-2})^2 \text{ m}^2 = 4\pi \times 10^{-4} \text{ m}^2$$

每个半径为 1.00 μm 的小水滴的表面积为

$$A_{s2} = 4\pi r_2^2 = 4\pi \times (10^{-6})^2 \text{ m}^2 = 4\pi \times 10^{-12} \text{ m}^2$$

分散成小水滴的总表面积为

$$A_{s总} = A_{s2} n = 4\pi \times 10^{-12} \times 10^{12} \text{ m}^2 = 4\pi \text{ m}^2$$

故

$$\text{表面积增加的倍数} = \frac{4\pi}{4\pi \times 10^{-4}} = 10^4$$

（2）由式（9-4）可得增加的表面吉布斯函数为

$$\Delta G_{T,p} = A\Delta A_s = 7.28 \times 10^{-2} \times (4\pi - 4\pi \times 10^{-4}) \text{ J} = 0.914 \text{ J}$$

（3）环境至少要做的功为

$$W'_r = \Delta G_{T,p} = 0.914 \text{ J}$$

9.1.3 弯曲液面压力

由于表面张力的作用，液体或气体在弯曲表面下的受力情况与在平面状况下不同。前者因为所受表面张力的合力不为零，而受到附加压力。通过图 9-3 来说明产生附加压力的原因。

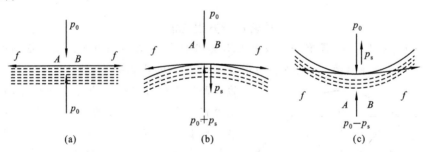

（a） （b） （c）

图 9-3 弯曲表面上的附加压力

在图 9-3（a）中，考虑液面上某一小面积 AB，沿 AB 的四周，AB 以外的表面对 AB 面有表面张力的作用，力的方向垂直作用于 AB 面四周，且沿周界处与表面相切。由于液面是水平的，所以作用于边界的力 f 也是水平的，当平衡时，沿周界的表面张力互相抵消，液体表面的内、外压力相等。

在图 9-3（b）中，液体表面为凸面，由于沿 AB 面的周界上的表面张力 f 不是水平的，因此平衡时，作用于 AB 面四周的表面张力不能互相抵消，使得 AB 面受到一个指向液体内部的合力，此即附加压力 p_s。

在图 9-3（c）中，液体表面为凹面，与凸面相似，平衡时作用于 AB 面四周的表面张力也不能互相抵消，AB 面受到一个指向液体外部的合力，即附加压力 p_s。

由此可见,由于表面张力的作用,弯曲表面下的液体与平面不同,它受到一个附加压力 p_s,附加压力的方向指向曲面的圆心。

附加压力 p_s 与表面张力的相互关系为

$$p_s = \frac{2A}{r} \tag{9-6}$$

式中:p_s——弯曲液面的附加压力,Pa;

A——纯液体的表面张力,$N \cdot m^{-1}$;

r——纯液滴的半径,m。

式(9-6)称为拉普拉斯(Laplace)方程,该方程表明了弯曲液面的附加压力与液体表面张力成正比,与曲率半径成反比。

上式只适用于曲率半径为 r 的小液滴或液体中小气泡的附加压力的计算,对于空气中的气泡,如肥皂泡的附加压力,因其具有内、外两个气-液界面,故

$$p_s = \frac{4A}{r} \tag{9-7}$$

由式(9-6)可知以下情况。

(1) 对于水平液面,$r=\infty$,$p_s=0$。

(2) 对于凸液面,$r>0$,$p_s>0$,p_s 指向凸液面曲率中心,与外压方向一致,平衡时表面内部的液体分子所受的压力大于外部的压力,等于 p_0+p_s。

(3) 对于凹液面,$r<0$,$p_s<0$,p_s 指向凹液面曲率中心,与外压方向相反。平衡时液体表面内部的压力将小于外部的压力,等于 p_0-p_s。

小资料

拉普拉斯方程的推导

如图 9-4 所示,设有一凸液面 BC,其球心为 O,球半径为 r,球缺底面圆心为 O',球缺底面半径为 r_1,液体表面张力为 A,方向与半径垂直,将球缺底面圆周上的表面张力分为水平分力与垂直分力,水平分力相互平衡,垂直分力指向液体内部,其单位周长的垂直分力为 $A\cos\alpha$,α 为表面张力与垂直分力的夹角。由于球缺底面周长为 $2\pi r_1$,而 $r_1=r\cos\alpha$,故垂直分力在圆周上的合力为

$$F = 2\pi r_1 A\cos\alpha = 2\pi A r \left(\cos\alpha\right)^2$$

因球缺底面面积 $A_s = \pi r_1^2 = \pi \left(r\cos\alpha\right)^2$,

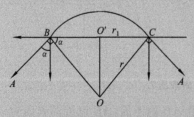

图 9-4 弯曲液面的附加压力与液面曲率半径的关系

故弯曲液面对于单位水平面上的附加压力为

$$p_s = \frac{F}{A_s} = \frac{2\pi A r \left(\cos\alpha\right)^2}{\pi \left(r\cos\alpha\right)^2}$$

整理得

$$p_s = \frac{F}{A_s} = \frac{2A}{r}$$

9.2 润湿与表面活性剂

9.2.1 润湿

1. 润湿现象

将一小滴水滴在干净的玻璃板上,水会在玻璃表面铺展开,而若将水滴在石蜡板上,水滴则呈小球状。我们把前一种情况叫"湿",而后一种情况叫"不湿"。润湿是固体表面上的气体被液体取代的过程,一定温度和压力下,润湿的程度可用润湿过程吉布斯函数的改变量来衡量,表面吉布斯函数减少得越多,则越易润湿。根据润湿程度不同,可以把润湿现象分为三类:沾湿、浸湿、铺展。

1) 沾湿

沾湿是固体表面与液体表面相接触时,原液-气界面和固-气界面消失,产生液-固界面的过程,如图 9-5(a)所示。等温等压下,单位面积上沾湿过程的吉布斯函数变为

$$\Delta G = A_{ls} - A_{lg} - A_{sg} \tag{9-8}$$

式中:A_{ls}——液-固界面的界面张力,$N \cdot m^{-1}$;

A_{lg}——液-气界面的界面张力,$N \cdot m^{-1}$;

A_{sg}——固-气界面的界面张力,$N \cdot m^{-1}$。

若沾湿过程为自发过程,则有 $\Delta G < 0$,表示在一定温度和压力下,固-气及液-气界面可被液-固界面取代,ΔG 越小,则表示沾湿过程越容易进行,液体越容易沾湿固体,界面粘得越牢。农药喷雾能否有效地附着在植物枝叶上,雨滴会不会粘在衣服下,皆与沾湿过程

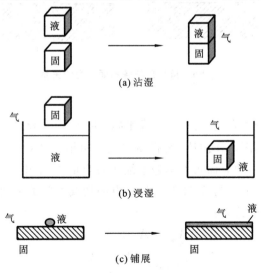

(a) 沾湿

(b) 浸湿

(c) 铺展

图 9-5 液体对固体的润湿过程

能否自发进行有关。

2）浸湿

浸湿是将固体浸入液体，固-气界面完全被液-固界面取代的过程，如图9-5(b)所示。等温等压下，单位面积上浸湿过程的吉布斯函数变为

$$\Delta G = A_{\mathrm{ls}} - A_{\mathrm{sg}} \tag{9-9}$$

若浸湿过程为自发过程，则有 $\Delta G < 0$。

3）铺展

铺展是少量液体在固体表面自动展开，形成一层薄膜的过程。铺展过程是液-固界面取代固-气界面，同时又增加液-气界面的过程，如图9-5(c)所示。若忽略少量液体在铺展前以小液滴存在时的表面积，在一定温度、压力下，单位面积上铺展过程的吉布斯函数变为

$$\Delta G = A_{\mathrm{ls}} + A_{\mathrm{lg}} - A_{\mathrm{sg}} \tag{9-10}$$

若铺展过程自发进行，则需满足

$$\Delta G < 0$$

令

$$S = -\Delta G = A_{\mathrm{sg}} - A_{\mathrm{lg}} - A_{\mathrm{ls}} \tag{9-11}$$

式中：S——铺展系数。

液体能在固体表面上铺展的必要条件为 $S \geqslant 0$，S 越大，铺展性越好。

理论上，只要知道 A_{ls}、A_{lg}、A_{sg} 的值，即可计算某一润湿过程的吉布斯函数变，并以此来判断过程能否进行，以及润湿的程度。但到目前为止，只有 A_{lg} 可以通过实验来测定，而 A_{ls}、A_{sg} 还无法直接测定。因此，式(9-8)、式(9-9)、式(9-10)只是理论上的分析，通常并不能用来直接计算。

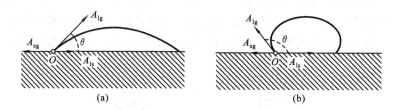

图 9-6　接触角与各界面张力的关系

2. 接触角与杨氏方程

将一滴液体置于固体表面，它可以是扁平状，也可以是圆球状，如图9-6所示的为液滴的两种常见形状的剖面。在固体、液滴和空气三相相交处 O 点，同时有 A_{ls}、A_{lg}、A_{sg} 三种界面张力的作用，这三种界面张力都趋于缩小各自的表面积。O 点为气、液、固三相的会合点，液-固界面的水平线与液-气界面在 O 点的切线之间的夹角 θ，称为接触角。当三种力达平衡时，存在下列关系：

$$A_{\mathrm{sg}} = A_{\mathrm{ls}} + A_{\mathrm{lg}} \cos\theta \tag{9-12a}$$

或

$$\cos\theta = \frac{A_{\mathrm{sg}} - A_{\mathrm{ls}}}{A_{\mathrm{lg}}} \tag{9-12b}$$

式中：A_{ls}——液-固界面的界面张力，$\mathrm{N \cdot m^{-1}}$；

A_{lg}——液-气界面的界面张力，$N \cdot m^{-1}$；

A_{sg}——固-气界面的界面张力，$N \cdot m^{-1}$；

θ——接触角，$(°)$。

式(9-12)是 1805 年由杨氏(T. Young)提出的，称为杨氏方程。从式(9-12b)可得到如下结论。

(1) 如果 $A_{sg} - A_{ls} = A_{lg}$，则 $\cos\theta = 1$，$\theta = 0°$，这是完全润湿的情况。

(2) 如果 $A_{sg} - A_{ls} < A_{lg}$，则 $1 > \cos\theta > 0$，$\theta < 90°$，此种情况为润湿，如图 9-6(a)所示。例如水在洁净的玻璃表面。

(3) 如果 $A_{sg} < A_{ls}$，则 $\cos\theta < 0$，$\theta > 90°$，此种情况为不润湿，如图 9-6(b)所示。例如水银滴在玻璃表面。当 $\theta = 180°$ 时，则为完全不润湿。

由此可见，接触角 θ 越小，则该液体在固体表面上的润湿性能越好，所以可以用接触角 θ 来衡量润湿性能的优劣。要改变接触角的大小，可以通过表面改性，或者加入表面活性剂等方法实现。

润湿与铺展在生产实践中有着广泛的应用。例如：脱脂棉易被水润湿，经憎水剂处理后，与水的接触角加大，变原来的润湿为不润湿，可制成雨衣和防雨设备。此外，在矿物的筛选、机械设备的润滑、注水采油、印染及洗涤等技术中都涉及润湿理论。

3. 毛细现象

将毛细管插入液体后，会发生液面沿毛细管上升(或下降)的现象，称为毛细现象。

产生毛细现象的原因是毛细管内的弯曲液面上存在附加压力 p_s，将毛细管插入液体中，若液体能润湿毛细管，即 $\theta < 90°$，这时管内为凹液面(如图 9-7 所示)。由于附加压力 p_s 指向大气，而使凹液面下的液体所承受的压力小于管外水平液面下的压力，因此液体被压入管内，直至上升的液柱产生的静压力 $\rho g h$ 等于附加压力 p_s 时，系统达平衡态，即

$$p_s = \frac{2A}{r} = \rho g h \qquad (9-13)$$

由图中的几何关系，可以看出

$$r = \frac{R}{\cos\theta}$$

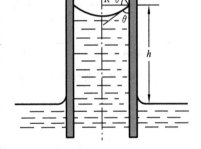

图 9-7 毛细现象

代入式(9-13)，可得液体在毛细管中上升的高度

$$h = \frac{2A\cos\theta}{\rho g R} \qquad (9-14)$$

式中：A——液体的表面张力，$N \cdot m^{-1}$；

ρ——液体的密度，$kg \cdot m^{-3}$；

g——重力加速度，$m \cdot s^{-2}$；

θ——接触角，$(°)$；

R——毛细管半径，m；

r——弯曲液面的曲率半径，m。

若液体不能润湿管壁,即$\theta>90°$,管内液面呈凸形,$\cos\theta<0$,表明液体会沿毛细管下降,下降的高度仍可由式(9-14)计算。

毛细现象在生产及生活中都有应用。例如天旱时,农民锄地一方面铲除了杂草,另一方面可以切断地表的毛细管,防止土壤中的水分沿毛细管上升到表面而挥发,起到保湿作用。

9.2.2　表面活性剂

作为溶质能使溶液的表面张力显著降低的物质称为表面活性剂。它是一类能改变系统的表面状态,从而产生润湿、乳化、分散、起泡等及其反过程,并能产生增溶作用的化学试剂。

1. 表面活性剂的分子结构

表面活性剂分子结构的特点是具有两亲性,是由具有亲水性的极性基团(亲水基)和具有亲油性(憎水性)的非极性基团(亲油基)两部分所组成的有机化合物。因而表面活性剂都是两亲性的分子。例如洗衣粉的主要成分(烷基苯磺酸钠),它的亲油基是烷基,而亲水基是磺酸钠,如图9-8所示。在水溶液中,表面活性剂的亲水基受到强极性水分子的吸引,深入水中,而憎水性的非极性基团亲油基则有伸出水面钻入气相的趋势,如图9-9所示。

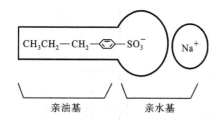

图9-8　表面活性剂结构示意图

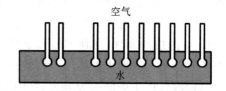

图9-9　表面活性剂分子在气-水界面的排列

值得指出的是,并不是所有的两亲性分子都是表面活性剂,只有亲油基部分有足够长度(一般是含8~18个碳原子的直链烷基)时,才是表面活性剂,如大部分天然动植物油脂是含10~18个碳原子的脂肪酸酯类。一般来说,含碳越多的表面活性剂,其洗涤作用会越强,起泡性一般以含碳数在12~14为最佳。若两亲性分子中含太多的碳原子,则会导致其溶解性下降,若成为不溶性的物质,表面活性也会随之消失。

2. 表面活性剂的分类

表面活性剂的分类方法很多,可以按用途、物理性质或化学结构等进行分类,最常见的是依据分子结构上的特点来分类。

1) 依据分子结构上的特点分类

依据分子结构上的特点,表面活性剂大致可分为离子型和非离子型两大类。表面活性剂溶于水后,凡能发生解离生成离子的称为离子型表面活性剂;在水中不能解离生成离子的称为非离子型表面活性剂。离子型表面活性剂按其具有活性作用的是阴离子、阳离子还是兼性离子,又可分为阴离子型、阳离子型和两性表面活性剂。具体分类和举例见图9-10。

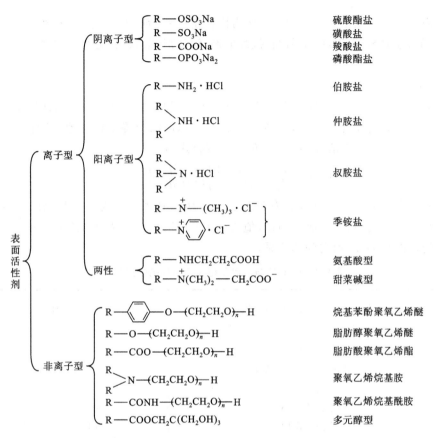

图 9-10 表面活性剂分类

表面活性剂的这种分类方法便于正确选择表面活性物质。应当注意,阴离子型和阳离子型表面活性剂一般不能同时使用,否则会发生沉淀而失去表面活性作用。例如,匀染剂可用阴离子型表面活性剂,它可与酸性染料或直接染料一起使用,因为酸性染料或直接染料也是阴离子型的,一起使用不会产生沉淀等不良后果。

2) 依据溶解性分类

依据表面活性剂在水中的溶解性,可将其分为水溶性和油溶性表面活性剂两大类。值得注意的是,绝大多数表面活性剂是水溶性的,目前油溶性的表面活性剂越来越重要,但其品种仍不是很多。

3) 依据相对分子质量分类

相对分子质量高于 10 000 的称为高分子表面活性剂。相对分子质量为 1 000～10 000的称为中分子表面活性剂。相对分子质量为 100～1 000 的称为低分子表面活性剂。

常用的表面活性剂大都是低分子表面活性剂。中分子表面活性剂有聚醚型的,即由聚氧乙烯和聚氧丙烯缩合而成,在工业上有特殊的地位。高分子表面活性剂的表面活性并不是很突出,但其在乳化、增溶特别是分散或絮凝性能方面有独特之处,有发展潜力。

4）依据用途分类

表面活性剂依据用途可分为表面张力降低剂、渗透剂、润湿剂、乳化剂、增溶剂、分散剂、絮凝剂、起泡剂、消泡剂、杀菌剂、抗静电剂、缓释剂、柔软剂、防水剂、织物整理剂、匀染剂等。

3. HLB 值

表面活性剂种类繁多,应用也非常广泛。因此,如何选择和评价表面活性剂就显得尤为重要。在建立的评价方法中,常常采用格里芬(Griffin)提出的亲水-亲油平衡(HLB)值。对于非离子型表面活性剂,HLB 值的计算公式为

$$HLB = \frac{亲水基部分的相对分子质量}{表面活性剂的相对分子质量} \times 20$$

石蜡不含亲水基,其 HLB 值为 0,聚乙二醇所含基团全部为亲水基,故其 HLB 值为 20,其他非离子型表面活性剂的 HLB 值均介于 0～20 之间。表 9-3 给出了非离子型表面活性剂的性能与 HLB 值之间的关系。

表 9-3　HLB 值与非离子型表面活性剂性能的关系

非离子型表面活性剂的性能	HLB 值范围
消泡作用	1～3
乳化作用(W/O 型)	3～6
润湿作用	7～9
乳化作用(O/W 型)	8～18
去污作用	13～15
增溶作用	15～18

4. 表面活性剂的作用

1）润湿和渗透作用

表面活性剂使固体表面产生润湿转化(由不润湿变为润湿或其逆过程)的现象,称为润湿作用。

例如,水不能润湿石蜡片,但在水中加入一些表面活性剂之后,水就能在石蜡片上铺展开来,产生润湿。又如喷洒杀虫剂时,如果杀虫剂对植物表面茎叶的润湿性能不好,喷洒后药液就会在叶片上呈珠状而滚落地面造成浪费,即便是留在叶片上的也不能很好地展开,杀虫效果会较差。如果在杀虫剂中加入少量表面活性剂,药液会在植物茎叶上铺展开来,润湿效能得以提高,这样就可以大大提高杀虫剂的利用率和增强杀虫效果。

表面活性剂能使液体渗入多孔性固体的现象,称为渗透作用。渗透作用实际上是润湿作用的应用之一。例如:未经脱脂的棉絮浸入水中时,水不容易浸透;当水中加入表面活性剂后,水与棉絮表面的接触角减小了,水就能在棉絮表面铺展开来,利用棉絮的多孔性而渗透进入棉絮内部。

小资料

表面活性剂的妙用

　　普通的棉布因纤维中有醇羟基而呈亲水性,所以很易被水沾湿,不能防雨。过去曾采用将棉布涂油或上胶的办法制成雨布,虽能防雨但透气性很差,制成雨衣穿着既不舒适又笨重。采用表面活性剂处理棉布,使其极性基与棉纤维的醇羟基结合,而非极性基伸向空气,使其与水的接触角加大,变原来的润湿为不润湿,制成了既防水又透气的雨布。实验表明,用季铵盐与氟氢化合物混合处理过的棉布经大雨冲淋 168 h 都未湿透。

　　2）增溶作用

　　表面活性剂能使溶质溶解度增大的现象,称为增溶作用。例如,苯在水中的溶解度很小,室温下 100 g 水只能溶解约 0.07 g 苯,而苯在皂类等表面活性剂的溶液中有相当大的溶解度,100 g 10％的油酸钠水溶液能溶解约 9 g 苯。

　　在洗涤过程中,被洗下的污垢增溶后存在于溶剂内部,可以防止其重新附着在衣物上。在生理过程中,增溶作用也具有非常重要的意义。例如,小肠不能直接吸收脂肪,却能通过胆汁对脂肪的增溶作用而吸收脂肪。

　　3）分散和絮凝作用

　　固体粉末均匀地分散在某一种液体中的现象,称为分散作用。粉碎后的固体粉末在液体中常常会聚结而下沉,但加入某些表面活性剂后,固体颗粒便能稳定悬浮在溶液之中。例如,洗涤剂能使油污分散在水中,分散剂能使颜料分散在油中而成为油漆。

　　与分散作用相反,能使悬浮在液体中的颗粒相互凝聚的现象称为絮凝作用。通常可以采用絮凝剂来净化工业污水。

　　4）起泡和消泡作用

　　能形成较稳定泡沫的现象,称为起泡作用。常说的泡沫是指气体在液体中的分散系。泡沫作为粗分散体系,是热力学不稳定系统。使泡沫稳定的物质称为起泡剂,如肥皂、烷基磺酸钠等。起泡剂能降低界面的表面张力和表面能,形成保护膜(如图 9-11 所示)。

　　起泡作用在实际应用中可以用来进行矿物的富集(泡沫浮选),在毛纺工业中利用泡沫处理洗毛废水可以回收羊毛脂。在应用泡沫时,常要求泡沫稳定一段时间就破灭,过于稳定的泡沫会给后处理带来困难。例如在酿造和制糖工业中,由于发酵生成 CO_2 而形成的泡沫完全是有害无益的。

　　消除泡沫的现象,称为消泡作用。消泡剂实际是一些表面张力较小、溶解度较小的物质。消泡剂的表面张力小于气泡液膜的表面张力,又容易在气泡液膜表面顶走原来的起泡剂,而本身不能形成坚固的吸附膜,故能产生裂口,使泡内气体外泄,导致泡沫破裂,起到消泡作用。

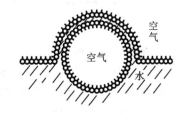

图 9-11　表面活性剂的起泡作用

5）去污作用

许多油类对衣物、餐具等具有良好的润湿作用，在其上能自动地铺展开来，但很难溶于水，故只用水不能去除衣物、餐具上的油污。在洗涤时，必须使用肥皂、洗涤剂等具有去污作用的表面活性剂。使用这些表面活性物质可以改变水溶液与衣物等物质间的界面张力，使得水对衣物的接触角小于 90°，而油污则不能润湿衣物，经机械摩擦和水流的带动，便可从固体表面上脱落。

6）乳化和去乳化作用

凡是水和"油"混合生成乳状液的过程，称为乳化作用。乳状液是液体以极小的液滴形式分散在另一种与其不相混溶的液体中所形成的多相分散系。乳状液的颗粒直径一般为 $0.1\sim10\ \mu m$。欲使乳状液稳定、不分层，通常需加入表面活性剂，即乳化剂。

在乳状液中，一切不溶于水的有机液体（如苯、四氯化碳、原油等）统称为"油"。乳状液可分为两种类型：一种是"油"分散在水中，"油"珠被连续的水相所包围，称为油/水型（水包油型），用"O/W"表示，如牛奶即为水包油型微乳状液；另一种为水分散在"油"中，水珠被连续的油相所包围，称为水/油型（油包水型），用"W/O"表示，如原油为油包水型微乳状液。如图 9-12 所示。

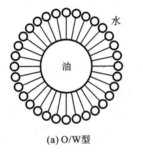 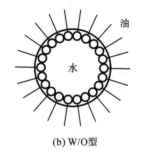

(a) O/W型   (b) W/O型

图 9-12　乳状液的两种类型

乳状液中油和水分离的过程，称为去乳化（破乳）作用。例如将牛奶脱脂制牛油，在原油输送和加工前除去原油中的乳化水，这些过程均为去乳化过程。

乳化或去乳化，除可以采用表面活性剂外，还有许多其他方法。

总之，表面活性剂在工业生产和日常生活中有着非常重要的作用，现已被广泛应用于石油、纺织、农药、医药、采矿、食品、民用洗涤等领域。

9.3　表面的吸附作用

一种物质自动附着在另一种物质表面上，从而导致在界面层中物质的浓度或分压与它在本体相中不同的现象称为吸附。吸附现象可以发生在固-气、固-液和液-液等界面上。本节主要讨论气体分子在固体表面上的吸附作用。与液体表面不同，固体表面分子不具有流动性，只能通过对碰到固体表面上的气体分子产生吸引力，使气体分子在固体表面上发生相对聚集来降低固体的表面能，使具有较大表面积的固体系统趋于稳定。例如，在充满溴蒸气的玻璃瓶中加入少许活性炭,可以看到红棕色逐渐变浅直至消失,此过程即为气体在固体表面上的吸附现象。像活性炭这样具有吸附能力的物质称为吸附剂,被吸附的物质(如溴蒸气)称为吸附质。

固体表面的吸附在生产实践和科学实验中的应用非常广泛。活性炭、硅胶、氧化铝、分子筛等由于具有大的比表面积常常被用做吸附剂、催化剂载体等,用于化学工业中的气体纯化、催化反应、有机溶剂回收等许多过程,以及城市的环境保护、现代高层建筑和潜水艇的空气净化调节、民用和军用的防毒面具等方面。

9.3.1 物理吸附与化学吸附

按固体表面分子对被吸附气体分子作用力性质的不同,吸附可分为物理吸附和化学吸附两种类型。在物理吸附中,吸附剂与吸附质分子间以范德华力相互作用;在化学吸附中,吸附剂与吸附质分子间发生化学反应,吸附力远大于范德华力,作用力为化学键力。正是物理吸附与化学吸附在分子间作用力上本质的不同,导致物理吸附与化学吸附特征上的一系列差异,表 9-4 对这些特征进行了比较。

表 9-4 物理吸附与化学吸附特征之比较

特 征	物 理 吸 附	化 学 吸 附
吸附力	范德华力	化学键力
吸附分子层	单层或多层	单层
吸附热	较小(接近于液化热)	较大(接近于反应热)
选择性	无或很差	较强
吸附速率	较大	较小
吸附平衡	易达到	不易达到
可逆性	可逆	不可逆

对于物理吸附,其作用力是范德华力,它普遍存在于各种分子之间。因此吸附剂表面吸附了气体分子之后,被吸附的分子还可以再吸附更多的气体分子,因而物理吸附可以是多层的。气体分子在吸附剂表面上依靠范德华力形成多层吸附时,与气体凝结成液体类似,吸附热与气体的凝结热具有相同的数量级,为 $2 \times 10^4 \sim 4 \times 10^4$ J·mol^{-1}。由于物理吸附力是分子间力,任何固体皆能吸附任何气体,故吸附无选择性,相对而言,易液化的气体更易被吸附。这种吸附速率较大,受温度影响很小,容易达到吸附平衡,且容易解吸(或脱附),因而平衡是可逆的。

在化学吸附中,固体表面分子与气体分子之间可能发生电子的转移、原子的重排、化学键的破坏与形成等,作用力是化学键力,化学吸附热的数量级与化学反应热的相当,为 $4 \times 10^4 \sim 4 \times 10^5$ J·mol^{-1}。在吸附剂表面,固体表面分子与被吸附的气体分子间形成化学键后,就不能再与其他气体分子形成化学键,故化学吸附是单分子层的。化学吸附类似于吸附质与吸附剂之间的化学反应,吸附质有的呈分子态,有的则分解为自由基、自由原子等,因而化学吸附有很强的选择性。由于化学键的生成与破坏都比较困难,故反应速率

很小,升温可增大吸附速率,产生化学吸附的系统往往较难达到吸附平衡,较难解吸(或脱附),平衡是不可逆的。

物理吸附与化学吸附并不是不相关的,这两类吸附也可以相伴发生。例如氧在金属 W 上的吸附同时有三种情况:①有的氧是以原子状态被吸附的,这是纯粹的化学吸附;②有的氧是以分子状态被吸附的,这是纯粹的物理吸附;③还有一些氧是以分子状态被吸附到氧原子上面,形成多层吸附。因此,不能认为某一吸附只有化学吸附而没有物理吸附,反之也一样,通常需要同时考虑两种吸附在整个吸附过程中的作用。某些条件改变时,吸附性质也可能发生变化。例如 $CO(g)$ 在 Pd 上的吸附,低温下是物理吸附,高温下则表现为化学吸附。

 ## 9.3.2　吸附量计算经验公式

1. 吸附平衡与吸附量

气相中的分子可被吸附到固体表面上来,已被吸附的分子也可以脱附(或解吸)而逸回气相。在温度及气相压力一定时,当吸附速率与脱附速率相等,即单位时间内被吸附到固体表面的气体量与脱附而逸回气相的气体量相等时,达到吸附平衡态,此时吸附在固体表面上的气体量不再随时间而变化。

在一定温度、压力下,达到吸附平衡时,被吸附气体的物质的量或在标准状况下的体积与吸附剂质量之比,称为平衡吸附量,简称吸附量,用符号"Γ"表示,单位为 $mol \cdot kg^{-1}$ 或 $m^3 \cdot kg^{-1}$。

$$\Gamma = \frac{n}{m} \qquad (9\text{-}15a)$$

或

$$\Gamma = \frac{V}{m} \qquad (9\text{-}15b)$$

吸附量可用实验方法直接测定。

2. 吸附曲线

由实验结果可知,对于一定的吸附剂与吸附质来说,气体的吸附量与气体的温度及压力有关,一般可表示为

$$\Gamma = f(T, p) \qquad (9\text{-}16)$$

在 Γ、T、p 三个变量中,常常固定其中任意一个而通过测定绘制另外两个变量之间关系的曲线,称为吸附曲线,它共有三种类型。

(1) 吸附等压线。

吸附质分压 p 一定时,反映吸附量 Γ 与吸附温度 T 之间关系的曲线称为吸附等压线。

(2) 吸附等温线。

吸附温度 T 一定时,反映吸附量 Γ 与吸附质分压 p 之间关系的曲线称为吸附等温线。

（3）吸附等量线。

吸附量 Γ 一定时，反映吸附温度 T 与吸附质分压 p 之间关系的曲线称为吸附等量线。

上述三种吸附曲线中最重要、最常用、研究得最多的是吸附等温线。常见的吸附等温线大致有五种类型，如图 9-13 所示。

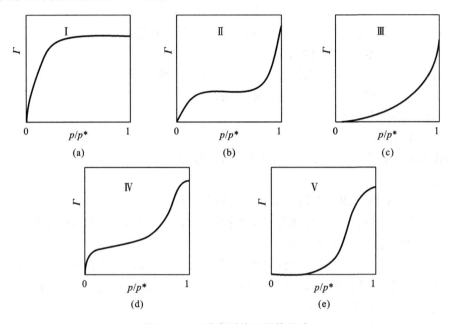

图 9-13　五种类型的吸附等温线

其中第 I 种类型为单分子层吸附的情况，其余均为多分子层吸附的情况。五种类型的吸附等温线反映了吸附剂的表面性质有所不同，孔分布及吸附质和吸附剂的相互作用不同。因此，可以根据等温线的类型来了解有关吸附剂表面性质、孔的分布性质及吸附质和吸附剂相互作用的相关信息。

在对大量实验事实进行深入研究之后，提出了许多描述吸附的物理模型和等温方程。

3. 吸附等温经验式

弗罗因德利希（Freundlich）归纳了一些实验结果之后，得出了经验公式：

$$\Gamma = kp^{\frac{1}{n}} \tag{9-17}$$

其中，k 和 n 是两个常数，它们与吸附剂、吸附质种类及温度有关，$n>1$。弗罗因德利希吸附等温经验式一般适用于中压范围。若将式（9-17）两边取对数，可得

$$\ln\Gamma = \ln k + \frac{1}{n}\ln p \tag{9-18a}$$

式（9-18a）表明，若以 $\ln\Gamma$ 对 $\ln p$ 作图可得一条直线，由直线的斜率和截距可求得 k 和 n。

值得一提的是，弗罗因德利希吸附等温经验式还适用于溶液中溶质在固体吸附剂上吸附的情况。此时应用浓度 c 代替压力 p，式（9-18a）变形为

$$\ln\Gamma = \ln k + \frac{1}{n}\ln c \tag{9-18b}$$

以 $\ln\Gamma$ 对 $\ln c$ 作图也可得直线。

弗罗因德利希吸附等温经验式由于形式简单,计算方便,应用也较广泛。但弗罗因德利希吸附等温经验式只能近似概括一部分实验事实,而不能说明吸附作用的机理。

4. 朗格缪尔(Langmuir)单分子层吸附理论及吸附等温式

1916 年,朗格缪尔提出了第一个气体单分子层吸附理论,该理论包含以下基本假设。

(1)气体在固体表面上的吸附是单分子层吸附。

只有当气体分子碰撞到固体的空白表面上才有可能被吸附,如果碰撞到已被吸附的分子上则不能再被吸附,所以固体表面的吸附量是有限的,当固体表面吸附一层气体分子后,吸附量也就达到极限。

(2)固体表面是均匀的。

固体表面上各个晶格吸附能力是相同的,气体分子在固体表面的任意位置被吸附的机会都是均等的。

(3)被吸附在固体表面上的气体分子之间无相互作用力。

假设在各个晶格位置上,气体分子被吸附与解吸与其周围存在的被吸附分子无关。

(4)吸附平衡是一种动态平衡。

在一定温度和压力下,达到吸附平衡时,从表面上看,吸附量不再随时间而改变,气体分子不再被吸附或解吸,但实际上吸附与解吸一直都在不断进行之中,只是单位表面积上的吸附速率与解吸速率相等而已。

在以上假设的基础上,朗格缪尔导出了单分子层吸附等温式,吸附量 Γ 与压力 p 之间的关系可用朗格缪尔吸附等温式表示:

$$\Gamma = \Gamma_\infty \frac{bp}{1+bp} \tag{9-19}$$

式中:Γ——吸附剂表面吸附气体的平衡吸附量,$mol \cdot kg^{-1}$ 或 $m^3 \cdot kg^{-1}$;

$\quad\quad \Gamma_\infty$——达到吸附饱和状态时吸附剂表面吸附气体的最大吸附量,也称饱和吸附量,$mol \cdot kg^{-1}$ 或 $m^3 \cdot kg^{-1}$;

$\quad\quad b$——吸附作用的平衡常数,表示吸附剂对吸附质吸附能力的强弱,也称吸附系数,Pa^{-1}。

朗格缪尔吸附等温式可以很好地解释吸附等温线中第 Ⅰ 种类型的等温线在不同压力范围内的吸附特征。

当压力很小或吸附较弱即 b 很小时,$bp \ll 1$,式(9-19)可简化为

$$\Gamma = \Gamma_\infty bp \tag{9-20}$$

即吸附量与压力成正比,这与第 Ⅰ 种类型吸附等温线在低压下几乎是一条直线的情形相符。

当压力或吸附适中时,吸附量与压力的关系符合式(9-19),即第 Ⅰ 种类型吸附等温线中曲线的情形。

当气体压力较大或吸附较强时,$bp \gg 1$,式(9-19)可简化为

$$\Gamma = \Gamma_\infty \tag{9-21}$$

式(9-21)表明此时气体分子在固体表面上的吸附已达到饱和状态,吸附量达到最大值,第 Ⅰ 种类型吸附等温线中的水平线段就反映了这种情形。

式(9-19)还可作如下变形:

$$\frac{p}{\Gamma} = \frac{1}{\Gamma_\infty b} + \frac{p}{\Gamma_\infty} \tag{9-22a}$$

可以看出,以 p/Γ 对 p 作图可得一条直线,可根据直线的斜率和截距计算 Γ_∞ 和 b。

值得指出的是,实际应用中,Γ、Γ_∞ 经常用被吸附气体在压力为 p 时、饱和吸附时标准状况下的体积与吸附剂质量之比来表示,因此式(9-22a)也可以变形为

$$\frac{p}{V} = \frac{1}{V_\infty b} + \frac{p}{V_\infty} \tag{9-22b}$$

式中:V、V_∞——压力为 p 时、饱和吸附时被吸附气体在标准状况下的体积。

只要以 p/V 对 p 作图即可求得 V_∞ 和 b。

[**例 9-2**] 恒温 273.15 K 下,CO 在质量为 3.022 g 的活性炭表面上的吸附量(已换算成标准状况下的体积)如表 9-5 所示。

表 9-5　例 9-2 附表 1

p/kPa	13.3	26.7	40.0	53.3	66.7	80.0	93.3
V/cm^3	10.2	18.6	25.5	31.4	36.9	41.6	46.1

试证明它符合朗格缪尔吸附等温式,并求 b 和 V_∞ 的值。

解　根据式(9-22b)以 p/V 对 p 作图,数据如表 9-6 所示。

表 9-6　例 9-2 附表 2

p/kPa	13.3	26.7	40.0	53.3	66.7	80.0	93.3
$(p/V)/(kPa \cdot cm^{-3})$	1.30	1.44	1.57	1.70	1.81	1.92	2.02

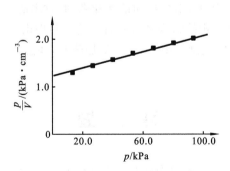

图 9-14　例 9-2 附图

由图 9-14 可以看出,以 p/V 对 p 作图确实得到一条直线,证明 CO 在活性炭上的吸附符合朗格缪尔吸附等温式。该直线的斜率为 $0.009\ 0\ cm^{-3}$,因此

$$V_\infty = \frac{1}{斜率} = 111\ cm^3$$

该直线的截距为 $1.20\ kPa \cdot cm^{-3}$,因此

$$b = \frac{斜率}{截距} = \frac{0.009\ 0}{1.20}\ \text{kPa}^{-1} = 7.5 \times 10^{-3}\ \text{kPa}^{-1}$$

朗格缪尔吸附等温式是界面现象中最重要的公式。但应当指出,朗格缪尔的基本假设把它限制于单分子层理想吸附,即第 I 种类型的吸附等温线,而对于多分子层吸附,或者单分子层吸附但吸附分子之间存在较强相互作用的情况,如第 II 至第 V 种类型的吸附等温线,都不能给予解释。

为解释其他类型的吸附等温线,在朗格缪尔吸附等温式的基础上还提出了许多其他吸附理论,重要的有 BET 多分子层吸附理论,本书就不一一介绍了。

思 考 题

1. 表面张力、比表面功和比表面吉布斯函数三个概念有什么区别与联系?

2. 两块光滑、干燥的玻璃板叠放在一起时,很容易将其分开。若在两板间放些水,则很难使之分开,这是为什么?

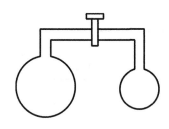

图 9-15 思考题 3 附图

3. 如图 9-15 所示,在玻璃管两端各有一个大小不等的肥皂泡。当开启活塞使两泡相通时,试问:两泡体积将如何变化? 为什么?

4. 为什么当把矿泉水小心注入干燥杯子时,水面会高出杯面? 为什么井水比河水有较大的表面张力?

5. 物理吸附与化学吸附最本质的区别是什么?

6. 弗罗因德利希吸附等温经验式和朗格缪尔吸附等温式各适用于何种压力范围?

7. 简单说明表面活性剂的分类情况。表面活性剂有哪些主要作用?

8. 为什么小晶粒的熔点比大块的固体的熔点低,而溶解度比大块的固体大?

9. 将水滴在洁净的玻璃上,水会自动铺展开来,此时水的表面积不是变小而是变大,这与液体有自动缩小其表面积的趋势是否矛盾? 请说明理由。

10. 在装有部分液体的毛细管中,当在一端加热时,润湿性和不润湿性液体分别向毛细管哪一端移动?

习 题

1. 293.15 K 下,水的表面张力为 0.072 8 N·m^{-1},汞的表面张力为 0.47 N·m^{-1},汞-水的界面张力为 0.375 N·m^{-1}。试判断:(1)水能否在汞的表面上铺展? (2)汞能否在水的表面上铺展? ((1)能铺展开;(2)不能铺展开)

2. 在 293.15 K 及 101.325 kPa 下,半径为 1×10^{-3} m 的汞滴分散成半径为 1×10^{-9} m 的小汞滴,试求此过程系统的表面吉布斯函数变。已知 293.15 K 下汞的表面张力为 0.47 N·m^{-1}。 (5.906 J)

3. 在 293.15 K 下,乙醚-水、乙醚-汞及水-汞的界面张力分别为 0.010 7 N·m^{-1}、0.379 N·m^{-1} 及 0.375 N·m^{-1},若在乙醚与汞的界面上滴一滴水,试求其润湿角。

(68.05°)

4. 将内半径分别为 $6.0×10^{-4}$ m 和 $4.0×10^{-4}$ m 的两支毛细管同时插入某液体中,测得两管中的液面相差 1.00 cm。已知液体密度为 900 kg·m^{-3},并假设接触角为 0°,求液体的表面张力。

(0.052 9 N·m^{-1})

5. 已知 100 ℃ 下水的表面张力为 0.058 85 N·m^{-1}。假设在 100 ℃ 的水中存在一个半径为 0.1 μm 的小气泡,在 100 ℃ 的空气中存在一个半径为 0.1 μm 的小液滴。试求它们分别所承受的附加压力。

($1.177×10^3$ kPa)

6. 用毛细上升法测定某液体的表面张力。此液体的密度为 0.790 g·cm^{-3},在半径为 0.235 mm 的玻璃毛细管中上升的高度为 $2.56×10^{-2}$ m。设此液体能很好地润湿玻璃,试求此液体的表面张力。

(0.023 3 N·m^{-1})

7. 已知在 273.15 K 下,用活性炭吸附 CHCl$_3$,其饱和吸附量为 93.8 dm^3·kg^{-1},若 CHCl$_3$ 的分压力为 13.375 kPa,其平衡吸附量为 82.5 dm^3·kg^{-1}。试求:

(1) 朗格缪尔吸附等温式中的 b 值;

(2) CHCl$_3$ 的分压为 6.667 2 kPa 时的平衡吸附量。

((1)0.545 9 kPa^{-1};(2)73.58 dm^3·kg^{-1})

8. 473 K 下,测定氧在某催化剂上的吸附作用,当平衡压力为 100 kPa 和 1 000 kPa 时,每千克催化剂吸附氧气的量分别为 2.50 dm^3 和 4.20 dm^3(已换算成标准态),设该吸附作用服从朗格缪尔吸附等温式,试计算当氧的吸附量为饱和值的一半时的平衡压力。

(82.81 kPa)

9. CO 在 90 K 下被云母吸附的数据如表 9-2 所示(V 值已换算成标准态)。

表 9-7 习题 9 附表

$p/(10^4$ Pa)	1.33	2.67	4.00	5.33	6.67	8.00
V/cm^3	0.130	0.150	0.162	0.166	0.175	0.180

(1) 若符合朗格缪尔吸附等温式,求常数 b 的值;

(2) 假定云母的总表面积为 $6.2×10^3$ cm^2,试计算饱和吸附时,每个吸附质分子的截面积。

((1)$1.29×10^{-4}$ Pa^{-1};(2)0.122 0 nm^2)

目 标 检 测 题

一、选择题

1. 一个玻璃毛细管分别插入 25 ℃ 和 75 ℃ 的水中,则毛细管中的水在两不同温度水中上升的高度(　　)。

（A）相同；　　　　　　　　　　　（B)75 ℃水中高于 25 ℃水中；

（C）25 ℃水中高于 75 ℃水中；　　（D)无法确定

2. 弯曲液面下的附加压力与表面张力的联系与区别在于（　　）。

（A）产生的原因与方向相同,而大小不同；

（B）作用点相同,而方向和大小不同；

（C）产生的原因相同,而方向不同；

（D）作用点相同,而产生的原因不同

3. 将一根毛细管插入水中,液面上升的高度为 h,当在水中加入少量的 NaCl,这时毛细管中液面的高度（　　）。

（A）等于 h；　　（B）大于 h；　　（C）小于 h；　　（D）无法确定

4. 水对玻璃润湿,汞对玻璃不润湿,将一根玻璃毛细管分别插入水和汞中,下列叙述不正确的是（　　）。

（A）管内水面为凹球面；　　　　　（B）管内汞面为凸球面；

（C）管内水面高于水平面；　　　　（D）管内汞面与汞平面一致

5. 纯水的表面张力是指等温等压下水与（　　）相接触时的界面张力。

（A）饱和水蒸气；　　　　　　　　（B）饱和了水蒸气的空气；

（C）空气；　　　　　　　　　　　（D）含有水蒸气的空气

6. 已知 20 ℃下水-空气的界面张力为 $7.27×10^{-2}$ N·m^{-1},当在 20 ℃和 $p^{\ominus}$ 下可逆地增加水的表面积 4 cm^2,则系统的 ΔG 为（　　）。

（A）$2.91×10^{-5}$ J；　　　　　　（B）$2.91×10^{-1}$ J；

（C）$-2.91×10^{-5}$ J；　　　　　（D）$-2.91×10^{-1}$ J

7. 对处于平衡态的液体,下列叙述不正确的是（　　）。

（A）凸液面内部分子所受压力大于外部压力；

（B）凹液面内部分子所受压力小于外部压力；

（C）水平液面内部分子所受压力大于外部压力；

（D）水平液面内部分子所受压力等于外部压力

8. 晶体物质的溶解度和熔点与其颗粒半径的关系是（　　）。

（A）半径越小,溶解度越小,熔点越低；

（B）半径越小,溶解度越大,熔点越低；

（C）半径越小,溶解度越大,熔点越高；

（D）半径与溶解度和熔点无关

9. 同一系统,比表面自由能和表面张力都用 A 表示,它们（　　）。

（A）物理意义相同,数值相同；　　（B）量纲和单位完全相同；

（C）物理意义相同,单位不同；　　（D）前者是标量,后者是矢量

10. 固体表面能被某液体润湿,其相应的接触角（　　）。

（A）$\theta=180°$；　　（B）$\theta>90°$；　　（C）$\theta<90°$；　　（D）θ 可为任意角

11. 在装有液体的毛细管右部加热,见图 9-16,则（　　）。

（A）液体左移；　　　　　　　　　（B）液体右移；

(C) 液体不动;　　　　　　　　　　　　　　　(D) 无法判断

12. 弯曲表面上附加压力的计算公式: $p_s = \dfrac{2A}{r}$ 中, p_s 的符号（　　　）。

图 9-16　选择题 11 附图

(A) 液面为凸面时为正,凹面为负;　　　　　(B) 液面为凸面时为负,凹面为正;

(C) 总为正;　　　　　　　　　　　　　　　(D) 总为负

13. 矿石浮选法的原理是根据表面活性剂的（　　　）。

(A) 乳化作用;　　　(B) 增溶作用;　　　(C) 去污作用;　　　(D) 润湿作用

14. 有机液体与水形成 W/O 型还是 O/W 型乳状液与乳化剂的 HLB 值有关,一般是（　　　）。

(A) HLB 值大,易形成 W/O 型;　　　　　　(B) HLB 值小,易形成 O/W 型;

(C) HLB 值大,易形成 O/W 型;　　　　　　(D) HLB 值小,不易形成 W/O 型

15. 对于增溶作用,下列叙述不正确的是（　　　）。

(A) 增溶作用使被溶物质化学势降低;

(B) 增溶系统是热力学稳定系统,而乳状液或溶胶是热力学不稳定系统;

(C) 增溶作用与真正的溶解作用一样,均使溶剂依数性有很大变化;

(D) 增溶作用发生在有大量胶束形成的离子型表面活性剂溶液中

16. 氧气在某固体表面上的吸附,在 400 K 下进行较慢,350 K 下更慢,该吸附过程主要是（　　　）。

(A) 物理吸附;　　　(B) 化学吸附;　　　(C) 不能确定;　　　(D) A 和 B

17. 弗罗因德利希吸附等温经验式适用于（　　　）。

(A) 低压下的单分子层物理吸附;

(B) 高压下的单分子层化学吸附;

(C) 中压范围的单分子层物理或化学吸附;

(D) 高压下的多分子层物理吸附

二、判断题

1. 液体在毛细管内上升或下降取决于该液体的表面张力的大小。　　　　（　　　）

2. 单分子层吸附只能是化学吸附,多分子层吸附只能是物理吸附。　　　（　　　）

3. 产生物理吸附的力是范德华力,作用较弱,因而吸附速率小,不易达到平衡。

　　　　　　　　　　　　　　　　　　　　　　　　　　　　　　　　（　　　）

4. 对大多数系统来讲,当温度升高时,表面张力下降。　　　　　　　　（　　　）

5. 比表面吉布斯函数是指等温等压下,当组成不变时可逆地增大单位表面积时,系统所增加的吉布斯函数,表面张力则是指表面单位长度上存在的使表面缩紧的力。因此,比表面吉布斯函数与表面张力是两个根本不同的概念。　　　　　　　　（　　　）

6. 等温等压下,凡能使系统表面吉布斯函数降低的过程都是自发过程。　（　　　）

三、填空题

1. 半径为 r 的球形肥皂泡内的附加压力是_____。

2. 表面活性剂分子的结构特点是_____,依据分子结构上的特点,表面活性剂大致可以分为_____和_____两大类。

3. HLB 称为表面活性剂的_____,根据它的数值可以判断其适宜的用途。

4. 朗格缪尔吸附等温式为_____,其中 b 为吸附系数,Γ_∞ 是_____,以 p/V 对_____作图得一条直线,直线的截距是_____,斜率是 $1/V_\infty$。

四、简答题

1. 将放有油和水的容器用力振荡使之完全混合后静置,会有什么现象发生?为什么?

2. 在没有外力场的影响下自由液滴呈球形的原因是什么?

3. 毛细管壁能被液体很好地润湿时液面呈现凹面,液柱升高的原因是什么?

4. 为什么在亲水固体表面,经适当表面活性剂(如防水剂)处理后,可以改变其表面性质,使其具有憎水性?

五、计算题

1. 已知 293.15 K 下水的表面张力为 0.072 8 N·m^{-1},如果把水分散成小水珠,试计算当水珠半径分别为 1.00×10^{-3} cm、1.00×10^{-4} cm、1.00×10^{-5} cm 时,曲面下的附加压力。

2. 室温下,将半径为 1×10^{-4} m 的毛细管插入水与苯的两层液体之间,水在毛细管内上升的高度为 0.04 m,玻璃-水-苯的接触角为 40 ℃,已知水和苯的密度分别为 1×10^3 kg·m^{-3} 和 8×10^2 kg·m^{-3},求水与苯间的界面张力。

3. 239.55 K,不同平衡压力下的 CO 气体在活性炭表面上的吸附量 V(单位质量活性炭吸附的 CO 气体体积,体积为标准态下的值)如表 9-8 所示。

表 9-8 计算题 3 附表

p/kPa	13.466	25.065	42.663	57.329	71.994	89.326
V/(dm^3·kg^{-1})	8.54	13.1	18.2	21.0	23.8	26.3

根据朗格缪尔吸附等温式,用图解法求 CO 的饱和吸附量 V_∞、吸附系数 b 及饱和吸附时 1 kg 活性炭表面上吸附 CO 的分子数。

第 10 章

胶　体

　　理解胶体分散系的定义和分类；了解溶胶的一般制备与净化方法；掌握溶胶的动力学性质、光学性质与电学性质；了解胶团的结构及胶体的稳定性与聚沉作用；了解高分子溶液的性质及其相对分子质量的测定方法；了解膜平衡的机理及离子交换膜的应用。

　　胶体分散系与人类的生活有着极其密切的关系。胶体分散系在生物界和非生物界都普遍存在，在实际生活和生产中都占有极其重要的地位。例如在冶金、造纸等工业部门，以及其他学科如土壤学、生物学、气象学、地质学等领域中都广泛接触到与胶体分散系有关的问题。同时，胶体分散系已广泛渗透到环境科学、纳米材料科学、制剂学、医学等领域。就人体而言，其各部分组织都是含水的胶体分散系，因此，生物体的很多生理现象和病理变化都与胶体分散系的性质有关。

　　总之，胶体化学是具有广泛应用价值的一门学科，掌握其基本概念、基本理论及技能，对许多行业的工作者来说都是十分必要的。

10.1　分散系

　　一种或几种物质分散在另一种物质中形成的系统，叫做分散系。除了纯净物之外，一切混合物都是分散系。在分散系中被分散的物质叫做分散相或分散质，另一种容纳分散相的物质叫做分散剂或分散介质。根据分散相粒子的大小，常把分散系分为三类。

　　1. 分子分散系

　　这类分散系分散相粒子的半径小于 10^{-9} m，被分散的物质以单个分子、原子、离子大小均匀地分散在分散介质中形成均相分散系，如葡萄糖溶液、氯化钠溶液等。分子分散系也称为真溶液。真溶液是均相热力学稳定系统,溶液透明,不发生光的散射,分散相粒子扩散快,能透过滤纸和半透膜。分子分散系的分散相和分散介质不会自动分开,而且在显微镜或超显微镜下看不见分子分散系的分散相粒子。

纳 米 材 料

"Nano"是希腊语前缀词,音译为"纳米",表示"十亿分之一"(一米的十亿分之一是纳米技术领域的测量单位)。一个原子小于一纳米(1 nm),但是一个分子可以大于这个量度。纳米材料是指由尺寸小于 100 nm(0.1~100 nm)的超细颗粒构成的固体材料。1984 年,德国著名学者格莱特把 6 nm 的金属粉末压制成纳米块,制出了世界上第一块纳米材料,开了纳米材料的先河。1990 年 7 月,在美国召开了第一届国际纳米科学技术学术会议,正式把纳米材料作为材料科学的一个新分支。纳米材料高度的弥散性和大量的界面为原子提供了短程扩散途径,导致高扩散率,它对超塑性有显著影响,并使有限固溶体的固溶性增强、烧结温度降低、化学活性增大、耐腐蚀性增强。与传统晶体材料相比,纳米材料在机械强度、磁、光、声、热等方面都有很大的优势,往往不同于该物质在粗晶状态时表现出的性质,由此可制造出各种性能优良的特殊材料。

2. 粗分散系

这类分散系分散相粒子的半径大于 10^{-7} m,被分散的粒子是由成千上万个分子、离子组成的集合体,自成一相,分散在分散介质中形成多相分散系,如牛奶、泥浆等。粗分散系混浊不透明,其分散相粒子很大,不易扩散,不能透过滤纸和半透膜。粗分散系的分散相与分散介质很容易分开,用显微镜肉眼就可以看见粗分散系的分散相粒子。粗分散系是多相热力学不稳定系统。

3. 胶体分散系

这类分散系分散相粒子的半径在 10^{-9}~10^{-7} m 范围内,这些粒子比普通的分子、原子、离子大得多,是许多分子、原子、离子的集合体,自成一相,分散在分散介质中形成多相分散系,如氢氧化铁溶胶、硅胶溶胶等。胶体分散系表面上看似乎和真溶液没有什么区别。但是胶体分散系被分散的粒子是很多分子、原子、离子的集合体,粒子较大,扩散较慢,不能透过半透膜。胶体分散系是热力学不稳定系统,在放置时,分散相与分散介质能自动分开,但因粒子太小,又吸附了溶液中的某些粒子而带电,所以也可放置较长的时间而分散相和分散介质不分开。

胶体分散系具有多相性、高分散性、热力学不稳定性等三个基本特性。胶体分散系的一些性质,如光学性质、动力学性质、电学性质等,都是由这三个基本特性引起的。

按照分散相和分散介质的聚集状态不同,多相分散系分为八类,表 10-1 列出了不同的多相分散系。

在表 10-1 列出的这些分散系中,几乎只有固体分散在液体中的分散系才能形成胶体分散系,其余的分散系都是粗分散系。胶体化学主要研究的就是固体分散在液体中的分散系,即溶胶。溶胶中被分散的分散相粒子叫做胶粒。

表 10-1　胶体分散系和粗分散系的分类

分　散　相	分散介质	名　　称	实　　例
液体 固体	气体	气溶胶	雾、云 尘、烟
气体 液体 固体	液体	泡沫 乳状液 溶胶、悬浮液	肥皂泡 牛奶 $Fe(OH)_3$溶胶、油漆、泥浆
气体 液体 固体	固体	固体泡沫 凝胶 固溶胶	泡沫塑料、馒头 珍珠 有色玻璃、非均匀态合金

10.2　溶胶

10.2.1　溶胶的制备、稳定与聚沉

1. 溶胶的制备

溶胶是固体分散在液体中形成的分散系,分散相粒子半径在 $10^{-9} \sim 10^{-7}$ m 范围内。溶胶的制备方法分为两大类:一类是将大块物体粉碎到溶胶分散相粒子半径的范围,即分散法;另一类是使分子或离子凝聚到溶胶分散相粒子半径的范围,即凝聚法。

1) 分散法

分散法是在有稳定剂存在的条件下将大块物质分散成胶粒的方法。

(1) 研磨法。

研磨法的常用设备是胶体磨,如图 10-1 所示。研磨法是利用机械能将固体物质粉碎成微粒以制备溶胶的一种方法,研磨法通常适用于脆而易碎的物质。在粉碎过程中,消耗了大量外部机械能,体系的表面能增加了。在实验室和工业上常用球磨机、研压机等机械粉碎固体物质。用研磨法制备微粒的难易与固体自身的表面能大小有关。研磨法不仅是实验室和工业上常用的方法,实际上,在自然界发生的许多分散过程与研磨法有关。例如,岩石在激浪和流水的冲刷下被粉碎成砂粒,山石经过风化和雨水的侵蚀被粉碎成土。

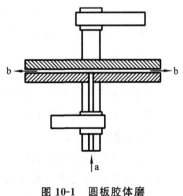

图 10-1　圆板胶体磨
a—入口;b—出口

（2）明胶法。

明胶法又叫解胶法或胶溶法，是在新生成并洗涤过的沉淀中加入适当的电解质溶液，并经过搅拌，使沉淀重新分散成溶胶的一种方法。明胶法不是使粗粒分散成溶胶，而只是使暂时凝集起来的分散相又重新分散。加入的电解质是用做稳定剂的，稳定剂可根据胶核表面所吸附的离子来选择。洗涤新鲜沉淀的滤液常常容易变混浊，是由于形成了溶胶。将少量稀的 $FeCl_3$ 溶液加入新制备的 $Fe(OH)_3$ 沉淀中，经过搅拌，沉淀会逐渐转化成红棕色的 $Fe(OH)_3$ 溶胶。$FeCl_3$ 在这里作为稳定剂，又叫胶溶剂。$FeCl_3$ 的稳定作用又叫胶溶作用，胶溶作用对于疏松、新鲜的沉淀效果较好。

$$Fe(OH)_3(新鲜沉淀) \xrightarrow{\text{加 } FeCl_3} Fe(OH)_3(溶胶)$$

$$AgCl(新鲜沉淀) \xrightarrow{\text{加 } AgNO_3 \text{ 或 } KCl} AgCl(溶胶)$$

$$SnCl_4 \xrightarrow{\text{水解}} SnO_2(新鲜沉淀) \xrightarrow{\text{加 } K_2Sn(OH)_6} SnO_2(溶胶)$$

（3）超声波分散法。

超声波分散法是将频率大于 16 000 Hz 的超声波传入介质，在介质中产生相同频率的机械振荡，利用这种高能量，使分散相受到很大的撕碎力和很大的压力而进行分散的一种方法。超声波分散法主要用于制备乳状液，常用的超声波分散法的设备如图 10-2 所示。

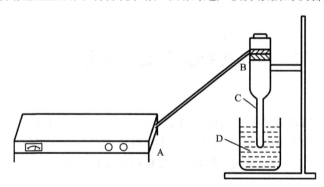

图 10-2　探头型超声波粉碎机

A—超声波发生器；B—压电换能器；C—振幅杆；D—样品

超声波分散法高效、迅速，可以将物质分散至粒径在 1.0×10^{-6} m 以下。利用超声波分散法可以制备硫、石膏、石墨等物质的水溶胶。

2）凝聚法

用分散法一般得不到分散度很高的胶体分散系，凝聚法则不同。凝聚法可以使单个分子、原子、离子相互凝聚成胶粒半径为 $10^{-9} \sim 10^{-8}$ m 的胶体分散系。常用的凝聚法有物理凝聚法和化学凝聚法两种。

（1）物理凝聚法。

利用适当的物理方法，如蒸气骤冷、改换溶剂等可以使某些物质凝聚成胶粒。蒸气凝聚法和改换溶剂法是两种最重要的物理凝聚法。

蒸气凝聚法的典型例子就是形成雾。当气温降低，空气中水的蒸气压大于液体的饱和蒸气压时，在气相中生成的新的液相就是雾。冷却其他物质的蒸气时可以制备相应的气溶胶。例如,将汞蒸气通入冷水中可以得到汞溶胶,此时高温下的汞蒸气与水接触时生成的少量氧化物起到稳定剂的作用。人工降雨也是利用蒸气凝聚法制备分散系的一个实例。

改换溶剂法是根据物质在不同溶剂中溶解度相差悬殊的性质进行的。例如,向饱和硫的乙醇溶液中注入部分水,由于硫在水中的溶解度极低,因此在水-乙醇溶液中过饱和的硫原子相互聚集,生成新相而从溶液中析出,形成硫黄水溶胶。又如把松香的乙醇溶液滴入水中,由于松香难溶于水,因此松香溶质以胶粒大小析出,形成松香水溶胶。

（2）化学凝聚法。

通过化学反应,如水解、分解、复分解、氧化、还原等使生成的难溶物成过饱和状态,然后再凝聚成溶胶。化学凝聚法与物理凝聚法的区别在于形成分散相的物质是由化学反应生成的,分散相实际上不溶于分散介质,因而可以聚集成粒子,并且可以不断地增大。原则上讲,任何一个能够生成新相的化学反应都可以制备溶胶。化学凝聚法中常用的有水解法、分解法、复分解法、氧化法、还原法等几种。下面分别举例。

① 水解法。将几滴 $FeCl_3$ 溶液逐滴滴加到沸腾的水中,可以制得红棕色的氢氧化铁溶胶。

$$FeCl_3(稀薄溶液) + 3H_2O \xrightarrow{煮沸} Fe(OH)_3(溶胶) + 3HCl$$

② 分解法。将 $Ni(CO)_4$ 在苯中加热可以制得镍溶胶。

$$Ni(CO)_4 \longrightarrow Ni(溶胶) + 4CO$$

③ 复分解法。将 H_2S 通入足够稀的 As_2O_3 溶液中可以制得硫化砷溶胶。

$$As_2O_3 + 3H_2S \longrightarrow As_2S_3(溶胶) + 3H_2O$$

④ 氧化法。将 O_2 通入 H_2S 水溶液中,H_2S 被氧化可以制得硫黄溶胶。

$$2H_2S(水溶液) + O_2 \longrightarrow 2S(溶胶) + 2H_2O$$

硫溶胶还可以利用 $Na_2S_2O_3$ 和盐酸的反应制得。

$$2HCl + Na_2S_2O_3 \longrightarrow S(溶胶) + SO_2 + 2NaCl + H_2O$$

⑤ 还原法。将 $HAuCl_4$ 溶液通入碱性甲醛溶液中,$HAuCl_4$ 被还原可以制得金溶胶。

$$2HAuCl_4 + 3HCHO(少量) + 11KOH \xrightarrow{加热} 2Au(溶胶) + 3HCOOK + 8KCl + 8H_2O$$

另外,还可以利用电弧法制备溶胶。电弧法兼有分散和冷凝两个过程,可以制成金、银、铂等贵金属溶胶。电弧法的具体操作是将欲制备金属溶胶的金属丝置于水中作为电极,通入高压电流,使两极之间产生电弧,在电弧的高温作用下产生的金属蒸气立即冷凝成胶粒。如果预先在水中加入少量作为稳定剂的碱,则可形成稳定的金属溶胶。

2. 溶胶的稳定

溶胶是高度分散系,具有一定的热力学稳定性。溶胶的胶粒能保持相对稳定的原因有以下几点。

1）布朗运动

溶胶的胶粒比较小,布朗运动激烈,布朗运动产生的动能足以克服胶粒重力的作用,使胶粒均匀分散而不聚沉。溶胶具有动力稳定性,这种动力稳定性是溶胶稳定的一个因素,但不是重要因素。

另外,分散介质的黏度对溶胶的动力学稳定性有影响。介质的黏度越大,胶粒越难聚沉,溶胶的动力学稳定性越强;反之,介质的黏度越小,胶粒越易聚沉,溶胶的动力学稳定性越弱。

2)胶粒带电

溶胶中胶粒带电,而整个溶胶的分散系是呈电中性的。在溶胶中,胶粒周围存在着带相反电荷离子的扩散层,使每个胶粒周围形成了离子氛。在溶胶中同种胶粒带同种电荷,因此每个胶粒周围的扩散层也带同种电荷。当带同种电荷的胶粒相互靠近时,周围的扩散层相互重叠,产生静电斥力。由于同性电荷的相互排斥,胶粒运动时即使相互碰撞,也会重新分开,因此难以聚集成较大的颗粒而聚沉。溶胶中胶粒所带电荷越多,相互间的排斥力越大,溶胶就越稳定。胶粒带电是溶胶稳定的一个主要因素,也是胶粒稳定的决定性因素。

3)溶剂化膜的存在

溶剂和溶质分子或离子之间通过静电作用力结合的作用,叫做溶剂化作用。溶胶中胶核外吸附层上的电位离子和反离子有很强的溶剂化作用,因此在胶粒外围形成了一层溶剂化膜,如果溶剂是水,则形成水化膜。当胶粒相互靠近时,溶剂化膜被挤压变形,而溶剂化膜具有一定的弹性,造成了胶粒接近时的机械阻力,溶剂化膜的存在使胶粒彼此隔开而不易聚沉。溶剂化膜的存在是溶胶稳定的另一个主要因素,但不是决定性因素。

3. 溶胶的聚沉

溶胶是多相高度分散系,具有巨大的表面积,系统的界面吉布斯函数也很高,胶粒间的碰撞有使其自发聚集的趋势。溶胶的热力学稳定性是相对的,胶粒的聚沉是必然的。溶胶的胶粒聚集成较大的颗粒从溶剂中沉淀下来的过程,叫做聚沉。溶胶有一些稳定存在的因素,如果破坏溶胶的稳定性因素就可以达到使溶胶聚沉的目的,能引起溶胶聚沉的因素有如下几点。

1)电解质的影响

当往溶胶中加入少量电解质后,增加了溶胶中粒子的总浓度,同时也增加了与胶粒带相反电荷的离子的浓度,使扩散层中的反离子更多地进入吸附层,从而导致胶粒的电荷减少甚至被完全中和,最终导致溶剂化膜消失。由于溶胶稳定的两个主要因素(即胶粒带电和溶剂化膜的存在)被破坏,胶粒就能迅速聚集而沉淀。例如,在 $Fe(OH)_3$ 溶胶(胶粒带正电)中加入少量的电解质 NaCl,与胶粒带相反电荷的 Cl^- 进入吸附层,减少甚至中和了胶粒表面 Fe^{3+} 吸附的正电荷,溶胶中立即析出 $Fe(OH)_3$ 沉淀。

溶胶受电解质影响很明显,通常用聚沉值表示电解质的聚沉能力。使一定量的溶胶在一定时间内完全聚沉所需加入的电解质的最小浓度,叫做聚沉值。电解质的聚沉值越大,聚沉能力越小;反之,电解质的聚沉值越小,聚沉能力越大。

不同电解质对溶胶的聚沉能力不同,电解质聚沉能力的大小主要取决于溶胶中与胶粒带相反电荷的离子的氧化数。该离子的氧化数越大,则电解质的聚沉能力越强。例如,NaCl、$CaCl_2$、$AlCl_3$ 三种电解质对 As_2S_3 溶胶(胶粒带负电)的聚沉能力依次增大。

江河入海口三角洲的形成,是因为河流中有黏土胶体分散系,其胶粒带负电荷,遇到海水后,胶粒的负电荷被海水中携带的阳离子(如 Na^+ 等)中和,从而形成沉淀,产生了泥土的堆积。

2）溶胶的相互作用

将胶粒带相反电荷的溶胶适量混合,带异性电荷的两种胶粒相互吸引,中和了彼此所带的电荷,从而使两种溶胶都聚沉。明矾净水的应用就是由于明矾溶于水后解离出的 Al^{3+} 水解形成了 $Al(OH)_3$ 胶体分散系,其胶粒带正电,与泥土胶体分散系的带负电荷的胶粒相互中和,达到了相互聚沉。只有当两种溶胶用量恰能使其所带的总电荷量相等时,才能完全聚沉,否则可能发生不完全聚沉现象,甚至不聚沉。

3）高分子化合物的影响

往溶胶中加入极少量的高分子化合物溶液,长链的高分子化合物可以吸附很大的胶粒,并以搭桥的方式把这些胶粒拉拢到一起,从而产生疏松棉絮状沉淀,这类沉淀叫做絮凝物。高分子化合物对溶胶的这种沉淀作用叫做高分子化合物的絮凝作用,能产生絮凝作用的高分子化合物叫做絮凝剂。另外,可以解离的高分子化合物还可以中和胶粒表面的电荷,使胶粒间的排斥力减小,从而加速溶胶的絮凝。高分子化合物对溶胶的絮凝作用如图 10-3 所示。

但是如果往溶胶中加入大量高分子化合物溶液,反而会增加溶胶的稳定性,称为高分子化合物对溶胶的保护作用。高分子化合物对溶胶的絮凝作用和保护作用,其主要区别在于加入的高分子化合物的量不同,加入极少量的高分子化合物会产生絮凝作用,而加入大量的高分子化合物则会产生保护作用。高分子化合物对溶胶的保护作用如图 10-4 所示。因此,高分子化合物对溶胶的影响具有两重性。

图 10-3　高分子化合物对溶胶的
　　　　　絮凝作用(低浓度)

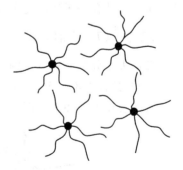

图 10-4　高分子化合物对溶胶的
　　　　　保护作用(高浓度)

4）加热的影响

加热之所以能使溶胶聚沉,是因为加热能使胶粒的运动速度加快,胶粒间相互碰撞的机会就会增多;同时温度升高,能削弱胶核对反离子的吸附作用,从而减弱胶核所带的电荷量,溶剂化程度也随之降低。因为加热同时减弱了溶胶稳定存在的三个因素,所以加热可以使溶胶聚沉。

10.2.2 溶胶的基本性质

1. 溶胶的动力学性质

1) 布朗运动

1827 年，英国植物学家布朗在显微镜下观察到悬浮在水中的花粉不断地做不规则运动，后来又发现许多其他物质(如化石、金属、煤等)的粉末也都有类似的现象。但有关理论上的解释直到 19 世纪末，应用分子运动学说以后才得以完成。1903 年，齐格蒙第发明了超显微镜，用超显微镜可以观察到溶胶胶粒不断地做不规则之字形的连续运动，称之为布朗运动，如图 10-5 所示。齐格蒙第观察了一系列溶胶，得出了结论：胶粒越小，布朗运动越激烈；布朗运动的激烈程度不随时间而改变，但随着温度的升高而增加。

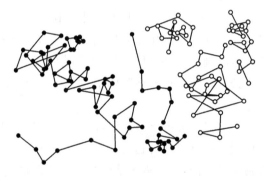

图 10-5　布朗运动

1905 年和 1906 年，爱因斯坦和斯莫霍基夫分别提出了布朗运动的理论。基本假设是认为布朗运动和分子运动完全类似，即溶胶中每个胶粒的平均动能和分散介质分子的一样，都等于 $\frac{3}{2}kT$。布朗运动是不断进行热运动的液体分子对微粒冲击的结果。对于很小但又远远大于分散介质分子的微粒来说，因为受到不同方向、不同速度的液体分子的冲击，所以受到的合力不平衡，于是时刻会以不同的方向、不同的速度做不规则的运动。液体分子对溶胶粒子的冲击如图 10-6 所示。

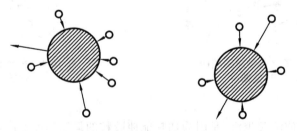

图 10-6　液体分子对溶胶粒子的冲击

爱因斯坦利用分子运动论的一些基本概念和公式，并假设溶胶的胶粒是球形的，推导出了布朗运动扩散方程，也叫爱因斯坦公式，即

$$\overline{x} = \sqrt{\frac{RT}{L} \frac{t}{3\pi\eta r}} \tag{10-1}$$

式中：$\overline{x}$——在观察时间 t 内溶胶中的胶粒沿 x 轴方向的平均位移；

r——胶粒的半径；

η——分散介质的黏度；

L——阿伏伽德罗常数。

这个公式把胶粒的位移与胶粒的大小、分散介质的黏度、温度以及观察的时间等联系起来，对于研究胶体分散系的动力学性质、确定胶粒的大小和扩散系数等都具有重要的应用意义。许多实验都证实了爱因斯坦公式的正确性，1903 年柏林和斯威伯格应用这个公式测得了 $L = 6.08 \times 10^{23}$ mol^{-1}，与阿伏伽德罗常数的测定值非常接近，这为分子运动论提供了有力的实验依据，分子运动论此后也成了普遍接受的理论。

2）扩散和渗透压

因为溶胶和稀薄溶液一样具有热运动，所以溶胶和稀薄溶液一样具有扩散作用和渗透压。但是溶胶的胶粒比分子分散系中的分子要大得多而且稳定性差得多，所以不能制成高浓度的溶胶，溶胶的扩散作用和渗透压表现得也不是很显著，甚至观察不到，以至于格雷厄姆曾误认为溶胶不具备扩散作用和渗透压。

溶胶中胶粒的布朗运动会引起溶胶的扩散现象，在有浓度差的情况下，会有胶粒从高浓度区向低浓度区迁移的现象，即为溶胶的扩散作用。

爱因斯坦曾经推导出关于溶胶扩散作用的公式，后被称为爱因斯坦-布朗位移公式，即

$$D = \frac{\overline{x}^2}{2t} \tag{10-2}$$

式中：D——扩散系数；

$\overline{x}$——在观察时间 t 内溶胶中的胶粒沿 x 轴方向的平均位移。

表 10-2 列出了部分物质的扩散系数。

表 10-2　部分物质的扩散系数

物　　质	相对分子质量或分散相粒子大小	扩散系数 $D/(10^{-10}$ $m^2 \cdot s^{-1})$
硒溶胶	r 为 55 nm	0.038
金溶胶	r 为 40 nm	0.049
纤维蛋白原	330 000	0.197
牛血清白蛋白	66 500	0.603
人血红蛋白	62 300	0.69
核糖核酸酶	13 683	1.068
金溶胶	r 为 1.3 nm	1.63
蔗糖	342	4.586
甘氨酸	75	9.335

将式（10-1）代入式（10-2）得

$$D = \frac{RT}{L} \frac{1}{6\pi\eta r} \tag{10-3}$$

从布朗运动的实验值用式(10-2)可求出扩散系数 D,再根据式(10-3)可计算出胶粒的半径 r。

也可以根据胶粒的密度 ρ,求出胶粒的摩尔质量。

$$M = \frac{4}{3}\pi r^3 \rho L \qquad (10\text{-}4)$$

爱因斯坦首先指出了扩散作用与渗透压之间有着密切的联系。溶胶的渗透压可以利用稀薄溶液的渗透压公式计算,有

$$\Pi = \frac{n}{V}RT \qquad (10\text{-}5)$$

式中:Π——溶胶的渗透压;

n——体积等于 V 的溶液中所含胶粒的物质的量。

以溶胶温度 $T = 273$ K,质量分数 $w = 7.46 \times 10^{-3}$ 的 As_2S_3 溶胶为例,计算渗透压。设胶粒为球形,半径 $r = 1 \times 10^{-8}$ m,已知 As_2S_3 溶胶胶粒密度 $\rho = 2.8 \times 10^3$ kg·m^{-3},则渗透压的计算如下。

设溶胶体积 V 为 1 dm^3,溶胶的质量近似等于质量为 1 kg 的溶剂水的质量,则 1 kg 溶胶中所含胶粒的物质的量

$$n = \frac{7.46 \times 10^{-3} \times 1}{\frac{4}{3}\pi \times (1 \times 10^{-8})^3 \times 6.023 \times 10^{23} \times 2.8 \times 10^3} \text{ mol}$$

$$= 1.056\ 6 \times 10^{-6} \text{ mol}$$

$$\Pi = \frac{n}{V}RT$$

$$= \frac{1.056\ 6 \times 10^{-6}}{1 \times 10^{-3}} \times 8.314 \times 273 \text{ Pa}$$

$$= 2.398 \text{ Pa}$$

很显然,这么小的渗透压实际上是很难测出的,事实上溶胶的渗透压表现得不是很显著。同样,溶胶的凝固点降低或沸点升高的效应也很难测出来。但是对于高分子化合物溶液或胶体电解质溶液,由于它们的溶解度很大,可以配制成相当高浓度的溶液,因此它们的渗透压可以测定。实际工作中,广泛地用高分子化合物溶液的渗透压测定高分子化合物的摩尔质量。

3)沉降和沉降平衡

如果分散相的密度大于分散介质的密度,则分散相粒子受到重力作用会下沉,这一过程叫做沉降。

粗分散系中的分散相粒子很大,最终会在重力作用下全部沉降下来。但是对于高度分散的溶胶而言,情况会有所不同。一方面,胶粒受到重力的作用有沉降的趋势,沉降的结果使容器底部胶粒的浓度大于上部的浓度,造成上、下浓度差;另一方面,布朗运动又促使浓度趋于均匀。当这两种效应相反的力大小相等时,胶粒随高度的分布形成稳定的浓度梯度,达到平衡状态。此时容器底部的胶粒浓度大,而且胶粒的浓度会随着高度的增加而减小(如图 10-7 所示),在不同高度处胶粒的浓度恒定,不随时间而变化,这种状态叫做

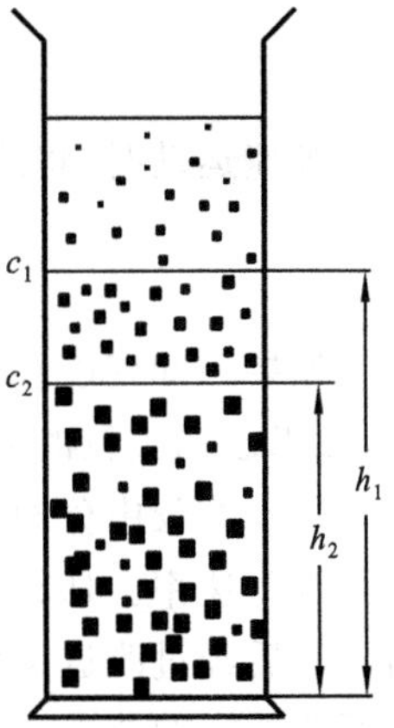

沉降平衡。

实验结果表明：胶粒越大，分散相与分散介质的密度差别会越大，达到沉降平衡时胶粒的浓度梯度会越大；温度越低，达到沉降平衡时胶粒的浓度梯度也会越大。

对于高度分散的溶胶，由于胶粒的沉降和布朗运动速率都很小，要达到沉降平衡需要很长的时间。在通常情况下，温度波动引起的对流和机械振动引起的混合等行为都会妨碍沉降平衡的建立，从而使沉降平衡所需的时间延长。因此，很难看到高度分散的溶胶的沉降平衡。

胶粒在重力场中随高度分布的关系遵循式(10-6)。

$$\ln \frac{c_2}{c_1} = -\frac{\varepsilon_2 - \varepsilon_1}{kT} \qquad (10\text{-}6)$$

图 10-7 沉降平衡

式中：c_1、c_2——在高度为 h_1 和 h_2 处一定体积溶胶中胶粒的浓度；

ε_1、ε_2——胶粒在高度为 h_1 和 h_2 处的能量，与重力有关；

k——玻耳兹曼常数，$k = 1.38 \times 10^{-23}$ J·K^{-1}。

胶粒在分散介质中的沉降力可根据式(10-7)求算。

$$F = \frac{4}{3}\pi r^3 (\rho - \rho_0) g \qquad (10\text{-}7)$$

式中：ρ、ρ_0——胶粒和分散介质的密度；

g——重力加速度；

r——胶粒的半径。

胶粒在 h_i 处的势能

$$\varepsilon_i = F h_i \qquad (10\text{-}8)$$

将式(10-8)代入式(10-6)得

$$RT \ln \frac{c_2}{c_1} = -\frac{4}{3}\pi r^3 (\rho - \rho_0) g L (h_2 - h_1) \qquad (10\text{-}9)$$

式(10-9)是胶粒的高度分布公式。胶粒的质量越大，则平衡浓度随高度的降低程度越大。表 10-3 列出了不同粒径质点的高度分布。

表 10-3 不同粒径质点的高度分布

分　散　系	粒径/m	胶粒半浓度高/m
藤黄悬浮体	2.3×10^{-7}	3×10^{-5}
粗分散的金溶胶	1.86×10^{-7}	2×10^{-7}
金溶胶	8.35×10^{-9}	2×10^{-2}
高度分散的金溶胶	1.86×10^{-9}	2.15
氧气	2.7×10^{-10}	5×10^3

如果沉降现象很明显，则可以通过测定沉降速率来进行沉降分析，从而估算胶粒的大小。在重力场较大且可以忽略布朗运动的情况下，胶粒在沉降过程中会受到摩擦力的阻碍，当胶粒所受的重力大小等于摩擦力时，沉降为等速运动。沉降时胶粒所受阻力

$$F = 6\pi\eta r \frac{\mathrm{d}x}{\mathrm{d}t} \tag{10-10}$$

等速运动时,将式(10-10)代入式(10-7),得

$$r = \sqrt{\frac{9}{2} \frac{\eta \mathrm{d}x/\mathrm{d}t}{(\rho - \rho_0)g}} \tag{10-11}$$

如果已知密度和黏度,则可以测定胶粒的沉降速率,从而可以计算出胶粒的半径。反之,如果已知胶粒的大小,则可以通过测定胶粒的沉降速率而求出溶液的黏度。

由于溶胶中分散相的胶粒很小,因此在重力场中沉降极为缓慢,以至于实际上无法测定其沉降速率。1923 年斯维伯格成功创造了离心机,把离心力提高到地心引力的 5 000 倍。以后经过改进又创造了超离心机,离心力已经达到地心引力的 10^6 倍,于是大大扩大了所能测定的范围。利用超离心机可以测定胶粒的摩尔质量。

$$M = \frac{2RT\ln(c_1/c_2)}{(1 - \rho_0/\rho)\omega^2(x_2^2 - x_1^2)} \tag{10-12}$$

式中:M——溶胶胶粒或高分子化合物的摩尔质量;

ω——超离心机旋转的角速度;

c_1、c_2——从旋转轴到溶胶平面距离分别为 x_1 和 x_2 处的胶粒浓度;

ρ、ρ_0——胶粒和分散介质的密度。

2. 溶胶的光学性质

1)丁铎尔现象

1869 年,丁铎尔发现如果将一束会聚的光线通过溶胶,则从侧面(即与光束垂直的方向)可以看到一个发光的圆锥体,这种现象叫做丁铎尔现象(又叫丁铎尔效应)。分子分散系(即真溶液)也会产生这种现象,但是远不如溶胶显著。因此,丁铎尔现象是判别溶胶与真溶液最简便的方法,如图 10-8 所示。

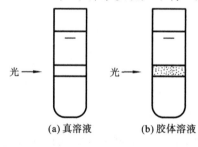

图 10-8　丁铎尔现象

丁铎尔现象的本质是光的散射。当光线射入分散系时可能发生两种情况:①如果分散系中分散相粒子的直径大于入射光的波长,则主要发生光的反射或折射现象,所以能看到混浊的现象,粗分散系就属于这种情况;②如果分散相粒子的直径小于入射光的波长,则主要发生光的散射现象。此时光波绕过分散相粒子而向各个方向散射出去,散射出来的光叫做散射光或乳光,所以能从侧面看到光。可见光的波长在 400~760 nm 的范围之内,而胶粒的直径在 2~200 nm 的范围之内,胶粒的直径略小于光的波长,因此溶胶会发生丁铎尔现象。真溶液分散相粒子是分子、原子或离子,其直径小于 2 nm,小于光的波长,因此也会产生散射现象,但由于直径比光的波长小得多,所以产生的散射光非常弱,甚至观察不到。

2)瑞利公式

19 世纪 70 年代,瑞利研究散射作用后得出,对于单位体积的被研究系统,所散射出的光强度

$$I = \frac{9\pi^2 \rho V^2}{2\lambda^4 l^2} \left(\frac{n^2 - n_0^2}{n^2 + 2n_0^2} \right)^2 (1 + \cos^2\theta) I_0 \qquad (10\text{-}13)$$

式中：I_0——入射光强度；

λ——入射光波长；

V——单个分散相粒子的体积；

ρ——粒子的密度；

n、n_0——分散相和分散介质的折射率；

θ——散射角，即观察的方向与入射方向之间的夹角；

l——观察者与散射中心的距离。

由式(10-13)得出如下结论。

(1) 当其他条件不变时，散射光的强度与入射光的波长的 4 次方成反比。入射光的波长越短，散射光的强度越大，散射光越强。如果入射光为白光，其中的蓝光和紫光的散射作用最强，因此要观察散射光，光源的波长应以短者为宜；而观察透过光时，则以波长长者为宜。

(2) 当其他条件不变时，分散介质和分散相的折射率相差越大，散射光的强度越大，散射光越强。因此，粒子大小相近的蛋白质溶液与 $BaCO_3$ 溶胶相比较，$BaCO_3$ 溶胶的折射率较大，散射作用也更为显著。

(3) 当其他条件不变时，散射光的强度与单个粒子体积的平方成正比。单个粒子的体积越小，散射光的强度越小。因为真溶液分子的体积非常小，所以产生的散射光非常微弱，甚至观察不到丁铎尔现象。因此，可以通过丁铎尔现象来区别溶胶和真溶液。

(4) 当其他条件都相同时，瑞利公式演变为

$$I = Kcr^3 \qquad (10\text{-}14)$$

式中：r——胶粒的半径；

c——胶粒的浓度；

K——比例常数。

利用式(10-14)可以通过比较两份相同物质形成的溶胶的散射光强度来测定溶胶的浓度以及胶粒的半径。

3. 溶胶的电学性质

溶胶是高度分散的多相热力学不稳定系统，胶粒有自发聚集变大而下沉的趋势。但实际上溶胶可以放置很长时间而不聚沉。前面已经讲到过一个原因就是胶粒的布朗运动，实际上还有一个重要原因就是胶粒带电。

溶胶中胶粒在与分散介质接触的界面上，发生解离、离子溶解或离子吸附作用，使得胶粒的表面带有电荷。

由于胶粒表面带有某种电荷呈正电性或负电性，而整个溶胶呈电中性，因此分散介质中必然带有与胶粒所带电荷数量相同而符号相反的电荷，所以溶胶表现出各种电学性质。

1）电泳

在外电场的作用下，胶粒在分散介质中作定向移动的现象，叫做电泳。溶胶的电泳现象说明胶粒带电。在电泳作用下胶粒和分散介质中的反离子分别向电源的两极移动。

$Fe(OH)_3$溶胶的电泳实验装置如图10-9所示。

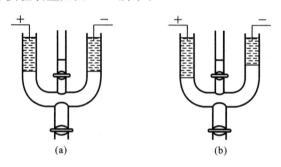

图10-9　U形电泳仪

先在U形管中装入NaCl溶液(其电导率与$Fe(OH)_3$溶胶的电导率相同)。漏斗中装有待测的红棕色$Fe(OH)_3$溶胶(如图中阴影部分),小心地旋开电泳管下面的活塞,使溶胶液面缓慢地在U形管中上升。因为$Fe(OH)_3$是红棕色的溶胶,所以与无色的NaCl溶液有明显的界面。当NaCl溶液与U形管顶端的电极接触后,关闭活塞,此时$Fe(OH)_3$溶胶与NaCl溶液之间的界面位于电极以下的某一位置(如图10-9(a)所示)。当两电极接通直流电源后,可以观察到在正极一侧的界面向下移动,而负极一侧的界面向上移动(如图10-9(b)所示),说明$Fe(OH)_3$溶胶的胶粒带正电。

胶粒的电泳速率与胶粒所带电量和外加电势差成正比,而与分散介质的黏度和胶粒的大小成反比。胶粒比离子大得多,但实际结果表明胶粒的电泳速率与离子的电迁移速率(即离子在电场作用下而引起的定向移动速率)的数量级大体相当,由此说明胶粒所带电荷量是相当大的。

实验证明,如果在溶胶中加入电解质,对溶胶的电泳会有显著影响。随着外加电解质的增加,胶粒的电泳速率会降低以至于变为零,外加电解质甚至还可以改变胶粒所带电荷的符号。

2) 胶粒带电的原因

溶胶中胶粒表面总是带有电荷,有的带正电荷,有的带负电荷。胶粒表面带有电荷的原因主要包括解离作用和吸附作用。

(1) 解离作用。

胶粒表面的分子与水接触时可以发生解离。例如H_2SiO_3溶液中,在胶粒表面的H_2SiO_3分子在水分子的作用下可以解离。

$$H_2SiO_3 \Longrightarrow HSiO_3^- + H^+$$

生成的H^+扩散到水中去,而$HSiO_3^-$则留在胶粒表面,结果使胶粒带负电。

(2) 吸附作用。

固体物质表面附着有介质中的分子或离子的现象,叫做吸附。溶胶是高度分散系,有巨大的比表面和很大的表面吉布斯函数,所以胶粒具有很强的吸附其他物质以减小表面吉布斯函数的趋势。如果溶液中有少量电解质,胶粒会有选择性地吸附某种离子而带电。

溶胶中的胶粒吸附阳离子,则带正电,称为正溶胶;溶胶中的胶粒吸附阴离子,则带负电,称为负溶胶。实验表明,溶胶中胶粒优先吸附与胶粒某一组成相同的离子。例如,当用 KI 和 AgNO₃ 制备 AgI 溶胶时,如果 KI 过量,则胶粒由于吸附了过量的 I⁻ 而带负电荷;如果 AgNO₃ 过量,则胶粒由于吸附了过量的 Ag⁺ 而带正电荷。在没有与胶粒组成相同的离子时,胶粒优先吸附水化能力较弱的阴离子,而使水化能力强的阳离子留在溶液中,因此通常带负电荷的胶粒居多。

另外,晶格取代和摩擦也是胶粒带电的原因。晶格取代是黏土粒子带电的原因。黏土由硅氧四面体和铝氧八面体晶格组成,天然黏土中的 Al^{3+} 或 Si^{4+} 常被部分低价的 Mg^{2+} 和 Ca^{2+} 取代,而使黏土晶格带负电。

在非水介质中,胶粒的电荷来源于胶粒和介质分子间的摩擦。

3）胶粒的结构

整个溶胶呈电中性,溶胶中的胶粒由于发生了解离和吸附等作用成为带电粒子,溶胶的分散介质中带有与胶粒所带电荷的电量相等而符号相反的电荷,而在溶胶的分散相粒子周围形成了双电层。以 AgNO₃ 溶液与 KI 溶液制备 AgI 溶液,当 KI 过量时为例,其胶粒结构如图 10-10 所示。

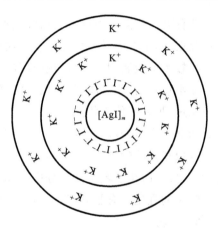

图 10-10 AgI 负溶胶胶粒结构剖面示意图

首先由 m 个（约为 10^3 个）AgI 分子聚集成直径为 1～100 nm 的固体粒子,它是胶粒的核心,称为胶核。胶核很小,溶胶中所有胶核的总表面积很大,吸附了 $n(n \ll m)$ 个 I⁻,I⁻ 决定了胶粒所带电荷的种类,称为电位离子,此处胶核带负电。带负电的胶核因静电作用力吸引溶胶中与 I⁻ 带相反电荷的 K⁺,K⁺ 所带电荷与电位离子相反,称为反离子。反离子 K⁺ 既受到电位离子 I⁻ 的静电吸引而有靠近胶核的趋势,又因本身的扩散作用有离开胶核分散到分散介质中去的趋势。当两种作用达到平衡时,有 $n-x$ 个 K⁺ 进入胶核的表面,与电位离子形成吸附层,其余 x 个 K⁺ 松散地分布在胶核周围形成扩散层。胶核和吸附层组成了胶粒,带负电,带负电的胶粒与分散介质中的扩散层 K⁺ 组成了胶团,整个胶团是呈电中性的。胶粒是溶胶中的独立移动单位,在通电的情况下,胶粒与扩散层离子分别移向电源的两极。通常所说的胶体带正电或负电,是指胶粒带电,整个溶胶是不带电的。

KI 过量的 AgI 溶胶胶团的结构式如下：
$$[(AgI)_m \cdot nI^- \cdot (n-x)K^+]^{x-} \cdot xK^+$$
AgNO₃ 过量的 AgI 溶胶胶团的结构式如下：
$$[(AgI)_m \cdot nAg^+ \cdot (n-x)NO_3^-]^{x+} \cdot xNO_3^-$$
As₂S₃ 溶胶胶团的结构式如下：
$$[(As_2S_3)_m \cdot nHS^- \cdot (n-x)H^+]^{x-} \cdot xH^+$$
硅胶溶胶胶团的结构式如下：

$$\left[(SiO_2)_m \cdot nSiO_3^{2-} \cdot 2(n-x)H^+\right]^{2x-} \cdot 2xH^+$$

$Fe(OH)_3$溶胶胶团的结构式如下：

$$\left[(Fe(OH)_3)_m \cdot nFeO^+ \cdot (n-x)Cl^-\right]^{x+} \cdot xCl^-$$

10.3 乳状液

1. 乳化

一种液体分散在与其不互溶的另一种液体中，形成高度分散系的过程，叫做乳化，得到的分散系称为乳状液。乳状液的分散相半径大于10^{-7} m，因此乳状液属于粗分散系。

两种互不相溶的液体混合后经过振荡形成的分散系有着很大的液-液界面，界面吉布斯函数很大，是热力学不稳定系统。这样的分散系放置一段时间，小液滴很容易聚集在一起形成较大的液滴，甚至会出现分层的现象。因此，只由两种互不相溶的液体形成的分散系是极不稳定的，不可能形成乳状液。但是在乳状液中加入适当的表面活性剂可以使乳状液稳定，加入的使乳状液稳定的表面活性剂，叫做乳化剂。乳化剂分子定向地吸附在分散相和分散介质的液-液界面上，一方面降低了乳状液这种粗分散系的界面张力，另一方面在分散相液滴的周围形成了具有一定机械强度的单分子保护膜或者形成了具有静电斥力的双电层，防止了乳状液的分层、絮凝、凝结等现象的发生，从而使乳状液稳定。

常用的乳化剂有肥皂、蛋白质、有机酸、胆甾醇、卵磷脂等。

2. 破乳

在乳状液中加入一种物质使乳状液的分散相和分散介质分离的过程，叫做破乳，为破乳而加入的物质称为破乳剂。例如，牛奶中提取奶油、污水中除去油沫、石油原油和橡胶等植物乳浆的脱水等都是破乳过程。破乳过程主要是破坏乳化剂对乳状液的保护作用，最终使分散相和分散介质两相分层析出。常用的破乳方法有三种。

1）顶替法

加入表面活性更大的物质，将原来的乳化剂从界面上顶替出来，使之不能形成牢固的保护膜而使乳状液破坏。例如，异戊醇的表面活性大，但是碳链太短，不足以形成牢固的保护膜，加入碳链较长的表面活性物质就能达到这种效果。

2）反应法

加入能与乳化剂发生反应的试剂，使乳化剂被破坏或者沉淀。例如：在橡胶树浆中加入酸可以使橡胶树浆变成橡胶而析出；用皂类作乳化剂时，如果加入无机酸，则可以使皂类变成脂肪酸而析出。

3）转型法

在 O/W 型乳状液中加入适当数量起相反效应的 W/O 型乳化剂，使乳状液在由原来的 O/W 型尚未完全转变为 W/O 型的过程中，达到破坏原来乳状液的目的。

3. 乳状液的应用

乳状液无论是在工业上还是在日常生活中都有广泛的应用。人们有时必须设法破坏天然形成的乳状液，有时又必须人工制备成乳状液。例如用乳状液基质制成的软膏比用油脂性基质制成的软膏有更强的亲水性，能与组织渗出液混合吸收，有利于药物的释放与穿透皮肤，有利于药物发挥药效。

* 10.4 高分子溶液

1. 高分子化合物

1）概念

相对分子质量大于 10^4 的物质叫做高分子化合物，简称高分子，又称大分子。高分子化合物分为天然的和合成的两大类：淀粉、糖原、蛋白质、核酸、动物胶等都是常见的天然高分子化合物，大多数生物和生化药品也都是天然高分子化合物；常见的合成高分子化合物主要有橡胶、塑料和纤维等。

高分子化合物溶解于水形成的溶液叫做高分子化合物溶液，简称高分子溶液。人体中的许多高分子溶液，如体液、血液等，在新陈代谢过程中起着十分重要的作用。某些高分子溶液，如脏器制剂、疫苗等可以直接用做药物。

2）特点

（1）溶胀。

溶剂分子钻到高分子化合物中间，使高分子化合物体积胀大，但又不会破坏高分子化合物内原子之间原有的联系的现象，叫做溶胀。溶胀是高分子化合物特有的现象。

（2）盐析。

在高分子溶液中加入大量电解质或非溶剂（能溶解溶剂而不能溶解高分子的液体），使高分子在溶液中沉淀下来，这种现象叫做盐析。不同种类和浓度的电解质溶液，对高分子的盐析能力不同。可以用逐渐增大电解质溶液浓度的方法，使不同的蛋白质从溶液中析出，这种操作叫做分段盐析。在临床检验中，利用分段盐析可以测定血清中白蛋白和球蛋白的含量，帮助诊断某些疾病。

2. 高分子溶液的性质

高分子溶液以单个高分子为独立存在的单元，由于高分子是由成千上万个原子组成的，因此分子很大，其半径在 $10^{-9} \sim 10^{-7}$ m 的范围之内。从分散相粒子大小的角度考虑，高分子溶液属于胶体分散系，因此高分子溶液与溶胶有着某些相同的性质。但由于高分子溶液和溶胶中分散相粒子的性质不同，高分子溶液被分散的是单个高分子，而溶胶被分散的是胶粒（即许多分子、原子、离子的集合体），因此高分子溶液和溶胶的性质又有区别。表10-4列出了高分子溶液和溶胶性质的区别。

表 10-4　高分子溶液与溶胶性质的比较

性　　质	高分子溶液	溶　　胶
分散相大小	$10^{-9} \sim 10^{-7}$ m	$10^{-9} \sim 10^{-7}$ m
分散相存在的单元	单分子	分子、原子、离子的集合体
分散相扩散速率	慢	慢
能否透过半透膜	不能透过	不能透过
是否为单相系统	是	不是
与分散介质亲和力	大	小
丁铎尔现象强弱	微弱	强
是否为热力学稳定系统	是	不是
渗透压	大	小
黏度	大	小
对电解质的敏感程度	不太敏感,加入大量电解质后会盐析	很敏感,加入少量电解质就会聚沉
聚沉后再加分散介质是否可逆	可逆	不可逆

3. 唐南平衡

某些高分子化合物在溶液中能解离成大分子离子和小分子离子,产生的小分子离子能透过半透膜,而大分子离子不能透过半透膜,因此会产生渗透现象。当渗透达到平衡时,半透膜两侧小分子离子的浓度不相等,这种由于大分子离子的存在而导致小分子离子在半透膜两侧分布不均匀的现象,叫做唐南效应,又叫唐南平衡。1911 年,英国科学家唐南发现了唐南平衡,唐南平衡在医学和生物学上起着十分重要的作用。

图 10-11 为唐南平衡示意图。假设半透膜两侧溶液均为单位体积,且整个平衡过程中体积始终不变。半透膜内高分子化合物 Na_zP 在水中发生解离:$Na_zP \longrightarrow zNa^+ + P^{z-}$。膜内 Na_zP 浓度为 c_2,Na^+ 能透过半透膜,P^{z-} 不能透过半透膜;膜外 $NaCl$ 的浓度为 c_1,Na^+、Cl^- 均能透过半透膜。

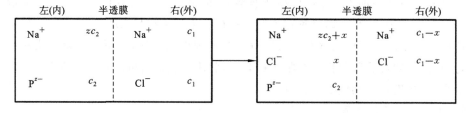

图 10-11　唐南平衡示意图

因为膜内没有 Cl^-,所以 Cl^- 透过半透膜进入膜内。为了保持溶液的电中性,必定有相等数量的 Na^+ 同时透过半透膜进入膜内。膜内 Na^+、Cl^- 也会向膜外渗透,当 Na^+、Cl^- 在膜两侧的渗透速率相等时,系统达到平衡,这时 $NaCl$ 在膜两侧的化学势相等。即

$$\mu(NaCl,内) = \mu(NaCl,外)$$

所以
$$RT\ln a(NaCl,内) = RT\ln a(NaCl,外) \qquad (10\text{-}15)$$

则
$$a(NaCl,内) = a(NaCl,外)$$

或
$$a(Na^+,内)a(Cl^-,内) = a(Na^+,外)a(Cl^-,外) \qquad (10\text{-}16)$$

式(10-16)表明,当系统达到渗透平衡时,组成电解质的离子在膜两侧浓度的乘积相等,这是唐南平衡的条件。

对于稀薄溶液而言,可以用浓度代替活度。所以

$$(x + zc_2)x = (c_1 - x)^2$$

即
$$x = \frac{c_1^2}{zc_2 + 2c_1} \tag{10-17}$$

由此可见,达到渗透平衡时,NaCl在膜两侧的浓度不相同,它在膜外(即在不含高分子的一侧)浓度较大,小分子离子在膜两侧分布的不均匀会产生额外的渗透压,这是唐南平衡造成的结果。

渗透压是因半透膜两侧溶液浓度不同,即粒子数不同而引起的,唐南平衡的存在必然产生一定的附加压力。当大分子离子与小分子离子在膜两侧达到唐南平衡时,膜内的渗透压

$$\Pi_2 = [(c_2 + zc_2 + x + x) - (2c_1 - 2x)]RT$$
$$= (c_2 + zc_2 - 2c_1 + 4x)RT \tag{10-18}$$

如果 $c_1 \ll c_2$,x 近似等于零,说明膜外 NaCl 浓度很小,几乎不能产生渗透现象,式(10-18)可近似为

$$\Pi_2 \approx (z+1)c_2RT = \Pi_1 \tag{10-19}$$

如果 $c_2 \ll c_1$,则有接近 $\frac{1}{2}c_1$ 的 NaCl 透过半透膜进入膜内,膜内、外 NaCl 浓度近似相等,式(10-18)可近似为

$$\Pi_2 \approx c_2RT = \Pi_0 \tag{10-20}$$

由此可知,加入电解质可以使高分子的渗透压 Π_2 在 $\Pi_0 \sim \Pi_1$ 之间变化,即

$$\Pi_0 < \Pi_2 < \Pi_1$$

唐南平衡是生物体内常见的一种生理现象。生物的细胞膜是一种半透膜,细胞内的高分子化合物与细胞外的体液处于膜平衡状态,这样就保证了一些具有重要生理功能的金属离子在细胞膜内、外保持一定的比例。另外,膜平衡的条件能使细胞在周围环境改变小分子成分时,确保细胞内部组成的相对稳定,这对维持机体的正常生理功能是很重要的。但是,生物膜平衡要比唐南平衡复杂得多,体液中离子的分布也不一定完全取决于唐南平衡。然而理解唐南系统,对于理解生物体系中的膜平衡现象是很有帮助的。

思 考 题

1. 胶体分散系的基本特性是什么?
2. 溶胶的制备方法有哪些?
3. 溶胶的光学性质、动力学性质、电学性质分别是什么?
4. 溶胶在稳定方面的特点及稳定性因素是什么?电解质对溶胶稳定性的影响有哪些?如何判断电解质聚沉能力的大小?

5. 乳化剂的作用是什么? 乳化和破乳有哪些实际应用?

6. 高分子溶液和溶胶的性质有何异同?

7. 胶粒的布朗运动扩散方程是什么?

8. 胶粒的高度分布公式是什么?

9. 溶胶胶团和胶粒的结构有何特点?

10. 什么是唐南平衡? 与其相关的计算有哪些?

1. 在以 KI 和 $AgNO_3$ 为原料制备 AgI 溶胶时,或者使 KI 过量,或者使 $AgNO_3$ 过量,两种情况下所制得的 AgI 溶胶的胶团结构有何不同?

2. 某溶胶粒子的平均直径是 4.2×10^{-9} m,设其黏度和纯水相同,为 0.001 Pa·s,试计算:

(1) 298 K 下,胶体的扩散系数 D。

(2) 在 1 s 里,由于布朗运动粒子沿 x 轴方向的平均位移 $\langle x \rangle$。

$$((1)1.04 \times 10^{-10} \text{ m}^2 \cdot \text{s}^{-1}; (2)1.44 \times 10^{-5} \text{ m})$$

3. 在 298 K 下,某粒子平均半径为 3×10^{-8} m,在地心力场中达沉降平衡后,在高度相距 1.0×10^{-4} m 的地方单位体积内粒子数分别为 277 个和 166 个。已知金的密度为 1.93×10^4 kg·m^{-3},分散介质的密度为 1×10^3 kg·m^{-3},试计算阿伏伽德罗常数 L。

$$(6.253\ 7 \times 10^{23} \text{ mol}^{-1})$$

4. 某内径为 0.02 m 的管中盛有油,直径为 1.588×10^{-3} m 的钢球在其中落下,下降 0.15 m 时需要 16.7 s。已知油和钢球的密度分别是 960 kg·m^{-3} 和 7 650 kg·m^{-3}。试计算在实验温度下油的黏度。   (1.023 Pa·s)

5. 试计算在 298 K 下地心力场中使粒子半径分别为(1)1.0×10^{-5} m;(2)1.0×10^{-7} m;(3)1.5×10^{-9} m 的金溶胶粒子分别下降 0.01 m 需要的时间。已知分散介质的密度为 1 000 kg·m^{-3},金的密度为 1.93×10^4 kg·m^{-3},溶液的黏度近似等于水的黏度,为 0.001 Pa·s。 $((1)2.5 \text{ s};(2)2.5 \times 10^4 \text{ s};(3)1.12 \times 10^4 \text{ s})$

6. 把 1×10^{-3} kg 的聚苯乙烯(200 kg·mol^{-1})溶于 0.1 dm^3 苯中,试计算所生成溶液在 293 K 下的渗透压 Π。   (121.8 Pa)

一、判断题

1. 溶胶在热力学和动力学上都是稳定系统。   (   )

2. 溶胶与高分子溶液都是均相系统。   (   )

3. 能产生丁铎尔现象的分散系都是溶胶。   (   )

4. 电解质的聚沉值越大,则聚沉能力越小。　　　　　　　　　　　　　　　(　　)

5. 虽然溶胶的胶粒带有某种电荷,但是整个溶胶呈电中性。　　　　　　　　(　　)

6. 高分子化合物属于胶体分散系。　　　　　　　　　　　　　　　　　　　(　　)

二、填空题

1. 根据分散相粒子直径的大小,将分散系分为_____系、_____系和_____系。

2. 溶胶的制备方法分为_____和_____。

3. $Fe(OH)_3$ 溶胶显_____色,是因为 $Fe(OH)_3$ 溶胶的胶核吸附了_____电荷,当把直流电源插入 $Fe(OH)_3$ 溶胶中时,在_____极附近颜色会逐渐变深,这是_____现象。

4. 当胶粒的_____和_____相等时,溶胶达到沉降平衡。

5. 乳化剂在形成乳状液中的作用是_____,乳状液一般分为_____型和_____型。

6. 高分子化合物对溶胶稳定性的影响具有两重性。当向溶胶中加入大量高分子化合物时,会对溶胶产生_____作用;当向溶胶中加入极少量高分子化合物时,会对溶胶产生_____作用。

三、选择题

1. 下列措施不一定能使溶胶聚沉的是(　　)。

(A) 加热溶胶;　　　　　　　　　　(B) 加入电解质;

(C) 加入胶粒带相反电荷的溶胶;　　(D) 加入高分子化合物

2. (　　)既是溶胶相对稳定存在的因素,又是溶胶遭破坏的因素。

(A) 胶粒的布朗运动;　　　　　　　(B) 胶粒溶剂化;

(C) 胶粒带电;　　　　　　　　　　(D) 胶粒的丁铎尔现象

3. 电泳实验中观察到胶粒向阳极移动,此现象表明(　　)。

(A) 胶粒带正电;　　　　　　　　　(B) 胶核表面带负电;

(C) 胶团扩散层带正的净电荷;　　　(D) 溶胶带负电

4. 溶胶与高分子溶液相比,以下各性质相同的是(　　)。

(A) 分散相粒子大小;　　　　　　　(B) 热力学稳定性;

(C) 渗透压;　　　　　　　　　　　(D) 丁铎尔现象

5. 由 10 mL 0.05 mol·dm^{-3} KCl 溶液和 100 mL 0.002 mol·dm^{-3} AgNO$_3$ 溶液混合制得的 AgCl 溶胶,若分别用下列电解质使其聚沉,则聚沉值的大小顺序为(　　)。

(A) $AlCl_3 < ZnSO_4 < KCl$;　　　　(B) $KCl < ZnSO_4 < AlCl_3$;

(C) $ZnSO_4 < KCl < AlCl_3$;　　　　(D) $KCl < AlCl_3 < ZnSO_4$

6. 用超显微镜在 0.01 s 内观察到某胶粒的平均位移为 10^{-4} cm,则此溶胶的扩散系数为(　　)。

(A) 5×10^{-9} cm^2·s^{-1};　　　　(B) 5×10^{-7} cm^2·s^{-1};

(C) 5×10^{-6} cm^2·s^{-1};　　　　(D) 5×10^{-3} cm^2·s^{-1}

四、计算题

1. (1)试计算 20 ℃下质量浓度为 $1×10^{-3}$ mol·kg^{-1} 的蔗糖水溶液的渗透压。已知蔗糖的摩尔质量 $M_B=342×10^{-3}$ kg·mol^{-1}。

(2)试计算同样浓度的 As_2S_3 溶胶的渗透压。设 As_2S_3 溶胶的胶粒为球形,半径 $r=1.0×10^{-8}$ m。已知 As_2S_3 溶胶的胶粒密度 $ρ=2.8×10^3$ kg·m^{-3}。(提示:在使用渗透压公式时,应把浓度单位换成 kg·m^{-3})

2. 在实验室中,用相同的方法制备两份浓度不同的硫溶胶,测得两份硫溶胶的散射光强度之比为 $I_1/I_2=10$。已知第一份硫溶胶的浓度为 $c_1=0.10$ mol·dm^{-3},设入射光的波长和强度等实验条件都相同,试求第二份硫溶胶的浓度 c_2。

3. 制备粒子半径 $r=1.0×10^{-8}$ m 的金溶胶。试计算在 25 ℃达到沉降平衡时,粒子浓度下降一半时的高度差。已知在此温度下 $ρ_{金}=1.93×10^4$ kg·m^{-3},$ρ_{水}=1.00×10^3$ kg·m^{-3}。

4. 某溶胶 100 mL,分别加入下列电解质溶液使溶胶聚沉,所需加入的最少量分别是 1.0 mol·dm^{-3} NaCl 溶液 100 mL、0.005 mol·dm^{-3} Na_2SO_4 溶液 625 mL、0.003 mol·dm^{-3} Na_3PO_4 溶液 40 mL。试求各电解质的聚沉值,并判断该溶胶的胶粒带什么电。

5. 某半透膜内放置的是羧甲基青霉素钠盐溶液,该溶液的初始浓度为 $1.28×10^{-3}$ mol·dm^{-3},膜外放置的是苄基青霉素钠盐溶液。达到唐南平衡时,测得半透膜内苄基青霉素离子浓度为 $3.2×10^{-3}$ mol·dm^{-3},试计算膜内、外苄基青霉素钠离子的浓度比。

五、简答题

1. 真溶液、溶胶和高分子溶液三者有何异同? 如何鉴别它们?

2. 丁铎尔现象的本质是什么? 为什么溶胶会产生丁铎尔现象?

3. 溶胶在热力学上是不稳定系统,却能长期稳定存在,为什么?

4. 试解释:(1)江河入海处,为什么常会形成三角洲? (2)加明矾为什么能使混浊的水澄清? (3)使用不同型号的墨水,为什么有时会使钢笔堵塞而写不出字?

5. 试列举乳化和破乳作用的实际应用。

6. 为什么晴朗的天空呈蓝色? 为什么雾天行驶的车辆必须用黄色灯?

附录

附录 A　基本物理常量

表 A-1　基本物理常量

量 的 名 称	量 的 符 号	数值和单位
真空中的光速	c_0	$(2.997\ 924\ 58 \pm 0.000\ 000\ 012) \times 10^8\ m \cdot s^{-1}$
元电荷(一个质子的电荷)	e	$(1.602\ 177\ 33 \pm 0.000\ 000\ 49) \times 10^{-19}\ C$
普朗克常量	h	$(6.626\ 075\ 5 \pm 0.000\ 004\ 0) \times 10^{-34}\ J \cdot s$
玻耳兹曼常数	k	$(1.380\ 658 \pm 0.000\ 012) \times 10^{-23}\ J \cdot K^{-1}$
阿伏伽德罗常数	L	$(6.022\ 136\ 7 \pm 0.000\ 003\ 6) \times 10^{23}\ mol^{-1}$
原子质量单位	$1\ u = m(^{12}C)/12$	$(1.660\ 540\ 2 \pm 0.000\ 001\ 0) \times 10^{-27}\ kg$
电子[静]质量	m_c	$9.109\ 38 \times 10^{-31}\ kg$
质子[静]质量	m_p	$1.672\ 62 \times 10^{-27}\ kg$
真空介电常数	ε_0	$8.854\ 188 \times 10^{-12}\ F^{-1} \cdot m^{-1}$
	$4\pi\varepsilon_0$	$1.112\ 650 \times 10^{-12}\ F^{-1} \cdot m^{-1}$
法拉第常数	F	$(9.648\ 530\ 9 \pm 0.000\ 002\ 9) \times 10^4\ C \cdot mol^{-1}$
摩尔气体常数	R	$(8.314\ 510 \pm 0.000\ 070)\ J \cdot mol^{-1} \cdot K^{-1}$

附录 B　相对原子质量

表 B-1　相对原子质量

原子序数	元素符号	元素名称	相对原子质量	原子序数	元素符号	元素名称	相对原子质量
1	H	氢	1.007 9	8	O	氧	15.999 4
2	He	氦	4.002 60	9	F	氟	18.998 403
3	Li	锂	6.941	10	Ne	氖	20.179
4	Be	铍	9.012 18	11	Na	钠	22.989 77
5	B	硼	10.81	12	Mg	镁	24.305
6	C	碳	12.011	13	Al	铝	26.981 54
7	N	氮	14.006 7	14	Si	硅	28.085 5

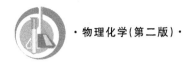
续表

原子序数	元素符号	元素名称	相对原子质量	原子序数	元素符号	元素名称	相对原子质量
15	P	磷	30.973 76	45	Rh	铑	102.905 5
16	S	硫	32.06	46	Pd	钯	106.42
17	Cl	氯	35.453	47	Ag	银	107.868
18	Ar	氩	39.948	48	Cd	镉	112.41
19	K	钾	39.098 3	49	In	铟	114.82
20	Ca	钙	40.08	50	Sn	锡	118.710
21	Sc	钪	44.955 9	51	Sb	锑	121.76
22	Ti	钛	47.87	52	Te	碲	127.60
23	V	钒	50.941 5	53	I	碘	126.904 5
24	Cr	铬	51.996	54	Xe	氙	131.29
25	Mn	锰	54.938 0	55	Cs	铯	132.905 4
26	Fe	铁	55.845	56	Ba	钡	137.33
27	Co	钴	58.933 2	57	La	镧	138.905 5
28	Ni	镍	58.69	58	Ce	铈	140.12
29	Cu	铜	63.546	59	Pr	镨	140.907 7
30	Zn	锌	65.39	60	Nd	钕	144.24
31	Ga	镓	69.72	61	Pm	钷	[147]
32	Ge	锗	72.64	62	Sm	钐	150.36
33	As	砷	74.921 6	63	Eu	铕	151.96
34	Se	硒	78.96	64	Gd	钆	157.25
35	Br	溴	79.904	65	Tb	铽	158.925 3
36	Kr	氪	83.80	66	Dy	镝	162.50
37	Rb	铷	85.467 8	67	Ho	钬	164.930 3
38	Sr	锶	87.62	68	Er	铒	167.26
39	Y	钇	88.905 9	69	Tm	铥	168.934 2
40	Zr	锆	91.22	70	Yb	镱	173.04
41	Nb	铌	92.606 4	71	Lu	镥	174.967
42	Mo	钼	95.94	72	Hf	铪	178.49
43	Tc	锝	[98]	73	Ta	钽	180.947 9
44	Ru	钌	101.07	74	W	钨	183.84

原子序数	元素符号	元素名称	相对原子质量	原子序数	元素符号	元素名称	相对原子质量
75	Re	铼	186.207	90	Th	钍	232.038 1
76	Os	锇	190.2	91	Pa	镤	231.035 9
77	Ir	铱	192.22	92	U	铀	238.028 9
78	Pt	铂	195.08	93	Np	镎	[237]
79	Au	金	196.966 6	94	Pu	钚	[244]
80	Hg	汞	200.59	95	Am	镅	[243]
81	Tl	铊	204.383	96	Cm	锔	[247]
82	Pb	铅	207.2	97	Bk	锫	[247]
83	Bi	铋	208.980 4	98	Cf	锎	[251]
84	Po	钋	[209]	99	Es	锿	[252]
85	At	砹	[210]	100	Fm	镄	[257]
86	Rn	氡	[222]	101	Md	钔	[258]
87	Fr	钫	[223]	102	No	锘	[259]
88	Ra	镭	[226]	103	Lr	铹	[260]
89	Ac	锕	[227]				

注:括号内数据是天然放射性元素较重要的同位素的相对原子质量或人造元素半衰期最长的同位素的相对原子质量。

附录C 拉丁字母

表C-1 拉丁字母

正 体		黑 正 体		斜 体		黑 斜 体	
大写	小写	大写	小写	大写	小写	大写	小写
A	a	**A**	**a**	*A*	*a*	***A***	***a***
B	b	**B**	**b**	*B*	*b*	***B***	***b***
C	c	**C**	**c**	*C*	*c*	***C***	***c***
D	d	**D**	**d**	*D*	*d*	***D***	***d***
E	e	**E**	**e**	*E*	*e*	***E***	***e***
F	f	**F**	**f**	*F*	*f*	***F***	***f***
G	g	**G**	**g**	*G*	*g*	***G***	***g***
H	h	**H**	**h**	*H*	*h*	***H***	***h***

正　　体		黑　正　体		斜　　体		黑　斜　体	
大写	小写	大写	小写	大写	小写	大写	小写
I	i	**I**	**i**	*I*	*i*	***I***	***i***
J	j	**J**	**j**	*J*	*j*	***J***	***j***
K	k	**K**	**k**	*K*	*k*	***K***	***k***
L	l	**L**	**l**	*L*	*l*	***L***	***l***
M	m	**M**	**m**	*M*	*m*	***M***	***m***
N	n	**N**	**n**	*N*	*n*	***N***	***n***
O	o	**O**	**o**	*O*	*o*	***O***	***o***
P	p	**P**	**p**	*P*	*p*	***P***	***p***
Q	q	**Q**	**q**	*Q*	*q*	***Q***	***q***
R	r	**R**	**r**	*R*	*r*	***R***	***r***
S	s	**S**	**s**	*S*	*s*	***S***	***s***
T	t	**T**	**t**	*T*	*t*	***T***	***t***
U	u	**U**	**u**	*U*	*u*	***U***	***u***
V	v	**V**	**v**	*V*	*v*	***V***	***v***
W	w	**W**	**w**	*W*	*w*	***W***	***w***
X	x	**X**	**x**	*X*	*x*	***X***	***x***
Y	y	**Y**	**y**	*Y*	*y*	***Y***	***y***
Z	z	**Z**	**z**	*Z*	*z*	***Z***	***z***

附录 D　中华人民共和国法定计量单位

表 D-1　SI 基本单位

量 的 名 称	单 位 名 称	单 位 符 号
长度	米	m
质量	千克(公斤)	kg
时间	秒	s
电流	安[培]	A
热力学温度	开[尔文]	K
物质的量	摩[尔]	mol
发光强度	坎[德拉]	cd

表 D-2　包括 SI 辅助单位在内的具有专门名称的 SI 导出单位

量 的 名 称	SI 导出单位		
	名称	符号	用 SI 基本单位和 SI 导出单位表示
［平面］角	弧度	rad	$1\ rad = 1\ m \cdot m^{-1} = 1$
立体角	球面度	sr	$1\ sr = 1\ m^2 \cdot m^{-2} = 1$
频率	赫［兹］	Hz	$1\ Hz = 1\ s^{-1}$
力	牛［顿］	N	$1\ N = 1\ kg \cdot m \cdot s^{-2}$
压力,压强,应力	帕［斯卡］	Pa	$1\ Pa = 1\ N \cdot m^{-2}$
能［量］,功,热量	焦［耳］	J	$1\ J = 1\ N \cdot m$
功率,辐［射能］通量	瓦［特］	W	$1\ W = 1\ J \cdot s^{-1}$
电荷［量］	库［仑］	C	$1\ C = 1\ A \cdot s$
电压,电动势,电位(电势)	伏［特］	V	$1\ V = 1\ W \cdot A^{-1}$
电容	法［拉］	F	$1\ F = 1\ C \cdot V^{-1}$
电阻	欧［姆］	Ω	$1\ \Omega = 1\ V \cdot A^{-1}$
电导	西［门子］	S	$1\ S = 1\ \Omega^{-1}$
磁通［量］	韦［伯］	Wb	$1\ Wb = 1\ V \cdot s$
磁通［量］密度,磁感应强度	特［斯拉］	T	$1\ T = 1\ Wb \cdot m^{-2}$
电感	亨［利］	H	$1\ H = 1\ Wb \cdot A^{-1}$
摄氏温度	摄氏度	℃	$1\ ℃ = 1\ K$
光通量	流［明］	lm	$1\ lm = 1\ cd \cdot sr$
［光］照度	勒［克斯］	lx	$1\ lx = 1\ lm \cdot m^{-2}$

注:摄氏度是用来表示摄氏温度值时单位开尔文的专门名称(参阅 GB 3102.4 中 4-1.a 和 4-2.a)。

表 D-3　由于人类健康安全防护上的需要而确定的具有专门名称的 SI 导出单位

量 的 名 称	SI 导出单位		
	名称	符号	用 SI 基本单位和 SI 导出单位表示
［放射性］活度	贝可［勒尔］	Bq	$1\ Bq = 1\ s^{-1}$
吸收剂量 比授［予］能 比释动能	戈［瑞］	Gy	$1\ Gy = 1\ J \cdot kg^{-1}$
剂量当量	希［沃特］	Sv	$1\ Sv = 1\ J \cdot kg^{-1}$

表 D-4 SI 词头

因　数	词头名称		符　号
	英文	中文	
10^{24}	yotta	尧[它]	Y
10^{21}	zetta	泽[它]	Z
10^{18}	exa	艾[可萨]	E
10^{15}	peta	拍[它]	P
10^{12}	tera	太[拉]	T
10^{9}	giga	吉[咖]	G
10^{6}	mega	兆	M
10^{3}	kilo	千	k
10^{2}	hecto	百	h
10^{1}	deca	十	da
10^{-1}	deci	分	d
10^{-2}	centi	厘	c
10^{-3}	milli	毫	m
10^{-6}	micro	微	μ
10^{-9}	nano	纳[诺]	n
10^{-12}	pico	皮[可]	p
10^{-15}	femto	飞[母托]	f
10^{-18}	atto	阿[托]	a
10^{-21}	zepto	仄[普托]	z
10^{-24}	yocto	幺[科托]	y

表 D-5 可与国际单位制单位并用的我国法定计量单位

量的名称	单位名称	单位符号	与 SI 单位的关系
时间	分	min	1 min＝60 s
	[小]时	h	1 h＝60 min＝3 600 s
	日(天)	d	1 d＝24 h＝86 400 s
[平面]角	度	°	$1°＝(\pi/180)$ rad
	[角]分	′	$1′＝(1/60)°＝(\pi/10\ 800)$ rad
	[角]秒	″	$1″＝(1/60)′＝(\pi/648\ 000)$ rad

续表

量 的 名 称	单 位 名 称	单 位 符 号	与 SI 单位的关系
体积	升	L(l)	$1\ L = 1\ dm^3 = 10^{-3}\ m^3$
质量	吨	t	$1\ t = 10^3\ kg$
	原子质量单位	u	$1\ u \approx 1.660\ 540 \times 10^{-27}\ kg$
旋转速度	转每分	$r \cdot min^{-1}$	$1\ r \cdot min^{-1} = (1/60)\ s^{-1}$
长度	海里	n mile	1 n mile $= 1\ 852$ m（只用于航行）
速度	节	kn	1 kn $= 1$ n mile $\cdot h^{-1} = (1\ 852/3\ 600)$ m $\cdot s^{-1}$（只用于航行）
能	电子伏	eV	$1\ eV \approx 1.602\ 177 \times 10^{-19}\ J$
级差	分贝	dB	
线密度	特［克斯］	tex	1 tex $= 10^{-6}$ kg $\cdot m^{-1}$
面积	公顷	hm^2	$1\ hm^2 = 10^4\ m^2$

注：(1) 平面角单位度、分、秒的符号，在组合单位中应采用(°)、(′)、(″)的形式。

(2) 升的两个符号属同等地位，可任意选用。

(3) 公顷的国际通用符号为 ha。

附录 E　常用数学公式

表 E-1　常用数学公式

$\ln x = \lg x / \lg e = 2.3 \lg x$
$dx^m = m x^{m-1} dx$
$d(\ln x) = \dfrac{dx}{x}$
$de^x = e^x dx$
$\displaystyle\int dx = x + C$（$C$ 为积分常数）
$\displaystyle\int x^m dx = \dfrac{x^{m+1}}{m+1} + C$
$\displaystyle\int \dfrac{dx}{x} = \ln x + C$
$\dfrac{1}{1-x} = 1 + x + x^2 + x^3 + \cdots$ $(|x| < 1)$
$\displaystyle\int x^n e^{ax} dx = \dfrac{x^n e^{ax}}{a^{n+1}} - \dfrac{n}{a} \int x^{n-1} e^{ax} dx$
$\displaystyle\int_0^\infty e^{-ax} dx = \dfrac{n!}{a^{n+1}}$ $(n > -1, a > 0)$
$\displaystyle\int x \sin(ax) dx = \dfrac{1}{a^2} \sin(ax) - \dfrac{x}{a} \cos(ax)$

附录 F 物质的标准摩尔生成焓、标准摩尔生成吉布斯函数、标准摩尔熵和摩尔定压热容(100 kPa)

表 F-1 单质和无机物(298.15 K)

物 质	$\dfrac{\Delta_f H_m^{\ominus}}{kJ \cdot mol^{-1}}$	$\dfrac{\Delta_f G_m^{\ominus}}{kJ \cdot mol^{-1}}$	$\dfrac{S_m^{\ominus}}{J \cdot mol^{-1} \cdot K^{-1}}$	$\dfrac{C_{p,m}}{J \cdot mol^{-1} \cdot K^{-1}}$
Ag(s)	0	0	42.712	25.48
$Ag_2CO_3(s)$	−506.14	−437.09	167.36	
$Ag_2O(s)$	−30.56	−10.82	121.71	65.57
Al(s)	0	0	28.315	24.35
Al(g)	313.80	273.2	164.553	
$\alpha\text{-}Al_2O_3$	−1 669.8	−2 213.16	0.986	79.0
$Al_2(SO_4)_3(s)$	−3 434.98	−3 728.53	239.3	259.4
$Br_2(g)$	30.71	3.109	245.455	35.99
$Br_2(l)$	0	0	152.3	35.6
C(g)	718.384	672.942	158.101	
C(金刚石)	1.896	2.866	2.439	6.07
C(石墨)	0	0	5.694	8.66
CO(g)	−110.525	−137.285	198.016	29.142
$CO_2(g)$	−393.511	−394.38	213.76	37.120
Ca(s)	0	0	41.63	26.27
$CaC_2(s)$	−62.8	−67.8	70.2	62.34
$CaCO_3$(方解石)	−1 206.87	−1 128.70	92.8	81.83
$CaCl_2(s)$	−795.0	−750.2	113.8	72.63
CaO(s)	−635.6	−604.2	39.7	48.53
$Ca(OH)_2(s)$	−986.5	−896.89	76.1	84.5
$CaSO_4$(硬石膏)	−1 432.68	−1 320.24	106.7	97.65
$Cl^-(aq)$	−167.456	−131.168	55.10	
$Cl_2(g)$	0	0	222.948	33.9
Cu(s)	0	0	33.32	24.47
CuO(s)	−155.2	−127.1	43.51	44.4
$\alpha\text{-}Cu_2O$	−166.69	−146.33	100.8	69.8

续表

物　　质	$\dfrac{\Delta_f H_m^{\ominus}}{kJ \cdot mol^{-1}}$	$\dfrac{\Delta_f G_m^{\ominus}}{kJ \cdot mol^{-1}}$	$\dfrac{S_m^{\ominus}}{J \cdot mol^{-1} \cdot K^{-1}}$	$\dfrac{C_{p,m}}{J \cdot mol^{-1} \cdot K^{-1}}$
$F_2(g)$	0	0	203.5	31.46
$\alpha\text{-Fe}$	0	0	27.15	25.23
$FeCO_3(s)$	-747.68	-673.84	92.8	82.13
$FeO(s)$	-266.52	-244.3	54.0	51.1
$Fe_2O_3(s)$	-822.1	-741.0	90.0	104.6
$Fe_3O_4(s)$	$-1\ 117.1$	$-1\ 014.1$	146.4	143.42
$H_2(g)$	0	0	130.695	28.83
$D_2(g)$	0	0	144.884	29.20
$HBr(g)$	-36.24	-53.22	198.60	29.12
$HBr(aq)$	-120.92	-102.80	80.71	
$HCl(g)$	-92.311	-95.265	186.786	29.12
$HCl(aq)$	-167.44	-131.17	55.10	
$H_2CO_3(aq)$	-698.7	-623.37	191.2	
$HI(g)$	-25.94	-1.32	206.42	29.12
$H_2O(g)$	-241.825	-228.577	188.823	33.571
$H_2O(l)$	-285.838	-237.142	69.940	75.296
$H_2O(s)$	-291.850	-234.03	39.4	
$H_2O_2(l)$	-187.61	-118.04	102.26	82.29
$H_2S(g)$	-20.146	-33.040	205.75	33.97
$H_2SO_4(l)$	-811.35	-866.4	156.85	137.57
$H_2SO_4(aq)$	-811.32			
$I_2(s)$	0	0	116.7	55.97
$I_2(g)$	62.242	19.34	260.60	36.87
$N_2(g)$	0	0	191.598	29.12
$NH_3(g)$	-46.19	-16.603	192.61	35.65
$NO(g)$	89.860	90.37	210.309	29.861
$NO_2(g)$	33.85	51.86	240.57	37.90
$N_2O(g)$	81.55	103.62	220.10	38.70
$N_2O_4(g)$	9.660	98.39	304.42	79.0
$N_2O_5(g)$	2.51	110.5	342.4	108.0

续表

物　质	$\dfrac{\Delta_f H_m^\ominus}{kJ \cdot mol^{-1}}$	$\dfrac{\Delta_f G_m^\ominus}{kJ \cdot mol^{-1}}$	$\dfrac{S_m^\ominus}{J \cdot mol^{-1} \cdot K^{-1}}$	$\dfrac{C_{p,m}}{J \cdot mol^{-1} \cdot K^{-1}}$
$O_2(g)$	0	0	205.138	29.37
$O_3(g)$	142.3	163.45	237.7	38.15
$OH^-(aq)$	−229.940	−157.297	−10.539	
S(单斜)	0.29	0.096	32.55	23.64
S(斜方)	0	0	31.9	22.60
$S(g)$	222.80	182.27	167.825	
$SO_2(g)$	−296.90	−300.37	248.64	39.79
$SO_3(g)$	−395.18	−370.40	256.34	50.70
$SO_4^{2-}(aq)$	−907.51	−741.90	17.2	

表 F-2　有机化合物

物　质	名　称	$\dfrac{\Delta_f H_m^\ominus}{kJ \cdot mol^{-1}}$	$\dfrac{\Delta_f G_m^\ominus}{kJ \cdot mol^{-1}}$	$\dfrac{S_m^\ominus}{J \cdot mol^{-1} \cdot K^{-1}}$	$\dfrac{C_{p,m}}{J \cdot mol^{-1} \cdot K^{-1}}$
		烃　类			
$CH_4(g)$	甲烷	−74.847	50.827	186.30	35.715
$C_2H_2(g)$	乙炔	226.748	209.200	200.928	43.928
$C_2H_4(g)$	乙烯	52.283	68.157	219.56	43.56
$C_2H_6(g)$	乙烷	−84.667	−32.821	229.60	52.650
$C_3H_6(g)$	丙烯	20.414	62.783	267.05	63.89
$C_3H_8(g)$	丙烷	−103.847	−23.391	270.02	73.51
$C_4H_6(g)$	1,3-丁二烯	110.16	150.74	278.85	79.54
$C_4H_8(g)$	1-丁烯	−0.13	71.60	305.71	85.65
$C_4H_8(g)$	顺-2-丁烯	−6.99	65.96	300.94	78.91
$C_4H_8(g)$	反-2-丁烯	−11.17	63.07	296.59	87.82
$C_4H_8(g)$	2-甲基丙烯	−16.90	58.17	293.70	89.12
$C_4H_{10}(g)$	正丁烷	−126.15	−17.02	310.23	97.45
$C_4H_{10}(g)$	异丁烷	−134.52	−20.79	294.75	96.82
$C_6H_6(g)$	苯	82.927	129.723	269.31	81.67
$C_6H_6(l)$	苯	49.028	124.597	172.35	135.77
$C_6H_{12}(g)$	环己烷	−123.14	31.92	298.51	106.27

物　　质	名　　称	$\dfrac{\Delta_f H_m^{\ominus}}{kJ \cdot mol^{-1}}$	$\dfrac{\Delta_f G_m^{\ominus}}{kJ \cdot mol^{-1}}$	$\dfrac{S_m^{\ominus}}{J \cdot mol^{-1} \cdot K^{-1}}$	$\dfrac{C_{p,m}}{J \cdot mol^{-1} \cdot K^{-1}}$
烃　　类					
$C_6H_{14}(g)$	正己烷	−167.19	−0.09	388.85	143.09
$C_6H_{14}(l)$	正己烷	−198.82	−4.08	295.89	194.93
$C_6H_5CH_3(g)$	甲苯	49.999	122.388	319.86	103.76
$C_6H_5CH_3(l)$	甲苯	11.995	114.299	219.58	157.11
$C_6H_4(CH_3)_2(g)$	邻二甲苯	18.995	122.207	352.86	133.26
$C_6H_4(CH_3)_2(l)$	邻二甲苯	−24.439	110.495	246.48	187.9
$C_6H_4(CH_3)_2(g)$	间二甲苯	17.238	118.977	357.80	127.57
$C_6H_4(CH_3)_2(l)$	间二甲苯	−25.418	107.817	252.17	183.3
$C_6H_4(CH_3)_2(g)$	对二甲苯	17.949	121.266	352.53	126.86
$C_6H_4(CH_3)_2(l)$	对二甲苯	−24.426	110.244	247.36	183.7
含氧化合物					
$HCHO(g)$	甲醛	−115.90	−110.0	220.2	35.36
$HCOOH(g)$	甲酸	−362.63	−335.69	251.1	54.4
$HCOOH(l)$	甲酸	−409.20	−345.9	128.95	99.04
$CH_3OH(g)$	甲醇	−201.17	−161.83	237.8	49.4
$CH_3OH(l)$	甲醇	−238.57	−166.15	126.8	81.6
$CH_3CHO(g)$	乙醛	−166.36	−133.67	265.8	62.8
$CH_3COOH(l)$	乙酸	−487.0	−392.4	159.8	123.4
$CH_3COOH(g)$	乙酸	−436.4	−381.5	293.4	72.4
$C_2H_5OH(l)$	乙醇	−277.63	−174.36	160.7	111.46
$C_2H_5OH(g)$	乙醇	−235.31	−168.54	282.1	71.1
$CH_3COCH_3(l)$	丙酮	−248.283	−155.33	200.0	124.73
$CH_3COCH_3(g)$	丙酮	−216.69	−152.2	296.00	75.3
$C_2H_5OC_2H_5(l)$	乙醚	−273.2	−116.47	253.1	
$CH_3COOC_2H_5(l)$	乙酸乙酯	−463.2	−315.3	259	
$C_6H_5COOH(s)$	苯甲酸	−384.55	−245.5	170.7	155.2
卤　代　烃					
$CH_3Cl(g)$	氯甲烷	−82.0	−58.6	234.29	40.79
$CH_2Cl_2(g)$	二氯甲烷	−88	−59	270.62	51.38

物　质	名　称	$\dfrac{\Delta_f H_m^\ominus}{kJ \cdot mol^{-1}}$	$\dfrac{\Delta_f G_m^\ominus}{kJ \cdot mol^{-1}}$	$\dfrac{S_m^\ominus}{J \cdot mol^{-1} \cdot K^{-1}}$	$\dfrac{C_{p,m}}{J \cdot mol^{-1} \cdot K^{-1}}$
卤　代　烃					
$CHCl_3(l)$	氯仿	-131.8	-71.4	202.9	116.3
$CHCl_3(g)$	氯仿	-100	-67	296.48	65.81
$CCl_1(l)$	四氯化碳	-139.3	-68.5	214.43	131.75
$CCl_4(g)$	四氯化碳	-106.7	-64.0	309.41	85.51
$C_6H_5Cl(l)$	氯苯	116.3	-198.2	197.5	145.6
含氮化合物					
$NH(CH_3)_2(g)$	二甲胺	-27.6	59.1	273.2	69.37
$C_5H_5N(l)$	吡啶	78.87	159.9	179.1	
$C_6H_5NH_2(l)$	苯胺	35.31	153.35	191.6	199.6
$C_6H_5NO_2(l)$	硝基苯	15.90	146.36	244.3	

附录 G　物质的摩尔定压热容与温度的关系(100 kPa)

表 G-1　单质和无机物

物　质	$C_{p,m} = a + bT + cT^2$ 或 $C_{p,m} = a + bT + c'T^{-2}$				
	$\dfrac{a}{J \cdot mol^{-1} \cdot K^{-1}}$	$\dfrac{b \times 10^3}{J \cdot mol^{-1} \cdot K^{-2}}$	$\dfrac{c \times 10^6}{J \cdot mol^{-1} \cdot K^{-3}}$	$\dfrac{c' \times 10^{-5}}{J \cdot mol^{-1} \cdot K}$	适用温度 范围/K
$Ag(s)$	23.97	5.284		-0.25	293～1 234
$Al(s)$	20.67	12.38			273～931.7
$\alpha\text{-}Al_2O_3$	92.38	37.535		-26.861	273～1 937
$Al_2(SO_4)_3(s)$	368.57	61.92		-113.47	298～1 100
$Br_2(g)$	37.20	0.690		-1.188	300～1 500
$C(金刚石)$	9.12	13.22		-6.19	298～1 200
$C(石墨)$	17.15	4.27		-8.79	298～2 300
$CO(g)$	27.6	5.0		-0.46	298～2 500
$CO_2(g)$	44.14	9.04		-8.54	298～2 500
$Ca(s)$	21.92	14.64			273～673
$CaC_2(s)$	68.6	11.88		-8.66	298～720
$CaCO_3(方解石)$	104.52	21.92		-25.94	298～1 200

续表

物　　质	$C_{p,m}=a+bT+cT^2$ 或 $C_{p,m}=a+bT+c'T^{-2}$				
	$\dfrac{a}{\text{J}\cdot\text{mol}^{-1}\cdot\text{K}^{-1}}$	$\dfrac{b\times10^3}{\text{J}\cdot\text{mol}^{-1}\cdot\text{K}^{-2}}$	$\dfrac{c\times10^6}{\text{J}\cdot\text{mol}^{-1}\cdot\text{K}^{-3}}$	$\dfrac{c'\times10^{-5}}{\text{J}\cdot\text{mol}^{-1}\cdot\text{K}}$	适用温度范围/K
$CaCl_2(s)$	71.88	12.72		-2.51	298～1 055
$CaO(s)$	43.83	4.52		-6.52	298～1 800
$CaSO_4$（硬石膏）	77.49	91.92		-6.561	273～1 373
$Cl_2(g)$	36.69	1.05		-2.523	273～1 500
$Cu(s)$	24.56	4.18		-1.201	273～1 357
$CuO(s)$	38.79	20.08			298～1 250
$\alpha\text{-}Cu_2O$	62.34	23.85			298～1 200
$F_2(g)$	34.69	1.84		-3.35	273～2 000
$\alpha\text{-}Fe$	17.28	26.69			273～1 041
$FeCO_3(s)$	48.66	112.1			298～885
$FeO(s)$	52.80	6.242		-3.188	273～1 173
$Fe_2O_3(s)$	97.74	17.13		-12.887	298～1 100
$Fe_3O_4(s)$		78.91		-41.88	298～1 100
$H_2(g)$	29.08	-0.84	2.00		300～1 500
$D_2(g)$	28.577	0.879	1.958		298～1 500
$HBr(g)$	26.15	5.86		1.09	298～1 600
$HCl(g)$	26.53	4.60		1.90	298～2 000
$HI(g)$	26.32	5.94		0.92	298～1 000
$H_2O(g)$	30.1	11.3			273～2 000
$H_2S(g)$	29.29	15.69			273～1 300
$I_2(s)$	40.12	49.79			298～386.8
$N_2(g)$	26.98	5.912			273～2 500
$NH_3(g)$	25.89	33		-1.665	273～1 400
$NO(g)$	29.58	3.85		-0.59	273～1 500
$NO_2(g)$	42.93	8.54		-6.74	
$N_2O(g)$	45.69	8.62		-8.54	273～500
$N_2O_4(g)$	83.89	30.75		14.90	
$O_2(g)$	31.46	3.39		-3.77	273～2 000
S（单斜）	14.90	29.08			368.6～392

物　　质	$C_{p,m}=a+bT+cT^2$ 或 $C_{p,m}=a+bT+c'T^{-2}$				
	$\dfrac{a}{\text{J·mol}^{-1}\text{·K}^{-1}}$	$\dfrac{b\times10^3}{\text{J·mol}^{-1}\text{·K}^{-2}}$	$\dfrac{c\times10^6}{\text{J·mol}^{-1}\text{·K}^{-3}}$	$\dfrac{c'\times10^{-5}}{\text{J·mol}^{-1}\text{·K}}$	适用温度范围/K
S(斜方)	14.98	26.11			273～368.6
S(g)		−3.51			
SO_2(g)	47.70	7.171		−8.54	298～1 800
SO_3(g)	57.32	26.86		−13.05	273～900

表 G-2　有机化合物

物　　质	名　　称	$C_{p,m}=f(T)$				
		$\dfrac{a}{\text{J·mol}^{-1}\text{·K}^{-1}}$	$\dfrac{b\times10^3}{\text{J·mol}^{-1}\text{·K}^{-2}}$	$\dfrac{c\times10^6}{\text{J·mol}^{-1}\text{·K}^{-3}}$	$\dfrac{d\times10^6}{\text{J·mol}^{-1}\text{·K}^{-4}}$	适用温度范围/K
烃　类						
CH_4(g)	甲烷	17.451	60.46	1.117	−7.205	298～1 500
C_2H_2(g)	乙炔	23.460	85.768	−58.342	15.870	298～1 500
C_2H_4(g)	乙烯	4.197	154.590	−81.090	16.815	298～1 500
C_2H_6(g)	乙烷	4.936	182.259	−74.856	10.799	298～1 500
C_3H_6(g)	丙烯	3.305	235.860	−117.600	22.677	298～1 500
C_3H_8(g)	丙烷	−4.799	307.311	−160.159	32.748	298～1 500
C_4H_6(g)	1,3-丁二烯	−2.958	340.084	−223.689	56.530	298～1 500
C_4H_8(g)	1-丁烯	2.540	344.929		41.664	298～1 500
C_4H_8(g)	顺-2-丁烯	8.774	342.448	−197.322	34.271	298～1 500
C_4H_8(g)	反-2-丁烯	8.381	307.541	−148.256	27.284	298～1 500
C_4H_8(g)	2-甲基丙烯	7.084	321.632	−166.071	33.497	298～1 500
C_4H_{10}(g)	正丁烷	0.469	385.376	−198.882	39.996	298～1 500
C_4H_{10}(g)	异丁烷	−6.841	409.643	−220.547	45.739	298～1 500
C_6H_6(g)	苯	−33.899	471.872	−298.344	70.835	298～1 500
C_6H_6(l)	苯	59.50	255.01			281～353
C_6H_{12}(g)	环己烷	−67.664	679.452	−380.761	78.006	298～1 500
C_6H_{14}(g)	正己烷	3.084	565.786	−300.369	62.061	298～1 500
$C_6H_5CH_3$(g)	甲苯	−33.882	557.045	−342.373	79.873	298～1 500
$C_6H_5CH_3$(l)	甲苯	59.62	326.98			281～382
$C_6H_4(CH_3)_2$(g)	邻二甲苯	−14.811	591.136	−339.590	74.697	298～1 500

物　　质	名　称	$C_{p,m}=f(T)$				适用温度
		a	$b\times10^3$	$c\times10^6$	$d\times10^6$	范围/K
		$J\cdot mol^{-1}\cdot K^{-1}$	$J\cdot mol^{-1}\cdot K^{-2}$	$J\cdot mol^{-1}\cdot K^{-3}$	$J\cdot mol^{-1}\cdot K^{-4}$	
烃　类						
$C_6H_4(CH_3)_2(g)$	间二甲苯	-27.384	620.870	-363.895	81.379	298～1 500
$C_6H_4(CH_3)_2(g)$	对二甲苯	-25.924	60.670	-350.561	76.877	298～1 500
含氧化合物						
$HCHO(g)$	甲醛	35.36	18.820	58.379	-15.606	291～1 500
$HCOOH(g)$	甲酸	30.67	89.20	-34.539		300～700
$CH_3OH(g)$	甲醇	20.42	103.68	-24.640		300～700
$CH_3CHO(g)$	乙醛	31.054	121.457	-36.577		298～1 500
$CH_3COOH(l)$	乙酸	54.81	230			
$CH_3COOH(g)$	乙酸	21.76	193.09	-76.78		300～700
$C_2H_5OH(l)$	乙醇	106.52	165.7	575.3		283～348
$C_2H_5OH(g)$	乙醇	20.694	-205.38	-99.809		300～1 500
$CH_3COCH_3(l)$	丙酮	124.73	55.61	232.2		298～320
$CH_3COCH_3(g)$	丙酮	22.472	201.78	-63.521		298～1 500
卤　代　烃						
$CH_3Cl(g)$	氯甲烷	14.903	96.2	-31.552		273～800
$CH_2Cl_2(g)$	二氯甲烷	33.47	65.3			273～800
$CHCl_3(g)$	氯仿	29.506	148.942	-90.713		273～800
$CCl_4(l)$	四氯化碳	97.99	111.71			273～330
含氮化合物						
$C_5H_5N(l)$	吡啶	140.2				293
$C_6H_5NH_2(l)$	苯胺	338.28	$-1 068.6$	2 022.1		278～348
$C_6H_5NO_2(l)$	硝基苯	185.4				293

注:在指定温度范围内摩尔定压热容可用 $C_{p,m}=a+bT+cT^2+dT^3$ 计算。

附录 H　希腊字母

表 H-1　希腊字母

白体				黑斜体		英文	中文
大写		小写		大写	小写		
正体	斜体	正体	斜体				
A	A	α	α	**A**	**α**	alpha	阿尔法
B	B	β	β	**B**	**β**	beta	贝塔
Γ	Γ	γ	γ	**Γ**	**γ**	gamma	伽马
Δ	Δ	δ	δ	**Δ**	**δ**	delta	德耳塔
E	E	ε	ε	**E**	**ε**	epsilon	艾普西隆
Z	Z	ζ	ζ	**Z**	**ζ**	zeta	截塔
H	H	η	η	**H**	**η**	eta	艾塔
Θ	Θ	θ	θ	**Θ**	**θ**	theta	西塔
I	I	ι	ι	**I**	**ι**	iota	约塔
K	K	κ	κ	**K**	**κ**	kappa	卡帕
Λ	Λ	λ	λ	**Λ**	**λ**	lambda	兰布达
M	M	μ	μ	**M**	**μ**	mu	米尤
N	N	ν	ν	**N**	**ν**	nu	纽
Ξ	Ξ	ξ	ξ	**Ξ**	**ξ**	xi	克西
O	O	o	o	**O**	**o**	omicron	奥密克戎
Π	Π	π	π	**Π**	**π**	pi	派
P	P	ρ	ρ	**P**	**ρ**	rho	洛
Σ	Σ	σ	σ	**Σ**	**σ**	sigma	西格马
T	T	τ	τ	**T**	**τ**	tau	陶
Υ	Υ	υ	υ	**Y**	**υ**	upsilon	宇普西隆
Φ	Φ	φ	φ	**Φ**	**φ**	phi	菲
X	X	χ	χ	**X**	**χ**	chi	喜
Ψ	Ψ	ψ	ψ	**Ψ**	**ψ**	psi	普西
Ω	Ω	ω	ω	**Ω**	**ω**	omega	奥墨枷

附录 I　某些有机化合物的标准摩尔燃烧焓

表 I-1　某些有机化合物的标准摩尔燃烧焓(298.15 K)

化 合 物	名　称	$\Delta_c H_m^\ominus /(kJ \cdot mol^{-1})$	化 合 物	名　称	$\Delta_c H_m^\ominus /(kJ \cdot mol^{-1})$
$CH_4(g)$	甲烷	-890.31	$HCHO(g)$	甲醛	-570.78
$C_2H_2(g)$	乙炔	$-1\,299.59$	$CH_3COCH_3(l)$	丙酮	$-1\,790.42$
$C_2H_4(g)$	乙烯	$-1\,410.97$	$C_2H_5OC_2H_5(l)$	乙醚	$-2\,730.9$
$C_2H_6(g)$	乙烷	$-1\,559.84$	$HCOOH(l)$	甲酸	-254.64
$C_3H_8(g)$	丙烷	$-2\,219.07$	$CH_3COOH(l)$	乙酸	-874.54
$C_4H_{10}(g)$	正丁烷	$-2\,878.34$	$C_6H_5COOH(s)$	苯甲酸	$-3\,226.7$
$C_6H_6(l)$	苯	$-3\,267.54$	$C_7H_5O_3(s)$	水杨酸	$-3\,022.5$
$C_6H_{12}(l)$	环己烷	$-3\,919.86$	$CHCl_3(l)$	氯仿	-373.2
$C_7H_8(l)$	甲苯	$-3\,925.4$	$CH_3Cl(g)$	氯甲烷	-689.1
$C_{10}H_8(s)$	萘	$-5\,153.9$	$CS_2(l)$	二硫化碳	$-1\,076$
$CH_3OH(l)$	甲醇	-726.64	$CO(NH_2)_2(s)$	尿素	-634.3
$C_2H_5OH(l)$	乙醇	$-1\,366.91$	$C_6H_5NO_2(l)$	硝基苯	$-3\,091.2$
$C_6H_5OH(s)$	苯酚	$-3\,053.84$	$C_6H_5NH_2(l)$	苯胺	$-3\,396.2$

注：化合物中各元素氧化的产物分别为：$C \longrightarrow CO_2(g)$，$H \longrightarrow H_2O(l)$，$N \longrightarrow N_2(g)$，$S \longrightarrow SO_2$(稀的水溶液)。

附录 J　物理化学常用符号一览表

表 J-1　英文大写字母

符　号	意　义
A	亥姆霍兹函数,截面、接触面、界面面积,表面张力,碰撞截面面积
A_r	相对原子质量
B	维里系数
C	热容,组分数
D	扩散系数,切变速度,直径
E	能量,电极电势
E_{MF}	电池电动势
F	自由度数,法拉第常数

符　号	意　义
G	吉布斯函数,电导
H	焓
I	电流,离子强度,光强度
J	分压商
K	平衡常数,电导池常数
K_0	指[数]前参量
L	阿伏伽德罗常数,长度
M	摩尔质量
M_r	相对摩尔质量
N	粒子数
Q	热量,电量
R	摩尔气体常数,电阻
S	熵,物种数,铺展系数
T	热力学温度
U	热力学能,能量
V	体积
W	功
Z	压缩因子,碰撞数,离子价数
K°	标准平衡常数

表 J-2　英文小写字母

符　号	意　义
a	活度,范德华参数
b	质量摩尔浓度,范德华参数,吸附平衡常数
c_B	B 的物质的量浓度
e	电子电荷
f	自由度数,活度因子
g	自由落体加速度
h	普朗克常量,高度
j	电流密度

续表

符 号	意 义
k	玻耳兹曼常数,反应速率系数,亨利系数,吸附速率
k_b	沸点升高系数
k_f	凝固点降低系数
l	长度,距离
m	质量
n	物质的量,反应级数,折光指数,体积粒子数
p	压力
r	半径,距离,反应速率
t	摄氏温度,时间,迁移数
u	离子电迁移率
u_r	相对速率
v	速度
w	质量分数
x	摩尔分数,转化率
y	摩尔分数(气相)
z	电荷数

表 J-3 拉丁字母

符 号	意 义
α	反应级数,解离度,相
β	反应级数系数,相
δ	距离,厚度
Δ	有限增量
δf	f 的无限小量
Δx	x 的有限增量
ε	能量,介电常数
γ	逸度,活度因子
Γ	表面过剩物质的量,吸附量
η	黏度,超电势

符 号	意 义
φ	体积分数,逸度因子,渗透因子,角度,电势
κ	电导率
λ	波长
Λ_m	摩尔电导率
μ	化学势,折合质量,焦汤系数
ν	化学计量数,频率
Π	渗透压,表面压力
θ	覆盖度,接触角,散射角,角度
ρ	密度,电阻率
τ	时间
Ω	系统总微态数,系统混乱度
ξ	反应进度,化学反应转化速率
ζ	动电电势

表 J-4 符号的侧标

符号的侧标	意 义
(A)	物质 A
(α)	α 相
(β)	β 相
(B)	物质 B
(c)	物质的量浓度
(cr)	晶体
(g)	气体
(gm)	气体混合物
(l)	液体
(pgm)	理想气体混合物
(s)	固体
(T)	热力学温度
(x)	摩尔分数

表 J-5　符号的上标

符号的上标	意　义
*	纯物质
$\neq$	活化态,过渡态
$\ominus$	标准态

表 J-6　符号的下标

符号的下标	意　义
A	物质 A
aq	水溶液
B	物质 B,偏摩尔
b	沸腾
c	燃烧,临界态
d	分解,扩散
e	电子
eq	平衡
f	生成
fus	熔化
g	气态
H	等焓
l	液态
m	质量
m	摩尔
n	核
p	等压
r	反应,可逆,对比,相对
r	半径
S	等熵
s	固态
sr	系统
su	环境
sub	升华
T	热力学温度,等温
trs	晶型转化

续表

符号的下标	意　义
U	等热力学能
V	等容
vap	蒸发
x	摩尔分数
Y	物质 Y
Z	物质 Z

表 J-7　数学符号

数学符号	意　义
$\|a\|$	a 的绝对值或 a 的模
∞	无穷[大]或无限[大]
$\ll$	远小于
$\gg$	远大于
$\approx$	约等于
$\rightarrow$	趋近于
$\propto$	正比于
∂	偏微分
$\neq$	不等号
$\langle\ \rangle$	平均值
d	微分
def	定义,如 $H \overset{\text{def}}{=\!=\!=} U+pV$
lg	以 10 为底的对数
lim	极限
ln	自然对数
max	最大
min	最小
$\Rightarrow$	推断
$\int$	积分
$\geqslant$	大于或等于(不用 $\leqslant$)
$\leqslant$	小于或等于(不用 $\geqslant$)

参考文献

[1] 傅献彩,沈文霞,姚天扬,等. 物理化学(上册)[M]. 5 版:北京:高等教育出版社,2006.

[2] 高职高专化学教材编写组. 物理化学[M]. 4 版. 北京:高等教育出版社,2013.

[3] 薛方渝. 物理化学[M]. 北京:中央广播电视大学出版社,1990.

[4] 印永嘉,奚正楷,李大珍. 物理化学简明教程[M]. 3 版. 北京:高等教育出版社,1992.

[5] 曾庆衡. 物理化学[M]. 长沙:中南工业大学出版社,1992.

[6] 魏兆琼. 物理化学[M]. 北京:高等教育出版社,1987.

[7] 李国珍. 物理化学练习 500 例[M]. 北京:高等教育出版社,1985.

[8] 庄公惠,李竞庆. 物理化学学习辅导[M]. 北京:中央广播电视大学出版社,1987.

[9] 印永嘉. 物理化学简明手册[M]. 北京:高等教育出版社,1988.